"十二五"国家重点图书出版规划项目

材料科学技术著作丛书

陶瓷型芯的制备与使用

赵效忠　著

科学出版社

北　京

内 容 简 介

　　本书比较系统地介绍陶瓷型芯从原料选择、成型、烧结到加工、强化的整个制备过程,比较全面地介绍不同种类陶瓷型芯的制备工艺、性能特点及应用情况,比较详细地介绍陶瓷型芯从定位到脱除的整个使用过程,并给出了具体制备与使用的实例。

　　本书既可作为高等院校无机非金属材料和材料加工等相关专业师生的参考书,也可作为从事陶瓷型芯的研制与使用的科研人员和工程技术人员的参考资料。

图书在版编目(CIP)数据

陶瓷型芯的制备与使用/赵效忠著. —北京:科学出版社,2013.6
(材料科学技术著作丛书)
"十二五"国家重点图书出版规划项目
ISBN 978-7-03-037652-7

Ⅰ.①陶⋯　Ⅱ.①赵⋯　Ⅲ.①陶瓷型铸造-研究　Ⅳ.①TG249.9

中国版本图书馆 CIP 数据核字(2013)第 116195 号

责任编辑:牛宇锋 / 责任校对:宣　慧
责任印制:徐晓晨 / 封面设计:蓝正设计

科 学 出 版 社 出版
北京东黄城根北街 16 号
邮政编码:100717
http://www.sciencep.com

北京凌奇印刷有限责任公司 印刷
科学出版社发行　各地新华书店经销

*

2013 年 6 月第　一　版　开本:B5(720×1000)
2021 年 7 月第三次印刷　印张:25 1/4
字数:484 000

定价:168.00 元
(如有印装质量问题,我社负责调换)

序　一

陶瓷型芯是一类性能特殊的结构陶瓷制品，其性能优劣及工程可靠性高低直接影响空心精铸件的合格率、铸造成本和产品质量。作为先进铸造技术内容之一的陶瓷型芯制备技术，对宇航工业、能源工业及铸造工业等有重要的影响。

《陶瓷型芯的制备与使用》一书，比较全面地介绍了陶瓷型芯的性能特点、制备工艺和使用要点，比较客观地反映了该领域国内、外最新的研究成果及发展动向。其特点是：①以应用基础研究和相关专题研究的成果为基础而具有科学性；②以相关专利资料提供的技术思路和方法为依托而具有实用性；③作为将新材料、新工艺、新方法综合应用于陶瓷型芯的制备与使用的工艺复合过程而具有新颖性；④作为无机非金属材料与金属材料的学科交叉和技术集成的新领域而具有专业特色的鲜明性。

希望能在有效控制陶瓷型芯的制备过程而提高陶瓷型芯的工程可靠性，科学评价陶瓷型芯的使用性能而提高陶瓷型芯的使用合理性等方面补充更多的内容。

该书的出版将有利于推动陶瓷型芯的应用研究与实际使用，有利于陶瓷型芯产业的形成和发展，为我国国民经济的发展及国防建设作出贡献。

胡壮麒

序　二

　　航空发动机是飞机的动力源，位于发动机高温、高速和高载荷关键部位的涡轮叶片和导向叶片，因温度交变频繁，受力状态复杂，使用环境恶劣，工作可靠性要求高，稳定工作寿命要求长而被誉为"皇冠上的明珠"。陶瓷型芯虽然不是发动机上的零部件，仅借助其形成叶片的内腔，但其制备技术却一直是高效冷却定向柱晶叶片和单晶叶片精密铸造的"瓶颈"。

　　我国对陶瓷型芯的研制始于 20 世纪 70 年代中期，已研制成功的有硅基、铝基、锆基等多种陶瓷型芯，满足了新型航空发动机研制与制造的需要。近年来，陶瓷型芯的研制又取得了新的进展，为我国高效冷却叶片的铸造迈上新台阶创造了条件。

　　作者在分析和总结国内外陶瓷型芯的应用研究与生产实践的基础上，结合自身的工作经验，比较系统地介绍了陶瓷型芯的制备工艺与使用要点，内容新颖、具体、实用，是国内第一本有关陶瓷型芯的专著。该书可以作为从事陶瓷型芯研制与使用的工程技术人员和高等院校相关专业师生的参考资料。

　　相信该书的出版将为航空发动机和燃气轮机热端部件的发展提供技术支持，有力地推动飞机、坦克、舰艇、车辆的发动机系统和电站、泵站等动力系统的更新换代，对国民经济的发展和国防力量的增强发挥重要作用。

前　言

随着航空发动机和工业燃气轮机性能的不断提高，对作为浇注高效冷却单晶叶片转接件的陶瓷型芯提出了更为苛刻的使用要求，这既对陶瓷型芯的性能提出了新的挑战，也为陶瓷型芯技术的发展提供了新的机遇。

我国对陶瓷型芯的研制，始于 20 世纪 70 年代中期。经有关研究院所、高等院校和工厂的共同努力，自 80 年代以来，已研制成功 XD-1 氧化硅基陶瓷型芯和 AC-1、AC-2 氧化铝基陶瓷型芯等多种陶瓷型芯，满足了研制新型航空发动机和其他相关领域的需要。进入 21 世纪以来，一方面，研制陶瓷型芯的单位不断增多，研究队伍不断壮大；另一方面，生产陶瓷型芯的企业逐年增多，装备水平显著提高。随着对陶瓷型芯研究的不断深入和陶瓷型芯生产技术的不断进步，陶瓷型芯的性能日益改善，产量不断提高，品种逐年增多，应用面迅速扩大。

由于陶瓷型芯的制备与使用在国际上属于严格保密的一项核心技术，至今尚未见到有关的专著出版，相关的研究内容和研究成果，多分散于国内外的学术期刊和专利资料中。作者在总结国内外最新科学研究成果的基础上，结合自己的工作经验，探索性地撰写了本书，旨在及时地反映我国陶瓷型芯研制的进展，以便更好地了解国内外陶瓷型芯研制的动向及更快地推进我国陶瓷型芯产业的发展。

本书共 14 章，其中第 1～4 章介绍陶瓷型芯的组成、结构与性能，陶瓷型芯材料的化学性能以及陶瓷型芯的成型与烧结；第 5～10 章分别介绍各类陶瓷型芯的制备工艺、特性及应用，着重阐述硅基陶瓷型芯制备与使用的技术理论基础；第 11～14 章介绍陶瓷型芯的加工、强化、定位及脱除。其中第 5 章由哈尔滨师范大学曲智坤编写。

作者在主持"陶瓷型芯新材料及制备工艺研究"项目期间，原辽宁省硅酸盐研究所许壮志、钱伟、程涛、黄大勇等承担了大量工作；在撰写书稿过程中，中国科学院金属研究所金涛、王志辉、林泉洪、娄建新等提供了不少帮助，特别是中国工程院胡壮麒院士给予了全力的支持与具体的指导，对书稿进行多次精心的修改与校审，并与中国工程院王国栋院士在百忙中分别为本书作序，特致以衷心的谢意。同时，对书中所引用文献资料的中外作者致以衷心的谢意。

鉴于陶瓷型芯种类多、发展快、跨学科、涉及知识面宽，加之作者水平有限，在内容取舍和文字编排中，疏漏、不当乃至错误之处在所难免，诚望专家和读者指正。

作　者
2011 年 12 月

目　　录

第1章 概 论

近净形熔模精密铸造是生产高精度、低粗糙度、复杂形状铸件的有效方法,特别适合铸造昂贵金属和难加工金属,作为生产航空发动机高温合金叶片和复杂结构件的一种主要方法,已成为先进制造技术的重要内容之一。

熔模铸造的内腔大多是与外形一道通过挂涂料、撒型砂等方法形成的。当铸件内腔过于窄小或形状比较复杂,或内腔无法干燥硬化时,必须借助预先制备的陶瓷型芯来形成铸件内腔。在精铸空心叶片时,陶瓷型芯在很大程度上决定了叶片的尺寸精度、合格率和铸造成本。因此,陶瓷型芯制备技术一直是空心叶片铸造的"瓶颈",不断改进陶瓷型芯的制备工艺和使用方法,对于国防能力的增强和国民经济的发展具有重要意义。

1.1 陶瓷型芯的分类及发展

作为熔模铸造中制备中空铸件转接件的陶瓷型芯,其作用是形成空心铸件的内腔形状,并与型壳或外形模共同保证铸件壁厚的尺寸精度,见图1-1。根据陶瓷型芯的特性及用途,暂将其定义为在严格控制组成和烧结的条件下制备的,有适当的强度和密度,能严格控制铸件内腔几何形状和尺寸精度,能形成优良铸件内腔表面,外观类似细瓷的一类特殊结构陶瓷制品[1]。

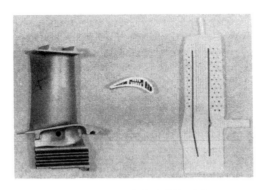

图 1-1 空心叶片及陶瓷型芯

陶瓷型芯大量应用的时间相对较短,其命名尚处于自由状态。从目前的状况看,大多以陶瓷型芯基体材料的化学成分命名。例如,以石英玻璃粉为基体材料的型芯称为硅基陶瓷型芯,以电熔刚玉为基体材料的型芯称为铝基陶瓷型芯等。对于由水溶性无机盐和耐火陶瓷材料制备的型芯,则视无机盐含量的高低而称为盐基陶瓷型芯或无机盐结合陶瓷型芯,如盐基电熔刚玉陶瓷型芯、磷酸盐结合电熔刚玉陶瓷型芯等。对于由陶瓷型芯件和耐熔金属型芯件组合的型芯,则称为陶瓷-耐熔金属型芯。

1.1.1　陶瓷型芯的分类

陶瓷型芯的种类很多,可按化学组成、成型方法、溶出性等进行分类。

1. 按化学组成分类

按型芯基体材料的化学组成,可将陶瓷型芯分为硅基陶瓷型芯、铝基陶瓷型芯、镁基陶瓷型芯等。根据型芯坯料中添加料成分的不同,可作进一步的细分。例如,在硅基陶瓷型芯中,添加一定数量铝质陶瓷材料的称为氧化硅-氧化铝陶瓷型芯,添加一定数量锆英砂的称为氧化硅-硅酸锆陶瓷型芯。表 1-1 为陶瓷型芯按化学组成分类及其应用。

表 1-1　陶瓷型芯的分类及其应用

型芯类别		化学组成	应用领域
硅基陶瓷型芯	氧化硅-氧化铝陶瓷型芯	$SiO_2 + Al_2O_3$	超合金
	氧化硅-硅酸锆陶瓷型芯	$SiO_2 + ZrO_2$	超合金
	DS(定向凝固)型芯	SiO_2	超合金
锆基陶瓷型芯	氧化锆陶瓷型芯	ZrO_2	钛及钛合金、铸铁、不锈钢
	硅酸锆陶瓷型芯	$ZrO_2 + SiO_2$	超合金、铸钢、合金钢
铝基陶瓷型芯	低密度氧化铝陶瓷型芯	Al_2O_3	定向共晶合金
	铝酸钠陶瓷型芯	$Al_2O_3 + Na_2O$	定向共晶合金
	铝酸钡陶瓷型芯	$Al_2O_3 + BaO$	超合金
	氧化镁-氧化铝陶瓷型芯	$Al_2O_3 + MgO$	定向共晶合金
	氧化钇掺杂氧化铝陶瓷型芯	$Al_2O_3 + Y_2O_3$	活性金属
	钇铝石榴石-氧化铝陶瓷型芯	$Al_2O_3 + Y_2O_3$	含钇镍-铬超合金、钛合金、锆合金等
	氧化镧-氧化铝陶瓷型芯	$Al_2O_3 + La_2O_3$	定向共晶合金
稀土氧化物基陶瓷型芯	氧化钇陶瓷型芯	Y_2O_3	钛及钛合金
	单斜稀土铝酸盐陶瓷型芯	$Y_2O_3 + Al_2O_3$	活性金属、耐熔金属间化合物
	稀土金属氧化物陶瓷型芯	Y_2O_3、CeO_2 等	耐熔金属间化合物
	氧化钇-氧化铪陶瓷型芯	$Y_2O_3 + HfO_2$	铌基、钛基、铪基和锆基等活性金属

续表

型芯类别		化学组成	应用领域
镁基陶瓷型芯	氧化镁陶瓷型芯	MgO	超合金、铝合金、不锈钢、铸钢
钙基陶瓷型芯	氧化钙陶瓷型芯	CaO	超合金、铝合金
	磷酸钙陶瓷型芯	$Ca_3(PO_4)_2$	铝、铝合金
	三元氧化钙基陶瓷型芯	$CaO + Al_2O_3 + SiO_2$	铝、铝合金
锌基陶瓷型芯	氧化锌陶瓷型芯	ZnO	铝、银、铜等低熔点金属
非氧化物陶瓷型芯	氮化硅陶瓷型芯	Si_3N_4	超合金
	氮化铝陶瓷型芯	AlN	铝、铝合金
	氮化钛陶瓷型芯	TiN	铁合金、钛合金、定向共晶合金
盐基陶瓷型芯	盐基电熔刚玉型芯	无机盐$+Al_2O_3$	铝合金、铸铁、铸钢
	盐基氮化硅型芯	无机盐$+Si_3N_4$	铝合金
无机盐结合陶瓷型芯	无机盐结合刚玉型芯	$Al_2O_3 + NaCl$	铝及铝合金
	无机盐结合硅酸钙型芯	$SiO_2 + CaO + NaCl$	铝及铝合金
	无机盐结合硅酸锆陶瓷型芯	无机盐$+ZrSiO_4$	轻合金

2. 按成型方法分类

陶瓷型芯形状的复杂程度不同,尺寸大小不同,塑化剂的种类及数量不同,成型方法也不同,可作如下分类:

(1)自由流动成型陶瓷型芯,如灌浆成型、注浆成型、流延成型、凝胶注模成型陶瓷型芯。

(2)受力流动成型陶瓷型芯,如注射成型、传递模成型、注射冷冻成型陶瓷型芯。

(3)受力塑性成型陶瓷型芯,如挤塑成型陶瓷型芯。

(4)压制成型陶瓷型芯,如干压成型、等静压成型、热压成型陶瓷型芯。

3. 按溶出性分类

按陶瓷型芯的溶出性,可作如下分类:

(1)能用水或酸溶液溶解的陶瓷型芯,如盐基陶瓷型芯、氧化镁陶瓷型芯、氧化钙陶瓷型芯。

(2)能用碱性水溶液溶解的陶瓷型芯,如氧化硅陶瓷型芯。

(3)能用碱熔体、氟硅酸盐熔体溶解的陶瓷型芯,如氧化铝陶瓷型芯。

(4)非可溶性陶瓷型芯,如氧化锆陶瓷型芯、硅酸锆陶瓷型芯。

1.1.2　陶瓷型芯的应用

陶瓷型芯首先在航空工业用于涡轮发动机空心叶片的铸造,为应用气冷技术提高涡轮叶片进口温度创造了条件[2]。图 1-2 所示为叶片冷却结构设计与涡轮前进口温度的示意图。

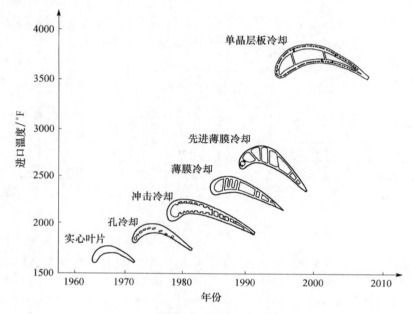

图 1-2　叶片结构设计与涡轮前进口温度[3]

℉为华氏度,用 f 表示,℃为摄氏度,用 t 表示,其单位换算式为 $t = \frac{5}{9}(f-32)$

陶瓷型芯也应用于重型燃气轮机空心叶片、船舶用大推力发动机空心叶片、内燃机增压器涡轮、钛合金中介机匣、飞航导弹轻合金部件、大型薄壁铝合金铸件、高精度泵体、化工用叶轮、不锈钢轴承座、铸铝导向器及高尔夫球头等产品的无余量精密铸造[4~7]。陶瓷型芯还应用于碳钢和不锈钢铸件内深孔、盲孔、箭槽、弯槽等的形成,用于铝合金、镁合金及其他轻合金中空铸件的浇注[8~11]。

1.1.3　陶瓷型芯的发展趋势

随着现代熔模铸造朝着"优质、精密、大型、薄壁、无余量"方向的发展,陶瓷型芯的性能及工程可靠性,正面临着更严峻的挑战,陶瓷型芯制备技术的发展也正面临着新的机遇[12~14]。

1. 性能优质化

随着高温合金由铁基合金、钴基合金和镍基合金向定向共晶合金及金属间化合物的发展和涡轮叶片由等轴晶向定向柱晶及单晶的发展,浇注温度不断提高,接触时间不断延长,对陶瓷型芯的承温能力要求不断提高,陶瓷型芯的性能正在不断优化,见表 1-2。

表 1-2 陶瓷型芯的承温能力

类别	浇注温度/℃	型芯承温/℃	接触时间/h
镍基超合金柱晶叶片用型芯	1500～1550	1520～1550	0.5～1.5
镍基超合金单晶叶片用型芯	1540～1620	1550～1650	1.0～2.5
钽基共晶合金单晶叶片用型芯	1750～1850	1800～1875	＞10

2. 形状复杂化

叶片冷却结构由传统的对流、回流、气膜冷却向发散冷却、层板冷却方式的改进(图 1-3),使陶瓷型芯的形状更复杂,见图 1-4。

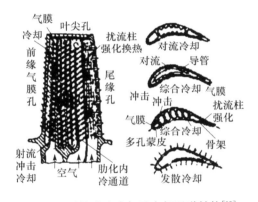

图 1-3 涡轮叶片冷却及内部通道结构[15]

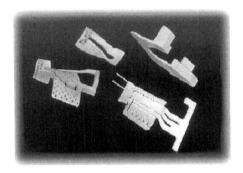

图 1-4 形状复杂的陶瓷型芯

3. 结构精细化

随着对冷却效率要求的提高,叶片的叶身由单层壁变成双层壁或多层壁,要求陶瓷型芯的结构更精细。例如,在图 1-5 所示的发汗冷却叶片中,1 为浇铸时由型芯形成的冷却孔,2 为激光加工冷却孔,3 为导流柱,4 为筋,孔 1 的直径小于 0.6mm。

4. 尺寸大型化

工业燃气轮机及薄壁大型机匣的发展,要求陶瓷型芯有更大的尺寸。例如,地面燃气轮机叶片长度可达 305～635mm,见图 1-6。

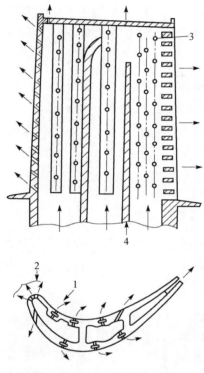

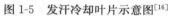

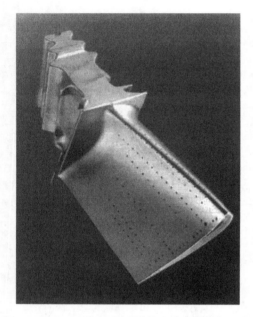

图 1-5　发汗冷却叶片示意图[16]　　　　图 1-6　508mm 长的高压涡轮叶片及其冷却通道

5. 组分多元化

合金材质的改进及合金种类的增加,要求型芯的化学稳定性更高,适用面更宽。型芯组分已由常用的氧化硅、氧化铝扩展到氧化钇等稀土氧化物及非氧化物。

6. 材料复合化

随着对型芯使用要求的不断提高,单一型芯材料已难以同时满足型芯制备工艺与使用性能的要求,不同陶瓷型芯材料之间的复合,不同材质(如陶瓷和耐熔金属)型芯件之间的复合,已成为发展趋势之一。

7. 技术组合化

复合陶瓷型芯的发展,已使型芯加工成为型芯制备过程中必不可少的重要环节之一。超声波加工、激光加工、表面加工等技术与陶瓷型芯成型技术、熔模组装技术的组合已成为一种新的趋势。特别是无模成型技术的发展,为整体式型芯铸型的制备开辟了一条新途径。

8. 工艺控制定量化

陶瓷型芯生产工艺参数的变化,对陶瓷型芯的性能产生明显的影响,对工艺参数的定量控制,如粉料的粒度分布、型芯的烧结程度等的定量控制,将有利于保证型芯性能的稳定。

9. 质量检测科学化

型芯质量是保证铸件质量的基础,而科学的质量检测方法和检测体系,对于保证型芯质量有其特别重要的意义。例如,对于陶瓷型芯的尺寸精度,不仅要检测型芯的烧结收缩,而且要检测烧结收缩的重复性,还要检测金属液凝固时型芯的膨胀或收缩。

10. 材料供应专门化

随着型芯用原辅材料种类的不断增多,质量要求的不断提高及需用量的不断增大,材料供应专门化,已成为保证陶瓷型芯稳定生产不可缺少的条件之一[17]。

11. 生产专业化

陶瓷型芯种类的增多,用量的增加及制备技术难度的增大,要求型芯实现专业化、规模化生产,以利于质量的提高与成本的降低[18]。

12. 产品系列化

随着陶瓷型芯在不同种类的合金中应用范围的扩大,按应用领域区分的陶瓷型芯类别不断增多;随着陶瓷型芯尺寸、形状的不断变化,按陶瓷型芯成型方法区分的类别也不断增多。型芯产品的系列化,也已成为发展趋势之一。

1.2　陶瓷型芯的性能

陶瓷型芯的性能是质量评价的核心内容和使用选择的基本依据,研究陶瓷型芯的性能,对于陶瓷型芯的质量提高及合理选用具有重要的意义。

1.2.1　陶瓷型芯的性能及质量要求

恶劣的陶瓷型芯使用条件和苛刻的铸件质量设计规范对陶瓷型芯的性能和质量提出了如下要求[19~22]。

1. 抗折强度

无论是在型芯的制备或使用过程中,还是在常温或高温条件下,陶瓷型芯都会受到各种外界作用力。例如,在操作时受到各种机械力的作用,在加工时受到不同的机械应力的作用,在压型内过盈定位时受到压应力的作用,压蜡时受到高压、高速、高黏度蜡液的冲击,在脱蜡时要承受热水或蒸汽的蒸煮,在浇注时要承受金属液的机械冲击和静压力,在定向凝固或单晶铸造时要承受纵向温度梯度所产生的热应力等。因此,要求陶瓷型芯有能满足不同环境要求的相应的抗折强度。

2. 抗热震性

定向凝固浇注过程中,陶瓷型芯要随型壳从室温直接进入 1100～1200℃的定向炉加热器中,而后快速升温到 1550～1600℃并浇入金属液。浇注后,铸型与金属液同步冷却,但型壳底部要通水或通其他冷却液冷却,上部要在 1500～1600℃的高温下历时 30～90min 或更长的时间,并在铸型上、下形成很大的温度梯度。因此要求型芯能够承受急剧升温、大温度梯度和 1500～1600℃高温下金属液的机械冲击和热冲击而不发生热应力破坏。对于导热性较差的陶瓷型芯,极易因型芯表层与内层的温差过大而产生热应力,从而导致热震断裂或热震损伤。因此,要求陶瓷型芯具有良好的抗热震性。

3. 热胀匹配性

在铸型的焙烧及预热过程和金属液的浇注及凝固过程中,常伴有巨大的温度变化。型芯、型壳和金属液在按各自的热膨胀系数膨胀或收缩而产生长度或体积变化的同时,因相互牵制而产生的热应力会导致型芯、型壳及铸件的变形或损坏。因此,陶瓷型芯与型壳及金属液之间,必须有良好的热胀匹配性。

4. 润湿性

金属液与陶瓷型芯之间的化学性质及结合键的性质差别较大,因而表面能较高而润湿性往往较差。对于结构精细的铸件内腔,可能造成因金属液充填不满而产生欠铸缺陷,为保证铸件质量,要求陶瓷型芯与金属液间有良好的润湿性。但对于坯体中含较大气孔的型芯,又可能造成金属液渗入型芯表层的气孔中而产生物理黏砂。

5. 化学相容性

由于高温合金含有化学活性极强的金属元素 Ti、Al、Cr、Ta、Hf、Y 等和还原性极强的非金属元素 C,而且合金熔化温度高,与型芯的接触时间长,浇注与凝固时真空度高,陶瓷型芯与金属液之间容易发生热物理化学作用和热机械渗透作用。例如,可能有低熔点共熔物生成而造成化学黏砂;有合金组分被氧化而形成铸肌层,或有合金组分向界面扩散而造成浓度梯度分布;有反应气体产生而形成气孔,从而导致铸件夹杂增多,机械性能下降等。因此,优良的化学相容性是保证铸件性能和内腔表面质量的必要条件之一。

6. 透气性

在浇注过程中,型壳焙烧时尚未逸尽的挥发物需要继续挥发,界面反应产生的气体需要不断排除,溶解在金属液中的气体因溶解度下降而需要不断释出。因此,陶瓷型芯必须有足够高的透气性,否则会在铸件内腔表面形成气孔。

7. 高温尺寸稳定性

铸件凝固时的腔体尺寸取决于金属液凝固时的陶瓷型芯的尺寸。因此,陶瓷型芯的高温尺寸稳定性,即浇注过程中型芯在高浇注温度和受金属液静压力双重作用下可能因二次烧结及热胀冷缩而产生的收缩值的最小偏差,将直接影响铸件的壁厚。而铸件壁厚尺寸的任何漂移,都将影响叶片服役过程中的降温幅度和降温均匀性,直接影响叶片的使用寿命。

8. 退让性

在金属液凝固的过程中,由于陶瓷型芯的热膨胀系数小于金属的热膨胀系数,型芯会受到压应力而铸件内壁会受到张应力。如果型芯没有足够高的退让性,则在金属液凝固末期,由于铸件凝固收缩受阻而使晶界上尚还存在的液膜受到拉应力。这种拉应力,可能造成铸件在非定向凝固铸造时的热撕裂,定向凝固铸造时的晶界裂纹,或单晶铸造时的二次结晶。因此,要求陶瓷型芯在金属液凝固时的高温强度与刚凝固时的铸件强度大致相当,以保证陶瓷型芯有足够高的退让性。

9. 溶出性

铸件内腔结构的复杂性,决定了陶瓷型芯不能用机械方法脱除,而浇注过程中型芯可能产生的二次烧结或界面反应以及金属液凝固后陶瓷型芯所受到的压应力,使型芯脱除更困难。能为一种不会对铸件造成损伤和对环境造成污染的化学脱芯液所脱除,是陶瓷型芯的必备性能之一。

10. 尺寸一致性

尺寸一致性是保证蜡模压制合格率的前提,也是保证蜡模壁厚正确性及铸件壁厚正确性的前提,因而是用户对陶瓷型芯质量的第一个判据。如果陶瓷型芯的尺寸公差和形位公差超过设计要求,其直接的后果是型芯在压型内会因受挤压而产生内应力甚至折断。陶瓷型芯尺寸公差要求小于1%。

11. 表面品质

陶瓷型芯所形成的铸件内腔不能进行机加工,所以,包括粗糙度、纹理结构、是否有表面缺陷等在内的陶瓷型芯的表面品质,将直接决定铸件内腔的表面质量。

12. 结构设计

陶瓷型芯的结构设计,既要服从于冷却效果的要求,又要兼顾制备工艺的可能性,还要考虑对产品性能的影响。例如,过薄的横截面,过小的孔径,可能已超出陶瓷生产工艺的允许极限。而不合理的结构设计,在单晶铸造时可能会导致杂晶的形成。

1.2.2　陶瓷型芯的力学性能

陶瓷型芯的力学性能是指型芯在多种不同条件下的强度,表征型芯受外力作用产生各种应力变形而不被破坏的能力。检验不同条件下陶瓷型芯的力学性质,分析不同条件下陶瓷型芯的应力状况,对于了解型芯抵抗破坏的能力、探讨型芯损坏的机理、寻求提高力学性能的途径,具有极其重要的指导意义。

1. 抗折强度

陶瓷型芯的抗折强度是指型芯材料单位截面所承受的极限弯曲应力。在外力的作用下,型芯中的微裂纹会扩张,当裂纹扩张到与气孔或孔隙相遇时,扩张过程便会终止。但是,随着应力增大,会形成新的裂纹,最后使型芯折断。

在常温下所测得的抗折强度称为常温抗折强度,简称抗折强度;在脱蜡时处于潮湿状态下的陶瓷型芯,受吸附水或水蒸气的作用,因共生晶体中介稳态接触点的溶解和水的劈力(裂)作用,抗折强度会明显降低,此时的强度称为湿态强度;在1500℃以上特定温度下所测定的抗折强度,称为高温抗折强度;在铸件凝固后位于铸件中的陶瓷型芯,由于浇铸过程中高温的作用以及铸件冷却过程中型芯材料所发生的相变化,型芯的结构会发生一定的变化,此时的强度称为残留强度。

陶瓷型芯的常温抗折强度在常温抗折强度试验机上测定,可采用三点弯曲法测试,计算公式为

$$\sigma_f = \frac{3P_0 L}{2bh^2} \tag{1-1}$$

式中,σ_f 为抗折强度,MPa;P_0 为所加载荷,N;L 为跨距,mm,试验采用的跨距为

20mm;h 为试样断面的高度,mm;b 为试样断面的宽度,mm。

高温抗折强度在高温抗折强度试验机上测定,测定时按 $300\sim400℃/h$ 的速率升温至试验温度,保温 30min 后开始试验并记录测试数据,计算公式同上。

陶瓷型芯中的基质、结合剂、气孔、裂纹等组织结构特征,对抗折强度有明显的影响。特别是高温时,在材料的主晶相仍保持稳定的情况下,基质或结合剂是否易于出现液相以及液相的性质与分布状况,对高温抗折强度的影响极大。

型芯制备与使用过程中,因微观结构中存在的缺陷产生的微裂纹,因机械损伤、化学腐蚀产生的微裂纹,或因热应力产生的微裂纹,都直接影响抗折强度的大小。因此,在选择陶瓷型芯时,不能仅用由标准试条测定的平均强度作为其强度指标,必须同时考虑强度值的可靠性与分散性。陶瓷型芯的常温抗折强度一般要求不小于 $8\sim10MPa$。

2. 抗高温蠕变性

陶瓷型芯的高温蠕变是指陶瓷型芯在恒定的高温下受自身重力作用时,随着时间的延长而发生的等温变形。材料在弹性范围内受恒定应力作用时,随时间延长而出现的连续变形称为蠕变。陶瓷材料在常温下的断裂应变很小(仅 10^{-3} 量级),一般不发生或很少发生塑性变形,当然,随温度的升高和时间的延长,陶瓷材料将显示一定的塑性变形能力。

从微观结构看,蠕变有三种:位错攀移、扩散蠕变和晶界蠕变[23]。蠕变的根本原因是晶格内原子的热运动,它是温度、应力、时间和材料结构的函数。温度越高,应力越大,时间越长,蠕变就越大。

气孔、微裂纹、晶粒大小及玻璃相等材料结构因素对蠕变有显著影响。位于晶粒边界处的气孔和微裂纹,一方面减少了抵抗蠕变的有效截面,另一方面在高温下,液相能向气孔及微裂纹中渗透,特别是向孔径小于 $25\mu m$ 的中、小气孔中渗透,导致晶粒边界滑移,使蠕变增大。例如,含有 10% 气孔率的氧化铝比致密氧化铝的蠕变速率大一个数量级,气孔率与蠕变的关系为

$$\varepsilon \propto (1-P^{2/3})^{-1} \tag{1-2}$$

式中,ε 为蠕变量;P 为气孔率。

当材料完全由晶体构成时,蠕变除受与晶体弹性有关的晶体的键强影响以外,主要受晶体内空位扩散、位错移动、晶界滑移和晶粒间的结合状态所控制。晶体缺陷较少、晶界较少及晶粒间的穿插与结合较强时,蠕变较小。晶粒的大小直接影响晶界的比例,晶粒越小,晶界比例越高,蠕变就越大。例如,在 1300℃ 及相同负载条件下,多晶体氧化铝比单晶氧化铝的蠕变速率大 16 倍;多晶镁铝尖晶石,晶粒尺寸为 $2\sim5\mu m$ 的蠕变速率要比晶粒尺寸为 $1\sim3mm$ 的大 263 倍。

当材料含有玻璃相时,特别是当玻璃相为连续相时,蠕变受玻璃相控制。玻璃相数量越多,黏度越低,黏度随温度升高而降低越快,玻璃相对晶体的润湿性越好,蠕变就越严重。

陶瓷型芯的高温蠕变用蠕变量来表示,蠕变量的测定分为双支点法和单支点法两种。双支点法时,将尺寸为 2mm×6mm×120mm 的试样放在试样架上,试样跨距为 100mm;单支点法时,将尺寸为 4mm×10mm×120mm 的试样的一端固定在试样支架上,试样悬臂长 80mm。将装有试样的支架放入高温炉内,并随炉升温至试验温度,在试验温度下保温 30min。待炉温降至 100℃以下,取出试样架,测量试样最低点离支架底部的高度,蠕变量根据式(1-3)计算,即

$$\Delta H = H_1 - H_2 \tag{1-3}$$

式中,ΔH 为试样蠕变量,mm;H_1 为试样试验前高度,mm;H_2 为试样试验后高度,mm。

3. 退让性

陶瓷型芯的退让性(又称压溃性)是指型芯受到压应力时产生压缩变形的能力,与陶瓷型芯的高温蠕变速率、弹性模量和抗压强度等有关。可通过金属液凝固温度时陶瓷型芯的抗压强度及显气孔率的高低加以比较。对于工业燃气轮机叶片浇注用的大型陶瓷型芯,良好的退让性显得更为重要。

目前,测定陶瓷型芯退让性的方法是将型芯试块装入橡胶模中,抽真空后密封,在等静压机中加压,测量加压前后试块的尺寸变化,观察试块压裂的情况。

1.2.3　陶瓷型芯的化学性能

陶瓷相所具有的很高的热力学稳定性,是陶瓷材料具有优良的抵抗化学侵蚀能力的原因,也是陶瓷材料能作为型芯基体材料的基本依据。

1. 化学相容性

陶瓷型芯的化学相容性是指型芯与金属液接触时,不会发生化学反应或仅仅只发生极有限反应的能力。陶瓷型芯的化学相容性,不同于由型芯材料本身结构所决定的化学稳定性,是一个相对的概念,既与型芯材料的熔点、化学稳定性等本身的特性有关,又与陶瓷型芯的气孔率、晶相组成等显微结构特性有关;既与合金的组成有关,又与浇注条件有关。例如,氧化铝陶瓷型芯对于超合金与共晶合金有优良的化学相容性,对于钛合金则不能满足化学相容性的要求。氧化硅-硅酸锆陶瓷型芯对于镍基超合金的浇注,在浇注温度低于 1600℃时,化学相容性优良,当浇注温度超过 1600℃时,则因锆英砂的分解而不能满足化学相容性的要求。

　　陶瓷型芯中存在的微量元素可能会污染金属而在铸件中产生外来的金属粒子夹杂,因而足够高的原料纯度是保证化学相容性要求的前提之一。

2. 润湿性

　　陶瓷型芯的润湿性是指金属液对型芯表面的润湿能力。金属液滴在固体表面的形状取决于液体与自身蒸汽之间的表面能 γ_{LV}、固体对周围气氛的界面能 γ_{SV} 和固体对液体的界面能 γ_{LS},见图 1-7。

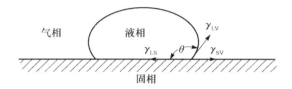

图 1-7　金属液滴在陶瓷表面的形状

　　在能量最小的状态下,三者之间的关系可用杨氏关系式表达

$$\cos\theta = (\gamma_{SV} - \gamma_{LS})/\gamma_{LV} \tag{1-4}$$

　　当固液界面能 γ_{LS} 高时,液体趋向于形成界面面积最小的球形,接触角 $\theta > 90°$,即液体不能润湿;相反,当固-气界面能 γ_{SV} 高时,液体趋于无限扩展以消除固-气界面,即 $\theta = 0°$,液体能完全润湿;当固液界面能和固气界面能界于上述二者之间时,$\theta < 90°$,液体能部分润湿。

　　接触角的大小首先取决于液、固两相之间的化学性质及结合键性质的差别大小。硅酸盐熔体在陶瓷表面的接触角很小,因而润湿性好。液态氧化物与金属相比,表面能要低得多,因而淀积在金属上的氧化物趋于润湿金属,接触角介于 $0° \sim 50°$[24]。相反,金属液的表面能比大多数陶瓷氧化物的表面能高得多,且界面能也高,因此,金属液滴在陶瓷表面的接触角很大而润湿性就差。为改善金属液滴在陶瓷型芯表面的润湿性,可在型芯表面涂覆金属膜。此外,接触角的大小还取决于固体的气孔率、表面粗糙度、界面反应、固体表面的结构变化及气氛等[25]。Ni-TaC-13 定向共晶合金与陶瓷型芯材料的接触角如表 1-3 所示。

表 1-3　NiTaC-13 定向共晶合金与陶瓷型芯材料的接触角

参数	CaO	La₂O₃			Sm₂O₃	Al₂O₃	Y₂O₃
材料气孔率/%	14	12			11	7	≤6
试验温度/℃	1800	1700	1820	1870	1790	1700~1850	1800
接触角/(°)	88	122	74	<74	77	87	79

3. 溶出性

　　陶瓷型芯的溶出性是指型芯材料在脱芯剂作用下从铸件内腔被溶出的性能,

首先取决于型芯材料本身的溶解性,当然也与陶瓷型芯的显微结构、铸件内腔的复杂程度及脱芯剂的种类、浓度、温度和压力等因素有关。

溶出性以试样在腐蚀液中在单位时间内的溶失量来表示。目前,我国陶瓷型芯溶出性的测定方法为将装有规定颗粒尺寸型芯坯料的试样框浸入脱芯液中,记录试样全部溶失的时间,溶出性 C 根据式(1-5)计算为

$$C = M/t \tag{1-5}$$

式中,C 为溶出性,g/min;M 为试样质量,g;t 为溶失时间,min。

由于脱芯速率受试样的比表面积、气孔率等的影响,而且,在脱芯过程中,某些试样在失重时并不发生体积变化,因而用单位时间内的质量损失来表示型芯试样的溶出性并不合理。可使用单位时间内试样厚度的减小 K 来表示试样的溶出性,其计算公式为

$$K = \Delta W/(A \cdot t \cdot \rho) \tag{1-6}$$

式中,K 为溶出性,cm/h;ΔW 为总的质量损失,g;A 为试样初始表面积,cm²;t 为脱芯时间,h;ρ 为试样密度,g/cm³。

在实际计算时,式中的 t 用 $t^{1/2}$ 代替,更适合于脱芯过程受扩散控制的模型。

1.2.4　陶瓷型芯的热学性能

在陶瓷型芯的使用过程中,温度环境多次发生急剧的变化,因而,热性能是陶瓷型芯的基本性质之一。

1. 热膨胀性

陶瓷型芯的热膨胀性是指型芯的长度或体积随温度的升高或降低而变化的现象。热膨胀的表示方法有线膨胀率和线膨胀系数两种,也可以用体积膨胀率和体积膨胀系数来表示。线膨胀率 ρ 是指由室温到试验温度之间试样长度的相对变化率(%)。线膨胀系数 α 是指由室温到试验温度之间,温度每升高 1℃,试样长度的相对变化率,单位为 1×10^{-6}℃$^{-1}$。体积膨胀由体积膨胀率($\Delta V/V_0$)和体积膨胀系数 β 来表示,$\beta = \Delta V/(V_0 \Delta T)$。若线膨胀系数很小,则体积膨胀系数约等于线膨胀系数的 3 倍,即 $\beta = 3\alpha$。

热膨胀系数与材料的化学矿物组成及所处的温度有关,实际上不是一个恒定值,它随温度的变化而变化,通常所说的都是指一定温度范围内的平均值。对于陶瓷型芯,一般认为其热膨胀系数以小于 2.5×10^{-6}℃$^{-1}$ 为宜,相当于在 1000℃时线膨胀率为 0.25%。

2. 抗热震性

抗热震性是指抵抗温度急剧变化而不破坏的能力。当环境温度急剧变化时,

陶瓷型芯坯体内各相因热膨胀系数不同而产生内应力,或陶瓷型芯坯体内因存在温差而产生内应力,都可能导致型芯的破损或折断。内应力的大小,既与型芯的某些物理性质,如热膨胀系数、导热性、弹性模量等有关,也与型芯的显微结构,如粗颗粒的数量、气孔率的高低等有关,还与型芯的外形结构,如形状、大小、厚薄等有关。

对陶瓷型芯的抗热震性 Δt_f 可用下式评价,即

$$\Delta t_f = R \cdot S \cdot K \tag{1-7}$$

式中,R 为热阻力系数;S 为形状系数;K 为冷却或加热因素。

其中,热阻力系数计算公式为

$$R = \sigma_b(1-\mu)/(E \cdot \alpha) \tag{1-8}$$

式中,σ_b 为断裂强度;μ 为泊松比;E 为弹性模量;α 为线膨胀系数。

上述诸因素中,线膨胀系数 α 的影响最为突出,如石英玻璃的 α 小,因而抗热震性最好。而氧化镁的 α 大,因而抗热震性差。部分型芯材料的热阻力系数 R 如表 1-4 所示。形状系数 S 的影响也较为显著,特别是壁厚差别较大、形状复杂的型芯,抗热震性就更差。另外,提高型芯中临界颗粒和粗颗粒的数量,能使型芯的抗热震性显著提高。因为大颗粒周围有微裂纹和孔隙存在,能对部分热应力起到抵消或缓冲的作用。

表 1-4　部分型芯材料的热阻力系数[26]

热阻力系数	氧化镁	氧化铝	镁铝尖晶石	氧化锆	莫来石	氮化硅	石英玻璃
R	34	47	47	106	107	157	3000

3. 高温体积稳定性

陶瓷型芯的高温体积稳定性是指在浇铸过程中,陶瓷型芯的体积或线度发生不可逆变化的性能。对于一般耐火陶瓷材料,通常用无重力负荷作用下的重烧体积变化率或重烧线变化率来判断高温体积稳定性。

重烧体积变化率(ΔV)和重烧线变化率(ΔL)的测定方法是将试样加热到规定温度,保持一定的时间,冷却到室温,计算公式为

$$\Delta V = \frac{V_1 - V_0}{V_0} \times 100\% \tag{1-9}$$

$$\Delta L = \frac{L_1 - L_0}{L_0} \times 100\% \tag{1-10}$$

式中,V_0 和 V_1 分别表示重烧前后的体积,cm^3;L_0 和 L_1 分别表示重烧前后的长度,cm。

值得注意的是,上述数据是在试样从重烧结温度下降到室温后测定的,它包含了试样在降温过程中因相变化或结构变化所导致的尺寸改变。而对于陶瓷型芯,

具有决定意义的是在金属液凝固时型芯的体积变化或线变化率,如何真实地反映陶瓷型芯的高温体积稳定性,尚有待于探讨。

陶瓷型芯产生重烧线变化的原因,是型芯在高温使用条件下产生的继续烧结或相变。以烧结温度较低的硅基陶瓷型芯为例,由于在烧结时所发生的物理化学变化尚远离终点,在浇铸时,特别是定向凝固铸造或单晶铸造时,长时间热负荷的作用会使物理化学反应继续进行。例如,液相的产生对于孔隙的填充,表面张力的作用对于颗粒间距的拉近,以及更多的石英玻璃向方石英转化产生的体积收缩等都可能使型芯密度提高而产生重烧收缩。而对于烧结温度低于使用温度的铝基陶瓷型芯,如何减小重烧收缩所产生的有害影响就成为必须解决的课题之一。

1.2.5　陶瓷型芯的工艺性能及结构性能

1. 烧结收缩

烧结收缩是指坯体烧结后的尺寸变化百分数。烧结收缩是陶瓷材料烧结的必然结果,影响烧结收缩的工艺因素很多,如粉料的粒度及粒度分布、生坯的体积密度、烧结的工艺条件等。烧结收缩直接影响陶瓷型芯的烧结强度、气孔率及变形大小等。测定烧结收缩的方法是用游标卡尺测量试样烧结前后的长度,测量精度为0.02mm,计算公式为

$$S_L = \frac{L_0 - L_1}{L_0} \times 100\% \qquad (1-11)$$

式中,S_L 为烧结收缩率,%;L_0 为试样烧结前长度,mm;L_1 为试样烧结后长度,mm。

2. 体积密度

体积密度为试样的干燥质量与试样的总质量之比,单位为 g/cm³,由阿基米德排水法测得,计算公式为

$$\rho_{\text{体}} = \frac{m_1}{m_3 - m_2} \times \rho_{\text{水}} \qquad (1-12)$$

式中,m_1 为干燥试样的质量,g;m_2 为饱和试样的表观质量,g;m_3 为饱和试样在空气中的质量,g;$\rho_{\text{水}}$ 为所测温度下水的密度,g/cm³。

3. 气孔率

气孔率指物体中孔体积占总体积的百分数,用来表示物体的多孔性或致密程度,是陶瓷型芯的基本技术指标之一。气孔可分为开口气孔、贯通气孔和闭口气孔,三者体积之和为总孔体积。只包括开口气孔和贯通气孔的气孔率称为显气孔率或表观气孔率,仅指封闭气孔的气孔率为封闭气孔率,显气孔率与封闭气孔率之和称为真气孔率或总孔隙率。

陶瓷型芯显气孔率 W_a 的测定及计算方法为

$$W_a = \frac{m_3 - m_1}{m_3 - m_2} \times 100\%\tag{1-13}$$

式中, m_1 为干燥试样的质量, g; m_2 为饱和试样在水中的质量, g; m_3 为饱和试样在空气中的质量, g。

气孔对陶瓷型芯的性能有正、反两方面的影响, 其有利影响是: ①利于浇注过程中气体的排除; ②利于提高型芯的退让性; ③利于脱芯液进入型芯坯体内部, 增强溶出性。其负面影响是真气孔率的增加, 会使陶瓷型芯承载有效负荷的能力下降, 导致常温抗折强度和高温抗折强度减小, 抗高温抗蠕变能力降低。如果显气孔率过高, 孔径过大, 特别是金属-陶瓷接触角小于 90°时, 金属液可能渗入型芯坯体中, 使铸件内腔表面粗糙度增大, 并可能造成对冷却通道的阻塞而影响脱芯。

当然, 不同种类的气孔对陶瓷型芯性能有不同的影响。例如, 贯通气孔增加, 陶瓷型芯的透气性增大; 贯通气孔和开口气孔增加, 溶出性会增大。

对陶瓷型芯的气孔率视型芯材料本身的溶解性优劣而有不同的要求。例如, 硅基陶瓷型芯, 因石英玻璃溶解性好, 气孔率一般为 20%~40%; 铝基陶瓷型芯, 则因电熔刚玉溶解性差, 气孔率要求高于 40%。

4. 透气性

透气性是在一定压差下允许气体通过的性能, 可以用一定的时间内一定压力的气体透过一定断面和厚度的陶瓷型芯试样的量来表示。表征透气性的数学关系式为

$$Q = k(H_1 - H_2)S/D\tag{1-14}$$

式中, Q 为气体透过的数量, L/m^2; S 为试样的横截面积, m^2; D 为试样的厚度, m; $H_1 - H_2$ 为试样两端的压力差, mm H$_2$O[①]; K 为透气性系数, L·m/(m^2·mm H$_2$O·h)。

一般而言, 透气性与致密度成反比。当然, 决定透气性的主要因素不是气孔率的高低, 而是贯通气孔的数量、大小、结构和状态。透气性直接受型芯制备工艺的影响, 通过控制颗粒级配, 选用合适的成型方法, 采用合适的烧结制度, 能有效地控制透气性。对于大气浇注条件下使用的陶瓷型芯要求具有更为良好的透气性。

5. 表面结构状态

包括表面粗糙度、表面纹理结构在内的型芯表面结构状态, 直接影响铸件内表面的结构状态。其中, 表面粗糙度是指表面高低不平的程度, 我国通常用轮廓算术

---

① 1mmH$_2$O=9.80665Pa。

平均偏差 R_a 作评定参数,它是取样长度内,轮廓偏差绝对值的算术平均值。对于涡轮叶片,内腔表面粗糙度通常规定为 5 级,要求型芯具有相应的表面粗糙度。型芯的表面粗糙度与坯料的最大粒径、气孔率、成型方法等多种因素有关。

由于低的表面粗糙度不一定能获得最佳的冷却效果,近年来已提出了对型芯表面纹理结构的要求。

1.3　陶瓷型芯的组成

陶瓷型芯是由一种或多种不同的化学成分和矿物构成的非均质体。陶瓷型芯的性能不仅取决于它的化学组成,也取决于它的矿物组成、矿物分布及各相的特征。

1.3.1　陶瓷型芯的化学组成

在陶瓷型芯的制备与使用过程中,能否形成某种物相,何时出现某种物相并赋予特定的性质,如何从本质上改变型芯的某些特定性质,首先取决于陶瓷型芯的化学组成。陶瓷型芯必须能承受高温金属液的作用,因此,它主要由高熔点的氧化物及氮化物组成,见表 1-5。

表 1-5　氧化物及氮化物的化学组成及熔点

名称	化学组成	熔点/℃	名称	化学组成	熔点/℃
氧化镁	MgO	2800	尖晶石	$MgO \cdot Al_2O_3$	2135
氧化锆	ZrO_2	2600	莫来石	$3Al_2O_3 \cdot 2SiO_2$	1850
氧化钙	CaO	2570	锆英石	$ZrO_2 \cdot SiO_2$	1650(分解)
氧化钇	Y_2O_3	2410	硅灰石	$CaO \cdot SiO_2$	1544
氧化铝	Al_2O_3	2050	氮化钛	Ti_3N_4	3205
氧化硅	SiO_2	1713	氮化铝	AlN	2450(升华)
氧化锌	ZnO	1800(升华)	氮化硅	Si_3N_4	1900(升华)

大多数陶瓷型芯含有多种成分,但成分多有主、副之分。通常将其基本成分称为主成分,其他成分称为副成分。副成分又分为添加成分和杂质成分。

1. 主成分

主成分通常是高熔点耐火氧化物或氮化物中的一种或几种。它们是陶瓷型芯的主体,在陶瓷型芯的制备及使用过程中能形成稳定的具有优良性能的矿物,因而是直接决定陶瓷型芯性能的基础条件。

2. 添加成分

添加成分是为弥补主成分在制备工艺或使用性能方面的某些不足而特意添加

的少量成分。通常有结合剂、改性剂、成孔剂、助熔剂、矿化剂、晶体生长抑制剂、烧结收缩补偿剂等。它们可能是氧化物,可能是非氧化物;可能是无机物,可能是有机物。

添加成分的特点是加入量少,改善性能的效果明显。例如,制备氧化硅陶瓷型芯时,在注射成型的浆料中加入作为表面改性剂的油酸能改善成型性能;在坯料中加入作为助熔剂的纳米二氧化硅能降低烧结温度。又如,制备氧化铝陶瓷型芯时,在坯料中加入作为成孔剂的碳粉能提高型芯的气孔率;在坯料加入作为体积补偿剂的金属铝能降低型芯的烧结收缩。

必须注意的是,添加成分不应对陶瓷型芯的主要性能产生明显的副作用。例如,在氧化铝型芯坯料中,如果引入氧化镧、氧化钇、氧化锆或氧化镁等能与基体材料形成固溶体或共晶体而促进烧结,而且不会形成低熔点的玻璃相,不会影响型芯的高温结构稳定性。但如果引入氧化硅,虽然能明显降低烧结温度,但低熔点玻璃相的形成,会严重影响型芯的高温结构稳定性和溶出性。

3. 杂质成分

杂质成分是在型芯制备过程中无意或不得已带入的微量无益或有害成分。例如,硅基陶瓷型芯中的杂质组分 Al_2O_3 可能是由石英玻璃粉本身所带来的;杂质组分 Fe_2O_3 可能是料浆搅拌过程中因搅拌桨叶磨损带入的,也可能是成型过程中因返回的蜡坯带入的。

陶瓷型芯中的杂质有的是易熔的,如硅基陶瓷型芯中的氧化钠、氧化钾等;有的本身虽具有很高的熔点,但同主成分共存时却可产生易熔物,如氧化硅型芯中的氧化铝。因而,杂质往往对陶瓷型芯的使用性能带来有害的影响。

严格控制型芯材料中的杂质含量是保证型芯高温性能的必要条件。例如,电熔刚玉中的氧化钠含量对不同温度下氧化铝陶瓷型芯高温挠度比的影响如表 1-6 所示。

表 1-6 氧化钠含量对氧化铝陶瓷型芯高温挠度比的影响

Na_2O 含量(质量分数)/%	1500℃	1600℃	1700℃
0.05	1	2	2
0.40	3	6	9

1.3.2 陶瓷型芯的矿物组成

矿物是指由相对固定的化学组分构成的有固定的内部结构和一定物理性质的化合物。在化学成分固定的前提下,由于成分分布的不均匀,或由于制备工艺或使用工艺的不同,陶瓷型芯中的矿物种类、数量、晶粒大小和结合状态均有所不同,从而造成陶瓷型芯性能的差异。因此,矿物组成也是决定陶瓷型芯性能的主要因素之一。

　　陶瓷型芯中的矿物,有的是由高熔点单一氧化物稳定结晶体构成的,如刚玉、方石英、方镁石等;有的是由复合氧化物构成的,如锆英石,莫来石,尖晶石等。在常温下,陶瓷型芯可能是单相或多相多晶体的集合体,也可能是多晶体与玻璃相共同构成的集合体。例如,氧化铝陶瓷型芯是刚玉相的多晶聚集体,DS型芯是方石英多晶体与石英玻璃共同构成的集合体。

　　根据陶瓷型芯中各相的性质、所占比重和对技术性能的影响,可将构成相分为主晶相、次晶相和基质。

1. 主晶相

　　主晶相是构成型芯结构主体,并对型芯性质起主导作用的晶相。陶瓷型芯的性质主要取决于主晶相的性质、数量、分布和结合状态。例如,在硅基陶瓷型芯中,主晶相是方石英;在铝基陶瓷型芯中,主晶相是 α-Al_2O_3。

2. 次晶相

　　次晶相是指与主晶相和基质相并存,数量较少,对改善型芯性能起一定作用的第二晶相。例如,在坯料组成(质量分数)为70％石英玻璃粉、30％锆英砂的硅基陶瓷型芯中,Z为次晶相锆英石,FS为尚未转化为主晶相方石英的石英玻璃,P为气孔,见图1-8。次晶相锆英石对提高型芯的尺寸稳定性起到重要的作用。

图 1-8　硅基陶瓷型芯中的相组成[27]

3. 基质

　　基质是指主晶相之间的填充物或胶结物,既可由玻璃相构成,也可由细微晶体构成,还可由两者的混合物构成。例如,图1-9所示为氧化铝陶瓷型芯强化前后的显微结构,其中,图(a)为强化前的主晶相 $\alpha\text{-}Al_2O_3$,图(b)和图(c)为强化后作为基质相存在的莫来石,能明显提高氧化铝陶瓷型芯的高温抗蠕变能力。

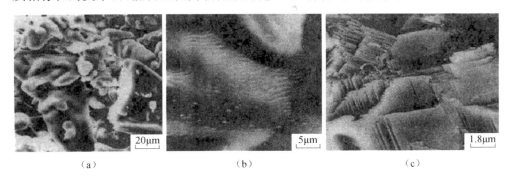

20μm	5μm	1.8μm
(a)	(b)	(c)

图 1-9 氧化铝陶瓷型芯强化前后的显微结构[28]

基质往往包含主成分以外的全部或大部分添加成分和杂质成分,数量不大,但成分复杂,作用明显,往往对型芯的某些性能有重大的影响。因此,如何控制基质数量,提高基质质量,改善基质分布,对提高型芯使用性能有重要意义。

1.4 陶瓷型芯的显微结构

陶瓷材料的显微结构是指在各种显微镜下观察到的内部组织结构,其内容包括:晶相的形态与分布,晶粒的大小、形态与取向,晶界的组成及特征,气孔的尺寸、形状与位置,各种缺陷和微裂纹的形态与分布等,见图 1-10。

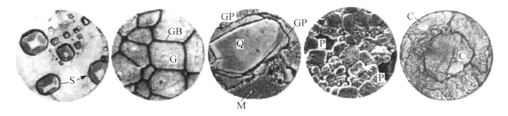

图 1-10 陶瓷材料的显微结构[29]

S 为单晶;G 为多晶;GB 为晶界;Q 为石英;M 为莫来石;GP 为玻璃相;P 为气孔;C 为裂纹

构成陶瓷材料显微结构最基本的要素是晶相、玻璃相和气相[30]。其中,晶相是陶瓷材料的主要组成相,往往决定着陶瓷材料的物理、化学性能。玻璃相是一种非晶态低熔点固态相,起降低烧结温度、黏结分散的晶相、填充气孔等作用。在陶瓷型芯坯体中,玻璃相虽然数量不多,但经常存在于晶界,对型芯的使用性能产生较大的影响。气孔往往是陶瓷材料生产过程中不可避免地残存下来的,一般会使材料性能降低,但对于陶瓷型芯,为了满足特殊使用要求的需要,必须有目的地控制气孔的形成。

　　陶瓷材料显微结构的特点之一是结构的不均匀性和复杂性。由不同的成分和粒度经混合和烧结而成的坯体结构,不可能达到组成和结构均匀的程度,特别是存在于晶界上与基体的成分和结构不同的低熔点玻璃相,使陶瓷材料存在脆性大、难加工、可靠性与重现性差的致命弱点。

　　陶瓷材料的显微结构,是在一定的工艺条件下形成的,记录了制备工艺条件的历史过程,反映了材料性能的优劣,决定了材料的使用性能。

1.4.1　晶相及晶界

　　1. 晶相

　　从显微结构看,陶瓷型芯是由取向各异的晶粒通过晶界集合而成的聚集体。晶相是形成陶瓷型芯骨架的主要部分,其来源因陶瓷型芯的种类及制备工艺的不同而有明显的不同。有的直接来源于型芯原料,如铝基陶瓷型芯中的刚玉;有的是在制备过程或使用过程中经晶型转化而来的,如硅基陶瓷型芯中的方石英;有的是在原料预烧或型芯烧结过程中经化学反应而生成的,如以氧化铝和氧化钇为原料的陶瓷型芯中的钇铝石榴石。

　　陶瓷型芯的许多性能在很大程度上取决于晶相的种类、数量及其分布。例如,铝基陶瓷型芯优良的高温结构稳定性和与共晶合金优良的化学相容性,主要是因为电熔刚玉是一种结构紧密、离子键强度很高的晶体。因此,对型芯材料的选择首先是从主晶相考虑的。

　　2. 晶界

　　在烧结过程中,陶瓷材料中的细微颗粒形成了大量的结晶中心,当它们发育成晶粒时,有各自不同的结晶取向。当晶粒与晶粒相遇时,就形成晶粒的边界,简称晶界。据估计,晶界宽度为 $5\sim50\mu m$,当晶粒尺寸为微米级时,晶界几乎占总体积的三分之一。在晶界上的质点,为适应相邻两个晶粒的晶格结构,往往处于一种不规则的过渡排列状态,质点的取向不同,分布疏密不均,易于形成微观的晶界应力。因而,作为多晶陶瓷材料显微结构一个重要组成部分的晶界,常常对陶瓷材料的某些性能起着关键性的作用。

　　陶瓷型芯通常是由细粒的黏结料把粗粒的难熔料黏结在一起构成的,在烧结过程中,晶界既可以起到物质迁移的作用,也可以起到排除气孔及集纳杂质的作用。因而,晶界是位错缺陷较多的区域,也是杂质组分富集的区域。

　　图 1-11 为含 5%(质量分数)TiO_2 烧结方镁石的结构形貌,其中,图(a)可见方镁石主晶相之间的晶界,图(b)为晶界中析出的钛酸镁晶体。

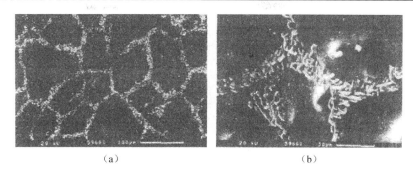

（a） （b）

图 1-11 含 5％TiO_2 烧结方镁石的结构形貌[31]

1.4.2 气孔及微裂纹

1. 气孔

在陶瓷型芯的显微结构中,气孔主要来源于如下几种情况:

（1）为满足成型工艺需要而在型芯坯料中加入一定数量的有机黏合剂。在烧结初期,有机黏合剂受热分解而在坯体中留下大量气孔。

（2）为提高型芯的气孔率,型芯坯料中常加入一定数量的成孔剂,如石墨粉、碳等。在烧结过程中,成孔剂分解而在坯体中留下大量气孔。

（3）烧结过程中,窑炉内气氛的扩散,使型芯坯体内包含气孔。

（4）坯体烧结程度低,往往处在"生烧"状态,原料颗粒之间的孔隙或原料颗粒上的裂纹未被玻璃相或晶界填满而残留气孔。

（5）在烧结过程中因二次再结晶而形成的气孔。一部分是少数大晶粒长大过程中包裹了周围的小晶粒,将小晶粒中的空隙包裹在大晶粒之内;另一部分是粗大晶粒中那些位于晶粒中间离晶界较远的气孔因排除较难,形成了包裹气孔或晶界上的气孔。

（6）被凝固的玻璃相所包围的气孔。

气孔按其形态可大致分为三类:一为一端封闭,一端与外界相通的开口气孔;二为两端与外界相通的贯通气孔;三为不与外界相通的闭口气孔。其中开口气孔和贯通气孔占气孔体积的绝大部分。气孔按其大小可分为孔径大于 1mm 的粗孔、孔径为 25μm～1mm 的细孔和孔径小于 25μm 的微孔。

气孔的种类、形状、大小及它们的分布受型芯制备过程中多种因素的影响,如原料的颗粒级配、结合剂用量、成孔剂的种类及用量、成型压力、烧结程度等。例如,当气孔由成孔剂分解而形成时,多为贯通气孔;当气孔因烧结程度偏低而形成时,形状多不规则,并以分散分布为主;当气孔因为被凝结的熔体所包围而形成时,则为闭口气孔,常出现在玻璃相中。

2. 微裂纹

在陶瓷型芯坯体中存在着大小不同、分布不均的微裂纹。产生微裂纹的原因很多,如原料在粉碎时残留在颗粒上的裂纹;成型过程中工艺控制不当产生的裂纹;烧结过程中多晶转变产生的裂纹或热应力产生的裂纹;降温过程中晶粒之间或晶相与基质之间收缩不同产生的裂纹等。

不同原因产生的裂纹,有不同的特征。由粉碎时机械应力产生的裂纹,多分布在晶粒的内部,以细长而弯曲为其特征。由方石英晶型转变而产生的裂纹,多分布在晶粒的表面,与方石英的析晶往往是从颗粒表面开始的有关。

微裂纹是导致陶瓷型芯抗折强度和抗蠕变能力下降的主要原因。但是,有意诱导生成的微裂纹,可用于改善氧化镧-氧化铝陶瓷型芯的退让性和溶出性。例如,可将经烧结的氧化铝型芯预热到 $20\sim1000℃$ 的某一个温度,而后投入 $20℃$ 的水中淬冷,使坯体中形成足够数量一定长度的微裂纹。

1.4.3　氧化硅-硅酸锆陶瓷型芯的显微结构

坯料组成(质量分数)为 80% 石英玻璃粉、20% 锆英砂,经 $1200℃$ 保温 4h 烧结而成的氧化硅-硅酸锆陶瓷型芯的显微结构示于图 1-12。坯体为多孔结构,气孔约占体积分数 20%。在烧结过程中,坯料颗粒之间由于烧结而形成桥颈连接,见图 1-13。能谱分析表明,图中的亮颗粒 A 和暗颗粒 B 分别为锆英砂和石英玻璃,小颗粒 Al 为氧化铝,系排蜡时黏结在型芯坯体上的填料。在陶瓷型芯烧结过程中形成于石英玻璃颗粒表层的方石英晶粒,如图 1-14 中的 C 所示。方石英由高温型向低温型转化时形成宽度为 $0.03\sim0.5\mu m$ 的微裂纹,如图 1-15 中的箭头所示。

图 1-12　硅基陶瓷型芯的显微结构

图 1-13　坯料颗粒间的桥颈连接

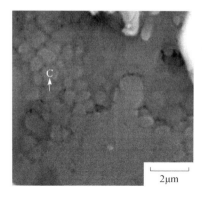

图 1-14 石英玻璃颗粒表层的方石英　　图 1-15 方石英晶型转化时形成的微裂纹

　　以硅酸乙酯水解液为黏合剂,锆英砂含量为质量分数 32.4% 的注浆成型氧化硅-硅酸锆陶瓷型芯试样,经 940℃ 预烧 1h 后的显微结构如图 1-16(a) 所示。图中,1 为石英玻璃颗粒,呈灰色,粒径 50～100μm;2 为锆英砂粉,呈浅灰色,粒径较小;3 为气孔,色深,为制片时的环氧树脂所填充,气孔率约为体积分数 40%。试样浸渍硅溶胶并经干燥以后,显微结构如图 1-16(b) 所示。图中,4 为填充于大气孔中的硅溶胶;5 为未被硅溶胶所填充的直径小于 5μm 的微孔。试样经 955℃/1h 烧结后,显微结构如图 1-16(c) 所示。图中箭头所示为微裂纹,系各相的烧结程度不同或硅溶胶填充不满所致。

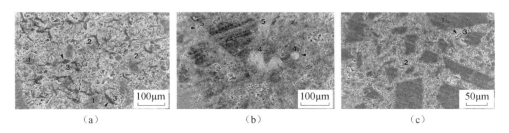

(a)　　　　　　　　　　　　(b)　　　　　　　　　　　　(c)

图 1-16 高温强化后硅基陶瓷型芯显微结构

1.5　陶瓷型芯的工艺、结构与性能的关系

　　陶瓷型芯的制备与使用,是一个从陶瓷型芯的成型、烧结、强化到陶瓷型芯的彻底消除的过程,这是陶瓷型芯与其他结构陶瓷制品最大的不同之处,也是陶瓷型芯的各项性能要求之间存在着不少矛盾的主要原因。例如,要求有足够的烧结强度而不产生收缩以保证足够高的形位精度;要求高温结构稳定性好而又具有良好的退让性;要求化学相容性好而又能在相对温和的脱芯介质中溶出等。这些相互

矛盾的要求,决定了陶瓷型芯的工艺、结构与性能之间关系的特殊性。

1.5.1　陶瓷型芯外形结构设计及制备工艺与陶瓷型芯工程可靠性的关系

1. 陶瓷型芯外形结构设计与陶瓷型芯工程可靠性的关系

陶瓷型芯的工程可靠性与陶瓷型芯的整体结构均匀性有关,即与陶瓷型芯不同部位的物相组成、物化性能的一致性有关。而陶瓷型芯的外形结构取决于涡轮叶片冷却结构的设计要求,为提高冷却效率,涡轮叶片用陶瓷型芯的外形结构特点是:①大多为三维空间曲面结构,变截面、变弦长、大扭角;②紊流系统纵横交叉,通道长、弯道多、网孔细、孔距小;③尺寸变化幅度大,前缘厚、后缘薄、截面小、面积大;④多处补加工艺连接梁及加强筋;⑤几何转折点多、应力集中点多。陶瓷型芯外形结构的复杂性,直接影响陶瓷型芯宏观结构的均匀性,因而直接影响陶瓷型芯的工程可靠性。

2. 陶瓷型芯制备工艺与陶瓷型芯工程可靠性的关系

陶瓷型芯的工程可靠性与陶瓷型芯的微观结构均匀性有关。陶瓷型芯材料是由陶瓷料粉经混合、成型、烧结而成的,工艺过程复杂,影响因素众多,因而,陶瓷型芯的显微结构均匀性取决于陶瓷型芯制备工艺的稳定性。而陶瓷型芯制备工艺对显微结构影响的敏感性却直接影响显微结构的均匀性,也就直接影响陶瓷型芯的工程可靠性。对于陶瓷型芯而言,包括尺寸精度、形位精度和性能数据(如抗折强度)的离散性在内的工程可靠性,在一定程度上甚至比型芯的性能指标更重要。因此,陶瓷型芯制备工艺对工程可靠性的影响,成为对型芯生产者的最大挑战之一。

1.5.2　材料选择、粉料粒度及烧结程度与陶瓷型芯结构、性能的关系

1. 材料选择与陶瓷型芯性能的关系

对陶瓷型芯基体材料选择的基本要求是耐火度高、与合金有良好的化学相容性、能用化学方法脱除、制备与使用过程中没有晶型转变、抗热震性优良、与型壳及合金的热膨胀系数相匹配。但从表 1-7 所示的主要陶瓷型芯材料的物理、化学性能看,没有一种陶瓷材料能同时满足上述要求。

表 1-7　主要陶瓷型芯材料的物理、化学性能

材料名称	熔点/℃	膨胀系数/10^{-6}℃$^{-1}$	相变	化学相容性	溶出性
石英玻璃	1713	0.5	有	与超合金相容	溶于碱
电熔刚玉	2050	8.6	无	与共晶合金相容	溶于碱及氟盐

续表

材料名称	熔点/℃	膨胀系数/10^{-6}℃$^{-1}$	相变	化学相容性	溶出性
氧化锆	2600	6.0	有	与活性金属相容	不溶
氧化钇	2410	9.7	无	与金属间化合物相容	溶于酸、碱及氟盐
氧化镁	2800	14.0	无	与活性金属相容	溶于稀酸

石英玻璃虽然是使用最多的陶瓷型芯材料,具有优良的溶出性,但是,①熔点相对较低,浇注温度不宜超过 1650℃,而且易于与合金中的活性元素发生反应;②在硅基陶瓷型芯的制备与使用过程中发生的相变化影响了其尺寸稳定性,难以满足高尺寸精度铸件的使用要求;③硅基陶瓷型芯因热膨胀系数小而具有优良的抗热震性,但与目前常用的氧化铝质型壳 811C 的热胀匹配性远不如铝基陶瓷型芯 AC-2 好,见图 1-17,因此,难以将硅基型芯牢固地定位在铸型中。因而,研制与硅基型芯基体材料相同的硅基型壳,或许将成为一个新的研究课题。

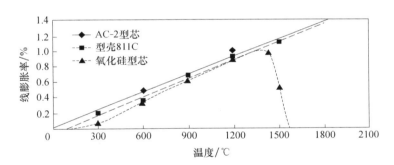

图 1-17　陶瓷型芯与型壳的热胀匹配性[32]

电熔刚玉与共晶合金有优良的化学相容性,在制备与使用过程中没有相变化,与目前使用的铝基型壳的热胀匹配性良好,高温结构稳定性优良,但溶出性差而难以脱除,成为制约铝基陶瓷型芯使用的最大障碍。另外,烧结温度高,不利于工业化生产。

氧化锆具有与活性金属之间良好的化学相容性而能用于钛合金的浇注,但不能用化学方法溶出,因而只能用于生产内腔形状简单的铸件。

氧化钇与活性金属及金属间化合物之间有良好的化学相容性,又能用酸、碱或氟盐溶出,也能作为型壳材料使用,虽然烧结温度高、原料成本高,但仍有望作为一种有良好发展前景的材料。

氧化镁结构稳定,与活性金属化学相容性优良,且易溶于稀酸,与型壳及合金的热胀匹配性好,但抗热震性差,特别是易于水化,制备、保存与运输多有不便。

2. 料粉粒度控制与型芯结构、性能的关系

粒度控制既包括对料粉粒径的控制,还包括对料粉粒度组成的控制。粒径是指料粉颗粒的大小,粒度组成是指不同粒度级别范围内,各粒度级别的颗粒所占的质量分数。粒径的大小(特别是最大粒径)及粒度组成既影响可塑性、干燥性和烧成性等工艺性能,也影响陶瓷型芯的结构性能与使用性能,见表 1-8。

表 1-8　料粉粒径和粒度组成与型芯结构、性能的关系

粗度组成	烧结收缩	体积密度	气孔率	表面光洁度	变形	抗折强度	抗热震性	溶出性	形位精度	抗金属液渗透
粒径越粗	越小	越小	越高	越差	越小	越低	越好	越好	越高	越差
细粉越多	越大	越大	越低	越好	越大	越高	越差	越差	越低	越好

料粉中的最大粒径取决于陶瓷型芯的形状复杂程度、断面尺寸大小、成型方法及对坯体结构和性质的要求。一般而言,形状复杂而断面小,烧结温度低而烧结时间短,气孔率高而气孔壁厚薄,以及表面光洁度要求高时,最大粒径应较小。例如,为保证料粉在型芯尺寸最小的断面上有足够的堆垒密度,粉料的最大粒径一般控制在型芯最小断面尺寸的十分之一以下。从保证铸件表面光洁度考虑,大多数精铸件的表面粗糙度要求为 $30\mu m$ 或更小,因而料粉的最大粒径最好小于 $80\mu m$。但是,料粉的最大粒径越小,虽然烧结强度较高,表面光洁度较好,抗金属液渗透能力越强,但烧结收缩越大而变形越大,难以保证陶瓷型芯的形位精度。

对于型芯料粉粒度组成的控制,并不要求料粉具有最高的堆积密度,而要求烧结时在保证型芯有适当的烧结强度的前提下有最小的烧结收缩和较高的气孔率。如果料粉中细颗粒含量高,在配制浆料时,由于料粉的比表面积大,当增塑剂用量相同时,浆料流动性能差。提高增塑剂用量,虽能保证料浆的流动性,但增大了蜡坯收缩和烧结收缩。在烧结时,虽因比表面能高易于烧结而烧结强度较高,但烧结收缩大而易于变形,体积密度高而影响脱芯。在浇铸时,虽因密度较高而有利于提高高温抗折强度,但因晶粒细小而影响抗高温蠕变能力。

3. 烧结程度与型芯结构、性能的关系

陶瓷材料的烧结强度来源于料粉颗粒之间的烧结,因而,陶瓷型芯的烧结强度大小取决于烧结程度的高低。烧结程度过低时,烧结强度不足,难以满足强度要求。但提高烧结程度,烧结强度虽然增大,却往往伴随烧结收缩、烧结变形、体积密度的增大,导致气孔率、形位精度及溶出性的下降。

对于硅基陶瓷型芯而言,烧结程度还影响到型芯的常温强度及中温强度之间的关系。烧结程度较低时,型芯中的方石英含量较低,方石英晶型转变对型芯常温

强度产生的影响较小,但型芯的中温强度却因型芯坯体中方石英晶相含量较低,玻璃相含量相对较高而严重下降。严格控制硅基陶瓷型芯的烧结程度,有效控制型芯坯体中的方石英含量及其赋存状态,成为硅基陶瓷型芯制备的关键之一。

参 考 文 献

[1] Uram S. Ceramic cores for high-melting-point alloys. Foundry,1971,(7):48-53.

[2] 陈婉华,陈荣章. 宇航熔模铸造技术的发展. 航空材料学报,1992,12(1):57-69.

[3] O'Connor K F, Hoff J P, Frasier J, et al. Single-cast, high-temperature, thin wall structures and methods of making the same:US,6071363. 2000.

[4] 张效伟,朱惠人. 大型燃气涡轮叶片冷却技术. 热能动力工程,2008,23(1):1-5.

[5] 曹运红. 铸造技术在飞航导弹上的应用. 飞航导弹,1996,(4):49-56.

[6] 汤鑫,曹腊梅,盖其东,等. K4169 合金整体导向环精铸技术及热处理工艺研究. 宇航材料工艺,2007,(6):82-86.

[7] 陈胜安,孙桂雨,侯晚秋. 陶瓷型芯在制造窄流道叶轮上的应用. 铸造,1993,(12):22-25.

[8] 李自德,陈美怡,周德中. 陶瓷型芯在熔模铸造碳钢件中的应用研究. 铸造,1998,(5):7-11.

[9] 郑祥国,刘定邦. 陶瓷型芯在熔模铸件弯曲小孔中的应用. 望江科技,1989,(4):1-6.

[10] 熊艳才,刘国利,洪润洲. 薄壁复杂封闭型腔铝合金构件铸造工艺研究. 特种铸造及有色合金,2000,(4):17-18.

[11] 刘向东,李远才,谭昊,等. 可溶性型芯技术的发展及其应用. 现代铸铁,1998,(3):15-17.

[12] 陈荣章,王罗宝,李建华. 铸造高温合金发展的回顾与展望. 航空材料学报,2000,20(1):55-61.

[13] 顾国红,曹腊梅. 熔模铸造空心叶片用陶瓷型芯的发展. 铸造技术,2002,23(2):80-83.

[14] 王飞,李飞,刘河洲,等. 高温合金空心叶片用陶瓷型芯的研究进展. 航空制造技术,2009,(19):60-64.

[15] 倪萌,朱惠人,裘云,等. 航空发动机涡轮叶片冷却技术综述. 燃气轮机技术,2005,18(4):25-38.

[16] 桂忠楼,张鑫华,钟振纲,等. 高效冷却单晶涡轮叶片制造技术的发展. 航空制造工程,1998,(2):11-13.

[17] 张振斌,马吉生. 1998 中国精密铸造厂代表团赴美考察报告. 特种铸造及有色合金,1999,(1):53-56.

[18] 刘瑞麟. 关于叶片陶芯研制与生产专业化的思考. 航空科学技术,1994,(2):22-25.

[19] 姜不居. 实用熔模铸造技术. 沈阳:辽宁科学技术出版社,2008:169.

[20] 久田荣一. 精密铸造用セラミック中子. 金属,1986,56(7):38-40.

[21] Singh N P, Neubauer J M. What every commercial, aerospace, IGT investment caster needs to know about ceramic cores. Incast,2003,(4):18-21.

[22] Rotger J C. What is a good ceramic core? Incast,2008,(6):14-17.

[23] 浙江大学,武汉建筑材料工业学院,上海化工学院,等. 硅酸盐物理化学. 北京:中国建筑

工业出版社,1981:402.

[24] Kinggery W D,Bowen H K,Uhlmann D R. 陶瓷导论. 清华大学无机非金属教研组译. 北京:中国建筑工业出版社,1982:211.

[25] Rhee S K. Wetting of ceramics by liquid metals. Journal of the American Ceramic,1971, 54(7):332-334.

[26] 华南工学院,南京化工学院,清华大学. 陶瓷材料物理性能. 北京:中国建筑工业出版社, 1980:71.

[27] 王毅强,成来飞,张立同,等. 相组成与微结构对硅基陶瓷型芯性能的影响. 航空制造技术,2007,(3):92-94.

[28] 薛明,曹腊梅. 莫来石对氧化铝基陶瓷型芯的高温抗变形能力的影响. 材料工程,2006, (6):33-34,57.

[29] Yin Q R,Zhu B He,Zeng H R. Microstructure,Property and Processing of Functional Ceramics. Co-published by Metallurgical Industry Press,Beijing and Springer-Verlag GmbH Berlin Heidelberg,2009:2.

[30] 华南工学院,北京工业大学,武汉建筑材料工业学院,等. 硅酸盐岩相学. 北京:中国建筑工业出版社,1990:334.

[31] Rada L. 矿化剂对氧化镁烧结的影响. 柏平舟译. 国外耐火材料,1997,(12):49-52.

[32] 薛明,曹腊梅,刘世忠. 定向凝固过程中型芯型壳温度场数值模拟. 铸造,2007,56(3): 287-289.

第2章 陶瓷型芯材料的化学性能

选择陶瓷型芯材料的最大困难在于材料既要具有高温化学稳定性,以满足陶瓷型芯与合金之间的化学相容性要求,又要有足够高的化学活性,以满足陶瓷型芯从铸件中脱除的溶出性要求。因此,化学性能成为陶瓷型芯材料最重要的性能。

2.1 陶瓷型芯材料与高温合金及钛合金的界面冶金化学行为

在熔模铸造过程中,与合金熔体直接接触的陶瓷材料,可能与合金中的活性元素发生如下反应:

$$XO(s) + M(l) == MO(s) + X(s) \ 或(l) \qquad (2-1)$$

在浇注温度 T 时,反应吉布斯自由能变化为

$$\Delta G_T = \Delta G^0 + RT \ln(a_{MO} \cdot a_X / a_M \cdot a_{XO}) \qquad (2-2)$$

式中,ΔG^0 是反应的标准吉布斯自由能变化;a_i 为组元 i 的活度。反应 ΔG_T 是否小于零是判断反应能否进行的依据之一。但是,由于各组元的活度有时很难确定,反应实际上是否能够进行、反应程度如何、对铸件内表面粗糙度的大小及缺陷的多少影响如何,最终必须通过试验来确定。

在熔模铸造过程中,还可能发生热机械渗透作用,陶瓷材料与熔融金属之间的渗透过程可以近似地由下式来表示:

$$P = -2\sigma_{gl} \cos\theta / r \qquad (2-3)$$

式中,P 为熔融金属进入到半径为 r 的孔隙中所需要的力;σ_{gl} 是熔融金属的界面张力;θ 是熔融金属与陶瓷材料的接触角。

由式(2-3)可知,孔隙半径越小,熔融金属渗透到孔隙所需要的力就越大。实际精铸过程中,型芯的孔隙非常小,因此,在大多数情况下,金属液的热机械渗透是不可能发生的。然而,当陶瓷型芯表面有裂纹产生时,就可能因孔隙有效半径的增大而发生金属液的渗透。

在式(2-3)中,如 $\theta < 90°$,表明存在毛细管吸引,熔融金属渗透到陶瓷表面的孔隙中的过程是自发的;如 $\theta > 90°$,表明没有润湿条件,需要提供外力才能使金属渗透到陶瓷孔隙中。

2.1.1　陶瓷型芯材料与超合金的界面冶金化学行为

1. SiO_2 与超合金中活性元素的反应

1) SiO_2 与 C 发生反应

$$SiO_2(s) + 2C(l) == 2CO(g)\uparrow + Si(l) \tag{2-4}$$

该反应在 1600℃时的吉布斯自由能为 −20kJ/mol，因而易于向右进行。当生成的 CO 来不及排除时将形成气孔，生成的 Si 则可能凝聚在气孔的内壁。

反应产物 CO 能进一步与型芯材料 SiO_2 按下式反应：

$$SiO_2(s) + 2CO(g) == SiO(g)\uparrow + CO_2(g)\uparrow \tag{2-5}$$

参与本反应的 SiO_2，既可能是尚未转化成方石英的 SiO_2 干凝胶，或是由锆英砂分解而来的 SiO_2，也可能是存在于玻璃相中的 SiO_2，或是莫来石中的 SiO_2。当参与反应的是莫来石中的 SiO_2 时，发生如下反应：

$$3Al_2O_3 \cdot 2SiO_2(s) + 2CO(g) == 2CO_2(g)\uparrow + 2SiO(g)\uparrow + 3Al_2O_3(s) \tag{2-6}$$

另外，反应产物 CO 能与合金中的 Cr 发生如下反应：

$$2Cr(l) + 3CO(g) == Cr_2O_3(s) + 3C(s) \tag{2-7}$$

Cr 被 CO 间接氧化而生成的 Cr_2O_3 可能凝聚于气孔内表面，使气孔表面呈金黄色；也可能与型芯材料中的 SiO_2 反应，或参与 $SiO_2 + MnO$ 的反应而形成一系列低共熔混合物，使黏砂现象更为严重。

图 2-1 所示为用硅基陶瓷型芯浇注涡轮叶片时叶片上的气孔缺陷。图 2-2 所示为用硅基陶瓷型芯浇铸不锈钢时在铸件内腔形成的气孔。

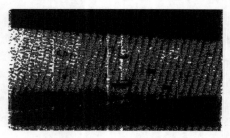
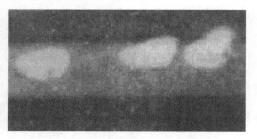

图 2-1　叶片上的气孔缺陷[1]　　　　图 2-2　不锈钢铸件内壁的气孔[2]

2) SiO_2 与 Al 发生反应

$$3SiO_2(s) + 4Al(l) == 3Si(l) + 2Al_2O_3(s) \tag{2-8}$$

该反应在 1843K 时的吉布斯自由能为 −105.8kJ/mol，反应能够进行。反应产物 Al_2O_3 又会进一步与型芯中的 SiO_2 反应生成低共熔相，这是在型芯-金属界面造成化学黏砂的主要原因。

图 2-3 所示为氧化硅-硅酸锆陶瓷型芯与 DD6 合金在 1570℃下接触 30min 后

的表面结构形貌及成分分布曲线,型芯本身并不含 Al,因而存在于型芯表面的 Al 是 SiO_2 与合金中的 Al 反应的产物。图 2-4 所示为陶瓷型芯断面结构形貌及成分分布曲线,在界面约 $4\mu m$ 的范围存在着白色的富 Al 条带,证明了型芯表层的铝系界面反应所致。陶瓷型芯在与合金液接触的过程中,形成了密度较高的厚 $40\sim50\mu m$ 的二次烧结层,其密实程度从表面向内部递减,见图 2-5。

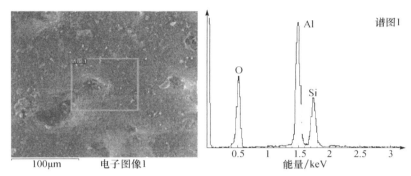

图 2-3　氧化硅-硅酸锆陶瓷型芯与 DD6 合金界面结构形貌及成分分布[3]

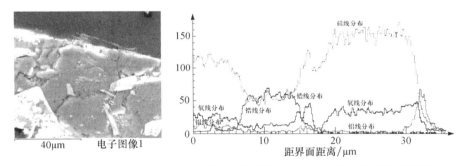

图 2-4　氧化硅-硅酸锆陶瓷型芯断面结构形貌及自界面至内部的成分分布[3]

硅线分布;锆线分布;氧线分布;铝线分布

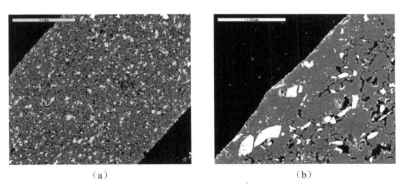

（a）　　　　　　　　　　　（b）

图 2-5　氧化硅-硅酸锆陶瓷型芯断面结构

（a）型芯整体;（b）型芯边缘

图 2-6 所示为铸件与陶瓷型芯接触界面的合金组织,经合金成分分析表明,与母合金成分相比,合金中的铝元素有所减少。在实际生产中,铝元素减少量必须严加控制,其原因在于铝的减少导致合金中 Ni_3Al 强化相数量的减少,影响合金的性能;同时,铝的减少意味着界面富铝层的增厚,影响型芯的脱除。

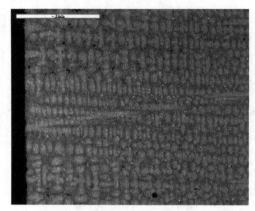

图 2-6　与氧化硅-硅酸锆陶瓷型芯接触界面的 DD6 合金组织

3) SiO_2 与 Ti 发生反应

$$SiO_2(s) + 2Ti(l) \Longrightarrow Si(l) + 2TiO(l) \tag{2-9}$$

$$SiO_2(s) + Ti(l) \Longrightarrow Si(l) + TiO_2(s) \tag{2-10}$$

$$3SiO_2(s) + 2Ti(l) \Longrightarrow 2SiO(g)\uparrow + 2TiO_2(s) + Si(l) \tag{2-11}$$

由于 SiO 蒸气的逸出和被还原出来的 Si 溶于合金液中,上述反应将向右进行,造成合金元素 Ti 的损失。

4) SiO_2 与 Mn 发生反应

$$SiO_2(s) + 2Mn(l) \Longrightarrow 2MnO(s) + Si(l) \tag{2-12}$$

反应产物中的 MnO 会与 SiO_2 进一步反应而形成硅-锰低共熔混合物,造成黏砂。反应产物中的 Si 将溶于金属液中或凝聚于气孔内表面。

5) SiO_2 与 Hf 发生反应

$$SiO_2(s) + Hf(l) \Longrightarrow HfO_2(s) + Si(l) \tag{2-13}$$

据计算,上述反应在 1700K 时的吉布斯自由能为 $-203.5kJ/mol$,因此,反应能向右进行,并在界面生成 HfO_2 界面层。

6) SiO_2 与 Y 发生反应

$$3SiO_2(s) + 4Y(l) \Longrightarrow 3Si(l) + 2Y_2O_3(s) \tag{2-14}$$

上述反应在 1843K 时的吉布斯自由能为 $-253.44kJ/mol$,不论 SiO_2 以自由态或化合态存在,反应都能向右进行,反应产物 Y_2O_3 进一步与 SiO_2 反应生成稀土金属硅酸盐化合物。

氧化硅-硅酸锆陶瓷型芯与($DD6+1\%Y$)合金在 1570℃下接触 30min 后,界面呈锯齿状,边界不平整。SiO_2 与合金中的 Al 和 Y 反应的产物 Al 和 Y 不仅存在于型芯的表面(图 2-7),而且渗入到型芯坯体内部(图 2-8)。在合金表面,存在着难以除去的陶瓷黏结层,见图 2-9。

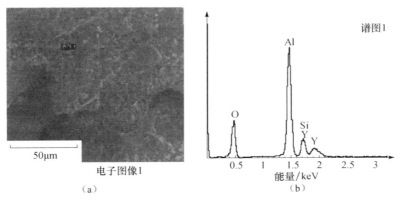

图 2-7　氧化硅-硅酸锆陶瓷型芯与(DD6+1%Y)合金界面结构形貌及成分分布[3]

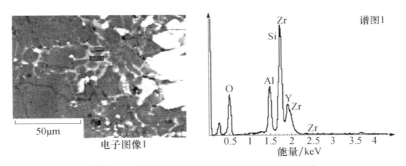

图 2-8　陶瓷型芯断面形貌及成分分布图[3]

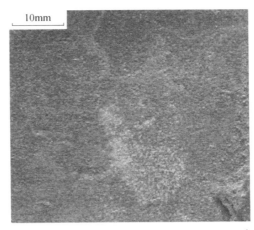

图 2-9　与氧化硅-硅酸锆陶瓷型芯接触界面的(DD6+1%Y)合金组织

7）SiO_2 与 Re 的反应

$$SiO_2 + Re = Si + ReO_2 \tag{2-15}$$

根据计算，在 1550℃时，SiO_2 和 ReO_2 的生成自由能分别为 $-566.9kJ/mol$ 和 $-15.4kJ/mol$，因此，在温度低于 1550℃时，SiO_2 和 Re 之间不发生反应[4]。

8）SiO_2 与 Ru 的反应

$$SiO_2 + Ru = Si + RuO_2 \tag{2-16}$$

根据计算，上述反应在 1843K 时的生成自由能为 572.43kJ/mol，该反应不能进行。

2. 陶瓷型芯材料与合金元素 Nb 的反应

陶瓷型芯材料中的组分与 Nb 反应生成 Nb_2O_5 的反应式如下：

$$5Y_2O_3 + 6Nb = 10Y + 3Nb_2O_5 \tag{2-17}$$
$$5ZrO_2 + 4Nb = 5Zr + 2Nb_2O_5 \tag{2-18}$$
$$5Al_2O_3 + 6Nb = 10Al + 3Nb_2O_5 \tag{2-19}$$
$$5MgO + 2Nb = 5Mg + Nb_2O_5 \tag{2-20}$$
$$5CaO + 2Nb = 5Ca + Nb_2O_5 \tag{2-21}$$
$$5Ce_2O_3 + 6Nb = 10Ce + 3Nb_2O_5 \tag{2-22}$$
$$5BeO + 2Nb = 5Be + Nb_2O_5 \tag{2-23}$$

图 2-10 所示为与上述各反应相对应的吉布斯自由能 ΔG 与 T 的关系，在计算温度范围内，各反应的 ΔG 皆为正值。在 2100K 时按 ΔG 从大到小的顺序排列为 Y_2O_3、BeO、CaO、ZrO_2、Ce_2O_3、Al_2O_3 和 MgO。另外，在计算温度范围内，各氧化物与 Nb 反应生成 NbO 的 ΔG 也皆为正值。因而，仅从热力学的角度考虑，上述各氧化物对于合金元素 Nb 而言是稳定的，其中最稳定的是 Y_2O_3。

但是，试验表明，在上述各组分中，Al_2O_3 能与合金中的 Nd 发生如下反应[5]：

$$Al_2O_3 + 2Nd = 2Al + Nd_2O_3 \tag{2-24}$$

反应的速率取决于 Al_2O_3 的赋存状态。当 Al_2O_3 为无定形态时，反应快速进行；当 Al_2O_3 为电熔刚玉时，仅仅只有晶体边缘的氧化铝被还原。反应将导致合金中的 Al 含量略有增加。

图 2-11 所示为 ZrO_2 与铌基超高温合金熔体在 2053K 时保温 30min 的反应界面。图中上部浅色部分为厚 $50\sim60\mu m$ 的界面反应层，ZrO_2 与合金层的界线明显。能谱分析表明，ZrO_2 对合金组成基本没有污染，表明 ZrO_2 与铌不发生反应。

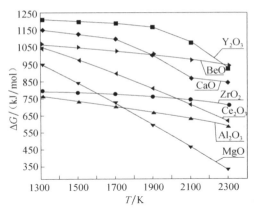

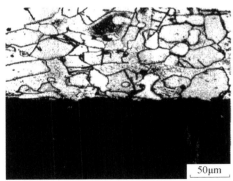

图 2-10　Nb 与氧化物反应生成 Nb$_2$O$_5$ 的　　图 2-11　ZrO$_2$ 与铌基超合金的反应界面[7]
　　　　ΔG 与 T 的关系[6]

3. 陶瓷型芯材料与合金元素 Hf 的反应

陶瓷型芯材料中的组分与 Hf 反应生成 HfO$_2$ 的反应式如下：

$$2Y_2O_3 + 3Hf \Longrightarrow 4Y + 3HfO_2 \tag{2-25}$$

$$ZrO_2 + Hf \Longrightarrow Zr + HfO_2 \tag{2-26}$$

$$2Al_2O_3 + 3Hf \Longrightarrow 4Al + 3HfO_2 \tag{2-27}$$

$$2MgO + Hf \Longrightarrow 2Mg + HfO_2 \tag{2-28}$$

$$2CaO + Hf \Longrightarrow 2Ca + HfO_2 \tag{2-29}$$

$$2Ce_2O_3 + 3Hf \Longrightarrow 4Ce + 3HfO_2 \tag{2-30}$$

$$2BeO + Hf \Longrightarrow 2Be + HfO_2 \tag{2-31}$$

图 2-12 所示为与上述各反应相对应的 ΔG 与 T 的关系。

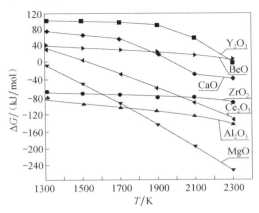

图 2-12　Hf 与氧化物发生反应生成 HfO$_2$ 的 ΔG 与 T 的关系曲线

由图 2-12 可见,在计算温度范围内,Y_2O_3 和 BeO 与 Hf 反应的 ΔG 为正值,从热力学角度考虑,反应不能进行,表明 Y_2O_3 和 BeO 对于元素 Hf 是稳定的。ZrO_2、Al_2O_3 和 MgO 与 Hf 反应的 ΔG 为负值,表明 ZrO_2、Al_2O_3 和 MgO 对于 Hf 是不稳定的。CaO 与 Hf 反应的 ΔG 从正值转变为负值的温度约为 2100K,表明当温度高于 2100K 时,CaO 对于 Hf 是不稳定的。Ce_2O_3 与 Hf 反应的 ΔG 从正值转变为负值的温度约为 1500K,表明温度高于 1500K 时,Ce_2O_3 对于 Hf 是不稳定的。

4. 陶瓷型芯材料与超合金的热物理渗透

图 2-13 所示为质量分数 1.3%Hf 的超合金 A 和不含 Hf 的超合金 B 与陶瓷基板在 1390℃等温保温 1h 时的接触角随时间变化的曲线。由图 2-13 可知,两种

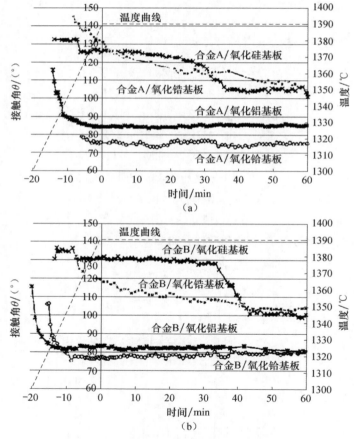

图 2-13　超合金与陶瓷基板的接触角[8]

(a) 合金 A;(b) 合金 B

合金与 HfO_2 和 Al_2O_3 基板表面的接触角稳定($\theta < 90°$),润湿性好,能自发渗透到基板孔隙中去;两种合金与 ZrO_2 底板的接触角随保温时间延长而持续下降,但仍大于 $90°$,表明合金与之不润湿,不能产生自发渗透作用;两种合金与 SiO_2 底板的接触角,随保温时间的延长而下降,其中,合金 A 与底板的接触角在接触初期就开始下降,而合金 B 与底板的接触角在接触 30min 后才剧烈下降。当然,接触角即使下降后仍大于 $90°$,表明合金与 SiO_2 基板间不润湿,不能产生自发渗透作用。

界面结构观察表明,接触角的稳定性与界面反应有关,而合金液向陶瓷型芯材料的渗透,不仅与接触角有关,还与基板的气孔率有关。与合金液不润湿的 ZrO_2 基板,虽然气孔率高,但合金液不渗入;与合金液润湿的 Al_2O_3 基板,由于结构致密,合金液不渗入;唯有与合金液润湿而有气孔的 HfO_2 基板才有合金液的轻微渗入,见表 2-1。

表 2-1 超合金与陶瓷型芯材料界面层特性

基板材质	合金 A	合金 B
SiO_2	HfO_2($2\mu m$)$+Al_2O_3$($<0.5\mu m$)	Al_2O_3($<0.5\sim1\mu m$)
ZrO_2(气孔率 20%)	HfO_2($30\mu m$)$+$"Al"在 ZrO_2 气孔中	Al_2O_3($2\mu m$)$+MgAl_2O_4$($5\sim7\mu m$)
HfO_2(气孔率 9.5%)	合金轻微渗入,未观察到界面层	合金轻微渗入,未观察到界面层
Al_2O_3(结构致密)	HfO_2($0.25\mu m$)	无界面层

2.1.2 陶瓷型芯材料与定向共晶合金的界面冶金化学行为

在浇注定向共晶合金时,由于浇注温度高和高温接触时间长,陶瓷材料与合金之间的反应将明显加剧。图 2-14 所示为铸型的金属氧化物陶瓷涂层与定向共晶合金(NiTaC-13)界面的显微结构。图中,10 为铸型;12 为合金-陶瓷涂层间的反应产物;14 为被还原的硅凝胶;16 为氧化铝粗颗粒;18 为涂层中已为树脂所填充的孔洞;20 为未溶解的氧化铝细粉;22 为莫来石;24 为富硅液相;26 为涂层中的氧化铝粉。合金与陶瓷涂层间反应产物的形成对铸件表面质量会产生严重影响。

表 2-2 所示为耐火氧化物和 NiTaC 定向共晶合金中各元素氧化物的标准生成自由能。对表中具有放射性的 ThO_2、UO_2 和具有毒性的 BeO,由于没实用性而不加考虑。对其他氧化物,则通过座滴试验和浸入试验,考查了它们与共晶合金的界面冶金化学行为。

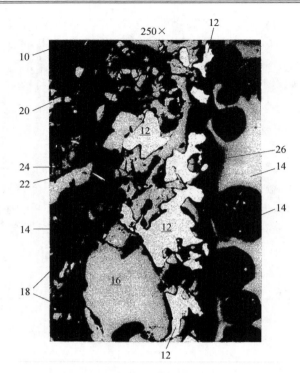

图 2-14　定向共晶合金-铸型陶瓷涂层界面的反应区显微照片[9]

表 2-2　耐火氧化物和 NiTaC 共晶合金元素氧化物的 ΔG_f^0[10]　（单位：kJ/mol）

氧化物	ΔG_f^0	氧化物	ΔG_f^0	氧化物	ΔG_f^0
Y_2O_3	890.2	$LaAlO_3$	795.1	SiO_2	551.4
$Y_4Al_2O_9$	860.4	HfO_2	759.9	$Al_2O(g)$	508.7
ThO_2	857.5	UO_2	740.7	V_2O_3	494.1
$YAlO_3$	833.2	ZrO_2	726.9	Ta_2O_5	482.3
Nd_2O_3	824.0	$MgAl_2O_4$	697.1	Cr_2O_3	408.7
Sm_2O_3	816.0	Al_2O_3	691.3	$W_4O_{12}(g)$	268.0
La_2O_3	815.2	CeO_2	677.0	CoO	185.1
CaO	810.2	BaO	662.4	NiO	127.7
BeO	805.6	MgO	641.9	$ReO_2(l)$	106.3
$Y_3Al_5O_{12}$	803.9	CO	572.4		

1. CaO 与共晶合金的反应

14％气孔率 CaO 在 1700℃时的座滴试验表明，在陶瓷-合金界面虽然没有形成界面化合物，但发生如下反应：

$$2CaO(s) == 2Ca(g)\uparrow + O_2\uparrow \tag{2-32}$$

Ca 的蒸气压很高,如 1800℃时蒸气压为 0.5MPa,导致反应将强烈地向右进行,致使陶瓷失重约 1.5%,合金因脱碳而失重约 0.8%。另外,由于陶瓷-合金接触角为 88°,金属渗入氧化钙中的深度约 75μm。

2. MgO 与共晶合金的反应

20%气孔率 MgO 在 1700℃浸入试验中发生如下反应:

$$4MgO(s) + 2Al(l) = MgAl_2O_4(s) + 3Mg(g) \uparrow \qquad (2-33)$$

该反应强烈地向右进行,这是由于:①2000K 时反应的 $\Delta G_T = -110.5kJ/mol$;②反应产生的 Mg 的蒸气压高,如 1800℃时为 3.5MPa,能迅速挥发而出;③界面反应层因 Mg 的挥发而结构疏松,对反应的进一步进行没有阻挡作用。图 2-15 所示为 MgO-NiTaC 共晶合金 1700℃/20h 浸入试验时在陶瓷-合金界面形成的厚度约 90μm 的结构疏松的镁铝尖晶石($MgAl_2O_4$)层。图 2-15 中,明亮区为合金,括弧区为镁铝尖晶石,箭头所指为封固剂。

18%气孔率 MgO 和 NiTaC 在 1700℃时的座滴试验表明,在界面形成镁铝尖晶石层,金属渗入氧化镁中的深度约 75μm。14%气孔 MgO 和无铝 NiTaC 在 1700℃的座滴试验表明,接触界面上形成少量厚度约 10μm 的不连续 $Mg_4Ta_2O_9$ 层,陶瓷-合金接触角为 109°,没有发生合金向陶瓷的渗透。

3. $Y_2Zr_2O_7$ 和 $Y_4Zr_{23}O_{52}$ 与共晶合金的反应

10%气孔率 $Y_2Zr_2O_7$ 1800℃/20h 浸入试验的陶瓷-NiTaC 界面如图 2-16 所示,界面上形成总厚度约 260μm 的反应产物层。紧邻金属界面的第一层为厚 70μm 的钇铝石榴石($Y_3Al_5O_{12}$);第二层为厚约 190μm 的钇铝石榴石和 $Y_2Zr_4O_{11}$,其气孔率明显低于 $Y_2Zr_2O_7$。在 NiTaC 定向共晶合金中,用电子探针分析没有检测出 Y,而 Zr 含量为 0.3%,这是由于发生如下反应:

$$12Y_2Zr_2O_7(s) + 35Al(l) = 7Y_3Al_5O_{12}(s) + 24Zr(l) + 3Y(l) \qquad (2-34)$$

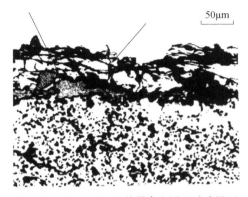

图 2-15　MgO-NiTaC 共晶合金浸入试验界面

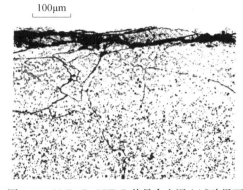

图 2-16　$Y_2Zr_2O_7$-NiTaC 共晶合金浸入试验界面

　　15%气孔 $Y_4Zr_{23}O_{52}$ 1800℃座滴试验表明,在液滴下方形成不规则的钇铝石榴石和 $Y_4Zr_{23}O_{52}$ 双相混合层,厚度一般为 $220\mu m$,但少数区域钇铝石榴石深度达 $410\mu m$。金属渗入陶瓷约 $45\mu m$,而在某些区域,深度达 $250\mu m$。

　　NiTaC 与 $Y_2Zr_2O_7$ 和 $Y_4Zr_{23}O_{52}$ 发生中度到重度反应的原因与反应产物钇铝石榴石稳定性高和反应产物层的防护性差有关。

　　4. La_2O_3 与共晶合金的反应

　　12%气孔率 La_2O_3 1700℃浸入试验表明,通过如下反应:

$$La_2O_3(s) + Al(l) = LaAlO_3(s) + La(l) \tag{2-35}$$

在界面形成 $LaAlO_3$ 界面层,其表面不规整度小于 $25\mu m$。反应产物 La 将溶入 NiTaC 中。如果 Al 和 La 有相同的活化系数,1800℃时溶入 NiTaC 中的 La 可达 2%。

　　图 2-17 所示为 1700℃/1h 座滴试验时的界面结构,箭头所指的部分反应产物 $LaAlO_3$ 已埋入金属中,而括弧所示的部分金属已渗入陶瓷中,渗入深度约 $60\mu m$。随试验温度的提高,接触角明显减小,如 1700℃时为 $122°$、1820℃时为 $74°$、1870℃时小于 $74°$,而金属往陶瓷内的渗入深度明显增大。图 2-18 所示为 La_2O_3-NiTaC 共晶合金 1870℃/1h 座滴试验时界面的结构形貌,金属渗入陶瓷中达 $300\mu m$。电子探针分析表明,有大量的 La 集中在金属颗粒边界。

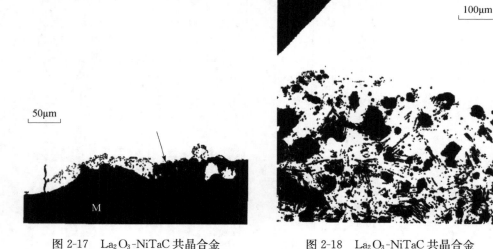

图 2-17　La_2O_3-NiTaC 共晶合金　　　　　图 2-18　La_2O_3-NiTaC 共晶合金
　　　1700℃座滴试验界面　　　　　　　　　　　1870℃座滴试验界面

　　La_2O_3 与 NiTaC 在 1800℃时发生中等程度反应的原因在于反应产物 $LaAlO_3$ 的稳定性较高,其吉布斯自由能几乎与 La_2O_3 一样。另外,由于 La_2O_3 具有吸湿性,由 La_2O_3 制备的试样会快速水化而成粉料。

5. Nd_2O_3 与共晶合金的反应

21% 气孔率 Nd_2O_3 1700℃ 座滴试验时与 NiTaC 发生中等程度的反应,形成厚度约 $20\mu m$ 的 $NdAlO_3$ 界面层。温度升高到 1800℃ 时反应会更严重。另外,Nd_2O_3 同样存在水化问题,虽然其水化速率不像 La_2O_3 那样快。

6. Sm_2O_3 与共晶合金的反应

将 NiTaC 置于 Sm_2O_3 坩埚中,1700℃ 时发生如下反应:

$$Sm_2O_3(s) + Al(l) = SmAlO_3(s) + Sm(g)\uparrow \qquad (2\text{-}36)$$

$$6SmAlO_3(s) + 5Al(l) = SmAl_{11}O_{18}(s) + 5Sm(g)\uparrow \qquad (2\text{-}37)$$

由于 Sm 有较高的蒸气压,1800℃ 时为 0.1MPa,能迅速挥发而出,使反应向右进行。在接触面上形成 $SmAlO_3$ 和 $SmAl_{11}O_{18}$ 界面层。

11% 气孔率 Sm_2O_3 1790℃ 座滴试验时,形成厚约 $6\mu m$ 的 $SmAlO_3$ 界面层,金属渗入陶瓷的深度约 $9\mu m$,接触角为 77°。1800℃ 时,Sm_2O_3 与 NiTaC 发生中等程度反应。另外,Sm_2O_3 试样与 Nd_2O_3 试样水化成为粉末的速度一样快。试验表明,氧化钐陶瓷型芯用于共晶合金浇注时,温度不宜高于 1700℃,高温持续时间不能超过 4h。

7. Al_2O_3 与共晶合金的反应

7% 气孔率 Al_2O_3 1700℃/20h 浸入试验表明,在陶瓷-金属接触面,没有生成界面化合物,见图 2-19。这是因为:① Ni-TaC 中除 C 外,没有一种元素能将 Al_2O_3 中的 Al^{3+} 还原为 Al;②合金本身已含高达(摩尔分数)12.2% 的 Al,Al_2O_3 中被还原的 Al 不可能通过溶解在金属中而明显降低其活度。但经标准 C 燃烧试验测定,金属中 C 的损失量约为 25%,这是由于发生如下反应:

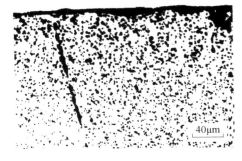

图 2-19　Al_2O_3-NiTaC 共晶合金浸入试验界面

$$Al_2O_3(s) + 3C(l) = 2Al(l) + 3CO(g)\uparrow \qquad (2\text{-}38)$$

座滴试验表明,在 1700～1850℃ 时,陶瓷-金属接触角为 87°,而且不随温度发生变化。可以预料,由于接触角小于 90°,金属液有可能渗入陶瓷的开口气孔中。当试样气孔为 15% 和 8% 时,金属液渗入陶瓷中的深度分别为 $85\mu m$ 和小于 $10\mu m$,见图 2-20。很明显,低气孔率时的开口气孔不足以使金属液产生明显渗透。

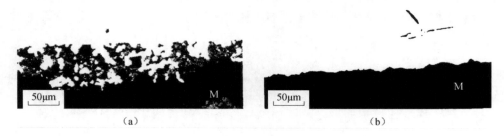

图 2-20　Al_2O_3-NiTaC 共晶合金 1700℃/1h 座滴试验界面
(a) 15%；(b) 8%

　　如果试验过程中陶瓷试样内有金属液渗入，冷却时将形成如图 2-21 所示的裂纹，这是由于金属的收缩比陶瓷大。裂纹大小取决于金属液渗入的数量和陶瓷与金属的热膨胀系数之差。

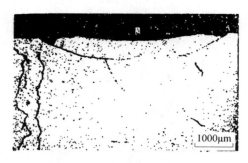

图 2-21　密度 83%$Al_2O_3$1800℃座滴试验冷却时形成的裂纹

8. Y_2O_3 与共晶合金的反应

1800℃/20h 浸入试验表明，在 Y_2O_3-NiTaC 界面发生如下反应：

$$3Y_2O_3(s) + 2Al(l) == Y_4Al_2O_9(s) + 2Y(l) \tag{2-39}$$
$$Y_4Al_2O_9(s) + Al(l) == 3YAlO_3(s) + Y(l) \tag{2-40}$$
$$4YAlO_3(s) + Al(l) == Y_3Al_5O_{12}(s) + Y(l) \tag{2-41}$$

　　各反应的产物在界面层的分布示于图 2-22。图中，与 NiTaC 合金（未示出）相邻接的顶层为 $Y_3Al_5O_{12}$(A)，第二层为 $YAlO_3$(B)，第三层为 $Y_4Al_2O_9$(C)，最底层为 Y_2O_3(D)。界面层总厚度约 $18\mu m$，A、B、C 层的厚度分别约为 $2\mu m$、$4\mu m$ 和 $12\mu m$。

　　另外，由于发生如下反应：

$$Y_2O_3(s) + 3C(l) == 2Y(l) + 3CO(g) \tag{2-42}$$

金属脱碳量约 16%，但用电子探针分析（对 Y 的最低检测量为质量分数 0.1%），没有检测出溶入金属中的 Y，这与结合良好的界面层对离子扩散有一定的阻挡作用有关。当试验温度提高到 1850℃时,界面层总厚度为 $26\mu m$。

在合金中添加质量分数 0.5%(摩尔分数 0.3%)的 Y,能有效抑制界面反应层的形成[11],使 $Y_4Al_2O_9$ 层由不加 Y 时的厚约 $12\mu m$ 的连续层变成厚约 $1\mu m$ 的不连续层。图 2-23 所示为 Y_2O_3-NiTaC+0.5%Y 的 1800℃/20h 浸入试验界面。图中,N 为 NiTaC+0.5Y,箭头所指为 $Y_4Al_2O_9$。

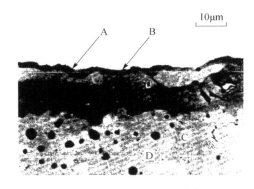

图 2-22　Y_2O_3-NiTaC 共晶
合金浸入试验界面

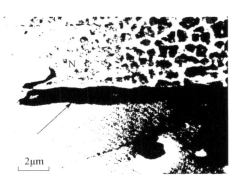

图 2-23　Y_2O_3-NiTaC+0.5%Y 共晶
合金浸入试验界面

气孔率不大于 6% Y_2O_3 和 NiTaC 共晶合金在 1800℃时的座滴试验表明:①用光学显微镜观察不到界面有二元氧化物;②Y_2O_3 试样失重仅为 0.01%,意味没有发生能明显产生气态产物的反应;③陶瓷-金属接触角为 79°,由于气孔少,试验中没有发生金属液的渗透;④金属接触面非常平整,表面不平整度小于 $5\mu m$。

气孔率为体积分数 20%的氧化钇陶瓷型芯,在熔融 NiTaC 共晶合金液中沉浸20h,以模拟定向凝固浇注条件,对型芯-金属界面的金属表面检测表明,合金与型芯反应轻微,表面光洁度仍能为大多数商业应用所接受。即使对于表面光洁度要求较高的场合,作进一步的机加工的费用对于最终产品在经济上仍然是可行的。

9. $Y_3Al_5O_{12}$、$YAlO_3$ 和 $Y_2Al_4O_9$ 与共晶合金的反应

1800℃/20h 浸入试验表明,在 $Y_3Al_5O_{12}$-NiTaC 界面没有产生任何能观察到的反应层。这是因为对于下述反应:

$$Y_3Al_5O_{12} + 3Al \Longrightarrow 4Al_2O_3 + 3Y \qquad (2\text{-}43)$$

假定 Al 和 Y 的活性系数相同,一旦 NiTaC 含 Y 量达摩尔分数 3×10^{-5}%,反应就会终止。用电子探针未能检测到金属中有 Y 存在。

对约 5%气孔率的 $Y_3Al_5O_{12}$ 试样进行了 1850℃/1h 时的座滴试验。试验中没有发生金属的渗透,因为气孔少,金属接触表面相对较平,表面不平整度一般不大

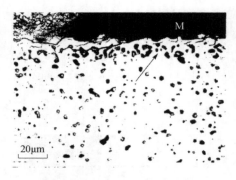

图 2-24 $Y_3Al_5O_{12}$-NiTaC 共晶
合金座滴试验界面

于 $6\mu m$。金属下方直接接触的试样含厚度 $12\mu m$ 的 $YAlO_3$ 反应层,见图 2-24。图中,M 为封固剂,箭头所指为 $YAlO_3$,其气孔明显比 $Y_3Al_5O_{12}$ 多。$YAlO_3$ 反应层是由下列反应生成:

$$Y_3Al_5O_{12} + 3C == 3YAlO_3 + 2Al + 3CO(g) \tag{2-44}$$

对约 9% 气孔率的 $Y_4Al_2O_9$ 试样进行了 1800℃时的座滴试验,没有形成界面化合物。试验后,金属接触面较平,表面不平整度小于 $5\mu m$。

10. $MgAlO_4$ 和 $MgAl_{14}O_{22}$ 与共晶合金的反应

气孔率小于 5% 的单相 $MgAl_6O_{10}$ 试样(由组成为摩尔分数 75% Al_2O_3、25% MgO 的坯料 1800℃烧结而成)经 1800℃/20h 浸入试验后,金属-陶瓷界面的不平整度小于 $15\mu m$。气孔率为 3% 的双相 $Al_2O_3 + MgAl_{14}O_{22}$ 试样(由组成为摩尔分数 90% Al_2O_3、10% MgO 的坯料 1850℃烧结而成),经 1850℃/20h 浸入试验后,界面不平整度达 $70\mu m$。这是由于发生如下反应:

$$MgAl_{14}O_{22} + C == 7Al_2O_3 + Mg(g) + CO(g) \tag{2-45}$$

反应产物 Al_2O_3 颗粒嵌入到金属液之中,见图 2-25。碳分析试验表明,脱碳量高达 90%。

在 1800℃/1h 的座滴试验中,金属液明显地渗入到气孔率为 23% 和 31% 的 $MgAl_2O_4$ 试样中,却没有渗入到 7% 气孔的 $MgAl_2O_4$ 试样中,但在金属液滴下方的陶瓷试样呈现约 $30\mu m$ 的选择性溶解层。由图 2-26 可见,金属液渗入到 31% 气

图 2-25 3%气孔率 $Al_2O_3 + MgAl_{14}O_{22}$
试样浸入试验界面

图 2-26 31%气孔率 $MgAl_2O_4$ 试样
座滴试验界面

孔率的 $MgAl_2O_4$ 试样中约 $130\mu m$。根据分析,在金属液渗入区的陶瓷材料为 Al_2O_3 和 $MgAl_8O_{13}$,这是由于发生如下反应:

$$MgAl_2O_4 = Al_2O_3 + Mg(g) + O \tag{2-46}$$

对于气孔率不大于 9% 的 $MgA_{14}O_{22}$ 试样和 $Al_2O_3 + MgAl_{14}O_{22}$ 试样(坯料组成分别为摩尔分数 78.5% Al_2O_3、21.5% MgO 和 85% Al_2O_3、15% MgO),在 $1700℃$ 和 $1800℃$ 座滴试验中,金属液既不渗入陶瓷颗粒也不选择性溶解。在 $1800℃$ 时,金属液与 $MgAl_{14}O_{22}$ 的接触角为 $89°$;由于 Mg 的蒸气压非常高,$MgAl_{14}O_{22}$ 和金属发生轻微的反应。然而,对于富 Al_2O_3 尖晶石,如 $MgAl_6O_{10}$,反应并不明显。

11. $LaAlO_3$ 和 $LaAl_{11}O_{18}$ 与共晶合金的反应

17% 气孔率的 $LaAlO_3$ 试样在 $1700℃/20h$ 浸入试验中,没有观察到任何界面化合物,界面的不平整度一般小于 $10\mu m$。

8% 气孔率的 $LaAlO_3$ 在 $1810℃$、$1820℃$ 和 $1850℃$ 时的座滴试验中,没有形成任何界面化合物。$1810℃$ 时,金属液仅在陶瓷试样的少量气孔中渗入约 $15\mu m$。但 $1850℃$ 时,渗入层较深,深度达约 $20\mu m$。在 $1810℃$ 和 $1820℃$ 时的平均接触角为 $80.5°$,大于氧化镧的接触角而小于氧化铝的接触角。

8% 气孔率 $LaAl_{11}O_{18}$ 在 $1800℃$ 时的座滴试验表明,没有形成界面化合物,与金属接触面的不平整度一般小于 $10\mu m$。

$1800℃$ 时,$LaAlO_3$ 和 $LaAl_{11}O_{18}$ 和 $NiTaC$ 定向共晶合金不发生明显反应的原因与 $Y_3Al_5O_{12}$ 类似。

12. $NdAlO_3$ 与共晶合金的反应

20% 气孔率 $NdAlO_3$ 试样在 $1700℃$ 和 $1820℃$ 时的座滴试验中,没有形成任何界面化合物,但金属液渗入多孔陶瓷坯体的深度分别为 $75\mu m$ 和 $50\mu m$。试验结果表明,$1800℃$ 时 $NdAlO_3$ 与 $NiTaC$ 定向共晶合金不发生明显的反应,其原因与 $LaAlO_3$ 类似。

综上所述,在 $1800℃$ 时,Al_2O_3、$Y_3Al_5O_{12}$、$YAlO_3$、$Y_4Al_2O_9$、富 Al_2O_3 尖晶石(如 $MgAl_6O_{10}$、$LaAlO_3$、$LaAl_{11}O_{18}$),或许还有 $NdAlO_3$ 均与 $NiTaC$-13 定向共晶合金不发生明显反应,虽然有 CO 生成,但通过在 Ar 气氛中添加 CO,可以阻止 CO 的生成。Y_2O_3 与 $NiTaC$-13 定向共晶合金只发生轻微反应。生成自由能的负值比 Al_2O_3 更大的 ThO_2 和 UO_2 也不会与 $NiTaC$-13 定向共晶合金发生明显反应。

2.1.3　陶瓷型芯材料与钛合金的界面冶金化学行为

钛是一种极为活泼的化学元素,与 N、C 或 O 都有很大的亲和力,因此,钛合金液几乎能与所有陶瓷材料发生程度不同的化学反应而在铸件表面形成称为 α 相的富氧层(图 2-27),从而使铸件弹性和延展性下降,变硬、变脆,严重影响铸件的力学性能。虽然 α 相可以用化学碾磨或喷砂等方法除去,但是除增加了额外的加工费用,还带来了铸件尺寸难以精确控制的问题。这是因为 α 相厚度取决于铸件的大小及浇铸条件,一般为 0.13～1.0mm。浇铸条件的变化,会影响 α 相的厚度,从而影响铸件的尺寸。

在氧化物陶瓷材料中,Y_2O_3、ZrO_2、Al_2O_3、MgO、CaO、Ce_2O_3 和 BeO 与 Ti 反应生成 TiO 的吉布斯自由能 ΔG 与温度的关系如图 2-28 所示。由图可见,只有 Y_2O_3、BeO 和 CaO 与 Ti 反应的 ΔG 为正值,其他氧化物与 Ti 反应的 ΔG 由正值转变为零的温度从高到低的顺序依次为 ZrO_2、Ce_2O_3、MgO 和 Al_2O_3。

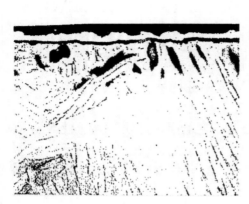

图 2-27　钛铸件表面的 α 相[12]

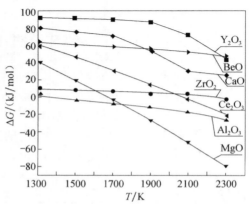

图 2-28　Ti 与氧化物反应生成 TiO 的
ΔG 与温度 T 的关系

1. Y_2O_3 与 Ti 的反应

Y_2O_3 与 Ti 液接触时,对于如下反应:

$$Y_2O_3(s) + 3Ti(l) \Longrightarrow 2Y(l) + 3TiO(l) \tag{2-47}$$

ΔG 为正值,反应不能向右进行。此外,在 1355℃时,钇在钛合金液中的最大固溶度仅为质量分数 3.7%。综合考虑氧化钇的生成自由能、与钛液的润湿性、反应产物的蒸汽压、钇在钛合金液中的溶解度及工业生产的安全性等因素,氧化钇是一种最为合适的钛合金精铸用型芯及型壳材料。

2. ZrO_2 与 Ti 的反应

ZrO_2 与钛液接触时,对于如下反应:

$$ZrO_2(s) + 2Ti(l) \Longrightarrow Zr(l) + 2TiO(l) \tag{2-48}$$

从图 2-28 可知,在约 2300K 时 ΔG 才趋于零,表明反应不容易发生。另外,在试验中,将锆粉与 TiO_2 的混合料和钛粉与 ZrO_2 的混合料分别压制成块后在真空中烧结,经分析发现,两种烧结试块都由钛和 ZrO_2 组成,表明 TiO_2 能被锆所还原,Ti 不能为 ZrO_2 所氧化。可以认为,ZrO_2 比 Ti 更稳定,而且钛液与 ZrO_2 不润湿。因此,氧化锆可用做钛精铸的陶瓷材料。

当然,在浇注钛液过程中,部分被热激活的 ZrO_2 将被分解发生如下反应:

$$ZrO_2(s) \Longrightarrow Zr(l) + 2O(l) \tag{2-49}$$

一方面,Zr 和 O 原子在高温下向钛液中扩散,其中 Zr 与 Ti 无限固溶,而 O 在 Ti 中有一定的固溶度。当 O 含量超过其在 Ti 中极限固溶度时,将与 Zr 及 Ti 反应并形成新相 $CaO \cdot ZrO_2 \cdot 2TiO_2$($CaZrTi_2O_7$)。另一方面,Ti 将按相反方向扩散,并与

氧化钙稳定氧化锆($Ca_{0.15}Zr_{0.85}O_{1.85}$)反应而生成 $2CaO \cdot 5ZrO_2 \cdot 2TiO_2$ 相[13]。

图 2-29 所示为因氧化锆型芯中的 Zr 向钛铸件表面扩散,在钛铸件表层形成的 Zr 浓度变化以及由此而引起的显微硬度变化。图 2-30 所示为钛铸件与氧化锆陶瓷型芯界面元素线分布,虽然 ZrO_2 由于热分解及热扩散而在钛铸件表面形成界面反应层,但在陶瓷型芯一侧,钛、铝、钒元素含量甚微,在钛合金铸

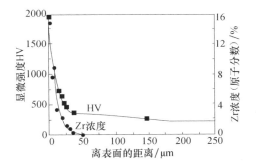

图 2-29　钛铸件表层 Zr 浓度及显微硬度

件一侧,氧、硅、锆元素含量很少。图 2-31 所示为钛铸件与氧化锆陶瓷型芯的界面结构图,图中从左到右分别为金属层、界面层和氧化锆层,表明界面层并不明显。

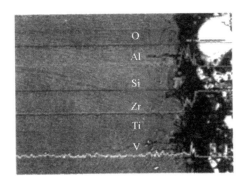

图 2-30　钛铸件与氧化锆陶瓷型
芯界面元素线分布

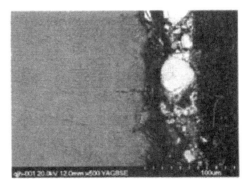

图 2-31　氧化锆型芯与钛铸件的
界面结构

3. Al_2O_3 与 Ti 的反应

从图 2-28 可知，Al_2O_3 与钛液接触生成 TiO 的 ΔG 为负值，因而，从热力学分析，能够发生如下反应：

$$Al_2O_3(s) + 3Ti(l) = 2Al(g)\uparrow + 3TiO(l) \tag{2-50}$$

而且，Al 的熔点很低，仅为 667℃，在钛的熔点 1668℃附近，其挥发速率很快，反应会快速向右进行。因此，电熔刚玉不能作为钛合金精铸用的陶瓷材料。

4. MgO 与 Ti 的反应

从图 2-28 可知，MgO 与钛液接触生成 TiO 的 ΔG 为负值，从热力学考虑，如下反应能向右进行：

$$MgO(s) + Ti(l) = Mg(g)\uparrow + TiO(l) \tag{2-51}$$

而且，由于所生成的 Mg 在钛熔融温度下，具有很高的蒸气压，尤其在真空下，挥发更快。另外，TiO 容易溶解在钛合金液中，使反应更快速地进行。显然，氧化镁不能用做钛合金精铸用型芯材料。

5. CaO 与 Ti 的反应

从图 2-28 可知，CaO 与 Ti 液接触生成 TiO 的 ΔG 为正值，从热力学考虑，不能发生如下反应：

$$CaO(s) + Ti(l) = Ca(g)\uparrow + TiO(l) \tag{2-52}$$

但实际上该反应易于进行，这也与反应产物 Ca 易于挥发和 TiO 在钛合金液中易于溶解有关。此外，CaO 吸湿性很强，容易与空气中的水反应。因此，氧化钙不能用做钛合金精铸用的型芯或型壳材料。

6. Ce_2O_3 及 CeO_2 与 Ti 的反应

从图 2-28 可知，Ce_2O_3 与钛液接触，在约 2100K 时，ΔG 才接近于零，从热力学考虑，下述反应不容易进行：

$$Ce_2O_3(s) + 3Ti(l) = 2Ce(l) + 3TiO(l) \tag{2-53}$$

但实际上，CeO_2 可与钛液发生如下反应：

$$CeO_2(s) + 2Ti(l) = Ce(l) + 2TiO(l) \tag{2-54}$$

因而，包括氧化铈在内的轻稀土氧化物不能作为铸钛的陶瓷材料。

7. BeO 与 Ti 的反应

从图 2-28 可知，BeO 与钛液接触生成 TiO 时 ΔG 为正值，从热力学考虑，BeO 与钛液之间的反应不能进行，然而，尽管 BeO 对于钛液是稳定的，但有毒性，因而氧化铍不宜用做钛精铸的陶瓷材料。

2.2　陶瓷型芯材料的溶解性

陶瓷型芯的溶出性主要取决于陶瓷型芯材料的溶解性。因此,型芯材料的溶解性是型芯材料选择的重要依据之一。按型芯材料的溶解性,可将型芯材料分为可溶性和不可溶性两类。在可溶性型芯材料中,又可分为溶于水溶液、溶于苛性碱和溶于氟化物三类。

2.2.1　陶瓷型芯材料在水、弱酸水溶液及铵盐水溶液中的溶解

能与水发生反应的陶瓷材料有氧化钙、氧化镁、氧化锌及氮化铝等。其中,氧化钙、氧化镁、氮化铝与水分别发生如下反应:

$$CaO + H_2O \Longrightarrow Ca(OH)_2 \tag{2-55}$$

$$MgO + H_2O \Longrightarrow Mg(OH)_2 \tag{2-56}$$

$$AlN + 3H_2O \Longrightarrow Al(OH)_3 + NH_3\uparrow \tag{2-57}$$

在反应产物中,$Ca(OH)_2$ 和 $Mg(OH)_2$ 在水中的溶解度很小。例如,100g $Ca(OH)_2$ 和 $Mg(OH)_2$ 在 20℃的水中溶解量仅分别为 0.165g 和 0.0009g,而且溶解速率很慢。因而,氧化钙和氧化镁在水中的溶解度不大。

由氮化铝与水反应生成的 $Al(OH)_3$ 虽然在水中的溶解度也不大,但 NH_3 的逸出使反应速率加快。因而,氮化铝在水中有良好溶解性。

当氧化钙、氧化镁等与弱酸水溶液接触时,反应速率将明显加快。例如,氧化钙在乙酸溶液中发生如下反应:

$$CaO + 2CH_3COOH \Longrightarrow Ca(CH_3COO)_2 + H_2O \tag{2-58}$$

100g $Ca(CH_3COO)_2$ 在 20℃的水中溶解量为 34.7g,因而反应速率较快,使氧化钙在乙酸溶液中有较好的溶解性。

氧化钙、氧化镁能溶解在氯化铵、溴化铵、硝酸铵、氟化铵或乙酸铵等铵盐水溶液中[14]。例如,氧化钙与氯化铵水溶液发生如下反应:

$$CaO + 2NH_4Cl \Longrightarrow CaCl_2 + 2NH_3\uparrow + H_2O \tag{2-59}$$

100g $CaCl_2$ 在 20℃的水中溶解量达 74.5g,而且反应过程中有 NH_3 逸出,因而,反应速率很快,使氧化钙在铵盐水溶液中有良好的溶解性。

2.2.2　陶瓷型芯材料在苛性碱溶液及碱熔体中的溶解

1. 陶瓷型芯材料在碱溶液中的溶解

当 SiO_2、Al_2O_3 和 Y_2O_3 与碱溶液(如 NaOH 溶液)接触时,分别发生如下

反应:

$$SiO_2 + 2NaOH = Na_2O \cdot SiO_2 \cdot H_2O \qquad (2\text{-}60)$$

$$Al_2O_3 + 2NaOH = Na_2O \cdot Al_2O_3 \cdot H_2O \qquad (2\text{-}61)$$

$$Y_2O_3 + 2NaOH = Na_2O \cdot Y_2O_3 \cdot H_2O \qquad (2\text{-}62)$$

在上述反应产物中,硅酸钠凝胶不仅能吸水体积膨胀,而且能为水所稀释而具有很好的流动性,因此硅酸钠凝胶不会影响 SiO_2 在碱溶液中的进一步溶解,这是硅基陶瓷型芯在碱溶液中有良好溶出性的原因。铝酸钠凝胶密度较大,难以为水所稀释,因而会包裹在 Al_2O_3 材料表面而阻碍 Al_2O_3 与 NaOH 之间反应的继续进行,这可能正是含 Al_2O_3 的陶瓷型芯在碱溶液中溶出性差的主要原因。

表 2-3 所示为部分陶瓷材料在压力釜内质量分数 20% KOH 溶液中的溶解速率。由表可知,如不考虑密度的影响,溶解速率从小到大的顺序为蓝宝石、化学计量 $MgAl_2O_4$、摩尔分数 25% MgO/Al_2O_3、单晶 MgO、烧结 Al_2O_3。对于 MgO/Al_2O_3 试样而言,化学计量 $MgAl_2O_4$ 的溶解速率比蓝宝石增大不多,但随 MgO 含量的降低,溶解速率增大。这与晶相中镁铝尖晶石相数量相对减小有关。

表 2-3　陶瓷材料在压力釜内质量分数 20%KOH 溶液中的溶解速率[15]

材料种类	密度/%	溶液温度/℃	沉浸时间/min	溶解速率/(cm/h$^{1/2}$)
蓝宝石		240	90	0.12×10^{-3}
化学计量 $MgAl_2O_4$	70	210	95	无明显变化
		240	—	0.22×10^{-3}
		250~290	—	完全碎解
摩尔分数 25% MgO/Al_2O_3	94	240	95	0.60×10^{-3}
		290	—	$<1\times10^{-3}$
单晶 MgO	—	240	90	0.68×10^{-3}
烧结 Al_2O_3	87	95	—	不溶解
		240	90	1.40×10^{-3}
		260±10	—	3.80×10^{-3}
摩尔分数 15% MgO/Al_2O_3	95	270	150	74×10^{-3}
	89	—		76×10^{-3}
$LaAlO_3$	—	270		不溶解
$Y_3Al_5O_{12}$	—	270		不溶解
Y_2O_3		270	—	0.03

图 2-32(a)所示为 94% 密度摩尔分数 25% MgO/Al_2O_3 试样的显微结构照片,数量相对较少的 Al_2O_3 作为分散相被包裹在非化学计量 $MgAl_2O_4$ 基质相中。试样在 250℃ 质量分数 20% KOH 溶液中溶解 150min 后,仅仅只有被包裹的 Al_2O_3 晶体被优先溶出,见图 2-32(b)。95% 密度摩尔分数 15% MgO/Al_2O_3 试样在 270℃ 质量分数 20% KOH 溶液中溶解 150min 后的显微照片示于图 2-33。由图

可见,黑灰色的 Al_2O_3 被溶解,亮灰色的尖晶石框架得以保留,试样外形尺寸基本不变。

（a）

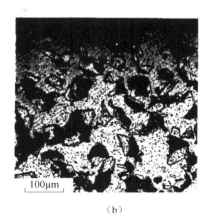
（b）

图 2-32　94％密度摩尔分数 25％MgO/Al_2O_3 试样溶解前后的显微照片

　　试验表明,高纯化学计量 $MgAl_2O_4$ 不溶于碱溶液,但当晶界中有杂质如 Ca 和 Si 等存在时,晶界能被温度较高的碱溶液所溶解而使试样碎解。

　　2. 陶瓷型芯材料在碱熔体中的溶解

　　碱熔体能使部分陶瓷材料发生解聚并溶解,例如 KOH 熔体能使：

　　(1) 氧化硅解聚,其反应为

$$SiO_2 + 2KOH = K_2SiO_3 + H_2O$$
（2-63）

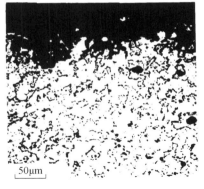

图 2-33　95％密度摩尔分数 15％MgO/Al_2O_3 试样溶解后的显微照片

　　(2) 氧化铝解聚,其反应为

$$Al_2O_3 + 2KOH = 2KAlO_2 + H_2O \tag{2-64}$$

$$6KAlO_2 + 19Al_2O_3 = 3K_2O \cdot 22Al_2O_3 \tag{2-65}$$

$$2KAlO_2 + 10Al_2O_3 = K_2O \cdot 11Al_2O_3 \tag{2-66}$$

　　(3) 铝硅酸盐解聚,其反应为

$$xAl_2O_3 \cdot ySiO_2(s) + (2x + 2y)KOH(l) =$$
$$2xKAlO_2(l) + yK_2SiO_2 + (x + y)H_2O(l) \tag{2-67}$$

　　(4) 锆英石解聚,其反应为

$$ZrO_2 \cdot SiO_2(s) + 4KOH(l) = K_2ZrO_3(l) + K_2SiO_3(l) + 2H_2O(l)$$

（2-68）

对于由氧化铝解聚所形成的产物,在水煮时,由于铝酸盐密度大、熔点高(>450℃),不易水解,特别是 $K_2O \cdot 11Al_2O_3$ 水解更不容易,因而,将阻碍反应的进一步进行。

2.2.3　陶瓷型芯材料在氟化物中的溶解[16]

氧化硅、氧化铝等陶瓷材料可溶解于氢氟酸中,反应如下:

$$SiO_2 + 4HF === SiF_4 \uparrow + 2H_2O \qquad (2\text{-}69)$$

$$Al_2O_3 + 6HF === 2AlF_3 + 3H_2O \qquad (2\text{-}70)$$

上述反应可在常温下进行,而且腐蚀速率在所有氟化物中是最快的,但氟化物挥发造成对人体和环境的危害。因此,仅用于单一铸件中氧化铝陶瓷型芯的脱除。

氧化铝、氧化钇、铝酸镧、镁铝尖晶石、铝酸钇等能溶于铝氟酸锂熔体中。例如,氧化铝与铝氟酸锂发生如下反应:

$$8Al_2O_3 + Li_3AlF_6 === 2AlF_3 + 3LiAl_5O_8 \qquad (2\text{-}71)$$

1. 铝酸镧的溶解

铝酸镧试样在968℃ Li_3AlF_6 熔体中经2h溶解后,在表面形成一薄层六角板状 α-Al_2O_3 晶粒,系溶解过程中的残留物,见图2-34,其形貌与试样原结构形貌无关。在 α-Al_2O_3 晶粒之间,大多为 $LaAlO_3$,还有少量 $LiAl_5O_8$。密度97%铝酸镧试样在1000℃ Li_3AlF_6 熔体中经5h溶解后的断面结构形貌如图2-35所示,只有试样表层有 α-Al_2O_3 晶粒,试样中心仍然全部是铝酸镧。

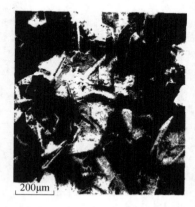
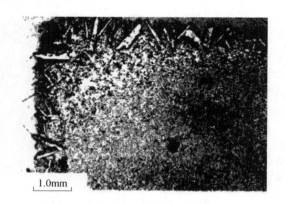

图2-34　$LaAlO_3$ 试样表面结构(SEM)　　　图2-35　$LaAlO_3$ 试样断面结构(SEM)

2. 镁铝尖晶石-氧化铝的溶解

致密的摩尔分数25%MgO/Al_2O_3 试样在968℃ Li_3AlF_6 熔体中经2h溶解后,

表面形貌示于图 2-36,在试样表层为 α-Al_2O_3 颗粒,反应层厚度约 0.6mm。

3. 镁铝尖晶石的溶解

密度 70% 化学计量 $MgAl_2O_4$（摩尔分数 50%MgO/Al_2O_3）试样在 1000℃ Li_3AlF_6 熔体中经 5h 溶解后,α-Al_2O_3 晶粒不仅分布在试样表层,而且已扩展到整个试样内部,分别见图 2-37 和图 2-38。

4. 钇铝石榴石的溶解

致密钇铝石榴石试样在 968℃ Li_3AlF_6 熔体

图 2-36　摩尔分数 25%MgO/Al_2O_3
溶解后表面结构（SEM）

中经 2h 溶解后,表面为 α-Al_2O_3 晶粒,见图 2-39（a）。晶粒的八面体晶面形貌与母

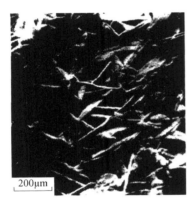

图 2-37　化学计量 $MgAl_2O_4$
试样表面结构（SEM）

图 2-38　化学计量 $MgAl_2O_4$
试样断面结构（SEM）

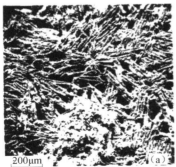

图 2-39　$Y_3Al_5O_{12}$ 试样表面结构（SEM）

相钇铝石榴石的晶体结构有关,似乎是由钇铝石榴石经选择性的溶解而形成的,见图 2-39(b)。图 2-40 所示为致密钇铝石榴石试样在 1000℃ Li$_3$AlF$_6$ 熔体中经 5h 溶解后的断面金相照片,表明试样已完全溶解而仅残存 α-Al$_2$O$_3$ 晶粒。

1.5mm

图 2-40　Y$_3$Al$_5$O$_{12}$ 试样断面结构金相照片

参 考 文 献

[1] 郑启,唐亚俊,王玉兰,等. 陶瓷型芯精铸气冷涡轮叶片气孔分析. 特种铸造及有色合金,1996,(3):36,37.

[2] 徐智清. 用硅质型芯浇注不锈钢铸件产生气孔和黏砂的原因分析. 热加工工艺,1995,(5):37,38.

[3] 薛明. 定向凝固过程中陶瓷与高温合金界面研究[硕士学位论文]. 北京:清华大学,2007.

[4] 曾强,张德堂,马书伟,等. 加 Re 新型单晶高温合金熔体与 Al$_2$O$_3$ 型壳界面状况研究. 材料工程,2001,(5):8,20,21.

[5] 张勇,夏明仁. 熔模铸造壳型材料对熔融合金活性元素的化学稳定研究. 材料工程,1999,(6):20,21.

[6] 吴梅柏,郭喜平. 铌硅化物基超高温合金与石墨坩埚氧化物涂层反应的热力学分析. 稀有金属与硬质合金,2007,35(1):5-9,13.

[7] 吴梅柏,郭喜平,武兴君. 铌基超高温合金熔体与陶瓷类坩埚的高温反应. 稀有金属与硬质合金,2007,35(4):9-13,26.

[8] Virieux X Y,Desmaison J,Labbe J C,et al. Interaction between two Ni-base alloys and oxide ceramics:SiO$_2$,ZrO$_2$,HfO$_2$,Al$_2$O$_3$. Materials Science Forum,1997,251-254:925-932.

[9] Gigliotti M F X,Scotia J,Grestovich C D. Ceramic molds having a metal oxide barrier for casting and directional solidification of superalloys:US,3955616. 1976.

[10] Husby I C,Klug F J. Chemical compatibility of ceramics for directionally solidifying Ni-base eutectic alloys. American Ceramic Society Bulletin,1979,58(5):527-535.

[11] Huseby I C. Method for minimizing the formation of a metal-ceramic layer during casting of superalloy materials:US,4240828. 1980.

[12] Feagin R C. Casting of reactive metals into ceramic molds:US,4787439. 1988.

[13] 李邦盛,蒋海燕,李志强,等. 钛合金熔模精铸氧化锆陶瓷型壳/金属界面反应研究. 航空材料学报,1999,19(2):43-47.

[14] Weinland S L,Heights A,Coletti D K. Core removal:US,3694264. 1972.

[15] Borom M P. Dissolution of single and mixed oxides of Y,La,Al and Mg in aqueous. American Ceramic Society Bulletin,1982,61(2):221-226,230.

[16] Borom M P,Arendt R H,Cook N C. Dissolution of oxides of Y,Al,Mg and La by fluorides. American Ceramic Society Bulletin,1981,60(11):1168-1174.

第3章 陶瓷型芯的成型

成型是一个将坯料加工成预期的形状和尺寸的半成品（生坯）的过程，是提高产品质量和使用可靠性，降低废品率和生产成本的重要环节。

陶瓷型芯对成型过程的要求是：①能适用于形状复杂程度不同的坯体的成型，而且，既适用于工业化批量生产，又适用于单件产品的生产；②能满足近净尺寸成型要求，尽量降低成型收缩并为近零收缩烧结创造条件，以尽可能减少型芯的后续加工量，使型芯具有符合设计要求的形状、尺寸和精度；③能获得足够的生坯强度，以满足后续工序对强度的要求；④尽可能减少生坯中的缺陷数量与缺陷大小，并使生坯具有所要求的密度和尽可能均匀的密度分布，为提高陶瓷型芯使用的工程可靠性创造条件。

3.1 黏 合 剂

在传统陶瓷的生产中，由于坯料中含有一定数量的可塑性黏土，只要在坯料中加入适量水，经过一定的工艺处理，就可具备良好的成型性能。但对于陶瓷型芯，除少数品种含有少量黏土外，坯料几乎都采用没有可塑性的化工原料，因此，成型前要对坯料进行塑化[1]。

可塑性是指坯料能在外力作用下发生无裂纹的变形，当外力去掉后不再恢复原状的性能。塑化是指利用塑化剂使原来没有塑性的原料具有可塑性的过程。能使原料具有可塑性的物质称为塑化剂。塑化剂的组成及各组分的作用示于表 3-1。

表 3-1　塑化剂的组成及各组分的作用

组分名称	作用
黏合剂	能在常温下将非塑性粉料颗粒黏合在一起，赋予坯料良好的成型性能，使生坯具有一定的结合强度，能在加热过程中分解或挥发
增塑剂	能在粉料之间形成液态间层，提高坯料可塑性，增塑剂能减弱高聚物大分子之间的结合力，降低其玻璃化转变温度，从而减小黏度，增强柔软性
溶剂	能溶解黏合剂和增塑剂，并使坯料的混合更均匀
表面改性剂	能减小聚合物分子间的内聚力，在黏合剂与粉体之间形成中间界面，增大浆料流动性
润滑剂	使坯料颗粒之间以及颗粒与模壁之间的摩擦阻力减小
悬浮剂	使坯料颗粒能稳定地悬浮在液体介质中，提高悬浮液的稳定性和流动性
脱模剂	使成型后的坯体不与模壁黏结而易于脱模
反絮凝剂	能防止坯料颗粒凝聚而沉降

　　塑化剂中的主要成分为黏合剂,可分为有机黏合剂和无机黏合剂两类。在无机黏合剂中,某些无机物质不但在常温下具有黏合作用,而且在高温下仍保留在坯体中,这些物质又称为黏结剂,黏结剂多为硅酸盐或磷酸盐。

3.1.1　硅酸乙酯水解液[2]

　　陶瓷型芯的浇注成型通常选用由硅酸乙酯水解而成的硅酸乙酯水解液为黏合剂。硅酸乙酯 $[(C_2H_5O)_4Si]$ 是一种以醇为载体的酸性硅酸胶体,为黄色、绿色或深棕色的透明液体,具有特殊酯香味。硅酸乙酯是由四氯化硅与乙醇经酯化反应生成的产物,其反应式为

$$SiCl_4 + 4C_2H_5OH \Longrightarrow (C_2H_5O)_4Si + 4HCl \qquad (3\text{-}1)$$

　　硅酸乙酯本身没有黏结性,对其进行水解并缩聚成为硅酸乙酯水解液后,才具有黏结性。对硅酸乙酯进行水解的过程是一个用羟基(OH^-)置换硅酸乙酯上的乙氧基官能团(C_2H_5O,OR)的过程。水解时,以乙醇为溶剂和稀释剂,以盐酸为催化剂和 pH 的稳定剂,以乙酸作为稳定水解液 pH 的缓冲剂。硅酸乙酯的水解程度视水量是否充足而有所不同:

　　水量充足时,水解反应为

$$(C_2H_5O)_4Si + 4H_2O \Longrightarrow Si(OH)_4 + 4C_2H_5OH \qquad (3\text{-}2)$$

　　水量不足时,水解反应为

$$(C_2H_5O)_4Si + H_2O \Longrightarrow (C_2H_5O)_3SiOH + C_2H_5OH \qquad (3\text{-}3)$$

根据水解时加水量与 OR 比例的不同,可将水解液分为三类:

　　(1) $H_2O/OR > 1$ 时,为二氧化硅胶体溶液;

　　(2) $H_2O/OR = 0.56 \sim 0.7$ 时,为二氧化硅胶体溶液与高聚物均质溶液的混合物;

　　(3) $H_2O/OR = 0.2 \sim 0.3$ 时,为高聚物均质溶液。

　　硅酸乙酯中的乙氧基逐步被水中的羟基所取代而生成的水解产物,经不断缩聚后,形成有黏结能力的黏合剂,其缩聚反应为

$$2(C_2H_5O)_3SiOH \Longrightarrow (C_2H_5O)_6Si_2O + H_2O \qquad (3\text{-}4)$$

3.1.2　硅溶胶[3,4]

　　陶瓷型芯注浆成型用的黏合剂有硅溶胶、铝溶胶等。硅溶胶是一种由无定形二氧化硅的微小颗粒分散在水中而形成的碱性硅酸胶体,又称为胶体二氧化硅。

　　硅溶胶是典型的胶体结构,胶粒内部是以 Si—O—Si 键连接而成的立体网络结构,胶体粒子与水接触界面则形成 Si—OH 水化膜。作为稳定剂存在的 Na_2O,一部分被胶粒所包裹,另一部分是未被胶粒吸附和包裹的自由钠离子,它们以碱或盐的形式存在。

1. 硅溶胶制备方法

(1) 渗析法。用酸中和硅酸钠水溶液,经陈化后,通过半透膜渗析钠离子。

(2) 硅溶解法。80～320目硅粉经质量分数为48%氢氟酸洗涤并活化后,在催化剂脂肪胺作用下,溶于20～100℃的水中,生成粒径为8～15μm的硅溶胶。

(3) 离子交换法。以水玻璃为原料,采用离子交换法生产硅溶胶通常分下列3个步骤:①经离子交换除去水玻璃中的钠离子,制备活性硅酸;②硅酸聚合,使粒径增大;③稀硅溶胶浓缩。

(4) 酸中和可溶性硅酸盐法。用硫酸中和硅酸钠水溶液,向体系中加入有机溶剂乙醇或丙酮,使中和反应生成的钠盐沉降分离。

(5) 胶溶法。用酸中和水玻璃溶液形成凝胶,凝胶经过滤水洗,在加压加热条件下在稀碱溶液中解胶得到硅溶胶。

2. 硅溶胶的组成及性能

硅溶胶的组成及性能示于表 3-2 中。硅溶胶的主要物化参数为 SiO_2 含量、Na_2O 含量、密度、pH、黏度及胶粒直径。其中,SiO_2 含量和密度反映胶体含量的多少,直接影响黏结力的强弱。一般来说,SiO_2 含量越高,密度越大,黏结力越强;硅溶胶中的 Na_2O 含量和 pH 反映硅溶胶的稳定性;硅溶胶的黏度反映其黏稠程度;硅溶胶的胶体粒子直径影响硅溶胶的稳定性。粒子越大,稳定性越好,但在凝胶结构中胶粒接触点越少,凝胶越不致密。我国对熔模铸造用硅溶胶的技术要求示于表 3-3 中。

表 3-2　硅溶胶的组成及性能

产地	SiO_2 含量 /%	Na_2O 含量 /%	密度/(g/cm³)	pH	黏度/(Pa·s)	粒径/nm	外观	稳定性
中国	30	≤0.3	1.2	9	≤8	10～20	乳白	稳定
英国	28.87	0.29	1.202	9.9	3.70	13～14	清亮	非常稳定

表 3-3　熔模铸造用硅溶胶的技术要求

牌号	化学成分%		物理性能				其他	
	SiO_2	Na_2O	密度/(g/cm³)	pH	动力黏度/(mm²/s)	粒径/nm	外观	稳定期
GRJ-26	24～28	≤0.3	1.15～1.19	9～9.5	≤6	7～15	乳白或淡青色	≥1年
FRJ-30	29～31	≤0.5	1.20～1.22	9～10	≤8	9～20		≥1年

3. 硅溶胶的稳定性及影响稳定性的因素

硅溶胶是一种介稳定体系,既具有相对的稳定性,又具有自发凝聚的趋势,巨大的表面自由能,使粒子间有相互聚结而降低表面能的倾向。硅溶胶的稳定性与其ζ电位高低有关,ζ电位越高,稳定性就越好。

1) pH 的影响

pH 对硅溶胶稳定性影响很大,pH 为 8.5～10.5 时,粒子表面电荷密度大,ζ电位高,处于最稳定的状态;pH 在 5～6 时,表面电荷减少,ζ电位下降,粒子易聚集而胶凝,处于不稳定状态;pH 在 3.5 以下时,粒子由带负电转而带正电,称为再带电现象,溶胶呈酸性,有较好的稳定性,处于亚稳定状态。

2) 有机溶剂的影响

在酸性硅溶胶中,醇具有阻聚剂的性质,使硅溶胶稳定。在碱性硅溶胶中,只有多元醇(如甘油)起阻聚作用,而单元醇则成为凝胶促进剂。在水中能形成分子分散的非电解质,如乙醇、丙酮、醚和糖等,浓度达到一定程度时,会使溶胶稳定性降低,引起凝聚。

3) 反离子的影响

为使胶粒带负电荷,制备硅溶胶时需向体系加入适量碱,向胶粒表面提供足够的 OH^-。但体系内钠离子量过高时,使胶粒表面净的负电性减弱,胶粒间排斥能减小而引起胶粒聚集。

在多价金属离子中,铝离子和钍离子最容易被吸附,只需很低的浓度就能使原来带负电荷的胶粒转为带正电荷。

4) 浓度、粒径和温度的影响

同样浓度的硅溶胶,粒径越小,胶粒与分散介质间的界面越大,体系的表面自由能越大,胶粒自动聚合的趋势越强,稳定性越差。

在粒径相同情况下,浓度越高,单位体积内胶粒数量越多,胶粒之间相互碰撞的概率越高,胶粒相互聚合的可能性越大,稳定性越差。例如,SiO_2 质量分数为 25%～35% 的硅溶胶,可存放一年以上,而 SiO_2 质量分数为 40% 的硅溶胶稳定期为半年。

温度升高,胶粒间形成硅氧键的速率增大,胶凝速率加快,稳定性下降。因此,制备硅溶胶时,浓缩温度应低于 60℃。

4. 硅溶胶的胶凝及硅凝胶在加热过程中的变化

1) 硅溶胶的胶凝

硅溶胶有自发凝聚的趋势。当硅溶胶因 pH 变化而氧化硅颗粒表面电荷减少时,斥力位能下降,如粒子热运动的动能超过斥力势垒,粒子间便可粘连起来。接触处粒子表面的硅醇缩合,形成膏状冻胶,但含约质量分数 5%～15% 的水,粒子间由范德华键或氢键连接,其结构强度较低,能部分回溶,有触变现象。随冻胶中结合水的不断蒸发,形成由硅氧硅键(Si—O—Si)结合的干凝胶,其结构强度高,硬度大,不会回溶,能承受高温的作用。

当硅溶胶脱水时,也能发生由溶胶向冻胶、干凝胶转化的胶凝过程。

2)硅凝胶在加热过程中的变化

硅凝胶在加热过程中将进一步脱水并结晶化。以由 SiO_2 质量分数为 30% 的硅溶胶干燥得到的硅凝胶为例,在加热过程中的变化为:150℃时,吸附在胶粒固定层中的化学吸附水蒸发;400~500℃时,残存在胶体表面的硅醇自缩合而脱水;840℃时,仍为非晶质 SiO_2;超过 1000℃时,非晶质 SiO_2 转变为高温型方石英。

由硅凝胶转变为方石英的温度高低,既与硅溶胶中 Na_2O 含量有关,也与硅凝胶本身的结构特点有关。从硅凝胶粒径极为细小(纳米量级)、结构极其疏松、表面存在大量羟基的结构特点考虑,硅凝胶的结构似乎应当有利于外界 O_2 的渗入,有利于降低硅凝胶向方石英转化的温度。但是,有试验表明在加热过程中硅凝胶表现出难以析晶的特性[5],其原因为:疏松的空间网络结构,使凝胶颗粒之间的连接较少,使颗粒之间的传质、烧结、长大等物理过程受到制约;网络结构中的 Si—O 键之间难以相互桥接和键合,从而难以达到析晶所需要的 Si、O 化学计量比;另外,为排除悬挂在 Si—O 键上的羟基,需要消耗一定的能量,因而,大量羟基的存在不但未能促进析晶过程,反而阻碍了析晶。

3.1.3 聚乙烯醇

陶瓷型芯流延成型用的黏合剂有聚乙烯醇、聚乙烯醇缩丁醛、聚丙烯酸甲脂和乙基纤维素等。

聚乙烯醇,简称PVA,通常呈白色或淡黄色,是一种有许多链节连接的蜷曲的不规则线型结构的高分子化合物。PVA是流延成型最常用的黏合剂,对其性能要求为:①聚合度在 1400~1500 或稍大些。聚合度过高时,链长,弹性过大;聚合度过小,则链短,脆性过大,均不利于成型。②醇解度为 80%~90%。醇解度过低的聚乙烯醇不溶于水,黏度大;醇解度在 80% 以上时,水溶性好,黏度低;醇解度过高时(>99%),即使在热水中聚乙烯醇也难以溶解,而冷却后又会出现胶冻。另外,坯料中的氧化钡、氧化镁或氧化钙遇水生成的氢氧化物会与聚乙烯醇形成有一定脆性的化合物;坯料中的磷酸盐、硼酸盐也会与聚乙烯醇反应生成不溶于水的具有弹性的络合物。因此,聚乙烯醇只能用做酸性坯料的黏合剂。

3.1.4 石蜡、微晶蜡及注射成型用其他材料[6]

陶瓷型芯注射成型用的黏合剂有石蜡、微晶蜡、地蜡、精制褐煤蜡等。为改善料浆性能,常添加适量蜂蜡、硬脂酸铝、聚乙烯等。表 3-4 所示为石蜡及部分其他用料的性能。

表 3-4　石蜡及注射成型用其他材料性能

材料名称	外观	物理性能					
		熔点/℃	软化温度/℃	自由收缩率/%	抗拉强度/kPa	灰分/%	密度/(g/cm³)
石蜡	白色结晶体	58～70	>30	0.50～0.70	22～30	<0.11	0.88～0.91
地蜡	黄色微晶体	滴点 67～80	40	0.60～1.10	150～200	<0.03	0.85～0.95
川蜡	白色或黄色结晶体	80～84	—	0.80～1.20	115～130	0.04～0.06	0.92～0.95
褐煤蜡	黄色细晶块状	82～85	48	1.50～2.00	454	—	0.88～0.93
蜂蜡	黄色或灰色块状	62～67	30	0.78～1.00	29～30	<0.03	0.91～0.93
硬脂酸	白色或黄色固体	54～57	35	0.60～0.69	17.5～20	<0.02	0.86～0.89
松香	黄色透明状固体	72～74	33	0.07～0.09	500	≤0.03	1.03～0.09
聚合松香		115～140	—	—	—	—	—
改性松香		≥120	—	—	—	—	—
聚乙烯	白色颗粒状	104～115	80	2.00～2.50	800～1600	≤0.06	0.92～0.93
EVA	白色透明或不透明颗粒	62～75	—	—	300～600	—	0.94～0.95

1. 石蜡

石蜡系白色或淡黄色结晶体,为石油加工的副产品,是以直链型正构烷烃为主的多种烷烃混合物,相对分子质量为 240～450。分子式为 C_nH_{2n+2},式中碳原子数 $n=17\sim36$,n 越大,石蜡的熔点越高。石蜡所含的主要杂质为矿物油,它会降低石蜡的熔点及使用性能。黄石蜡、白石蜡和精制白石蜡的矿物油含量分别为 1.5%～2.0%、1.0%～1.5% 和 <0.5%。

石蜡是注射成型中最常用的黏合剂,其特点是:①熔点低,一般为 60～70℃,因而成型温度低,容易操作。②黏度小,流变性好,因而充型性好,成型温度范围宽。③化学性质稳定,活性较低,呈中性,一般不与陶瓷料粉发生反应,在通常条件下不与酸(除硝酸外)和碱性溶液发生反应,因而适用范围广。④有润滑性,模具磨损小。⑤有一定的强度和良好的塑性,不易开裂,在 140℃ 以下不易分解碳化。

⑥凝固时有 7%～8% 的体积收缩,相变收缩大,易于变形,而且坯体强度较低,表面硬度较小,软化点较低,约为 30℃。⑦注射和脱蜡时会产生很大的应力,只适宜成型小尺寸制品。

我国按熔点将精制白石蜡分为八个牌号,最常用的是熔点为 58～62℃ 的 58～62 号。国内通常使用单一的石蜡作为黏合剂,如将不同熔点的几种蜡料混合使用,能有助于降低脱蜡过程中对温度的敏感性。

2. 微晶蜡

微晶蜡基本化学组成是饱和烷烃,碳原子数 $n=41～50$,相对分子质量为 580～700,熔点 60～100℃。微晶蜡的晶体较细(晶粒直径小于 $10\mu m$),呈细小的针片状或不规则形状,化学性质比较稳定,一些物理性质介于晶质材料与非晶质材料之间。

3. 地蜡

地蜡是含碳原子数 $n=37～53$ 的正构烷烃、长链异构烷烃和环烷烃等多种烷烃的混合物。地蜡结晶细小,是一种微晶型石蜡,微溶于乙醇,溶于醚及松节油等。与石蜡相比,地蜡的相对分子质量较大,熔点较高,热稳定性较好。

4. 精制褐煤蜡

精制褐煤蜡又称漂白蜡,是由粗褐煤蜡经过精制处理,去除树脂及地沥青后所成的浅色蜡,外观呈浅黄色,为细小针状或片状结晶体,杂质含量少,灰分含量低(<0.2%)、熔点高(>80℃)、软化点高(>45℃)、硬度大、热稳定性好。

5. 蜂蜡

蜂蜡是由蜜蜂腹部蜡腺分泌的蜡质提炼而成,外观为黄色晶体,主要成分是 16 酸 30 醇酯,分子式为 $C_{15}H_{31}COOC_{30}H_{61}$,熔点为 62～67℃,软化点约 40℃。不溶于水,溶于热乙醇等有机溶剂,收缩率较大。

6. 硬脂酸

硬脂酸是以动、植物油脂为原料,经加压蒸馏和水解后制得。外观为白色片状结晶体,固态硬脂酸质地松脆,强度较低。分子式为 $C_{17}H_{35}COOH$,熔点 69.4℃。硬脂酸的分子为极性分子。

工业硬脂酸中含有较多数量的软脂酸,两者形成共晶,使熔点显著降低。商品工业硬脂酸的熔点为 54～57℃,软化点约 35℃。当温度高于 120℃ 时会分解碳化。硬脂酸的纯度随制备蒸馏时所加压力大小不同而异。其主要有害杂质是油酸,最高含量可达 16%。一级工业硬脂酸含油酸不大于 2%。油酸是一种不饱和酸(分子式为 $C_{17}H_{33}COOH$),熔点为 14℃,因而油酸会降低硬脂酸的熔点、软化点和硬度。

硬脂酸为弱酸,固态时酸性不明显。在液态时有明显的酸性特征,且随温度升高及油酸含量增大,酸性增强。硬脂酸能与化学活性比氢强的金属(如 Fe、Al)、碱性物质和碱性氧化物发生反应而皂化,生成相应的皂化物。

7. 乙烯-乙酸乙烯酯共聚物

乙烯-乙酸乙烯酯共聚物简称 EVA,是由乙烯和乙酸乙烯单体共聚制得。由于在乙烯主链中引入乙酸基团支链,使其结晶度比高分子聚乙烯要小,收缩率也较低,而弹性、柔韧性、伸长率和冲击强度增大。而且,在烷烃中的溶解度较大,在石蜡及松香中有较好的溶解性。

8. 聚乙酸乙烯酯

聚乙酸乙烯酯为无色透明或黏稠的非晶态高分子化合物,不溶于水和甘油,溶于低相对分子质量的醇、脂、酮、苯、甲苯中。聚合度在 400~600 为宜。适用于碱性坯料。以聚乙酸乙烯酯为黏合剂时,常选用苯、甲苯为溶剂,但有毒性,且挥发时刺激性很大。

3.1.5　硅树脂及其他传递模成型用黏合剂

传递模成型用的黏合剂有酚醛树脂、环氧树脂和硅树脂等。酚醛树脂与环氧树脂的性能示于表 3-5。

表 3-5　酚醛树脂与环氧树脂性能

材料	密度 /(g/cm³)	抗拉强度 /MPa	延伸率 /%	抗折强度 /MPa	收缩率 /%	吸水率 /%	与料粉的 黏结力
酚醛树脂	1.30~1.32	41.2~62.7	1.5~2.0	76.4~117.6	8~10	1.30~1.32	良好
环氧树脂	1.11~1.23	~83.3	~5.0	~127.4	1~2	1.11~1.23	优良

硅树脂是高度交联的网状结构的热固性有机硅氧烷[7]。从树脂的基本组分看,大多以甲基三氯硅烷、二甲基二氯硅烷、苯基三氯硅烷、二苯基二氯硅烷四种基本单体为原料。从结构看,与石英和玻璃相同之处是同为由 Si—O—Si 键构成的三维结构网络。但在石英中,形成了完整的三维结构网络,完全不含加热软化的可塑性因素,因而具有极高的熔点。在硅树脂中,由于在硅氧烷键的 Si 原子上结合了甲基、苯基等有机基团,而且以直链状的二元结构置换了部分三元结构。因而易加热流动,易溶于有机溶剂,对基材具有亲和性。

硅树脂预聚物及其固化物的性能,取决于原料硅烷的种类及配比、水解缩合介质的 pH、溶剂的性质及用量、稠化、固化所用催化剂及工艺条件等。三官能度($RSiO_{1.5}$)或四官能度链节是硅树脂不可缺少的成分,引入二官能度或单官能度链节,可提高硅树脂的弹性与柔性。

硅树脂分子侧基主要为甲基,引入苯基可提高热弹性及黏结性;引入乙基、丙基可提高对有机物的亲和性,并改善憎水性;引入乙烯基及氢基,可实现铂催化加成反应及过氧化氢引发交联反应;引入碳官能团,可与更多的有机化合物反应,并改善树脂基材的黏结性。

3.1.6 聚乙烯及其他挤塑成型用黏合剂

挤塑成型用的黏合剂有聚乙烯、糊精、桐油、甲基纤维素、羟甲基纤维素、乙基纤维素、虫漆等。

1. 聚乙烯

聚乙烯是由单体乙烯分子在一定的温度、压力条件下,在催化剂的作用下聚合而成的结晶型高分子聚合物,为白色结晶体,碳原子数 $n > 1000$,相对分子质量为 $10^3 \sim 10^7$,熔点为 $105 \sim 135℃$。其分子结构并不完全呈直链,在分子主链上常带有甲基支链。聚乙烯除存在晶体结构外,还存在非晶态结构,是一种同时存在结晶区和非结晶区的特殊结构。在聚乙烯球晶的晶片之间,有高分子链连接,每一个高分子链可以贯穿几个结晶区和非结晶区。这种连接链的存在,使得聚乙烯的强度和韧性比蜡质材料高得多。

高聚物中结晶区在结构总体中所占的比例称为结晶度,结晶度的大小与分子结构有关。根据结晶度高低将聚乙烯分为高密度聚乙烯和低密度聚乙烯两类。高密度聚乙烯相对分子质量为 $6 \sim 30$ 万或更大,为单纯的线型结构,分子容易规整排列,易形成高结晶结构,密度较高,为 $0.941 \sim 0.965 g/cm^3$,强度较大,韧性较高;低密度聚乙烯相对分子质量较小,为 $2 \sim 5$ 万,带有支链,分子不易规整排列,因此结晶度较低,为 $80\% \sim 95\%$,密度较低,为 $0.910 \sim 0.925 g/cm^3$;其韧性和强度均较低。

聚乙烯化学性质稳定,常温下不溶于酸、碱及有机溶剂。当温度大于 $70℃$ 时,可溶于烷烃、芳香烃(如石蜡、地蜡等烷烃蜡),但溶解度较小,一般约为 10%。

相对分子质量小于 1 万的聚乙烯称低分子聚乙烯,其结构和化学性质与烷烃蜡相似,呈蜡状,熔点为 $65℃$,软化点较高,黏度较大,化学性质较稳定,与石蜡有很好的互溶性。

2. 糊精

糊精分子式是 $C_6H_{10}O_5$,为白色、黄色粉末。常温下白色糊精和黄色糊精在水中的溶解度分别为 61.5％和 95％。挤塑成型中可用做黏合剂,在塑性坯料中加入糊精量一般不超过 6％。

3. 桐油

由桐树果实制得的桐油为淡黄或深褐色黏性液体。新鲜桐油无臭,陈桐油有恶臭味。桐油能提高坯料的可塑性,坯体干燥后在表面形成一层柔韧薄膜,能提高坯体强度。桐油与糊精配合使用,效果更好,但用量不宜太多,以 3％～4％为宜。

4. 甲基纤维素

甲基纤维素(MC)为灰白色纤维状粉末,能溶于冷水,呈黏性很强的半透明胶状溶液,但不溶于乙醇、乙醚和氯仿。MC 与水的配比为 MC∶水＝(7～8)∶100。在配制甲基纤维素溶液时,按配比将 MC 加入到 90～100℃的水中,经搅拌使其完全溶解,冷却后过 80 目筛,滤去杂质备用。挤塑成型中可用做黏合剂,在可塑性坯料中的加入量为陶瓷料粉∶MC 水溶液＝100∶(20～40)。

5. 羟甲基纤维素

羟甲基纤维素(CMC)为一种白色粉末,吸水性极强,能溶于水成为黏性溶液,但不溶于有机溶剂。其水溶液的配比为 CMC∶水＝(5～6)∶100。可塑成型中可用做黏合剂,在坯料中的用量为陶瓷料粉∶CMC 水溶液＝100∶(20～40)。CMC 在高温煅烧后留有 10％～15％的含 NaCl 和 Na_2O 等的灰分,可能明显影响产品性能。

3.2　陶瓷型芯的自由流动成型

3.2.1　灌浆成型

灌浆成型是将含有黏合剂和促凝剂的料浆注入模型内,待料浆凝固后,开模取坯的一种成型工艺。由于料浆中的黏合剂和促凝剂种类不同,料浆的固化机理也有所不同。

1. 硅酸乙酯水解液固化成型[8]

料浆的塑化剂由黏合剂硅酸乙酯水解液和促凝剂配制。促凝剂为碱性氧化物或铵盐,如氧化钙、氧化镁、氢氧化钙、乙酸铵、三乙醇胺等。促凝剂能与硅酸乙酯交联形成凝胶结构,使料浆固化。硅酸乙酯水解液固化灌浆成型的工艺要点有以下几个方面。

1) 料浆配制

料浆由陶瓷料粉与硅酸乙酯水解液按 4∶1 的比例配制成黏度为 700～1000cP① 的低黏度料浆。为减少料浆中的气泡,可采用真空搅拌。浇注前,按料浆与促凝剂配比为 20∶1～22∶1 的促凝剂加入料浆中,并用水调节促凝剂浓度,使料浆固化前的操作时间为 3～5min。表 3-6 所示为部分陶瓷型芯料浆的配方。

表 3-6　陶瓷型芯料浆配方

陶瓷型芯料浆		硅基型芯 1	硅基型芯 2	硅基型芯 3	铝基型芯
陶瓷料粉/g	石英玻璃粉	60～80	20～40	85～95	—
	锆英砂	15～30	60～80	5～15	—
	电熔刚玉	—	—	—	80～90
	莫来石	—	—	—	10～20
	铝酸钙	3～7	6～10	—	—
黏合剂/mL	硅酸乙酯水解液（含 20%～25% SiO_2）	30	30	35～40	40
促凝剂/g	乙酸铵	0.3～0.45	0.2～0.3	0.3～0.45	—
	氢氧化钙	—	0.2	—	—
	氧化镁	—	—	—	1～2

2) 灌浆

将含有促凝剂的料浆灌入铝模中,灌注时要防止卷入空气。为便于脱模,常在铝模内表面涂抹脱模剂如硅油或白凡士林。

3) 点火取坯

待料浆在模型内固化而仍有一定弹性时,打开铝模,点火自燃,使坯体内的溶剂快速而均匀地挥发,并促使坯料中的黏合剂进一步固化。自燃 20～30s 后熄火,将型芯坯体从模中取出,立即放在胎模上(与型芯坯体外形相符的燃烧夹具),再次点火,使黏合剂中的乙醇全部燃尽,以避免型芯坯体因溶剂挥发而引起变形。

2. 磷酸盐固化成型[9]

料浆的塑化剂由黏合剂酸式磷酸盐和促凝剂氧化镁或氧化钙组成。酸式磷酸盐可以是磷酸二氢铵、磷酸二氢铝、磷酸二氢镁或磷酸二氢钙等。

将氧化镁加入到水中后,发生如下反应:

$$MgO + H_2O = Mg(OH)_2 \quad\quad (3-5)$$

反应生成的氢氧化镁与磷酸二氢铵发生如下反应:

$$NH_4H_2PO_4 + Mg(OH)_2 + 4H_2O = NH_4MgPO_4 \cdot 6H_2O \downarrow \quad\quad (3-6)$$

---

① 1P=10^{-1}Pa·s。

磷酸铵镁的生成消耗了浆料中的部分水,同时,反应过程中释放的热量能加快料浆中水分的蒸发,从而使料浆凝结,坯体固化。磷酸盐固化灌浆成型的工艺要点有以下几个方面。

1) 蜡模制备

使用专门设计的金属模具压制蜡模,要求蜡模采用底注式浇注系统,以便浇注过程中气体的逸出;蜡模有足够的壁厚,以避免细长的型芯在蜡模中扭曲变形;蜡模从金属模具中脱出后,放置 2h 以上,以防止蜡模变形。

2) 料浆配制

在料粉中按配比加入水、硅溶胶和磷酸盐的混合液,真空搅拌 30min 以上,以保证黏合剂充分溶解并与坯料密切结合。浇注前在料浆加入促凝剂。

3) 灌浆

将料浆灌入蜡模浇道中,轻微振动蜡模,以提高料浆的充型能力,并利于微小气泡的逸出。将蜡模置于干燥阴凉处约 20min,待料浆完全固化。

4) 脱蜡取芯

将蜡模置于高压蒸汽中,脱除蜡模,获得所需要的型芯坯体。

在烧结时,将型芯坯体埋入匣钵内的氧化铝料粉中,以防止型芯坯体中可能残存的蜡料在排除时产生缺陷。

3. 灌浆成型的工艺特点

灌浆成型工艺简单,不需要专用设备。同时,生产周期短,产品成本低,既适用于批量生产,也适用于少量型芯的试制。以蜡模为成型模时,可通过蜡模拼合制成芯盒,便于型芯件的组合;也可通过失蜡取芯,便于获得弯曲或扭曲的型芯件。但由于依靠重力灌注,仅适于制备截面较大,形状相对简单的型芯。另外,灌注过程中易产生气泡。

3.2.2　注浆成型[10,11]

1. 注浆成型的原理

注浆成型是将分散于低固相体积分数(20%~30%)泥浆中的料粉颗粒借助于外力作用聚积,以获得所需厚度坯体的一种方法,见图 3-1。在成型过程中,坯体的形成可分为三个阶段:①薄泥层形成阶段。当含有一定水分的流体状料浆注入多孔模型时,靠近模壁料浆中的水分因多孔模型的毛细管力作用而被吸收,料浆中的泥料则因范德华吸附力的作用而贴近模壁,形成最初的薄泥层。②泥层增厚阶段。在模型毛细管力作用下,薄泥层继续脱水,料浆内的水分向薄泥层扩散。在压力差和水分浓度差的驱动下,料浆中的水分不断地被吸入模型中,而泥层则不断增厚。当泥层厚度达到所要求的坯体厚度时,把余浆倒出,雏坯形成。③收缩脱模阶段。由于模型继续吸水和雏坯水分的蒸发,雏坯强度增大并收缩,脱离模型成为生坯。

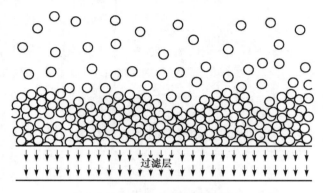

图 3-1　注浆成型原理示意图

2. 注浆成型对料浆的性能要求

(1) 流动性好,浇注时料浆能充满模型的各部位。

(2) 稳定性好,固体颗粒能长期悬浮不致沉淀,否则会影响料浆的输送,且易造成坯体分层或开裂。

(3) 触变性大小适当。如果料浆触变性过大,不利于料浆的储存、输送和排浆,注浆时坯体表面不平,厚薄不均,易导致坯体开裂和变形;如触变性过小,则成坯速率慢,生坯强度低,不易脱模。

(4) 在保证流动性的前提下,含水量尽可能低,以减少成型时间,缩短生产周期,增大坯体强度,降低干燥收缩,减少开裂变形,延长模型寿命。

(5) 渗透性好,使料浆中的水分容易通过已形成的坯泥层而为模型所吸收,使泥料层快速增厚而加快成型速率。

(6) 脱模性好,使形成的坯体容易从模型上脱离,且不与模型发生反应。

(7) 料浆应尽可能不含气泡,以免在坯体中形成气孔,通常通过真空处理排除料浆中的气泡。

(8) 形成的坯体要有足够的强度,以满足后续工序操作要求。

3. 注浆成型的工艺要点

1) 石膏模型

注浆成型的关键之一是要有高质量的石膏模型。对石膏模型的要求是:模型设计合理,以便于脱模;模型的孔隙率高,一般为 30%～40%,以保证良好的吸水性能;模型各部位吸水均匀,以保证坯体的密度均匀性;模型表面光洁,无孔洞,无润滑油油迹和肥皂膜,以保证坯体表面质量;在制模时要严格控制石膏与水的比例,以确保石膏模既有一定的孔隙率,又有足够的机械强度;在使用时,石膏模含水量控制在 4%～6%,如含水量太低,会造成坯体干裂、气泡、针眼等缺陷,如含水过高,会延长坯体脱模时间,并导致坯体变形。

　　2) 注浆操作

　　料浆通常以硅溶胶或铝溶胶为黏合剂,制浆时,必须经充分搅拌,以保证料浆的均匀性;注浆时,料浆温度不应低于 10～12℃,温度过低会影响料浆的流动性,室温宜保持在 20～25℃;石膏模应按顺序轮换使用,以保持模型湿度的一致性;注浆前在石膏模内壁最好喷涂一层滑石粉,以防止黏模;料浆注入模型时,宜缓慢而连续地一次注满,使模内空气充分逸出;料浆在模型内的停留时间及坯体在模型内的停留时间都必须严格控制,坯体脱模时要轻拿轻放,脱模后摆正放平,以免坯体变形。

　　为加快吃浆速率,提高成型效率,可采用压力注浆工艺,压力注浆装置如图 3-2 所示。

　　4. 注浆成型的工艺特点

　　注浆成型具有设备简单、易于操作的优点。但是,在注浆成型过程中,料浆中的细颗粒因易于迁移而富集到坯体表层(图 3-3),导致坯体结构不均匀。而且,坯体密度较低,泥料易于呈定向排列,使坯体易于变形并开裂。由于型芯坯体质量难

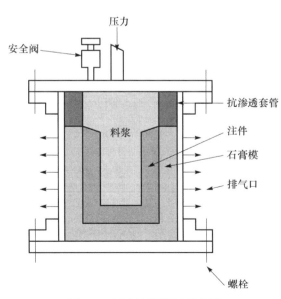

图 3-2　压力注浆装置示意图

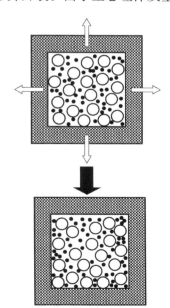

图 3-3　细颗粒迁移较快而富集

以得到有效的保证,仅适用于成型形状比较简单的陶瓷型芯。

3.2.3 凝胶注模成型[12,13]

凝胶注模成型是胶体化学、高分子化学和陶瓷制备工艺相结合的产物。其工艺过程为将陶瓷粉料均匀分散于有机单体溶液中,制成高固相体积分数、低黏度的料浆。将料浆注入模型中,有机单体在一定的催化、温度条件下发生聚合,形成坚固的交链网状结构,使料浆原位凝固,经脱模、干燥后得到陶瓷坯体。

凝胶注模成型可分为水溶液凝胶注成型和非水溶液凝胶注成型两种,前者适合于不与水发生反应的材料体系,后者主要适用于与水发生化学反应的材料体系。能用于水溶液凝胶注模成型工艺的有机单体体系应满足以下要求:①单体和交联剂必须是水溶性的(水溶液中的质量分数分别不低于20%和2%);②不影响浆料的流动性;③单体和交联剂的稀溶液形成的凝胶具有足够的强度。

1. 凝胶注模成型固化机理

凝胶注模成型常用的单体体系组成如表3-7所示。单体体系胶凝固化的机理为:由引发剂分解生成的初级自由基与单体加成,生成单体自由基。单体自由基与单体分子结合形成链自由基。上述反应不断进行,生成聚丙烯酰胺长链聚合物。聚丙烯酰胺长链构成网络结构包括两种机制:一为长链间的亚胺化交联作用,长链分子通过胺基之间的结合(亚化胺反应),连接形成网络结构;二为交联剂与长链分子的桥接作用,交联剂分子具有两个碳碳双键,可以通过桥接作用使聚丙烯酰胺长链互相连接起来,形成网络结构。陶瓷粉料将均匀分散于网络中并被吸附而固化定型。

表 3-7 单体体系的组成

材料作用	材料名称
有机单体	丙烯酰胺,甲基丙烯酰胺(MAM)
交联剂	N,N-亚甲基二丙烯酰胺(MBAM),聚乙烯基乙二醇二甲基丙烯酸酯,甲基聚乙二醇单甲基丙烯酯(MPEGMA)
引发剂	过硫酸铵(APS),过硫酸钾
催化剂	N,N,N,N-四甲基乙二铵(TE MED)
添加剂	聚乙烯吡咯烷酮(PVP),乙烯基吡咯酮(NVP),聚丙烯酰胺,聚氧化乙烯,褐藻酸钠和淀粉等
pH 调节剂	乳酸
分散介质	去离子水

在单体体系中,引发剂的作用是诱导聚合反应进行,最佳含量为体积分数0.5%~1.0%,含量过高会导致单体的聚合速率过快,使反应速率很难控制。催化

剂的作用是降低聚合反应激活能,提高单体的聚合速率,最佳含量在体积分数0.5%左右,如用量太多,也将导致反应过于剧烈。

2. 凝胶注模成型工艺要点

以水基凝胶注模成型氧化硅陶瓷型芯为例[14],其工艺要点为:

(1) 单体溶液中单体量为质量分数 30%,其中,单体甲基丙烯酰胺、添加剂乙烯基吡咯酮和交联剂聚乙烯基乙二醇二甲基丙烯酸酯的质量比为 3:3:2。

(2) 浆料中陶瓷粉料含量为体积分数 61%,其中,陶瓷粉料的组成为质量分数60.0%石英玻璃粉,37.8%锆英砂粉,2.2%超细石英粉。陶瓷粉料的粒径为0.5~25.0μm。为利于陶瓷粉料的分散,用四甲基氢氧化铵将浆料的 pH 调节至10.5~11.5。为避免浆料升温导致有机组分挥发,在搅拌过程中用冰冷却料桶。另外,在浇注前要对浆料做真空脱气处理。

(3) 型芯模由厚铬钢板制备,内壁涂脱模剂 Frekote 770-NC。将钢模预热到50℃,而后注入浆料,在 50℃下保温 30min 使浆料固化。

(4) 脱模后的型芯坯体立即冷冻,经冷冻干燥排除坯体中的水分,以避免坯体表面在干燥过程中产生开裂。经干燥后的型芯坯体在 1100℃烧结。

与浇注成型相比,水基凝胶注模成型的陶瓷型芯的最大特点在于型芯表面没有微裂纹,因而,叶片内腔表面也没有微裂纹,见图 3-4。其中,图(a)为使用浇注成型陶瓷型芯,图(b)为使用水基凝胶注模成型陶瓷型芯。

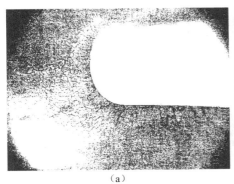
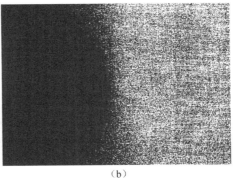

(a)　　　　　　　　　　　　　　　　(b)

图 3-4　叶片冷却通道表面形貌图

3. 凝胶注模成型的特点

(1) 浆料流动性好,可成型复杂形状的陶瓷部件。

(2) 浆料中有机物含量低、固相含量高、坯体密度高、结构均匀性好,因而,坯体的干燥收缩小,在干燥与烧结时不易变形。

(3)陶瓷粉料由高聚物相互交联的三维网络结构所固结,坯体强度高,可进行机加工。

(4)凝胶注模成型的聚合反应是在大量陶瓷粉末存在的条件下进行的,但离子聚合对反应条件要求较为苛刻,空气、水、杂质等对反应均有较大影响,即使在真空条件下或在气氛保护的环境中,少量的氧仍可能阻碍坯体表层中单体的聚合,导致坯体表层开裂或起皮。因此,浆料中的氧必须通过抽真空排除,聚合反应必须在氮气保护下进行。

(5)成型后的坯体干燥要求在低温高湿的条件下进行,干燥时间长,虽然避免了注射成型工艺的脱蜡工序,但其干燥过程已成为限制规模化应用的障碍之一。

(6)单体丙烯酰胺是一种神经毒素,不利于人体健康和环境保护。因此,以丙烯酰胺为凝胶体系的成形技术不利于产业化。

4. 凝胶注模成型工艺的改进

为消除坯体表面起皮现象,可在浆料中引入作为添加剂的非离子水溶性高分子材料,如聚乙烯吡咯烷酮、聚丙烯酰胺、聚氧化乙烯、褐藻酸钠和淀粉等。在单体预混液中,先加入质量比为(2~20):100 的水溶性高分子材料,而后加入陶瓷粉料,能有效防止氧对单体聚合的阻碍作用。

从有利于人体健康的角度考虑,以健康危害指数为 2 的甲基丙烯酰胺为聚合主单体,以健康危害指数为 2 的 N,N-亚甲基双丙烯酰胺或健康危害指数为 1 聚乙烯基乙二醇二甲基丙烯酸酯为交联剂的水基凝胶浇注体系,相对于以毒性较大的丙烯酰胺(健康危害指数为 4)为主单体的非水溶剂体系有一定的优越性,目前已被广泛应用。

许多从动植物中提取的天然大分子材料都具有良好的凝胶特性,其中琼脂糖、明胶、琼胶等大分子材料,具有热溶胶特性,即加热时溶解、冷却时胶凝。近年来,这些材料已被成功用于凝胶注模成型过程。

为提高凝胶注模成型过程中浆料的充填性,可采用低压凝胶注模成型工艺。

3.2.4　流延成型[15]

流延成型法又称带式浇注法或刮刀法。其工艺过程为将料浆装入料斗中,料浆从料斗下部流至传送带的薄膜载体上,用刮刀控制料层厚度,由 γ 射线或 X 射线对厚度进行在线监测。经红外线加热等方法烘干得到的膜坯,连同载体一起卷轴待用。最后按所需形状切割加工,见图 3-5。

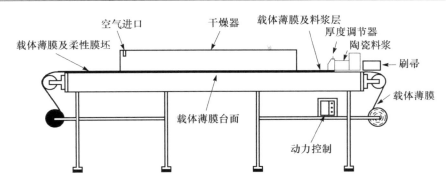

图 3-5　流延成型工艺示意图

1. 塑化剂

流延成型用塑化剂的组成及对各组分的要求。

1) 黏合剂

黏合剂在料浆中的主要作用是包裹粉料颗粒,能自身固化并形成三维网络构架,能赋予素坯一定的强度和韧性。选择黏合剂应考虑的因素有:①膜坯的厚度;②所选溶剂类型及匹配性,利于溶剂的挥发和不产生气泡;③易于烧除,不留残余物;④能起到稳定料浆和抑制颗粒沉降的作用;⑤有较低的塑性转变温度,以确保在室温下不发生凝结;⑥不会与基板黏结而易于分离。

黏合剂按起作用的官能团可分为非离子型、阴离子型和阳离子型三类。使用较多的是非离子型和阴离子型黏合剂,主要为乙烯基与丙烯基两类。水基浆料中使用的黏合剂有聚乙烯醇、丙烯酸乳剂和聚丙烯酸胺盐等,其中最常用的是聚乙烯醇。非水基料浆中使用的黏合剂有聚乙烯醇缩丁醛、聚丙烯酸甲脂和乙基纤维素等。

2) 增塑剂

增塑剂的主要作用是降低黏合剂的塑限温度 T_g,使其接近或低于室温,确保黏合剂在室温时具有好的流动性并不发生凝结;使黏合剂受力变形后不致出现弹性收缩和破裂,从而提高坯料的可塑性。另外,增塑剂对粉料颗粒还起润滑作用和桥联作用,有利于浆料的分散和稳定,但增塑剂会使素坯膜的强度降低。

最常用的增塑剂为邻苯二甲酸酯、聚乙二醇、乙二醇等。它们对浆料流变性的影响不甚相同。其中,邻苯二甲酸酯能润滑粉体颗粒,降低浆料黏度,而聚乙二醇则在粉体颗粒间形成有机桥,会增大浆料的黏度。

3) 溶剂

对溶剂的要求是:①能溶解黏合剂、增塑剂、分散剂等其他添加成分;②在浆料中具有一定的化学稳定性,不与粉料发生化学反应;③易于挥发与烧除;④使用安全,对环境污染少。

溶剂分为有机溶剂、水和混合溶剂三类。使用有机溶剂时,浆料黏度低,溶剂挥发快,干燥时间短,但有机溶剂易燃,有毒性。常用的有机溶剂有乙醇、甲乙酮、三氯乙烯、甲苯、二甲苯等;用水做溶剂时,生产成本低,使用安全性好,便于大规模生产,但对粉料的润湿性差,蒸发慢,干燥时间长,料浆除气难,可供选用的黏合剂品种少;混合溶剂具有表面张力小,沸点低,对黏合剂、分散剂等溶解性能好,干燥过程中挥发快的优点,是当前使用较多的一种溶剂。常用的混合溶剂有乙醇/甲乙醇、乙醇/三氯乙烯、乙醇/水、三氯乙烯/甲乙酮等。

4)分散剂

料粉在料浆中的分散均匀性直接影响素坯膜的质量,从而影响材料的致密性、气孔率和力学性能等一系列特性。常用的分散剂有非离子型、阴离子型、阳离子型和两性离子型4种类型。一般说来,阴离子表面活性剂主要用于颗粒表面带正电的中性或弱碱性料浆,而阳离子型表面活性剂主要用于颗粒表面带负电的中性或弱酸性料浆。试验表明,膦酸酯、乙氧基化合物和鲱鱼油分散效果较好。

5)除泡剂

除泡剂用于消除浆料中的气泡,常用的除泡剂是正丁醇、乙二醇各50%的混合液。将除泡剂加入浆料中,然后进行真空搅拌除气,可以获得较好的效果。

6)均化剂

用于增加组分的相互溶解性,以防止干燥时起皮,也能增大坯体的密度和拉伸强度。常用的均化剂为环已酮。

7)控流剂

有时加入少量控流剂以防止基片表面干燥太快,避免膜坯开裂。

8)反絮凝剂

一种用于防止分散体系形成过高密度沉淀的试剂。

2. 流延成型的工艺要点

以硅基薄壁陶瓷型芯的制备为例,其工艺要点为:

(1)陶瓷料组成为质量分数70%石英玻璃粉,30%锆英砂。对料粉的要求是粒径小、粒度圆、颗粒级配合理。

(2)塑化剂组成如表3-8所示。

表3-8 塑化剂组成

作用	材料名称	含量(质量分数)/%
黏合剂	聚乙烯丁缩醛	15~20
增塑剂	二丁基钛酸酯	5~10
	聚乙二醇	10~15
溶剂	甲基甲乙酮和乙醇的共沸混合液	50~70
分散剂	磷酸三乙酯	1

（3）料浆由 30％陶瓷料粉和 70％塑化剂配制而成。在制备料浆时,为排除气泡,应以 1～2r/min 的低速搅拌至少 48h。

（4）影响膜坯厚度的因素。膜坯厚度除通过厚度调节器控制外,还与料浆黏度及带速有关,见图 3-6。

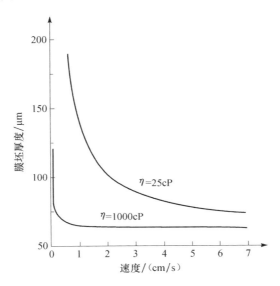

图 3-6　料浆黏度及带速对膜坯厚度的影响

3. 流延成型的工艺特点及常见缺陷

流延成型的工艺特点是设备简单、工艺稳定、可连续操作,便于自动化作业,生产效率高,适于制备表面光洁度高,厚度小于 0.2mm,甚至小于 0.05mm 的薄壁陶瓷型芯坯体。

流延成型常见的缺陷有:①料浆中固相含量低,收缩率可高达 20％,而且,厚度方向与宽度方向受力不同,易于产生变形;②溶剂挥发易留下气孔;③黏合剂含量偏低造成干燥时开裂;④增塑剂用量不足导致折叠时的断裂;⑤料浆黏度过高造成膜坯表面不平。

3.3　陶瓷型芯的加压流动成型

陶瓷型芯的加压流动成型可分为高压流动成型和低压流动成型两类。高压流动成型包括注射成型、注射冷冻成型及传递模成型;低压流动成型包括压力注浆成型、低压凝胶注模成型等。在陶瓷型芯的制备中,使用最多的是注射成型。

陶瓷注射成型源于 20 世纪 20 年代的热压铸成型技术,是由传统粉末冶金技术与塑料注射成形工艺相结合发展起来的一门新型近净尺寸成型技术,已成为近代粉末注射成型技术的一个分支。注射成型的工艺流程如图3-7所示。

图 3-7　注射成型工艺流程

3.3.1　注射成型塑化剂的组成及常用材料[16]

对注射成型用塑化剂的要求是在粉料表面有良好的附着力、热塑性、良好的成型性能和在室温下保持型芯几何形状的热稳定性。选择塑化剂时,必须综合考虑体系的相容性、浆料的流变性、坯体的脱模性及脱蜡性等。注射成型通常使用的塑化剂材料示于表3-9。典型的塑化剂组成示于表3-10。

表 3-9　注射成型常用塑化剂材料

作用	材料名称
黏合剂	石蜡(PW)、聚丙烯(PP)、聚乙烯(PE)、聚乙烯醇(PVA)、聚苯乙烯(PS)、醋酸纤维素、丙烯酸类树脂
增塑剂	蜂蜡、脂肪酸酯、酞酸二乙酯、酞酸二丁酯、酞酸二辛酯、邻苯二甲酸二丁酯(DBP)、邻苯二甲酸二乙酯(DEP)、邻苯二甲酸二辛酯(DOP)、邻苯二甲酸丙烯酯等
润滑剂	油酸、辛酸、硅烷、鱼油、植物油、矿物油、PAN粉、钛酸酯、硬脂酸(ST)、微晶石蜡、硬脂酸镁、硬脂酸锌、硬脂酸铝、硬脂酸二甘酯、非离子型土温80等
辅助剂	花生、大豆等植物油、动物油、萘等的升华物以及分解温度不同的树脂

表 3-10　典型的塑化剂组成

编号	石蜡	微晶石蜡	棕榈蜡	硬脂酸	聚乙烯	聚丙烯	蜂蜡	甲基乙基酮	甲基丙烯酸	松香
No. 1	95	—	—	—	—	—	5	—	—	—
No. 2	93	—	—	—	2	—	5	—	—	—
No. 3	90	—	—	—	10	—	—	—	—	—
No. 4	70	20	—	—	—	—	—	10	—	—
No. 5	69	—	10	1	—	20	—	—	—	—
No. 6	60	—	—	5	—	35	—	—	—	—
No. 7	50	—	—	—	—	—	—	—	50	—
No. 8	48	—	—	7	—	7	—	—	—	38

3.3.2 注射成型对黏合剂的要求

对于塑化剂中占主导地位的黏合剂,虽然只在成型阶段发挥作用,并不影响产品的最终成分,但它为浆料提供良好的流动性,为坯体提供足够的结合强度,既影响浆料的流变性和成型性,又影响脱蜡过程,还影响产品的合格率和尺寸精度等。因此,注射成型工艺对黏合剂有严格的要求,主要为以下几个方面:

(1) 与陶瓷粉料有良好的润湿性而不会与陶瓷粉料发生反应。黏合剂与粉料的润湿角小,能通过对粉料颗粒的润湿产生毛细管力吸附颗粒。

(2) 与塑化剂中的其他组分有良好的相容性。

(3) 熔融时能赋予陶瓷粉料良好的流动性和足够高的稳定性,这是黏合剂的主要特性之一。浆料流动性的好坏及稳定性的高低与黏合剂相对分子质量的大小有关。低相对分子质量的黏合剂黏度低,流动性好,但结合力小。如果黏度太低,虽然浆料流动性好,但稳定性差,成型过程中蜡料与粉料易于分离,而且坯体强度低;高相对分子质量的黏合剂结合力强,虽然浆料稳定性好,但因黏度高,流动性差。如果黏度太高,粉料不易均匀分散,不仅混炼困难,很难得到混合均匀的浆料。而且,成型时充型能力差,容易产生欠注缺陷;另外,黏度随温度的变化速率不能太大,否则在成型过程中可能因浆料温度的波动而造成坯体缺陷。

(4) 凝固时使坯体有适当的收缩,黏合剂的热膨胀系数直接影响坯体收缩的大小。热膨胀系数过小,将导致坯体收缩过小而不易脱模,而热膨胀系数过大,易导致坯体变形。

(5) 具有在室温下保持坯体几何形状的热稳定性。

(6) 脱蜡时有机组分易于排除,黏合剂宜由多组分有机物组成。当黏合剂仅由单组分有机物组成时,黏合剂的相对分子质量分布范围窄,脱蜡过程对温度的敏感性强,工艺控制难。当黏合剂由多组分有机物组成时,黏合剂相对分子质量分布范围宽,脱蜡过程中低熔点组分先逸出,所形成的开口气孔为其余组分的逸出提供了通道,能加快脱蜡速率,减少脱蜡缺陷。

(7) 导热性较好。较好的导热性使热量较快地散发开,避免在脱蜡过程中因坯体局部过热而产生较大的热应力。

(8) 没有毒性,不污染环境、不挥发、不吸潮,循环加热时性能不变化。

3.3.3 注射成型工艺要点[17,18]

1. 陶瓷料粉

料粉以球形或近球形为主,具有良好的流动性,以提高填充密度,进而提高装载量,减少产品收缩率,要求松装密度为理论密度的 40%～50%,摇实密度为理论密度的 50%以上;料粉间有足够的摩擦力,以避免料粉间的滑移而变形,自然坡度角大于 55°;粒度分布合理,粗颗粒不宜过粗,以利于提高表面光洁度,细颗粒不宜过多,以免坯体收缩过大。

2. 料浆制备

1) 塑化剂含量

塑化剂含量的确定以满足将耐火粉料的所有孔隙填满为标准,要求塑化剂在常温时的体积与耐火料粉所有孔隙的总体积相同。当塑化剂熔化时,其膨胀后的体积足以使耐火料粉充分分散,使料浆的流动性能满足成型要求。如塑化剂含量偏少,耐火料粉混合不均,料浆黏度太大,成型后坯体的密度不均。如塑化剂用量偏多,塑化剂排除后,坯体中的部分颗粒间未能直接接触,在烧结时因局部收缩偏大而导致坯体变形。料浆中塑化剂的含量一般为质量分数 15%~17%,塑化剂含量的多少将影响烧结后坯体内的料粉堆垒密度,从而影响型芯的气孔率、体积密度、烧结收缩率和抗折强度,见图 3-8。

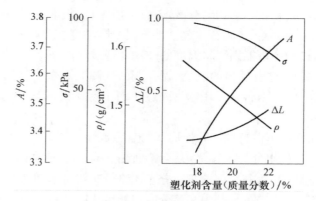

图 3-8　塑化剂含量对型芯性能的影响
A 气孔率;*σ* 抗折强度;*ρ* 体积密度;Δ*L* 烧结收缩率

2) 塑化剂配制

先将塑化剂中各组分熔化并混合均匀,但各组分的添加顺序因组分性能不同而异。当使用熔点相近且相互熔合良好的原材料时,各组分可同时足量加入;当各组分熔点显著不同时,按熔点由低到高的次序加入到搅拌桶内。先加入易熔组分,随着熔化进行,再加入难熔组分。不仅要使难熔组分熔化,还要使难熔组分部分地融合到易熔组分中去。例如,塑化剂中含聚乙烯时,首先熔化能很好熔化聚乙烯的石蜡、硬脂酸等,再使熔化温度升高到 120~140℃,然后在不断搅拌下逐渐加入细粉末状的聚乙烯,以使其全部熔化。通常将熔化并混合均匀的塑化剂冷却凝结成蜡块,以备配制浆料之用。

3) 料浆配制

料浆配制是一个在适当的温度下将料粉与塑化剂混合的过程。配制料浆时，先将按配比要求称量好的蜡块（塑化剂）置于搅拌器中，待蜡块熔化后，再将经预热的料粉分三至四次分批加入到蜡液中。务必在上次加入的料粉基本混合均匀后再加入下一批料粉，防止因料粉一次加入过多而结成料块。粉料的预热温度宜高于蜡液温度，如料粉的预热温度偏低会造成蜡液的局部凝结。

料浆混合要求在带有衬套的搅拌机中进行，衬套内既可通入油或甘油对料桶加热，也可通入冷水对料桶冷却。料桶内壁及搅拌桨叶的材质以不会影响陶瓷型芯性能的材料为宜，以免桶壁及桨叶磨耗对料浆造成杂质沾污。搅拌器桨叶的结构对料浆均匀性及气泡排除有明显的影响，如桨叶结构不合理，可能在桨叶下方形成料浆的"死区"，导致粗颗粒下沉而造成料浆组分不均。

料浆的搅拌速率和冷凝速率对料浆的均匀性有明显的影响。如搅拌器的转速过低，既可能造成料粉中粗颗粒的下沉而影响料浆的均匀性，也可能造成桶壁或桶底料浆因搅拌不力而局部过热，导致蜡料挥发。表 3-11 所示为搅拌器转速为 28r/min 时，缓慢冷却对不同批次铝基陶瓷型芯料均匀性的影响。当搅拌器转速提高到 43r/min，采用带水冷的专用搅拌机在边冷却边搅拌与破碎的条件下，使冷凝与制粒同时进行时，浆料颗粒的均匀性有所提高，见表 3-12。

表 3-11　料浆低速搅拌与缓慢冷凝后的性能

料浆批次	比表面积/(cm²/g)	搅拌时			冷凝后					
		焙烧损失/%			真实密度/(g/cm³)			熔点/℃		
		上	中	下	上	中	下	上	中	下
7	792	16.2	15.1	14.5	2.43	2.53	2.72	52.2	52.4	53.2
8	634	16.1	15.0	14.3	2.41	2.49	2.60	52.3	52.3	53.3
12	698	16.2	14.9	14.1	2.41	2.50	2.63	53.0	53.4	53.9

表 3-12　料浆快速搅拌与快速冷凝后的性能

料浆批次	比表面积/(cm²/g)	搅拌时			冷凝后					
		焙烧损失/%			真实密度/(g/cm³)			熔点/℃		
		上	中	下	上	中	下	上	中	下
11	722	15.8	15.9	15.9	2.62	2.64	2.63	53.1	53.2	53.2
15	703	16.0	15.9	15.8	2.59	2.60	2.61	53.1	53.3	53.2
20	715	15.9	16.0	16.0	2.61	2.60	2.61	53.1	53.2	53.1

3. 注射成型

注射成型是指将料粒在注射成型机中加热软化成料浆后注入模具，料浆在模具中冷却重新固化制得所需形状坯体(称为蜡坯或生坯)的过程。

蜡坯的质量直接影响产品的性能,而蜡坯的质量又与模具形状、模具温度、料浆温度、注射压力、保温时间等有关。成型时必须综合考虑上因素,表 3-13 所示为陶瓷型芯注射成型的工艺参数。

表 3-13　陶瓷型芯注射成型工艺参数

料浆温度/℃	模型温度/℃	注射压力/MPa	保压时间/s
80~120	30~40	1.0~4.0	10~25

料浆温度和模型温度的高低对蜡坯的合格率有明显影响。料浆温度越高,料浆的体积密度越小,蜡坯的收缩越大,变形的可能性也越大。

注射压力对蜡坯质量及烧结合格率的影响极大,在料浆组成相同的情况下,蜡坯的密度与成型压力及保压时间成正比。压力低,蜡坯的密度小,型芯的烧结收缩大,烧结强度低,因断裂和翘曲而引起的废品率高。提高成型压力,蜡坯密度增大,烧结强度提高。但蜡坯密度的增大,也可能造成脱蜡时增塑剂排除阻力的增大,由此而导致裂纹和翘曲缺陷的增多。另外,如成型压力过大,还可能造成浆料中陶瓷料粉与黏合剂材料的分离,也可能造成陶瓷料粉中粗、细颗粒的分离,从而导致坯体结构的不均匀性。

在成形压力为 1.3~1.4MPa 时,保压时间对型芯质量的影响如表 3-14 所示。由表可见,保压时间以 10~20s 为宜。这是因为适当延长保压时间,有利于补浆的顺利进行,有利于坯体密度均匀性的提高。但保压时间过长,则因浆口封凝而产生温度差和残余应力,致使变形增大。

表 3-14　保压时间对烧结合格率的影响[19]

保压时间/s	合格率/%	不同缺陷所占比例/%			
		翘曲	裂纹	收缩	断裂
30	57.3	44.0	19.5	—	36.5
20	61.5	43.2	19.0	—	37.8
10	65.6	42.5	18.2	3.0	36.3
5	22.9	33.8	27.0	27.0	12.2

在成型时,为便于脱模,常选用硅油或蓖麻油和乙醇的混合液为分型剂。

3.3.4　蜡坯矫形

型芯在成形、出模及冷却至室温的过程中产生的应力会引起蜡坯变形,对于横截面较薄的翼缘,由于冷却速率更快而变形更为严重。为消除应力,减少变形,提高形位精度,可用刚性矫形胎模对已变形的蜡坯进行矫形,也可使用柔性胎模防止蜡坯的变形。

1. 温水预热刚性胎模矫形

将型芯蜡坯放入水温为 40～50℃ 的容器中,保持 7～10s 后取出,放在矫形用的下胎模上,再合上上胎模,保持 10～15s,冷却至室温后从胎模中取出。蜡坯在热水中的预热为几何形状的回复及热应力的消除创造了条件。

2. 刚性胎模炉内加热矫形[20]

矫形用胎模由顶模 40 和底模 42 两部分组成,见图 3-9。分别设置在顶模和底模上的承接面 40a 和 42a 之间所形成的空腔,正好用于承接型芯蜡坯 10。承接面 40a 的轮廓和型芯叶背 S1 面相一致,承接面 42a 的轮廓和型芯叶盆 S2 面相一致。承接面上没有凸台、凹槽、盲孔等细小结构。在顶模和底模的结合面上设有一对或几对定位钮 B1 和 B2,以便于胎模正确定位。胎模材质为金属、塑料、陶瓷或其他刚性相对较好的材料。

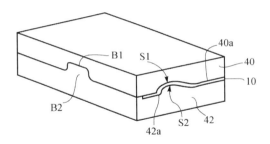

图 3-9　矫形胎模结构图

陶瓷型芯蜡坯的矫形过程包括如下两个步骤:

(1) 从钢模中取出的型芯蜡坯,如其温度仍高于室温,可直接放置在底模上,并扣上顶模,务使胎模的承接面与型芯的 S2 面、S1 面相吻合。对于温度已冷却到室温的型芯蜡坯,则必须先快速加热型芯的 S2 面,而后放置在底模上,再快速加热型芯的 S1 面,再扣上顶模,以确保相应表面间的吻合。顶模借助本身的重量压紧在型芯蜡坯上,如有必要也可附加夹紧机构。顶模重量、胎模材质及夹紧力的大小取决于型芯材料和所采用的型芯矫形参数。

(2) 将内置型芯蜡坯的胎模放在传送带上,送入炉内,缓慢升温,至蜡坯温度高于型芯结合剂软化温度时,出炉冷却。

加热过程中黏合剂的软化,使存在于蜡坯中的内应力得以释放,蜡坯及顶模本身的重力和夹紧力的作用,使蜡坯紧贴胎模承接面,从而将蜡坯矫正到所要求的形状。

对于以热固性树脂为黏合剂的蜡坯,矫形时需要同时使用底模和顶模,对于以热塑性材料为黏合剂的蜡坯,矫形时不必使用顶模。

3. 柔性胎模防止蜡坯变形[21]

如将刚从钢模中取出的型芯蜡坯放在刚性的顶胎模和底胎模之间使其冷却至室温时,常因蜡坯与胎模接触不良而产生变形或扭曲,因此,仍然可能导致陶瓷型芯的形位超差。为防止型芯蜡坯在刚性胎模内矫形时的变形与扭曲,特别是防止蜡坯截面较薄的尾缘的变形,可将蜡坯置于柔性矫形胎模中冷却。

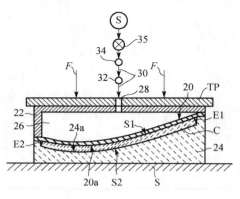

图 3-10　柔性矫形模示意图

图 3-10 所示的柔性矫形模由刚性底模 24 和柔性顶模 22 构成。刚性底模由金属、塑料(如 REN 塑料)、陶瓷或其他刚性材料制成。柔性顶模 22 由柔性膜 20、刚性模框 22 和空腔 26 构成。柔性膜可由铂催化耐热硅橡胶加工而成,常选用硬度为 45—Shore 00、耐热温度为 260℃的 rohn Poulanc silicone rubber V340—A,柔性膜厚度一般为 9.5mm。刚性模框可采用机加工或其他方法成型,其材质与刚性底模相同。可用硅树脂或其他黏合剂将预成型的柔性膜粘贴到刚性模框 22 的外围,并形成空腔 26。也可采用先在模框 22 内注满蜡料,在蜡上浇注硅橡胶,而后经模框和顶夹板 TP 的通道 28 脱除蜡料,在形成柔性膜 20 的同时,也形成了空腔 26。柔性顶模的内腔 26 经通道 28、空气导管 30、压力表 32、压力调节器 34 和操作阀 35 与加压流体 S 相连通,流体可以是压缩空气。

将刚从钢模中取出,温度高于室温(32~232℃,如温度为 149℃)而仍有一定可塑性的型芯蜡坯 C 放在刚性底模上,将柔性顶模放置在型芯蜡坯上,对矫形模施加锁紧力 F,并向空腔中通入压力为 34.5~68.9kPa 的压缩空气。空腔压力要维持到型芯温度降至室温或接近室温,使型芯坯体具有一定的刚性而不会再产生明显变形。

柔性膜有一定的变形能力,因而在空腔压力的作用下,不论型芯蜡坯厚度有何差异,均能使柔性膜 20 与型芯蜡坯的 S1 面紧密接触,并使型芯蜡坯的 S2 面与底模的承接面 24a 紧密接触,避免了因接触不良而产生的局部应力,制约了蜡坯在冷却过程中可能产生的变形或扭曲,特别是对于防止型芯的前缘 E1 和后缘 E2 的变形或扭曲有十分明显的效果。

在矫形过程中,夹紧力、柔性膜的厚度和硬度、柔性膜与型芯蜡坯接触表面之间的摩擦力、空腔压力、保压时间、胎模温度、胎模材料等工艺参数,要根据型芯材质、形状和制备工艺要求来决定。例如,可用滑石或其他粉料来调节柔性膜与型芯蜡坯 S1 面之间的摩擦力。

另外,柔性顶胎模可以全部由柔性材料如硅橡胶制备,如图 3-11 中的 122,其表面 122a 的轮廓与型芯蜡坯的 S1 面相一致;柔性顶模也可以由刚性基体材料和柔性表层材料 123 组合而成,见图 3-12,柔性材料的表层 123a 的轮廓与型芯蜡坯的 S1 面相一致。

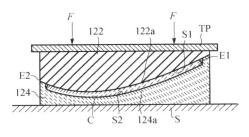

图 3-11 柔性矫形模示意图   图 3-12 柔性矫形模示意图

试验表明,蜡坯矫形对降低陶瓷型芯的烧结变形有明显作用,未矫形型芯的翘曲变形率为 70.8%,而矫形后型芯的翘曲变形率下降至 45.0%。

3.3.5 注射成型的特点及缺陷分析

1. 注射成型的特点

(1) 适用范围宽,可用于氧化硅、氧化铝、氧化锆等多种陶瓷粉料的成型,可用于尺寸较小、形状复杂的陶瓷型芯的成型,见图 3-13。

图 3-13 注射成型陶瓷型芯

(2) 成型周期短,仅为浇注成型、热压成型时间的几十分之一至几百分之一,适合于大批量生产。

（3）坯体密度均匀性较好，坯体在烧结过程中的收缩特性基本一致，利于保证产品的几何尺寸精度，其尺寸公差小于 1%，而干压成型为 ±(1%～2%)，注浆成型为 ±5%。

（4）对料粉的性能要求高，而且在性能方面本身就存在一些矛盾，如提高充填密度与增大自然坡度角的矛盾，易烧结与易团聚的矛盾。

（5）由于成型压力高，料粉与黏合剂易于分离；蜡坯中成型应力和温度应力大；模具及活塞磨损大，易于造成杂质污染；模具设计难度大、模具加工费用高。例如，浆料通道设计不当，就可能导致料粉与黏合剂的分离而堆积，见图 3-14。

（6）脱蜡时间过长，常需要 3～4 天，缺陷多，废品率高，不适合于厚壁产品的生产。

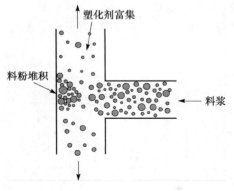

图 3-14　注射成型时料粉的堆积

（7）烧结收缩较大，给陶瓷型芯的形位精度控制造成了一定的困难。

2. 注射成型缺陷分析

注射成型时，常见的缺陷及产生原因如表 3-15 所示。

表 3-15　注射成型缺陷

缺陷名称	原因
收缩大	料粉过细，料浆含蜡量过高；成型时料浆温度过高，压力偏低，保压时间不足
强度低	料粉过粗或级配不当，料浆含蜡量过高或料浆混合不均
变形	成型时脱模过早或用力不匀；脱模后放置不当
冷隔	模具设计不合理而排气不良，分型剂用量过多或涂刷不均匀；料浆中塑化剂量不足；成型时模具和压注筒温度偏低，料浆温度偏低，成型压力小
型芯增厚	模具分型面上的杂物未清理净，合模压力小或合模机构未锁紧
裂纹	模型设计不合理，起模用力不均；成型时模型温度偏低，保压时间过长
气孔或鼓泡	模型排气不良，料浆内气泡未排净；成型时压注速率过快
凹陷	结构设计时型芯厚薄相差过大；料浆含蜡量过高，料浆混合不均；成型时浆温过高，注射压力小，保压时间短，或注射压力过大造成塑化剂偏析

3.3.6　水基注射成型[22]

水基注射成型是在传统注射成型的基础上发展起来的一种基于水介质的胶态成型方法。最早关于该方法的报道出现在 20 世纪 70 年代后期，采用一些在某一温度范围内可溶于水而黏度小，升温或降温后黏度增大或能胶凝而具有足够黏结强度的高聚物为黏合剂。常用的黏合剂有甲基纤维素衍生物和琼脂糖等。

以琼脂为黏合剂时,其制备工艺过程为:①将陶瓷料粉、去离子水和分散剂加入球磨机中,制成料粉水溶液;②将琼脂溶解于沸水中;③将琼脂热水溶液加入到温度为70℃的料粉水溶液中,强烈搅拌,制成料浆;④将料浆置于注射成型机的温度为82℃的敞口料桶中,使水蒸发,直到料浆的固含量达70%;⑤注射成型,压力为0.1~0.4MPa,保压时间为10~20s;⑥用温度为15℃的水冷却成型模具,使料浆胶凝,约3min后脱模;⑦生坯在空气中干燥后入窑烧结。

水基注射成型的优点是:生坯中黏合剂含量低;免除了以石蜡为黏合剂时的脱蜡工序,既降低了坯体开裂、收缩、变形的风险,又避免了因使用填料导致的坯体表面粗糙的缺陷。

3.3.7　注射冷冻成型[23]

注射冷冻成型是在低温下使料浆冻结,在对冻结坯体进行解冻的过程中,利用料浆中由胶凝剂的胶凝构成的网络骨架,使坯体形状得以固定的一种成型方法。其工艺流程如图3-15所示。

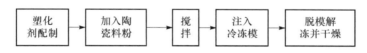

图 3-15　冷冻成型的工艺流程

1. 冷冻成型制备硅基陶瓷型芯的工艺要点

1) 料浆制备

陶瓷料粉组成如表3-16所示。其中,石英玻璃粉的组成为质量分数57.03%－325目GP1,12.31% －325目GP151,13.19% 10μm细粉。料浆的组成如表3-17所示。

表 3-16　陶瓷料粉组成　　　　　［单位(质量分数):%］

石英玻璃粉	锆英砂粉(325目)	板状氧化铝粉(325目)	长石粉(200目)
82.52	11.29	1.59	0.60

表 3-17　陶瓷料浆组成　　　　　［单位(质量分数):%］

陶瓷料粉	塑化剂			
	去离子水	KNOX. RTM. 胶凝剂	SURFYNOL. RTM. 104E 分散剂/表面改性剂	MOBILCER. RTM. X 增塑剂/润滑剂
78.03	19.18	1.20	0.82	0.77

将按配比称量的陶瓷料粉混合均匀后,加热至 60～66℃。

将胶凝剂加入到沸腾的去离子水中,而后加入增塑剂/润滑剂,并不断搅拌,使其完全熔化并分散均匀,制成塑化剂溶液。必须注意的是,作为溶剂和载体的去离子水不能含碱,因为碱对型芯的烧结性能有严重的影响。

将塑化剂溶液降温至 35～40℃后,倒入搅拌器中,使其温度维持在 38℃。加入 1/3 经预热的陶瓷料粉,以 70r/min 的低速搅拌 5min 后,再加入 1/3 陶瓷料粉,继续低速搅拌 5min。而后,加入 1/2 分散剂/表面改性剂,低速搅拌 2min。如有必要,可加入去泡剂,如 2-乙基-乙醇。将余下的 1/3 陶瓷料粉加入搅拌器中,低速搅拌 5min 后,加入余下的 1/2 分散剂/表面改性剂,低速搅拌 30min。制成陶瓷料粉固含量为体积分数 58％的料浆,供成型之用。

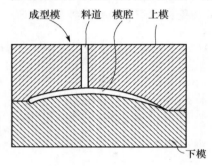

图 3-16　冷冻成型模

2）冷冻成型

将料浆装入注射成型机的储浆罐中,使浆温保持在 35～45℃。以 1.4～6.9MPa 的注射压力将料浆通过料道注入由上模和下模构成的模腔中,见图 3-16。

当成型模的温度控制在 -30～-20℃时,注入模腔中的料浆在 15～60s 内冻结并固化,形成刚性的型芯坯体。此时,坯体的刚性并不是由胶凝剂的胶凝作用提供的,而主要是由液态黏合剂的冻结所提供的。陶瓷料浆在模腔内温度下降的过程中,在温度仍高于冻结温度时,液态水和胶凝剂能形成一定数量的凝胶,但凝胶量的多少取决于待成型坯体的横截面积和质量。坯体的横截面和质量越大,整个截面冷却到冻结温度所需的时间越长,为液态水和胶凝剂提供的胶凝机会越多。坯体的横截面和质量越小,整个截面冷却到冻结温度的时间越短,为水和胶凝剂提供的胶凝机会就越少。

3）脱芯

型芯坯体在模腔中固化后,打开注射成型模,并从模型中取出型芯坯体。取芯时,可先用顶推器使坯体与模型分离,再借助于手提式取坯枪(温度保持在 -46～-17℃)手工取坯,并将坯体立即平放在室温下的耐火定型模中,见图 3-17。

4）解冻与干燥

位于耐火定形模中的冻结型芯坯体,由于温度逐渐升高到室温(20～

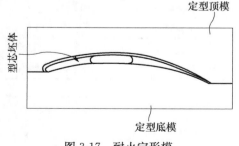

图 3-17　耐火定形模

30℃)而缓慢解冻。在常温常压下,型芯的解冻及凝胶的形成自表及里逐层推进,约 15min 后,就能在型芯坯体表层形成一个发育完善的高黏度凝胶结构,使型芯坯体失去流动性而具有足够的刚性和自我支撑能力。型芯坯体内在成型阶段形成的凝胶,以及在缓慢解冻过程中形成的凝胶,使型芯坯体能保持冻结时的形状,而耐火定形模的使用也为防止型芯在解冻过程中的变形创造了条件。

型芯坯体在陶瓷定形模中最好放置 48～100h,使其彻底解冻,以完成胶凝-固化过程,并使坯体至少有一定程度的干燥。对于厚度为 6.4mm 的型芯坯体,在解冻与干燥 48h 后,有 80% 的塑化剂组分蒸发掉。采用红外加热、热空气加热或其他方式对坯体加热,或降低空气相对湿度,都能加速型芯坯体的解冻与干燥。

5) 型芯的烧结

经解冻与干燥的型芯坯体,连同耐火定形模一起入窑烧结。最高烧结温度约 1232℃,烧结时间约 24h,升温速率为 111℃/h。

6) 型芯的高温增强

在坯料中添加约体积分数 4% 的高纯单晶 α-氧化铝晶须(直径 0.50～30.00μm,长度/直径比 3～10),不仅能降低型芯的烧结收缩,而且能显著提高陶瓷型芯在 1200～1550℃时的高温结构稳定性。悬臂蠕变试验表明,与不加晶须的型芯相比,型芯的抗蠕变性提高约 6 倍。

表 3-18 所示为冷冻成型硅基陶瓷型芯经烧结后的性能。当型芯用于浇注 IN713 合金叶片时,能用碱性热水溶液在 25h 内将型芯脱除。

表 3-18　陶瓷型芯性能

常温抗折强度/MPa	显气孔率(体积分数)/%	体积密度/(g/cm³)	表观密度/(g/cm³)	热膨胀率(960℃)/%	方石英含量(质量分数)/%
14.5	33	1.62	2.41	0.31	25

2. 冷冻成型的特点

(1) 料浆中黏合剂用量少,干燥时不需要真空装置,预烧时不需要填料,烧结时可以快速升温。

(2) 料浆中易于加入陶瓷晶须或纤维等添加剂,使陶瓷型芯的烧结收缩减小,尺寸精度提高,高温性能改善。

3.3.8　传递模成型

传递模成型是将由陶瓷料粉和热固性树脂配制的料浆注入经预热的模型中,在模型中经保温固化以获得足够结合强度的一种成型工艺。其成型过程为:型芯料浆在活塞推动下经机嘴进入由阳模和阴模构成的模腔中,由加热器预热模型,并加热型芯料浆使之固化成型为型芯坯体,见图 3-18。

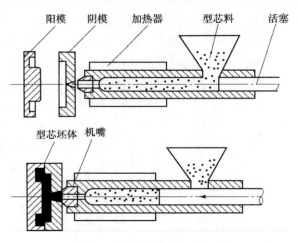

图 3-18　传递模成型机结构示意图

传递模成型以热固性树脂为黏合剂。常用的热固性树脂有环氧树脂、酚醛树脂和硅树脂等,前两种树脂由于料浆流动性及成型性能较差,现已很少使用。

硅树脂是一种较为理想的黏结剂,不仅具有低温黏合能力,还具有高温黏结作用。料浆中硅树脂与陶瓷料粉的配比为 5～50 份硅树脂,95～50 份陶瓷料粉。为加速硅树脂的固化速率,可加入以有机羟基酸酐和氧化镁为主要组分的催化剂。催化剂用量为硅树脂的质量分数 0.05%～3%。在催化剂中,氧化镁能加快硅树脂的固化速率,而不对金属铸件造成沾污,其含量允许在很宽的范围内变动,其质量分数最好为 1%～55%,不宜大于 60%。值得注意的是,催化剂中不宜选用氧化铅、氧化锌和其他重金属氧化物,因为这类低温熔化、低温挥发或在浇铸过程中不稳定的金属化合物所含的金属离子,会成为杂质进入铸件中,从而影响铸件性能。

为改善料浆成型性能,可加入用量为硅树脂量 0～7% 的增塑剂,如石蜡、苯乙烯、酚醛树脂、脂肪酸胺等。另外,还加入少量脱模剂或润滑剂,如硬脂酸钙或其他脂肪酸金属盐。

以料粉组成和料浆组成分别如表 3-19 和表 3-20 所示的硅基陶瓷型芯为例[24],其制备工艺参数为:模型温度约 150℃、成型压力为 0.7～70MPa、模型中料浆固化温度为 177℃、固化时间为 3min。脱模后,生坯以 10～38℃/h 的速率加热至 650℃,保温 4h,再以 38℃/h 速率加热至 1120℃,保温约 4h,使硅树脂完全转化为干凝胶,并使陶瓷料粉烧结。然后使型芯随炉冷却至室温。必要时,可在基体材料中掺加适量石墨粉,既可用做成孔剂而调节陶瓷型芯的体积密度,又能在烧结过程中形成石墨键,有利于提高低密度型芯的强度。另外,为防止型芯在烧结过程中变形,应将生坯装在陶瓷匣钵内。

表 3-19　陶瓷料粉组成

参数	石英玻璃粉		锆英砂粉		氧化铝粉	
粒度/目	70	−325	70	−325	120	−325
含量(质量分数)/%	61.8	20.6	8.6	2.9	4.6	1.5

表 3-20　型芯料浆组成　　　　　　　　　[单位(质量分数):%]

陶瓷料粉	硅树脂 (Dow Corning63817Resin)	50%超细 MgO+ 50%安息香酐(Benzoic Anhydride)	硬脂酸钙
79.5	19.4	0.6	0.5

采用以硅树脂为黏结剂的传递模成型工艺的优点是:

(1)硅树脂以三维网状结构均匀地包覆于料粉颗粒的表面,热态下结合力强,可塑性好,成型过程中不易产生塑化剂与料粉分离的现象。

(2)生坯强度高,在起模、修坯时不容易变形和损坏,适用于制备形状复杂的薄壁陶瓷型芯。

(3)生坯中挥发性组分含量较低,因而烧结收缩小,尺寸精度高。

(4)由硅树脂分解产生的干凝胶能明显提高型芯的烧结强度,使型芯的强度可达 14MPa,孔隙率约为 20%,能为型芯的后续加工创造条件。

3.3.9　陶瓷型芯的修补与黏结

1. 陶瓷型芯的修补[25]

型芯生坯上通常存在一些缺陷,在大多数情况下,从修补某些型芯缺陷所需花费时间的角度考虑,宁愿丢弃有缺陷的型芯而重新压制新型芯。然而,在某些情况下,则要求选择修补型芯,主要取决于型芯的结构与缺陷的大小。对于使用热塑性黏合剂成型的陶瓷型芯的某些表面缺陷,如裂纹或凹坑,可用料浆进行修补。修补的方法如下:

修补料浆由溶剂和陶瓷料粉组成,溶剂能使型芯坯体中的黏合剂软化,溶剂挥发后,黏合剂能再次固化。溶剂可以是有机溶剂,如甲苯、苯或已烷,也可以是卤化溶剂,如三氯乙烷、亚甲基氯化物。陶瓷料粉的化学组成和颗粒组成与待修补型芯坯料中的陶瓷料粉相同。浆料中溶剂与陶瓷料粉的比例,可根据裂纹深浅或凹坑面积大小的不同而调整,裂纹深,面积大时,陶瓷料粉用量就大一些。

修补时,用夹具将待修补型芯固定,用刷子将修补料浆涂刷在型芯蜡件的缺陷上,料浆中的溶剂使与其相接触坯体的黏合剂溶化,被溶化的黏合剂在毛细管力作用下渗入到料浆中的陶瓷料粉内。待溶剂挥发后,黏合剂固化,使陶瓷料粉被固结在型芯蜡坯上。对于深度较深而面积较大的缺陷,修补料宜分几次加入,在添加下一次料之前,要允许上一次修补料中溶剂至少有一部分已挥发。另外,修补料的添加量要略高于型芯表面。必须注意的是,溶剂只允许加在缺陷的表面,即加在缺陷本身的表面和接近于缺陷的型芯表面,而且,不能造成黏合剂的分解或挥发,也不能造成型芯扭曲、变形或尺寸变化。

将经修补的型芯蜡坯加热到黏合剂排除温度,再加热到型芯烧结温度,使修补料中的陶瓷料粉与型芯坯料中的陶瓷料粉完全烧结成一体。经烧结后,目测经修补的缺陷,确定是否有任何原缺陷的痕迹。将修补区域抛光平整后,可供使用。

2. 陶瓷型芯的黏结

注射成型或传递模成型的工艺特性有时可能制约型芯的尺寸和结构,而对于以热塑性材料为黏合剂,形状复杂而不能用注射成型或传递模成型工艺一次成型的某些陶瓷型芯,则可采用蜡坯黏结的方法制备[26],其工艺过程如下:

(1)将由有机溶剂和陶瓷料粉配制的黏结料涂刷在待黏结型芯件的表面。

(2)用专用夹具将在结合面上涂有黏结料的两个型芯蜡件固定住,使黏结面对准并紧密接触;被黏结料中的溶剂所软化的型芯结合面上的黏合剂,因扩散或毛细管作用力而渗入到结合面上,将黏结料中的陶瓷粉料润湿。当溶剂挥发而出时,黏合剂固化,将陶瓷粉料固结,使两个型芯蜡件黏结在一起。

对于复合陶瓷型芯的不同结构件,也可通过黏结而使其构成一个整体。例如,使用由胶体硅和莫来石或锆英砂填料配制的黏合剂可以将预先烧结好的型芯结构件黏结成一个组装式复合陶瓷型芯[27]。

图 3-19 所示为一对单独成型的陶瓷型芯 120 和 122,124 和 126 分别为两个型芯的主体部分,128 和 130 分别为两个型芯的端部,在端部的侧面 132 和 134上,设有凸棱 136 和凹槽 138。将两个型芯用夹紧装置 140 固定,而后用黏结剂浆料浸渍并固化,使其形成有足够结合强度的连接涂层 150,见图 3-20。

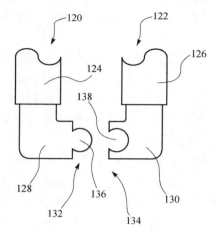

图 3-19 待黏结陶瓷型芯

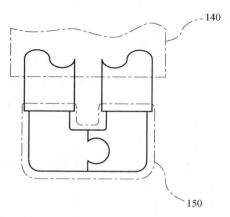

图 3-20 型芯黏结成型示意图

3.4　陶瓷型芯的挤塑成型、干压成型和等静压成型

3.4.1　挤塑成型[28]

挤塑成型是可塑性坯料在压机的螺旋或活塞挤压下,通过机嘴形成所要求形状的过程,适用于制备断面呈圆形、椭圆形、方形或多角形的棒状、管状坯体。

1. 挤塑成型用塑化剂

挤塑成型用的塑化剂材料如表 3-21 所示。其中,黏合剂为坯料提供可塑性,为生坯提供结合强度,在坯体烧结过程中全部烧失。黏结剂除具备黏合剂的作用之外,可能会降低坯体的烧结温度,因而,用量不宜超过坯料中陶瓷粉料总量的 3%,否则不但导致坯体干燥收缩过大,而且影响型芯的高温性能。

表 3-21　塑化剂材料表

作用	材料名称
黏合剂	聚乙烯、聚丙烯、乙酸乙烯、聚苯乙烯、乙基纤维素、谷物淀粉、亚麻仁油、低熔点胶、多萜、虫漆、蜡等
黏结剂	膨润土、球土
增塑剂	桐油

2. 挤塑成型工艺要点

(1) 要求粉料粒度较细,外形圆润,以用小磨球长时间球磨的粉料为宜。

(2) 坯料中塑化剂用量要适当,分布要均匀,坯料宜经真空炼泥机炼制,以尽可能彻底地排除坯料中的气体,并提高坯料的均匀性。

(3) 挤制管状坯体时,管外径越大,管壁越薄,强度越低,越容易变形。为保证坯体质量,管壁厚度不能小于相应的极限尺寸,见表 3-22。

表 3-22　管状产品外径与壁厚极限尺寸

管外径/mm	3	4~10	12	14	17	18	20	25	30	40	50
管最小壁厚/mm	0.2	0.3	0.4	0.5	0.6	1.0	2.0	2.5	3.5	5.5	7.5

3. 挤塑成型的常见缺陷

挤塑成型容易出现如下缺陷:①加入塑化剂后在混炼时混入的气体会在坯体中造成气孔或坯料混合不均,致使坯体断面出现裂纹;②坯料过湿、组成不均

图 3-21　挤塑-磨削成型陶瓷型芯

或承接托板表面不光滑,造成坯体变形;③机嘴和芯头不同心,造成管壁厚度不均;④挤压压力不稳定、坯料塑性不够好,或颗粒定向排列易造成坯体表面不光滑。

4. 挤塑成型的特点

(1) 便于通过更换成型模具生产截面形状不同,规格尺寸各异的棒状、管状产品,长度易于调节。通过后期磨削加工,使品种更多,适用面更宽,见图 3-21。

(2) 适于连续化批量生产,效率高、污染小、操作易于自动化。

(3) 由于坯料中塑化剂用量仍相对较高,坯体的干燥收缩和烧结收缩较大,影响产品合格率的提高。

(4) 成型机的机嘴结构复杂,加工精度要求较高。

3.4.2　干压成型[29]

干压成型是将含少量塑化剂的料粉经造粒后,置于钢模中,在压力机上加压成型的工艺过程。

1. 干压成型的原理

在加压过程中,当模具内的颗粒状料粉受到压力的挤压时,开始移动而相互靠拢,使坯体收缩,将空气排出。压力继续增大时,颗粒继续靠拢并开始变形,坯体继续收缩。压力再增大时,颗粒进一步变形并破裂,颗粒间的接触增大,颗粒间的摩擦力也随之增大。当压力与摩擦力达到平衡时,坯体便达到相应压力下的压实状态。因而,干压成型的坯体是一个由坯料、塑化剂(液相)层和空气组成的三相分散体系。

在成型过程中,压力是通过坯料颗粒的接触传递的,因而,部分能量将消耗在克服颗粒间以及颗粒与模壁间的摩擦力上。所以,坯料内的压力分布是不均匀的,必将导致成型后坯体密度的不均匀。例如,在水平方向上,中心的密度高,靠近模壁的四周较低,模角处更低。

2. 干压成型的工艺要点

(1) 坯料含水量在 4%～8%。

（2）成型压力的大小直接影响坯体的密度和收缩率。一般地说，压力越大密度越高，密度的均匀性越好坯体收缩则越小。但压力过大，坯体中部分残余气体被压缩，当压制结束除去压力时，被压缩空气将膨胀，使坯体产生层裂，并使脱模困难。成型压力一般掌握在 0.6～1.5MPa。

（3）加压速率过快会使坯体表面致密，中间疏松，存在较多气孔，可能出现分层。因此，加压速率宜缓，而且要有一定的保压时间。

（4）加压方式直接影响坯体密度均匀性。单面加压时，直接受压一端的压力大，坯体密度高，远离加压一端的压力小，密度低。双面加压时，坯体两端直接受压，因此，压力两端大，中间小，密度两端高，中间低。

3. 干压成型的特点

（1）适合于压制高度为 0.3～60mm，直径 $\phi 5$～500mm 的形状简单（表面无凹凸，四周平滑的）的坯体。

（2）工艺简单，操作方便，生产效率高，而且生坯强度高，不必干燥可直接烧结，干燥收缩和烧结收缩均较小。

（3）成型时压力分布不均，导致坯体密度不均及收缩不均，易产生开裂、分层等缺陷。

（4）模具加工复杂，制造成本高，磨损大。

3.4.3　等静压成型[30]

等静压成型是对密封于模具中的粉料颗粒从各个方向同时施压的一种成型工艺。坯料受压后形成的坯体，其形状与模型相似，其尺寸按比例缩小，其缩小程度视坯料的可压缩性与所加压力的大小而异。与常规的模压成型相比，在加压过程中，粉料颗粒与模具相接触的表面无相对位移，没有模壁的摩擦作用，成型压力不受或很少受到摩擦作用力的影响而减小。因此，成型压力大而且分布均匀，使坯体的密度提高，密度分布均匀性改善。

等静压分为冷等静压和热等静压两种。冷等静压是在室温下使粉料经受各向名义上相等压力的成型，成型后的坯体经烧结后才能成为制品。热等静压是在成型过程中同时进行烧结的方法。冷等静压又分为湿式等静压和干式等静压两种。

1. 等静压成型对粉料及模具材料的要求

等静压成型要求粉料为容易流动的无尘颗粒，以均匀填满模具，有一定的结构粒度和均匀适宜的水分。对于无塑性的粉料，要求粉料粒度小于 $20\mu m$，结构粒度为 0.2～0.4mm，含水质量分数为 1%～3%。如水分太多，空气不易排除，易产生分层。

冷等静压成型对模具材料的要求是：①有一定的弹性和强度，能均匀伸长展开，硬度适中，不易撕裂，装料时能保持原来的几何形状；②能耐液体介质的侵蚀，不与压力介质发生物理化学反应；③具有较高的抗磨耗性能，易于加工；④材料不易黏附在坯件上，使用寿命长，价格便宜。常用的模具材料为天然橡胶或合成橡胶，如天然橡胶和氯丁二烯橡胶用于制湿式模具，聚氨甲酸酯、聚氯乙烯用于制干式模具。由于用橡胶制作复杂模具较困难，而且橡胶受高压后容易变形，成本高，故近来多采用塑料模具。热塑性软质树脂已成为目前制作模具的主要材料，其软硬程度可通过调节增塑剂的成分及含量来控制。

2. 冷等静压成型的工艺操作

1）湿式等静压

湿式等静压是将装有坯料的模具置于高压液体中的成型方法，成型模具与施压容器是分离的，在施压容器中可同时放入几个模具。图 3-22 为湿式等静压机的结构示意图，其操作过程为将具有良好流动性的料粉装入模具内，把模具封严，并在封口涂上清漆，而后放入高压筒中，经加压、保压、降压后脱模。

在成型过程中，整个模具全部处于高压液体中，各个方向受压均匀。但从手工装袋、密封到减压、脱模的整个过程操作不便，耗时较多，效率不高。

2）干式等静压

干式等静压机的结构如图 3-23 所示，将装满料粉的成型橡皮模装入加压橡皮袋中，成型后再从橡皮袋中取出脱模。与湿式等静压相比，由于模具不直接与施压液体接触，料粉的添加和坯体的取出，都在干燥状态下进行，可缩短在施压容器中取放模具的时间，从而加快了成型过程，解决了单一品种大批量生产的成型问题。

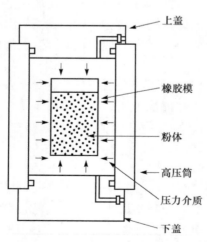

图 3-22　湿式等静压机结构示意图

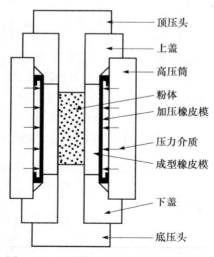

图 3-23　干式等静压成型机结构示意图

但干式等静压只是在粉料周围加压,模具的顶部和底部无法施压,而且密封较难。因此,适用于生产形状简单的管子及圆柱形制品。

3. 等静压成型的特点

等静压成型的优点是:①坯料中含水率低,塑化剂用量少,坯体干燥收缩与烧结收缩小;②坯体密度高,密度均匀性好,内应力小,烧结时不易变形;③用塑性模具替代金属模具,加工容易,制造方便。

等静压成型的缺点是:①造粒时有颗粒团聚现象,易造成坯体微观结构的不均匀性而导致烧结时开裂;②只适于制备形状简单的坯体,且无法保证形状和尺寸的高度准确性。

3.5　陶瓷型芯的无模成型

陶瓷型芯成型技术虽已取得了长足的发展,但不论是传统的成型方法,还是最新的胶态成型技术,都没有摆脱模具对陶瓷型芯生产的制约。显然这种状况难以满足型芯形状更复杂、结构更精细的要求,也难以满足不断缩短的产品更新周期和频繁的型芯产品试制和改型的需要。另外,熔模铸造技术虽已成功地应用于空心铸件制造,但如何提高铸件的尺寸精度和一致性,如何降低生产成本并缩短生产周期,仍有不少问题有待解决。蜡芯分离、热胀失配和型芯位移等都对铸件质量及产品成本产生重大影响。

固体无模成型技术(solid free-forming fabrication,SFF)的发展,为陶瓷型芯的成型开辟了一条新途径,并有可能为熔模铸造工艺的革新开拓一条新路子。

3.5.1　固体无模成型[31]

固体无模成型技术突破了先成型、后烧结的传统成型思想的制约,是一项基于边成型、边烧结或边烧结、边成型的"生长型"成型方法。这项以计算机为依托的成型技术,综合运用了机械、电子、材料等学科的知识,被称为自数控技术以来,制造技术最大的突破。固体无模成型技术包括陶瓷立体光刻成型(ceramic stereo-lithography,CerSLA)技术、光固化快速成型技术等多种成型方法。

1. 固体无模成型的设计思路及工艺过程

1) 固体无模成型的设计思路

直接利用计算机 CAD 设计结果,将复杂的三维立体构件经计算机软件切片分割处理,形成计算机可执行像素单元文件,而后,通过计算机输出的外部设备,将要成型的陶瓷粉体快速形成实际的像素单元,一个一个单元叠加的结果,即可直接成型出所需要的三维立体构件。

2) 固体无模成型的工艺过程

(1) 由 CAD 软件设计出所需零件的计算机三维实体模型,即电子模型。

(2) 按工艺要求将其按一定厚度分解成一系列"二维"截面,即把原来的三维电子模型变成二维平面信息。

(3) 将分层后的数据进行一定的处理,加入工艺参数,生成数控代码。

(4) 在计算机控制下,外围加工设备以平面方式有顺序地连续加工出每个薄层并叠加形成三维部件。这样就把复杂的三维成型问题变成了一系列简单的平面成型。

2. 固体无模成型的特点

1) 高度柔性

SFF 技术最突出的特点就是柔性好,它取消了专用工具,在计算机的管理和控制下可以制造出任意复杂形状的零件。把可重编程、重组、连续改变的生产装备用信息方式集中到一个制造系统中,使制造成本与批量完全无关。当零件的形状、要求和批量改变时,无需重新设计、制造工艺装备和专用工具,仅改变 CAD 模型,重新调整和设置参数即可制造出新的零件。

2) 技术的高度集成

SFF 技术是计算机技术、数控技术、激光技术、材料技术和机械技术的综合集成,由于采用了分层堆积加工工艺,实现了计算机辅助设计/制造(CAD/CAM)一体化。

3) 快速性

由于快速成型技术是建立在高度集成的基础之上的,从 CAD 设计到原型(或零件)的加工完毕,无需等待模具的更改就可以灵活的实现对设计的调整或更改,从而缩短了开发周期,降低了费用。这使快速成型技术尤其适合新产品的开发与市场竞争。

4) 自由成型

制造自由的含义有两个:一是指可以根据零件的形状,无需专用工具的限制而自由地成型;二是指不受复杂程度的限制,能快速地制造任意复杂的原型或零件,而且零件的复杂程度高低对成型工艺难度、成型质量、成型时间影响不大。在小批量或单件生产上具有传统成型方法所不具备的优势。

5) 材料的广泛性

固体无模成型的原料可以是树脂、塑料类等高分子材料,也可以制造金属、陶瓷材料部件。在某些工艺中,还可以从液体乃至气体直接生成固体部件,使材料的制备和部件的加工统一起来。因此该技术可以广泛地应用于各种材料的成型中。

3.5.2　整体型芯铸型的制备[32]

陶瓷立体光刻成型技术,不仅可用于制备形状复杂的陶瓷型芯,也可直接用于制备整体型芯铸型。以整体型芯铸型的制备为例,其工艺过程包括以下几个方面。

1. 料浆制备

料浆由陶瓷料粉和感光聚合液配制。其中,陶瓷料粉为粗、细不同的两种石英玻璃粉,粒度组成如图 3-24 所示。感光聚合液由丙烯酸酯或环氧树脂单体等制备。对料浆的要求是:①陶瓷料粉的含量不小于体积分数 40%,为后续的烧结创造条件;②黏度小于 3000MPa·s,流动性好,以保证及时将已固化表层覆盖;③受紫外光照射时,固化层厚度不小于 200μm。

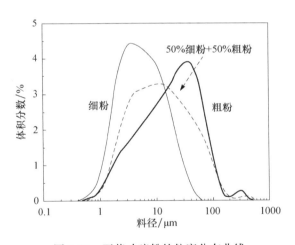

图 3-24　石英玻璃粉的粒度分布曲线

2. 整体型芯铸型坯体的成型

坯体成型过程如图 3-25 所示,将料浆置于容器中,由计算机控制紫外光在 XY 平面内移动,选择性地照射料浆表面。被照射料浆因光聚合作用而形成由高分子结合的陶瓷坯体层。通过控制平台在 Z 轴方向向下移动坯体,使新的料浆流向已固化坯体层的表面。如此反复循环,最终形成所需的铸型坯体。

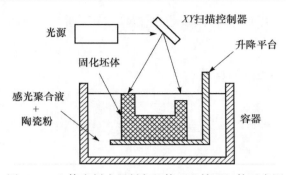

图 3-25　立体光刻成型制备整体型芯铸型坯体示意图

3. 整体型芯铸型的烧结

整体型芯铸型的烧结温度制度如表 3-23 所示,与常规的型芯烧结不同的是除必须严格控制升温速率外,还必须严格控制降温速率。由整体型芯铸型烧结前后的实体图 3-26 可见,经烧结后,整体型芯铸型没有裂纹。

表 3-23　塑化剂排除及烧结温度制度

烧结温度制度	塑化剂排除						烧结	冷却	
温度范围 /℃	25~100	100~200	200~335	335~415	415~480	480~600	1300~25	300~1300	25~300
升、降温速率 /(℃/min)	5	5	3	1	3	2	3	5	1
保温时间 /h	1	2	2	2	2	2	0.5	0	0

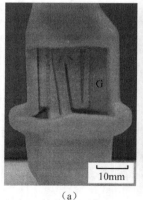
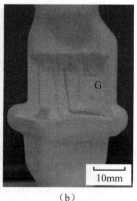

（a）　　　　　　　　　　　（b）

图 3-26　整体型芯铸型烧结前后实体图

（a）铸型生坯;（b）经烧结的铸型

3.6　陶瓷型芯的有模-无模成型

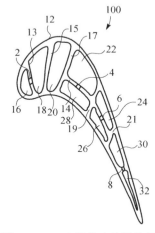

　　对于如图 3-27 所示的典型的双壁涡轮叶片 100,不仅在外壁 12 内形成了内腔 30 和 32,而且由外壁 12 和横壁 13、15、17 形成了内腔 16、18 和 20,还由外壁 12、内壁 14 和横壁 17、19 和 21 形成了内腔 22、24、26 和 28,从而构成了叶片的双壁结构。另外,在横壁上有多个连通对应内腔的冲击孔,如前缘的孔 2、中部的孔 4 和 6,以及尾缘的孔 8。

　　显然,在制备用于浇注图 3-27 所示的双壁结构涡轮叶片的一体式陶瓷型芯时,由于难以脱芯而不可能用金属型芯模一步成型。如先将型芯分成两个部件成型,而后组装成一个一体式型芯,也存在费时多、效率低的问题。采用有模-无模成型技术,能有效地解决上述矛盾。

图 3-27　双壁涡轮叶片结构图

3.6.1　一体式陶瓷型芯的有模-无模成型[33]

　　有模-无模成型一体式陶瓷型芯的工艺过程包括以下几个方面。

1. 有模成型型芯主体件

　　如图 3-28 所示,由模块 202、204、206、208 和 210 构成的金属模 200,包括多个金属横壁 113、115、117、119 和 121,并形成了多个腔体,即 116、118、120、122、124、130 和 132。将陶瓷料浆注入金属模的内腔中,待料浆凝固后脱模并烧结,形成如图 3-29 左侧所示的陶瓷型芯主体件 300。

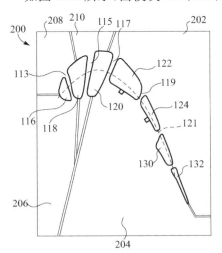

图 3-28　成型陶瓷型芯件的金属模具截面图

2. 无模成型型芯附加件

　　以陶瓷型芯件 300 为主体,采用无模成型技术,制备如图 3-29 右侧所示的陶瓷型芯附加件 350,从而形成由型芯主体件 300 和附加件 350 构成的一体式陶瓷型芯 400。可供选用的无模成型技术可以是激光复层、激光沉积等激光固化成型技术。

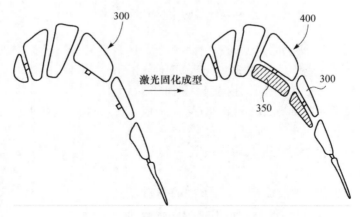

图 3-29　陶瓷型芯有模-无模成型示意图

3.6.2　借助型芯模具插件的一体式陶瓷型芯的成型[34]

借助型芯模具插件成型一体式陶瓷型芯的工艺过程如下：

（1）用无模成型技术制备如图 3-30 中所示的易脱除型芯模具插件 60。可供选用的材料大致与制备一次性薄壁型芯模的材料相同。

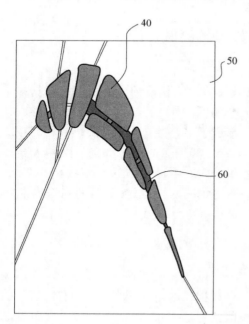

图 3-30　金属型芯模具、型芯
插件及型芯坯体

（2）在型芯金属模 50 中插入易脱除型芯模具插件 60，待注入金属模中的浆料固化后，形成内含型芯模具插件 60 的陶瓷型芯坯体 40，见图 3-30。

（3）从金属模具中取出内含型芯模具插件 60 的陶瓷型芯坯体 40，见图 3-31（a）。

（4）从陶瓷型芯坯体 40 中脱除插件 60 后，得到如图 3-31（b）所示的一体式陶瓷型芯坯体 90。

从型芯坯体中脱除插件的方法包括熔化、热分解、化学分解、化学溶解、机械磨削或上述方法的结合使用。插件的脱除可以在型芯的烧结过程中进行，也可在型芯烧结以后进行。

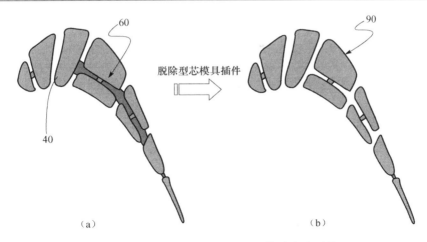

图 3-31　型芯坯体及烧结后的一体式陶瓷型芯

3.6.3　一次性薄壁型芯模及一体式陶瓷型芯的制备[35]

在制备用于浇注如图 3-27 所示的双壁结构涡轮叶片的陶瓷型芯时,虽然不能使用金属型芯模一步成型所要求的一体式陶瓷型芯,但使用如图 3-32 所示由无模成型技术制备的一次性薄壁型芯模 100,就能借助于薄壁型芯模成形如图 3-33 所示的一体式陶瓷型芯 90,其制备工艺过程有以下几个方面。

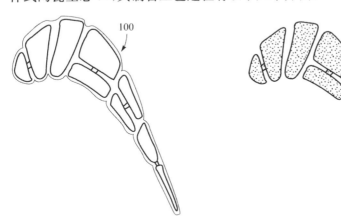

图 3-32　一次性薄壁型芯模　　　　　　　图 3-33　一体式陶瓷型芯

1. 一次性薄壁型芯模的制备

一次性薄壁型芯模采用无模成型技术制备。用于制备薄壁型芯模的有机聚合物包括热塑性聚合物、热固性聚合物、热塑性聚合物与热固性聚合物的混合物。有机聚合物可以是均聚物、共聚物、三聚物或它们的混合物。典型的有机聚合物可以是丁腈橡胶（ABS）、紫外光固化丙烯酸酯等,也可以是动物蜡、植物蜡、矿物蜡等天然蜡,如蜂蜡、虫蜡等。

一次性薄壁型芯模的壁厚为常用金属模壁厚的 10%～20%。这是因为当使用金属模制备陶瓷型芯时,由于陶瓷料浆的黏度较高,通常为 10^5～10^8Pa·s,为保证高黏度的料浆能充满金属模具的所有通道和空隙,成型压力通常不低于3.4MPa,因而要求金属模的壁厚不小于 15mm。而薄壁型芯模在使用过程中所承受的压力较低,其壁厚为 0.5～10mm,取决于有机聚合物的材质。例如,使用光致聚合物时,壁厚为 0.5～3.5mm,使用天然蜡时,壁厚为 4.5～7.5mm。

对薄壁型芯模的性能要求是:①有一定的弹性模量、抗折强度和壁厚,以防止在料浆注射压力作用下发生变形;②能用熔化、热分解、化学分解、化学溶解、机械磨削或这些方法的结合使用,将型芯模从型芯坯体上脱除。

2. 一体式陶瓷型芯的制备

使用一次性薄壁型芯模制备陶瓷型芯时,可使用注射成型工艺制备型芯坯体。对陶瓷料浆的要求是:①黏度小,室温黏度为 1～1000Pa·s,流动性好,在 7～689kPa 的注射成型压力下能充满薄壁模的所有通道和孔隙;②料浆的固化温度低于一次性薄壁模的熔化温度或分解温度;③料浆固化时收缩小,一般要求体积分数小于 1%,更好为小于 0.75%,最好小于 0.5%。

待料浆凝固形成型芯坯体后,用化学或机械的方法将一次性薄壁模从坯体上脱除,而后根据坯料组成不同在不同的烧结温度下烧结,制成所要求性能的陶瓷型芯。

3.6.4　整体型芯铸型成形模及整体型芯铸型的制备[36,37]

整体型芯铸型成形模及整体型芯铸型的制备工艺流程如图 3-34 所示。其工艺要点及性能如下所述。

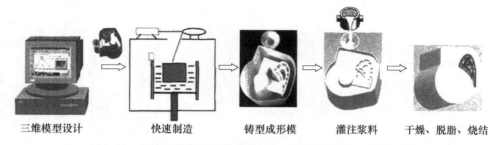

三维模型设计　　　　快速制造　　　　铸型成形模　　　　灌注浆料　　　干燥、脱脂、烧结

图 3-34　整体型芯铸型成形模及整体型芯铸型制备工艺流程图

1. 整体型芯铸型成形模的制备

整体型芯铸型成形模由光固化快速成型机直接成型,成形模包括形成陶瓷型

芯、型壳的料浆冷浇注系统和形成空心叶片的金属液热浇注系统。

2. 料浆制备

以粗细不同的两种高纯电熔刚玉粉为基体材料,以高纯氧化镁和氧化钇微粉为添加剂,配制高固相含量(体积分数 55%)、低黏度(0.675Pa·s)的凝胶注模成型用料浆。

3. 整体型芯铸型生坯的冷冻干燥

将由凝胶注模成型工艺制备的生坯快速降温至-45℃,使坯体中的水结成冰晶,而后在真空中于-5~-2℃的温度下干燥,使冰直接升华。由于在干燥过程中没有毛细管作用力,便于将坯体的干燥收缩控制在 0.2%~0.3%,避免了坯体在干燥中因收缩过大而产生的开裂。

4. 整体型芯铸型的烧结

整体型芯铸型的烧结包括热解脱除成形模的有机物和坯料中的塑化剂,由于烧结过程中不能使用填料埋烧,必须严格控制烧结温度制度。铸型的烧结温度为1550℃。

5. 整体型芯铸型的性能

整体型芯铸型的性能列于表 3-24,同时列出 AC-1 铝基陶瓷型芯的性能以资比较。

表 3-24　整体型芯铸型与 AC-1 铝基陶瓷型芯的性能对比表

材料	室温抗折强度/MPa	开口气孔率/%	1550℃抗折强度/MPa	烧成收缩率/%	1550℃挠度/mm
整体型芯铸型	14~17	40~42	3~4	0.2~0.5	0.7~1.2
AC-1 铝基型芯	9~12	34	5~7	1.5	0.8~1.6

参 考 文 献

[1] 苗鸿雁,罗宏杰. 新型陶瓷材料制备技术. 西安:陕西科学出版社,2004:75.

[2] 陈奎,张天云,赵宇杰,等. TEOS 的水解. 兰州理工大学学报,2011,37(3):74-76.

[3] 王自新,赵冰. 硅溶胶制备与应用. 化学推进剂与高分子材料,2003,1(5):34-39.

[4] 章浩龙,赵雅琴. 熔模精铸用硅溶胶的黏度性能. 特种铸造及有色合金,2002,(4):52-53.

[5] 徐常明,王士维,黄校先,等. 方石英的析晶与无定形化. 无机材料学报,2007,22(4):577-581.

[6] 包彦堃,谭继良,宋锦伦. 熔模铸造技术. 杭州:浙江大学出版社,1997:11.

[7] 章基凯. 有机硅材料. 北京:中国物资出版社,1999:278.

[8] Keller R J,Haaland R S,Faison J A. Ceramic core and method of making:US,6578623. 2003.

[9] 朱胤. 磷酸盐浇注成形芯料性能及工艺应用实验研究[硕士学位论文]. 成都:四川大学, 2007.

[10] 曹文聪,杨树森,蒋永惠,等. 普通硅酸盐工艺学. 武汉:武汉工业大学出版社,2001:257.

[11] 刘唯良,喻佑华. 先进陶瓷工艺学. 武汉:武汉理工大学出版社,2004:64.

[12] 薛义丹,徐迁献,郭文利,等. 注凝成型工艺及其新进展. 硅酸盐通报,2003,(5):69-73.

[13] 严成锋,王芬. 陶瓷原位凝胶注模成型技术的发展. 陶瓷,2003,(2):31-33.

[14] McNulty T F,Klug F J,Huang S C,et al. Gas turbine having alloy castings with craze-free cooling passages:US,6860714. 2005.

[15] 李冬云,乔冠军,金志浩. 流延法制备陶瓷薄片的研究进展. 硅酸盐通报,2004,(2):44-47.

[16] 李忠权,周朝阳. 陶瓷注射成型黏结剂现状及发展趋势. 陶瓷工程,2001,(6):39-42.

[17] 杨金龙,谢志鹏,黄勇,等. 精细陶瓷注射成型工艺现状及发展动态. 现代技术陶瓷,1995, (4):26-33.

[18] 卡拉雪夫 Б Е. 航空燃气涡轮发动机铸造涡轮叶片制造工程. 桂忠楼,张鑫华,夏明仁,等译. 北京:北京航空材料研究院,1998:58.

[19] 张强. 硅基陶瓷型芯性能对空心叶片不露芯率的影响. 铸造技术,2004,25(8):586-587.

[20] Bobby A D,Jennifer A H. Method for treating ceramic cores:US,6808010. 2004.

[21] Fosaaen K E,Yates T L,Measley R E. Method and apparatus for making ceramic cores and other articles:US,6533986. 2003.

[22] 高濂,孙静,刘阳桥. 纳米粉体的分散及表面改性. 北京:化工出版社,2003:271.

[23] Frank G R. Method of making ceramic cores and other articles:US,5126082. 1992.

[24] Lirones N G,Sturgis D H. Casting of high melting point metals and cores therefore:US, 3957715. 1976.

[25] Ferguson T A,Seaver L L. Method for repairing ceramic casting cores:US,4804562. 1989.

[26] Ferguson T A,Seaver L L. Method for bonding ceramic casting cores:US,4767479. 1988.

[27] Reilly P B. Methods and materials for attaching casting cores:US,20070221359. 2007.

[28] 江培秋. 影响多孔陶瓷挤出成型工艺因素探讨. 现代技术陶瓷,2004,(1):6-9.

[29] 刘勇,童申勇,张祥. 粉料对压制成型的影响. 现代技术陶瓷,2003,(4):35-38.

[30] 李世普. 特种陶瓷工艺学. 武汉:武汉工业大学出版社,1997:57.

[31] 崔学民,欧阳世翕,余志勇,等. 先进陶瓷快速无模成型方法研究的进展. 陶瓷,2001,(4): 5-10.

[32] Chang J B. Integrally cored ceramic investment casting mold fabricated by ceramic stereolithography[Doctor dissertation]. East Lansing:The University of Michigan,2008.

[33] Lee C P,Wang H P. Ceramic cores,methods of manufacture thereof and articles manufac-

tured from the same: US, 7938168 B2. 2011.

[34] Lee C P, Wang H P, Upadhyay U K, et al. Disposable insert, and use thereof in a method for manufacturing an airfoil: US, 7624787B2. 2009.

[35] Wang H P, Edgar M T, Leman J T, et al. Disposable thin wall core die, methods of manufacture thereof and articles manufactured therefrom: US, 7487819. 2009.

[36] 李涤尘,吴海华,卢秉恒. 型芯型壳一体化空心涡轮叶片制造方法. 航空制造技术, 2009, (3):39-42.

[37] 段志军. 基于快速成型的空心叶片整体式陶瓷铸型工艺研究[硕士学位论文]. 西安:西安科技大学,2010.

第4章 陶瓷型芯的烧结

烧结是将型芯生坯在适当的环境或气氛中加热到低于其基本组分的熔点以下某一温度时进行保温,然后冷却至室温的一个工艺过程。烧结使坯体发生一系列物理化学变化,形成预期的矿物组成和显微结构,因而是达到固定外形并获得所要求性能的关键工序。

陶瓷型芯烧结的特点是:①与多数陶瓷材料对烧结的要求是获得尽可能高的密度与强度不同,陶瓷型芯对烧结的要求是在保证型芯变形尽可能小的前提下,同时兼顾烧结收缩、气孔率和烧结强度。从收缩影响变形的角度考虑,希望实现近零收缩烧结;从气孔率影响退让性和溶出性的角度考虑,要求保留尽可能多的气孔;从烧结强度影响使用性能的角度考虑,要求获得适当的烧结强度。②除石英玻璃粉之外的其他陶瓷型芯材料,基本上都是难以烧结的高熔点氧化物或非氧化物颗粒状料。因此,陶瓷型芯的坯体结构,往往并不是基体材料颗粒之间的直接烧结形成的,而是借助于添加剂的胶结作用形成的[1]。

4.1 陶瓷型芯的烧结机理及烧结方法

4.1.1 陶瓷型芯的烧结机理

在烧结过程中,型芯坯体内发生一系列物理化学变化,这些变化主要是:

(1) 坯体内残余水分的排除。

(2) 坯体中结晶水及塑化剂的排除。

(3) 同质异晶的晶型转化。

(4) 固态物质之间直接进行固相反应。

(5) 坯体烧结。表现为坯体内气孔排除、体积收缩、晶体长大、强度提高,从而形成具有预期显微结构的陶瓷型芯烧结体。

在烧结过程中,随着烧结温度的升高,处于物质表面质点的热振动加剧。当其中某些质点获得足够的热量之后,就可能克服周围质点对它的束缚而离开原来的平衡位置,在颗粒表面或颗粒内部造成了可以移动的缺位或填隙等热缺陷,从而导致质点位置的交换,即发生迁移扩散作用。

在相对较低的温度下,扩散作用以发生在颗粒表面的面扩散为主,使颗粒界面互相黏合,形成"脖颈",颗粒间由原来的点接触变为线接触。此时,颗粒之间的距离不变,只是颗粒形状和气孔形状稍有改变。随着温度的上升和时间的延长,面扩散系数不断增大,颈部不断增粗,颗粒之间的距离逐渐缩短,气孔逐渐变小,原来某些连通气孔变为孤立气孔,并逐步从坯体中排除出去,随着颗粒间距离的缩小,坯体体积的不断收缩,最后形成有一定烧结强度的坯体。

在相对较高的温度下,扩散作用以发生在颗粒内部的体扩散为主,质点从一个颗粒的表面进一步扩散到相互接触的另一个颗粒的内部,从而发生固相反应。因此,固相反应实际上也是通过质点的迁移扩散作用而进行的。

固相烧结和固相反应是固态物料在高温下既有联系又有区别的两种行为。固相烧结主要是物理方面的变化,而固相反应主要是化学方面的变化。即使坯体中不发生固相反应,烧结过程也依然进行。所以,烧结在固态物料高温烧结过程中更具有普遍性,对于陶瓷型芯的制备而言,固相烧结具有更为重要的意义。

4.1.2　陶瓷型芯的烧结方法[2,3]

1. 常压烧结

常压烧结又称无压烧结,是指在大气条件通过对坯体加热而烧结的一种方法。这是一种最基本的烧结方式,操作简单易行,温度易于控制,烧结成本较低,而且适用于形状、大小不同的坯体的大规模生产。但是对烧结致密化过程的控制只有烧结温度高低,保温时间长短和升温速率快慢几个参数。根据烧结过程中是否有液相参与,常压烧结可分为固相烧结和液相烧结两种方式。

固相烧结时,没有液相形成,坯体的致密化主要通过蒸发和凝聚的扩散传质方式实现。蒸汽压随温度升高呈指数增大,因而提高烧结温度对烧结有利。例如,高温烧结的铝基陶瓷型芯就属于固相烧结,烧结温度在 1600℃ 以上。

液相烧结时,过程的传质方式主要是流动传质和溶解-沉淀传质,其传质速率比扩散传质快,可比固相烧结温度低很多的情况下获得较高的烧结程度。烧结过程中形成的液相的数量、液相的性质(如黏度及表面张力等)、液相与固相的润湿情况,固相在液相中的溶解度等,对烧结过程产生明显影响。例如,国内研究较多的中温烧结铝基陶瓷型芯,就属于液相烧结,烧结温度多在 1550℃ 以下。

2. 气氛烧结

气氛烧结通常是在与大气分隔的气氛炉中进行的。在烧结过程中,不断通入所需气体。例如,通入 H_2 或 CO,以形成强还原气氛;通入 N_2 或 Ar,以获得中性气氛;通入 O_2,以形成强氧化气氛;通入 N_2 和 H_2 配制的混合气体,或 N_2 和 O_2 配制的混合气体,以获得不同程度的常压还原气氛或常压氧化气氛。

适当的窑炉气氛能为材料的烧结提供最适宜的环境，不但能加快烧结速率，而且能降低烧结温度。这是因为气氛能影响扩散控制因素以及气孔内气体的扩散和溶解能力。

3. 热压烧结

热压烧结是在升温的同时进行加压的一种烧结方式，是一种使坯体的成型和烧结同时完成的制备工艺。在加热坯体的同时施加压力，明显地增大了烧结推动力。例如，由于常压烧结的推动力来源于粉体的表面能，当粉体粒径为 $5\sim50\mu m$ 时，这种推动力为 $1\sim7kPa$，而热压烧结所加的压力为 $0.1\sim0.15MPa$，比常压烧结的推动力大 $20\sim100$ 倍。热压烧结可分为一般热压烧结（又称压力烧结）和高温等静压烧结两种。

1) 一般热压烧结

一般热压烧结通常采用高频感应加热，机械方式加压。根据烧结材料要求不同，加压操作可分为整个加热过程保持恒压、高温阶段加压、在不同温度阶段施加不同压力的分段加压等方式。热压的环境可分为真空、常压保护气氛和一定气体压力的保护气氛几种。

石墨是最常用的热压烧结模具材料，烧结温度为 $1200\sim2000℃$。根据石墨质量的不同，其最高压力可控制在十几至几十兆帕。根据烧结情况不同，模具的使用寿命可以从几次到几十次。为了提高模具使用寿命，有利于脱模，可在模具内壁涂上一层六方 BN 粉末。但石墨模具不能在氧化气氛下使用，如选用氧化铝模具，则可在氧化气氛下使用，热压压力可达到几百兆帕。

热压烧结的特点是烧结推动力的增加，加大了坯料颗粒间的接触，加速了颗粒的破碎、重排、溶解与扩散；加快了晶界的滑移，加速了颗粒的塑性变形和塑性流动；加大了空位浓度梯度，加速了空位的扩散速率，使烧结过程的决定因素由常压烧结时的扩散控制，转变为塑性流动。因此，热压烧结能降低烧结温度，缩短烧结时间，更有效地控制坯体的显微结构。例如，对于无压烧结时难以烧结的氧化铝、氮化铝等材料，热压烧结时的烧结温度可以降低 $100\sim150℃$。另外，由于在坯料中可以不加塑化剂和烧结助剂，有利于制备纯度和尺寸精度要求高、高温结构稳定性要求好的陶瓷型芯。

热压烧结法的缺点是模具必须与制品同时加热与冷却，只能单件生产，加热时间和冷却时间长，生产效率低。另外，只能生产形状简单的制品，而且热压烧结制品的后加工比较困难。

2) 高温等静压烧结

高温等静压烧结是将等静压成型工艺与高温烧结工艺相结合的一种烧结技术。其操作过程为将装有坯料或预压成型坯体的特制模套，放入高压釜中，以氮、氮、氩等惰性气体为压力传递介质,使坯料在高温和均衡的高压下烧结。加热体一般为钼丝,高压釜用水冷却,特制模套由高温下有良好塑性和一定强度的软钢、软铁、钛、铂等金属箔制成。

热等静压烧结克服了普通热压烧结时因压力的方向性造成坯体结构不均匀的缺点,但制备工艺复杂,操作成本较高。如果将预压成型的生坯经预烧成为致密程度较低的坯体后,再置于 $1\sim10\mathrm{MPa}$ 气体压力的炉内进行烧结,由于不必使用特制的模套,设备投资相对减小,烧结工艺相应简化,有利于生产效率的提高和生产成本的降低。

4. 反应烧结

反应烧结仅局限于少数几个体系:氮化硅、氧氮化硅、碳化硅等。氮化硅的反应烧结基于如下反应:

$$3\mathrm{Si(s)} + 2\mathrm{N_2(g)} \Longrightarrow \mathrm{Si_3N_4(s)} \tag{4-1}$$

将 Si 粉或 Si 与 $\mathrm{Si_3N_4}$ 粉的混合粉末成型后在 $1200^\circ\mathrm{C}$ 左右通 $\mathrm{N_2}$ 进行预氮化,对经预氮化的坯体经机加工成所需形状和尺寸以后,在 $1400^\circ\mathrm{C}$ 左右进行最终氮化烧结。由 Si 粉压制的坯体有 $30\%\sim50\%$ 的孔隙度,Si 粉氮化时有 22% 的体积增量,因此坯体在烧结过程中的形状和尺寸基本不变。而烧结坯体中仍有 $15\%\sim30\%$ 的孔隙度和 $1\%\sim5\%$ 的残留 Si。反应烧结的优点是:①坯料中不需要引入其他添加物,因此材料的高温强度不会受明显影响;②产品的外形和尺寸基本不变,可以制得形状较复杂、尺寸较精确的型芯;③要把两个型芯坯件焊接在一起时,只需将其连接在一起后最终同时氮化烧结即可;④工艺简单、成本较低、适合大批量生产。反应烧结已应用于氮化硅陶瓷型芯的制备。

4.2 陶瓷型芯的烧结工艺

4.2.1 分步烧结与一步烧结

对于注射成型的陶瓷型芯,烧结分为脱蜡和烧结两个阶段。两个阶段既可分步进行,即先行脱蜡,而后烧结;也可一步完成,即脱蜡与烧结在同一个过程中进行。对于除注射成型以外其他方法成型的陶瓷型芯,由于型芯坯体中塑化剂含量较低,烧结可一步完成。

分步烧结的特点是:

(1) 对脱蜡时填料的选用仅需要考虑其对蜡液渗透与蜡蒸气逸出的影响,因而放宽了对填料选择的限制,并为脱蜡与烧结选用不同的填料提供了可能性。

（2）耗时最长的脱蜡阶段可以在烘箱内进行。其优点是：可使用在低温区间温度指示更精确的热电偶，提高了控温精度；便于采取通风排蜡的措施，加快了蜡蒸气的排除速率，也提高了烘箱内温度分布的均匀性；与在容积较大的窑炉内进行脱蜡相比，受环境因素的影响小，因而具有更为稳定的温度与压力制度。

（3）易于去除黏附于型芯坯体上的填料粉，易于及时发现脱蜡过程中产生的缺陷，避免了一步烧结时对缺陷原因分析可能产生的误判，便于及时调整脱蜡工艺参数。

（4）有脱蜡缺陷的型芯坯体能在烧结前及时剔除而且仍然能回收利用，既有利于提高陶瓷型芯原料的利用率，又能为提高陶瓷型芯烧结的合格率创造条件。

（5）经脱蜡后的坯体蜡料残留量很低，既利于在烧结时提高装载密度，又允许在低温阶段快速升温，能极大地提高烧结窑炉的周转率，明显地降低烧结成本。

（6）型芯坯体在脱蜡时产生的收缩小、变形小。例如，将经脱蜡的型芯坯体置于定形模中烧结，可避免烧结时因填料密度不均而在坯体烧结收缩时产生的变形，也可避免烧结时因重力作用而产生的变形，尤其适用于形状复杂而易于烧结变形的型芯的烧结。另外，如对脱蜡后的型芯坯体做浸渍处理，有可能为降低型芯的烧结收缩创造条件。

（7）对于要求在非氧化气氛下烧结的陶瓷型芯，能减少在一步烧结过程中因气氛转换所带来的麻烦。

分步烧结的缺点是型芯坯体需要二次装、出炉，不但工作量大，而且装烧过程中坯体的损伤量相对较多，对于截面薄的型芯损伤量更多。相比之下，一步烧结的优点是型芯坯体只需要一次装、出窑炉，工艺简单，适用于工艺制度完全稳定以后的大批量生产。

4.2.2　填料

在陶瓷型芯的烧结过程中，不论是在脱蜡阶段，还是在烧结阶段，常要求将型芯坯体用填料埋烧。埋烧的目的是：提高型芯坯体周围温度场分布的均匀性和稳定性，避免表面热辐射并减小温度波动；降低型芯坯体表面的压力梯度，避免型芯在脱蜡及烧结时的变形；降低型芯烧结过程中产生缺陷的可能性，提高烧结合格率。

脱蜡阶段对填料的要求是：①有足够大的比表面积，对蜡液有较好的润湿性，便于蜡液的渗透与蜡蒸气的逸出；②能对坯体起承托作用，以防止蜡液熔化时坯体变形；③不易黏附在型芯表面或易于从型芯表面去除。

烧结阶段对填料的要求是：①不会与型芯坯体发生任何化学反应，不会对坯体材料的相变产生不利影响，本身也不会发生相变；②能对坯体起承托作用，避免型芯在烧结过程中因重力作用而变形;③填料本身的烧结温度高于型芯的烧结温度,填料不会因随型芯的烧结而结块,以便于从填料中取出经烧结的型芯;④有适当的颗粒度,以保证型芯有符合设计要求的表面光洁度。

当脱蜡与烧结一步完成时,只能选用能同时满足脱蜡与烧结要求的同一种填料。当脱蜡与烧结分步进行时,可分别选用能满足各自要求的不同填料。

可供选用的填料有经 1200～1450℃煅烧的工业氧化铝粉,经 800～1200℃煅烧的滑石粉、石英粉,经 900℃煅烧的氧化镁粉,经 800℃煅烧的石膏粉等。也可选用石墨、莫来石、锆英砂、氧化锆、电熔刚玉及铝矾土熟料等料粉。

4.2.3　陶瓷型芯的装烧

陶瓷型芯大多先放置于耐火匣钵内的填料中,再将匣钵放置于窑炉内,而后进行烧结。匣钵的形状及大小、匣钵内陶瓷型芯的排装方式、匣钵在窑炉内的装烧位置等都对每个陶瓷型芯的不同部位在烧结过程中的升温速率、温度梯度等热环境产生明显影响。对装烧的要求是:①为不同形状的型芯提供不同的热环境,以保证型芯的不同部位有基本同步的烧结收缩;②为相同形状的型芯提供相同的热环境,以保证每个型芯都有相同的烧结收缩。

1. 装匣

将型芯生坯埋入匣钵内的填料中,称为装匣。根据型芯规格及形状,选择适当大小的耐火匣钵,先装入适量填料,再将型芯按工艺设计规定的方向、位置、数量插入填料内,而后将填料均匀筛满。在匣钵内,型芯与匣钵底、匣钵壁之间的距离不得小于 25mm;在每层型芯中,相邻型芯之间的距离不得小于 15mm;上、下两层型芯之间的距离不得小于 25mm。

设计型芯在匣钵内的放置方式时,要求考虑型芯上部与下部的温差、型芯本身的重力对收缩产生的影响和填料对型芯的承托能力及对型芯收缩产生的阻力等因素。例如,型芯在匣钵中传统的放置方式是进气边朝下(厚壁边在下)水平放置,但烧成合格率仅 15%～20%,因翘曲而产生的废品率高达 80%。将排气边朝下放置(薄壁边在下)也没有获得较好的效果,其原因是带弧度的型面使其下方的填料密实程度相对较低,沿型芯长度方向产生了一个"死区"。

为减小烧结对型芯结构轴线"扭转"产生的影响,宜采用垂直放置型芯的方式。从表 4-1 可见,"芯头"在上时,发生翘曲的型芯占 57%,"芯头"在下时,发生翘曲的型芯下降到 28%,表明"芯头"在下的方式效果更好,这是因为型芯厚重的部分离匣钵表面近些,加热时塑化剂的排除开始要早些,利于与下面其他部分塑化剂的排除同步进行。

表 4-1　型芯垂直放置方式对烧结的影响

放置方式	合格率/%	废品率/%	缺陷种类	
			翘曲/%	断裂/%
"芯头"在下	51	49	28	21
"芯头"在上	35	65	57	8

当型芯的放置从水平方向变为垂直方向后,其长度方向的收缩将明显增大,要求重新确定整个长度方向和弦长方向的平均收缩,并对型芯模型的尺寸加以校正。

陶瓷型芯在匣钵内的排列方式,对型芯的烧结也有明显影响,见表 4-2。

表 4-2　陶瓷型芯排列方式对烧结的影响

型芯放置方式	废品率/%	缺陷类别			
		翘曲/%	出炉断裂/%	清理断裂/%	裂纹/%
12×2	38.5	23.0	13.5	2.0	2.5
8×3	40.3	18.0	16.9	3.8	1.6
8×3+梳形模板	33.6	9.0	17.1	5.0	2.5

2. 填料的捣实

为使匣钵内的填料有合适的密实程度,要将装好型芯并筛满填料的匣钵放到预先启动的垫有 20～30mm 厚胶皮垫的振动台上。振动捣实的工艺参数为振动频率 95～100Hz,振幅 0.2～0.5mm,振动时间按工艺规定,约 30s。可以一边振动,一边添加填料,直至加满填料为止。取下匣钵后再停止振动台的振动。填料的密实程度不宜过高,否则会影响填料对蜡液的吸附性能,阻碍坯体收缩,并导致出炉时断裂缺陷的增多。

3. 匣钵在炉内的放置

匣钵在炉内的放置方式以匣钵受热均匀,匣钵内型芯受热时收缩均匀为原则,窑炉结构、传热方式、型芯的尺寸大小和结构形状的不同,都要求对匣钵摆放的位置作相应的调整。例如,当匣钵在炉内的放置使型芯的排气边直接面对燃气火焰方向时,排气边较薄而升温较快,往往导致因扭曲造成的废品增多,合格率降低。

为提高陶瓷型芯在烧结过程中烧结热环境的均匀性,可采取如下工艺措施[4]。

1) 型芯插入

如图 4-1 所示,将型芯 1 置于匣钵底面 3 上的耐火管 2 中,管 2 周围用填料 4 填充到足够的高度,以固定管 2 的位置。在管 2 内,装入填料到如 5 所示的高度,将型芯底端 1a 插入填料中,使型芯有一定的稳定性而能独自直立于管内。然后,用工程卡尺校验并调整型芯与管壁及底面的间距,使型芯位置误差小于±3mm。入窑预烧,以提高型芯在管内定位的稳定性。

　　2) 型芯烧结

　　在管 2 内第二次装入填料,使型芯 1 完全埋入填料 5a 中,见图 4-2,而后入窑烧结。

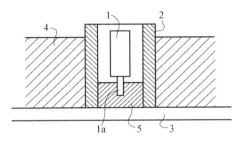
图 4-1　型芯插入预烧示意图

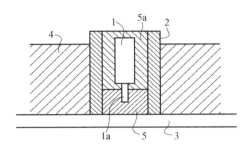
图 4-2　烧结时型芯装烧示意图

4.2.4　陶瓷型芯的脱蜡[5]

1. 脱蜡过程

　　脱蜡(或脱脂)是用物理或化学的方法脱除陶瓷型芯坯体中塑化剂的过程,注射成型的坯体中塑化剂的主要成分为石蜡,因而,通常称为脱蜡。最常用的脱蜡方法是通过加热使蜡料从型芯坯体中排除,称为热脱蜡。

　　热脱蜡时,型芯坯体中蜡料的排除过程为坯体中固态石蜡液化,填料吸附并传递液态石蜡以及液态石蜡在填料中的气化并扩散至大气中,见图 4-3。当型芯

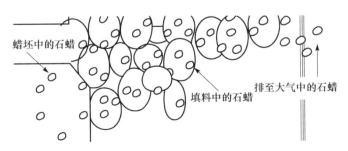
图 4-3　脱蜡过程示意图

坯体温度达到石蜡的熔点(约 60℃)时,石蜡熔化而由固态转化为液态,当温度高于石蜡的熔点时,液态石蜡将气化并逸出。由于匣钵与填料热阻的影响,以及热电偶放置部位的原因,石蜡熔化并从型芯中脱除的临界温度约为 100℃(热电偶指示温度)。热脱蜡过程可分为三个阶段。

第一阶段:从室温到临界温度(25～100℃),蜡料由固态转变为液态,液态石蜡被填料所吸附并发生迁移。在此温度下必须保持足够长的时间,以便整个型芯坯体被均匀预热,蜡料缓慢熔化、气化并逸出,直至有 60%～64% 的蜡料被排除。

第二阶段:从临界温度到气化温度(100～300℃),液态蜡料继续迁移并气化逸出,直到 96%～98% 的塑化剂被排除。分步烧结时,脱蜡阶段到此终止,坯体中仍留有适量的蜡料或其他塑化剂组分,以保证坯体有适当的强度。坯体中残留的蜡料将在烧结时的低温阶段排除。

第三阶段:在高于气化温度下加热(300～600℃),直至蜡料及塑化剂中所有组分全部排除。

在脱蜡过程中,蜡料由固态转变为液态,再由液态转变为气态的阶段是最"危险"的阶段,也是最容易产生开裂、鼓泡、变形等缺陷的阶段,这是因为:①坯料中蜡料含量高达体积分数 40%～50%;②蜡料气化的温度范围很窄,产生的蒸汽压极大;③坯体不同部位的蜡料数量及输运距离各有不同。因此,脱蜡温度制度的制定必须使型芯均匀地、缓慢地、稳定地加热到石蜡的相变温度,使石蜡从型芯坯体进入填料中的数量与石蜡从填料中排除到大气中的数量达到动态平衡。必须保证脱蜡过程在型芯变形尚未开始的相对较低的温度下进行。脱蜡时的升温速率必须控制在 1.0～1.5℃/min 或更低,升温过程中必须进行阶梯式保温,脱蜡时间至少需要几十小时。

2. 影响脱蜡的因素

影响脱蜡的因素很多,如坯料的组成与性质、坯体的形状及尺寸、壁厚及表面积的大小、塑化剂的成分及数量、埋料的性质及用量、升温速率的快慢及保温时间的长短等。

1) 坯体性能

型芯尺寸的大小及坯体含蜡量的高低,直接影响待排除的石蜡总量;坯体的表面积(S)与体积(V)之比,直接影响单位面积承载的排蜡量,S/V 之比越大,蜡料排除越快;坯体不同部位的厚度,直接影响该部位蜡量的多少及蜡料传输的距离;浆料中陶瓷粉料与石蜡混合的均匀程度,浆料的稳定性以及成型过程中是否有蜡料分离,直接影响坯体内蜡料分布的均匀性,任何局部区域的蜡量偏高,都可能导致蜡料排除过程的异常。

2）填料性能

填料粒度的大小直接影响填料比表面积的大小和毛细管作用力的强弱，因而直接影响吸附能力的大小。而填料经多次循环使用后因细粉料聚集程度提高，填料的比表面积变小，也将导致吸蜡能力降低；填料的密实程度及密实程度的均匀性也会影响毛细管作用力的强弱，从而对蜡料的传输过程产生影响。

3）坯体排装密度

单位空间内生坯的数量称为坯体的排装密度，直接影响每件生坯的平均填料量。坯体的排装密度越大，可供单件生坯使用的填料量越少，填料对液态石蜡的输运压力就越大。装匣时，大多通过控制生坯间的距离来控制排装密度，也可通过计算填料与型芯坯体的质量比来控制排装密度。但质量比既与型芯坯体的基体材料密度有关，也与填料的密度有关。当填料为工业氧化铝粉时，填料与小件产品的质量比控制在（3～4）：1，大件产品则控制在（4～5）：1。

3. 热脱蜡的特点

热脱蜡的优点是工艺简单，不需要特殊的设备，但脱蜡速率低、脱蜡时间长、易于产生多种缺陷，仅适用于小件制品的生产。

4.2.5　陶瓷型芯的烧结制度[6,7]

陶瓷型芯的烧结制度包括温度制度、气氛制度和压力制度，对型芯物相结构的形成有重大的影响。烧结制度的确定，既与坯体在烧结过程中发生的化学和物理变化及变化的速率与程度有关，也与型芯形状的复杂程度和型芯尺寸的大小有关，还与对陶瓷型芯性能要求的特殊性有关。

1. 温度制度

陶瓷型芯烧结的温度制度包括烧结温度的高低、保温时间的长短、升温速率和降温速率的快慢等。

1）烧结温度

烧结温度是指获得最佳烧结性能的相应温度，即烧结操作的止火温度。实际操作时，如烧结在电炉中进行，止火温度为热电偶指示温度；如操作在燃气窑内进行，止火温度为一个允许的温度范围，即烧结温度范围。烧结温度的高低，直接影响烧结过程中的传质过程。图 4-4 所示为烧结温度对扩

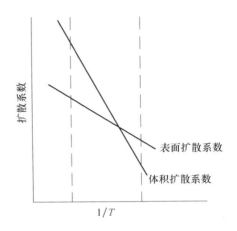

图 4-4　烧结温度对扩散系数
影响示意图

散系数的影响。由图 4-4 可见,在低温区间,表面扩散系数明显高于体积扩散系数,为严格控制陶瓷型芯的烧结收缩,通常选择在相对较低的温度下烧结。特别是对于硅基陶瓷型芯而言,因烧结温度的高低还直接影响石英玻璃的方石英化,因此,更要求选择较低的烧结温度。但对于除硅基陶瓷型芯以外的其他陶瓷型芯,由于烧结温度的高低,直接决定陶瓷坯体结构的稳定性,所以,烧结温度一般都应高于浇注时金属液的温度,以免在浇注过程中型芯产生二次烧结而影响陶瓷型芯的高温结构稳定性和溶出性。国内铝基陶瓷型芯的烧结温度大多在 1550℃ 以下,难免对其高温性能及溶出性产生诸多不利的影响。

2）保温时间

型芯坯体多为不均匀的多相系统,因此,烧结过程中各微区所进行的反应类型和速率都不相同。在烧结温度下保温足够长的时间,不仅能使炉温趋于均一,并能使整个坯体达到充分而均匀的烧结,这对于烧结温度相对偏低、结构比复杂、壁厚差别比较大的陶瓷型芯的烧结,具有更为重要的意义。保温时间的长短视型芯的尺寸大小、窑炉的结构类型而异,短则几十分钟,长则几个小时。

3）升、降温速率

升温速率与坯体在烧结过程中发生的物理、化学变化有关,可根据如图 4-5 所示的线收缩-烧结温度曲线来确定。由图 4-5 可见:①在温度范围较宽的低温阶段,由于挥发性物质、水分、有机物及吸附气体等的排除,颗粒间只有初步的原始结合,坯体收缩不大;②在中温阶段,由于相互接触的粉料颗粒间发生的质点迁移不断增多,坯体收缩迅速增大,这一温度范围较窄;③在高温阶段,由于颗粒间的孔隙已为迁移的质点所填满,绝大部分气孔已经被排除,因而坯体收缩又不太明显。

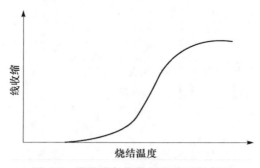

图 4-5　线收缩与烧结温度关系示意图

仅从坯体收缩的角度考虑,在低温阶段,升温速率不必控制太严,但为了保证挥发性物质能缓慢而充分地排除,升温速率仍需适当放慢。在收缩剧烈的中温阶段,必须严格控制升温速率,使坯体收缩均匀。如升温过快,将因体积收缩不一致而造成坯体的变形与开裂。在收缩相对较小的高温阶段,升温速率可适当加快。有时为了消除在狭窄的温度范围内收缩过快的现象,降低坯体变形的倾向,采用分阶段保温的方式,将烧结总收缩分散在几个温度区间内。

在降温过程中,当因温度梯度而产生的热应力可能导致制品损坏时,要对降温速率加以必要的限制。而在陶瓷型芯的制备过程中,除一体式陶瓷型芯和整体式型芯铸型的烧结外,大多数都允许在窑炉内自然冷却。这是因为烧结窑炉的热容量一般都较大,自然冷却时的降温速率不会太快。

2. 气氛制度

烧结气氛一般可分为氧化性气氛、中性气氛和还原性气氛。为保证坯体中的物理、化学反应顺利进行,对于不同材质的坯体或对于烧结过程的不同温度阶段要求选择不同的气氛。

对于受扩散控制的氧化物陶瓷材料来说,高温下氧分压的变化,可改变陶瓷中的化学计量比,从而影响烧结速率。当氧化物陶瓷材料的烧结是受正离子扩散控制时,如在氧化气氛中烧结,晶粒表面会积聚大量的氧,使金属离子空位增加,从而加速正离子的扩散而促进烧结。当氧化物陶瓷材料的烧结是受氧离子扩散控制时,在还原气氛中烧结,晶体中的氧会从表面脱离,使晶粒中出现较多的氧缺位,从而使氧离子的扩散系数增大。从表 4-3 可见,在氢气中烧结时,氧离子的扩散比在空气中快。图 4-6 所示为 Al_2O_3 陶瓷的烧结温度为 1650℃时,气氛对坯体密的影响。

表 4-3　气氛对 α-氧化铝中氧离子的扩散系数的影响　（单位：cm^2/s）

环境	温度/℃				
	1400	1450	1500	1550	1600
氢气	$8.09×10^{-12}$	$2.36×10^{-11}$	$7.1×10^{-11}$	$2.51×10^{-10}$	$7.5×10^{-10}$
空气	—	$2.97×10^{-12}$	$2.7×10^{-11}$	$1.97×10^{-10}$	$4.9×10^{-10}$

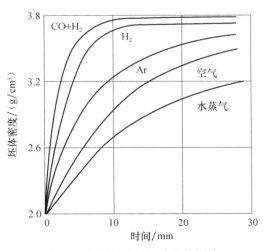

图 4-6　气氛对 Al_2O_3 烧结的影响

4.2.6　影响烧结的因素

陶瓷型芯的烧结是一个复杂的、受多种因素影响的过程。影响烧结的因素除烧结制度等外因以外，还有原料的性质、烧结助剂的种类及含量等内因。

1. 原料性质的影响

原料对烧结的影响分为内因和外因两个方面。内因指原料的结晶化学特性，外因则主要指原料的颗粒组成。原料晶体的晶格能是决定烧结难易的重要参数。晶格能大的晶体，如刚玉、方镁石等，结构较稳定，高温下质点移动性小，烧结较困难。

原料的粒度是影响烧结的重要因素。从图 4-7 可见，原料粒径对 Al_2O_3 陶瓷烧结有明显影响。颗粒越细，表面能越高，烧结推动力越大，原子扩散距离越短，因而烧结越快。

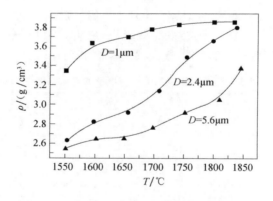

图 4-7　Al_2O_3 陶瓷烧结与原料粒径的关系[8]

理论计算表明，当原料起始粒度从 $2\mu m$ 缩小到 $0.5\mu m$ 时，烧结速率增加 64 倍；当起始粒度缩小到 $0.05\mu m$ 时，烧结速率增加 640000 倍。起始粒度的减小，一般可以使烧结温度降低 $150\sim300℃$。但粒度过小，必然导致烧结收缩增大，因而，对于陶瓷型芯的烧结而言，必须严格控制小粒径级别的料粉含量。

2. 烧结助剂的影响

在液相烧结时，烧结助剂能改变液相的组成及性质而促进烧结。表 4-4 所示为耐火氧化物之间形成液相的温度。

表 4-4　耐火氧化物之间互相形成液相的温度[9]　　　　（单位：℃）

氧化物	Al$_2$O$_3$	BeO	CaO	CeO$_2$	MgO	SiO$_2$	ThO$_2$	TiO$_2$	ZrO$_2$
Al$_2$O$_3$	2050	1900	1400	1750	1930	1545	1750	1720	1700
BeO	1900	2530	1450	1950	1800	1670	2150	1700	2000
CaO	1400	1450	2570	2000	2300	1440	2300	1420	2200
CeO$_2$	1750	1950	2000	2600	2200	～1700	2600	1500	2400
MgO	1930	1800	2300	2200	2800	1540	2100	1600	1500
SiO$_2$	1545	1670	1440	～1700	1540	1710	～1700	1540	1675
ThO$_2$	1750	2150	2300	2600	2100	～1700	3050	1630	2680
TiO$_2$	1720	1700	1420	1500	1600	1540	1630	1830	1750
ZrO$_2$	1700	2000	2200	2400	1500	1675	2680	1750	2700

　　液相烧结助剂的添加，必须综合考虑对其他性能的影响。例如，在制备氧化铝陶瓷型芯时，如引入氧化硅，则不论氧化硅以何种形式引入，虽能降低烧结温度，但却会严重影响氧化铝陶瓷型芯的高温结构稳定性和溶出性。因此，对于陶瓷型芯的烧结，要尽量避免引入液相烧结助剂。值得特别注意的是，即使在型芯坯料中并不添加液相烧结助剂，但型芯原料中的杂质以及制备过程中带入的杂质都可能起到液相烧结助剂的作用。

　　在固相烧结时，烧结助剂能与主晶相形成固溶体而增加晶格缺陷。当烧结助剂与主晶相的离子大小、晶格类型及电价数接近时，它们能形成固溶体，使得主晶相晶格畸变，缺陷增加，有利于扩散传质而促进烧结。烧结助剂与主晶相的离子电价，半径相差越大，晶格畸变程度越大，促进烧结的作用也越显著。一般地讲，形成有限固溶体比形成连续固溶体更能促进烧结的进行。例如，对于 Al$_2$O$_3$ 的烧结，加入 3% 的 Cr$_2$O$_3$ 形成连续固溶体时烧结温度为 1860℃，而加入 1%～2% 的 TiO$_2$ 时，只需在 1600℃ 左右就能烧结。TiO$_2$ 的加入使烧结温度明显降低的原因在于 Ti^{4+} 和 Al^{3+} 的离子半径相近（分别为 0.064nm 和 0.057nm），因此 Ti^{4+} 极易取代 Al^{3+} 而形成 TiO$_2$-Al$_2$O$_3$ 固溶体，并引起晶格畸变。同时，为了达到电荷平衡，必定会留下空位，这就更有利于烧结。另外，在高温下，Ti^{4+} 会被还原为 Ti^{3+}，而 Ti^{3+} 的离子半径更大（为 0.069nm），使得 Al$_2$O$_3$ 晶格的歪斜、扭曲比 Ti^{4+} 所引起的更严重。正是 Ti^{4+} 和 Ti^{3+} 的综合作用，使 Al$_2$O$_3$ 的烧结温度大幅度降低。陶瓷型芯的常用烧结助剂示于表 4-5。

表 4-5　陶瓷型芯常用烧结助剂

型芯类别	烧结助剂	型芯类别	烧结助剂
铝基陶瓷型芯	MgO、Cr$_2$O$_3$、TiO$_2$、NbO	镁基陶瓷型芯	Cr$_2$O$_3$、Al$_2$O$_3$、TiO$_2$
锆基陶瓷型芯	MgO、CaO、Y$_2$O$_3$、Sc$_2$O$_3$、CeO$_2$	钙基陶瓷型芯	MgO、SrO、BaO
钇基陶瓷型芯	MgO、ThO$_2$、ZrO$_2$、HfO$_2$、MgAl$_2$O$_4$	——	——

4.2.7 烧结变形的防止

在陶瓷型芯的烧结过程中,常见的缺陷之一是烧结变形,为减少因烧结工艺不当造成的型芯变形,可采用下述措施。

1. 定形耐火模装烧

将脱蜡后的型芯置于定形耐火模匣中入窑焙烧。定形底模的承托作用可防止型芯焙烧过程中因重力造成的变形,但增大了对型芯底面收缩的阻力。定形顶模可防止型芯底面与顶面因温差或阻力造成的收缩不均而产生的变形。

2. 柔性袋加压烧结

将经排蜡的型芯坯体 10 的叶身 14 放在定形耐火底模 20 上,在陶瓷型芯坯体上放置至少一个或几个柔性袋 30,见图 4-8。在烧结过程中,柔性袋本身的重力均匀地作用在型芯的 S2 面上,并使型芯的 S1 面紧贴在耐火底模的承接面 20a 上,因而能有效制约陶瓷型芯在烧结过程中可能产生的变形,保证了对陶瓷型芯的形位公差要求。

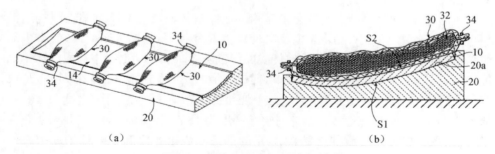

(a)　　　　　　　　　　　　　　　　　　(b)

图 4-8　柔性袋加压烧结示意图[10]

柔性袋 30 由陶瓷纤维布加工而成,呈圆柱状,内装耐火熟料 32,袋两端用金属线或陶瓷绳蝶形结 34 扎紧。当柔性袋用于烧结温度为 870～1150℃ 的硅基陶瓷型芯的烧结时,陶瓷纤维布可选用由 Thermal Ceramics,Augusta,Ga. 生产的 Kaotex cloth,耐火熟料可选由 Aluchem,Reading,Ohio. 生产的粒径 6.4mm 的氧化铝熟料,金属线可选用镍-铬热电偶线或铂-铂合金热电偶线。纤维布的作用是防止耐火熟料散开,并避免耐火熟料与型芯材料接触而发生化学反应。柔性袋有透气性,便于烧结过程中气体的逸出,可循环使用。

陶瓷型芯大小及形状各异,各部位的收缩与变形不同,因而柔性袋的质量及数量在型芯坯体上放置的部位及取向也应有所不同。例如,耐火袋可以在坯体上直放、横放或斜放。

　　柔性袋加压烧结可用于型芯的预烧,也可用于型芯的烧结,以及型芯多次烧结过程中的每一次烧结或其中的几次烧结。柔性袋加压烧结特别适用于尺寸较大的陶瓷型芯,如长度为 $15\sim107$cm 或更长的型芯。

4.3　陶瓷型芯的近零收缩烧结

　　在烧结过程中,坯体内会发生有机物燃烧、无机盐分解、物质传递、界面移动、颗粒黏结、颗粒重排、晶粒生长、气孔排除等一系列复杂的物理、化学变化,同时伴随或多或少的烧结收缩。对于形状复杂的陶瓷型芯的烧结而言,烧结收缩难以避免地导致烧结变形。因而,采取近零收缩烧结的措施,是降低陶瓷型芯变形的有效途径之一。

　　烧结收缩的大小不仅与坯料中料粉的粒度组成、塑化剂含量有关,还与成型时的压力大小、烧结过程中的物质传递有关。增大坯料中粗料粉及中等粒径料粉的比例,降低坯料中塑化剂的含量,提高坯体的成型密度,避免烧结过程中液相的形成,对于降低烧结收缩有明显的效果。

　　对于粒度组成如表 4-6 所示的各试样,粒度组成对氧化硅-硅酸锆陶瓷型芯烧结收缩的影响如图 4-9 所示。由图 4-9 可见,随试样坯料中粗粉料含量的提高,烧结收缩明显减小。其中,作为基体材料的石英玻璃粉对收缩的影响更为显著。

表 4-6　试样粒度组成

粒度组成	材料名称			
	锆英砂粉		石英玻璃粉	
粒度/目	270	100~140	270	100~140
水平 1(质量分数)/%	30	70	30	70
水平 2(质量分数)/%	50	50	50	50
水平 3(质量分数)/%	70	30	70	30

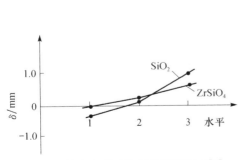

图 4-9　粒度组成对烧结收缩的影响[11]

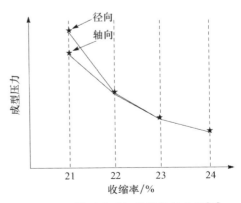

图 4-10　模压成型坯体的烧结收缩[12]

模压成型时,成型压力对烧结收缩的影响如图 4-10 所示,随成型压力提高,烧结收缩减小。当成型压力较高时,坯体轴向收缩比径向收缩小,这与坯体的轴向为受压方向,坯体密度相对较高有关。

虽然陶瓷型芯制备工艺参数的调整有利于降低烧结收缩,但要实现近零收缩烧结,往往还需要采取一些其他措施。

4.3.1 添加收缩阻滞材料

在坯料中引入一定量的高温稳定纤维材料,如石英玻璃纤维、氧化铝纤维或氧化锆纤维等,利用烧结过程中纤维在坯体中的架桥作用,阻滞坯料颗粒的位移,对降低烧结收缩有一定的作用。

例如,在陶瓷粉料组成如表 4-7 所示的氧化硅-硅酸锆陶瓷型芯中,引入 0～6.5% 直径为 0.5μm、长度为 0.3cm 的氧化铝纤维时,氧化铝纤维含量、烧结温度和烧结时间对烧结收缩的影响如图 4-11 所示。由图 4-11 可见:

表 4-7　陶瓷料粉组成

材料名称	平均粒径	配比范围(质量分数)/%	最佳范围(质量分数)/%	实例(质量分数)/%
锆英砂	15～16μm	1～35	10～35	28
纳米二氧化硅	0.007～0.014μm	1～5	2～4	4
氧化铝纤维	0.5μm×0.3cm	1.5～6.5	2～5	4
石英玻璃粉	15～16μm	余量	余量	64

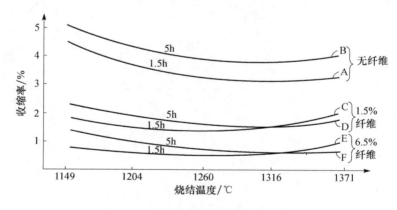

图 4-11　纤维含量对烧结收缩影响[13]

(1) 在试验烧结温度范围内,不论是对于烧结时间同为 1.5h 时的试样 A、C 和 E,还是对于烧结时间同为 5h 时的试样 B、D 和 F,随试样中氧化铝纤维含量的增多,烧结收缩明显下降。

(2) 对于氧化铝纤维含量同为 1.5% 的 C 和 D,在烧结温度低于 1316℃时,烧结时间长,烧结收缩大;在烧结温度高于 1316℃时,烧结时间长,烧结收缩反而小。对于氧化铝纤维含量同为 6.5% 的 E 和 F,存在类似现象。可能与在温度较高时,氧化铝纤维和石英玻璃粉反应生成莫来石的数量随烧结时间延长而增多有关。

4.3.2　添加收缩补偿材料

在型芯坯料中引入某些在烧结过程中能发生反应而体积增大的材料,对坯体的烧结收缩能起一定的补偿作用,可在一定程度上降低烧结收缩。表 4-8 所示为可供利用的反应类型及部分烧结收缩补偿材料。

表 4-8　可供利用的反应类型及烧结收缩补偿材料

反应类型	材料名称及反应产物
相变	石英→方石英
氧化反应	单质硅、碳化硅→氧化硅,金属铝→氧化铝
分解反应	红柱石、蓝晶石→莫来石＋石英
复合反应	氧化铝＋氧化镁→镁铝尖晶石,氧化铝＋氧化硅→莫来石

对于坯料配方如表 4-9 所示的铝基陶瓷型芯,由于金属铝粉的引入,烧结温度为 1500～1650℃时,烧结收缩小于 2%,密度为理论值的 60%。金属铝粉能明显降低陶瓷型芯烧结收缩的原因在于由铝氧化生成氧化铝微晶时,体积增大 28%[14]。

表 4-9　铝基陶瓷型芯坯料配方

参数	材料名称				
	电熔刚玉粉				金属铝粉
粒径	120 目	240 目	400 目	900 目	4μm
用量/g	240	360	240	60	100

氧化镁含量对氧化铝陶瓷型芯烧结收缩的影响如图 4-12 所示,由于 MgO 与 Al_2O_3 反应生成镁铝尖晶石体积增大,因而,随氧化镁量的增大,烧结收缩明显下降。

蓝晶石含量对氧化铝陶瓷型芯烧结收缩的影响如图 4-13 所示,图中 K1、K2 和 K3 的蓝晶石含量分别为 5%、10% 和 15%。在相同的烧结温度下,随蓝晶石含量的增大,烧结收缩降低。其原因在于烧结过程中发生如下反应:

$$3(Al_2O_3 \cdot SiO_2) === 3Al_2O_3 \cdot 2SiO_2 + SiO_2 \qquad (4\text{-}2)$$

$$2SiO_2 + 3Al_2O_3 === 3Al_2O_3 \cdot 2SiO_2 \qquad (4\text{-}3)$$

式(4-2)为蓝晶石的分解反应,伴随 16%～18% 的体积膨胀。式(4-3)为与式(4-2)同时发生的二次莫来石化反应,伴随约 10% 的体积膨胀。

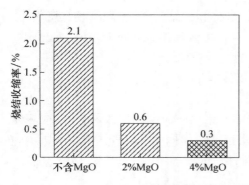 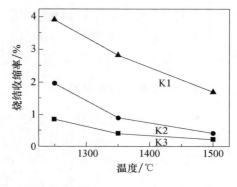

图 4-12　氧化镁对烧结收缩率的影响[15]　　　图 4-13　蓝晶石对烧结收缩率的影响[16]

4.3.3　采用芯核预制工艺

对于尺寸较大的工业燃气轮机叶片铸造用的陶瓷型芯,由于线收缩较大而变形也较大。为降低型芯收缩、减少型芯变形,可采用芯核预制及二次烧结工艺,其工艺过程如下。

1. 芯核预制

采用灌浆成型或注射成型等工艺制备芯核坯体,经烧结后,制成尺寸比最终型芯 20 略小的芯核 10,见图 4-14。芯核 10 包括型芯基体部分 10a、多个位于芯核表面的圆锥形突端 16、定位端 18 及其延长部分 18a。

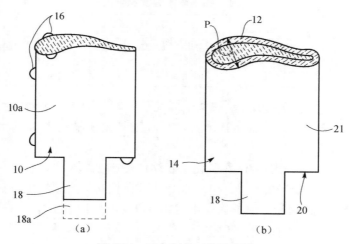

图 4-14　型芯制备工艺示意图

2. 面层制备及二次烧结

将经烧结的芯核 10 放置在成型陶瓷型芯坯体的钢模内,使芯核表面与钢模内表面间保持一定的间隙。间隙的大小既可由芯核上的圆锥形突端 16 的高度决定，也可由芯核定位端的延伸部分 18a 固定在钢模上的位置决定，还可由设置在钢模内的定位芯撑的尺寸决定。

采用注浆成型或注射成型的方法将料浆注入芯核与钢模间的空腔中，在芯核表面形成厚度 1.3～5.0mm 的陶瓷面层 12，制成外表面与叶片内腔形状 21 一致的型芯坯体 14。脱模后，经干燥并二次烧结，形成所需尺寸的最终陶瓷型芯 20。由于陶瓷型芯面层的厚度很薄，在二次烧结时收缩很小或几乎没有收缩，因而型芯二次烧结时的收缩很小，变形也就很小，有效地提高了大尺寸陶瓷型芯的尺寸精度和形位精度。

试验表明，在坯料组成相同的情况下，当与型芯纵轴垂直的横截面上尺寸最大部位(P)的尺寸为 43.2mm 时，如采用常规的制备工艺，型芯的烧结收缩率为1.6%，如采用芯核预制工艺，烧结收缩率减小到 0.4%。

4.4　陶瓷型芯的烧结窑炉

陶瓷型芯的烧结设备，除了采用普通陶瓷制品使用的隧道窑、梭式窑外，还经常使用电阻炉。国内目前使用较多的是炉底升降式电阻炉、电热钟罩窑和电热梭式窑。

炉底升降式电阻炉分中温和高温两种，中温炉以电阻丝为发热体，最高使用温度为 1300～1350℃，适用于硅基陶瓷型芯的烧结；高温炉以二硅化钼为发热体，最高使用温度可以达到 1700～1750℃，适用于铝基陶瓷型芯、钇基陶瓷型芯的烧结。电热钟罩窑和电热梭式窑大多以电阻丝为发热体，用于硅基陶瓷型芯的烧结。

4.4.1　电阻发热元件[17]

电阻炉的发热元件可分为金属电热体或非金属电热体。对电热体材料的基本要求如下：

(1) 电热体的发热温度能满足使用要求，一般比炉子操作温度高 50～100℃。电热体的温度是指电热体元件在干燥空气中本身的表面温度，也是最高使用温度。炉子操作温度是指炉腔温度。

(2) 电热体具有较高的电阻率。对于功率一定的电炉，电阻率太高会使电热材料粗而短，电阻率太小会使电热材料细而长，都不利于设计施工。铁铬铝合金的电阻率为 $1.40\times10^{-4}\Omega\cdot cm$，镍铬铝合金的电阻率为 $1.11\times10^{-4}\Omega\cdot cm$。

(3) 在高温下必须稳定，既不易氧化，又不与炉内衬砖和气体发生化学反应。

　　(4) 具有优良的力学性能,在常温下有良好的塑性及韧性,容易加工成型;在高温下有足够的高温强度,不易变形,否则会导致塌陷或断裂而短路。

　　(5) 线膨胀系数不宜过大,特别对间歇式操作的电炉更为重要,否则易于损坏。

　　最为常用的电热体材料有以下几种。

1. 镍铬合金

　　镍铬合金熔点约 1400℃,适用于炉温为 1000～1350℃的中温电阻炉;电阻率约 $1.11 \times 10^{-4} \Omega \cdot cm$,电阻温度系数为 $8.5 \times 10^{-5} \sim 14 \times 10^{-5}/℃$。其特性是:①在高温下能在表面生成生成氧化铬薄膜,保护内部合金不受氧化,因而具有良好的高温抗氧化性;②电功率稳定;③高温强度较高,1000℃时的高温抗折强度达 58.84MPa;④塑性和韧性较好,易于加工成各种类型的电热元件,其成品多为线状或板状。

2. 铁铬铝合金

　　铁铬铝合金熔点约为 1500℃,最高使用温度为 1300～1400℃,电阻率为 $1.40 \times 10^{-4} \Omega \cdot cm$,电阻温度系数小,表面允许负荷高,价格便宜;加热时表面生成一层熔点比铁铬合金更高的氧化铝薄膜,抗氧化性好,但是性硬脆,加工性能差,可焊性差;在高温下与酸性耐火材料反应强烈,必须用较纯的氧化铝件支撑;线膨胀系数较大,设计时要考虑留有供其伸缩的余地。

3. 二硅化钼

　　二硅化钼是由金属钼粉与硅粉通过直接合成而制备的,其反应式为

$$Mo + 2Si \Longrightarrow MoSi_2 \qquad\qquad (4-4)$$

　　$MoSi_2$ 电热体(硅钼棒)用粉末冶金法经挤压、烧结而成。$MoSi_2$ 熔点为 2030℃,普通硅钼棒最高使用温度为 1650℃,高温硅钼棒最高使用温度为 1750℃。硅钼棒抗热震性优良,高温抗氧化能力强,适用于在氧化气氛中使用。硅钼棒电阻率随温度升高几乎呈线性关系迅速增大,所以在恒定的电压下,其功率在低温时较高,随温度上升功率减小,既可迅速达到所要求的炉温,又能避免其过热。硅钼棒在室温时质脆,抗冲击强度低,在 1300℃时变软,并有延性,伸长约 5%,冷却后又恢复脆性。

　　在还原气氛(如 H_2)中,硅钼棒的表面层会遭到破坏,因而使用温度不宜太高。在不同气氛下硅钼棒的最高使用温度如表 4-10 所示。

表 4-10　硅钼棒在不同气氛下的最高使用温度　　（单位：℃）

He、Ne、Ar	N_2	CO_2	CO	湿 H_2（露点 10℃）	干 H_2
1650	1500	1700	1500	1400	1350

4.4.2　钟罩窑与梭式窑

1. 钟罩窑

钟罩窑是一种由窑墙和窑顶构成形如钟罩的整体，并可以移动的间歇式窑，其基本结构与传统的圆形倒焰窑相似。钟罩窑的电热体沿窑墙分层布设，温度可分层控制，以保证窑内纵向的温度均匀性。钟罩窑常备有两个或多个窑底，窑底结构分为窑车式和固定式两种。对于窑车式钟罩窑，使用时先由液压设备将钟罩提升到一定的高度，然后将装载坯体的窑车推至钟罩下，降下钟罩，通过砂封密封钟罩与窑车的接合处，而后通电烧结。等经烧结的产品冷却至一定的温度后，提起钟罩，推出窑车，并推入另一辆已装好坯体的窑车。固定式钟罩窑则利用吊装设备将钟罩吊起，移至装载好坯体的固定窑底上，密封窑底与钟罩，即可通电烧结。产品经烧结并冷却后，再将钟罩吊起，移到另一个固定的窑底上。钟罩窑特有的一个优点是坯体装窑后不会经受任何的震动，稳定性好。

钟罩窑取消了一般窑炉的窑门，电热体分布均匀，密封性优良，因而窑内温度均匀性好。与箱式炉相比，窑温均匀性显著提高，见图 4-15。

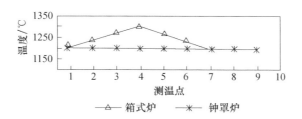

图 4-15　钟罩窑与箱式炉的温度均匀性[18]

钟罩窑装卸产品不受窑体限制，改善了操作条件，减轻了劳动强度，但窑墙、窑顶是可移动的整体结构，受钟罩结构和吊装设备的限制。另外，作为电热窑，必须考虑辐射传热的有效距离，窑容积不能太大。

2. 梭式窑

梭式窑是一种车底式间歇窑，图 4-16 所示为燃气梭式窑的结构。梭式窑可以在长度方向设两个窑门，也可只设一个窑门，当窑车只从一个窑门进出时，又称抽屉窑。

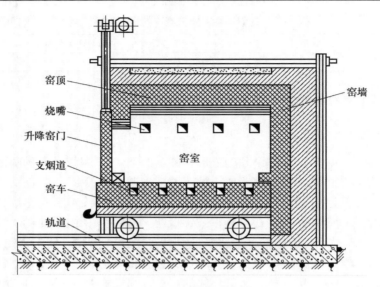

图 4-16　燃气梭式窑结构示意图

标注：窑顶、烧嘴、升降窑门、支烟道、窑车、轨道、窑墙、窑室

梭式窑的窑车在轨道上行进，车底多采用砂封密封。窑门可以采用升降式结构，也可砌筑在装载产品的窑车上，或砌筑在一个单独的窑车上。窑门周边铺贴陶瓷棉，以便与窑室的进口压紧，避免窑门漏气。为保证窑内温度分布的均匀性，在窑体结构处理上，必须确保密封良好。

梭式窑的砌筑体多采用薄壁结构，有的墙体由轻质砖、陶瓷纤维及外包钢板构成，有的采用全纤维结构。窑顶多采用与窑墙相分隔的悬挂式平顶结构，窑墙不承受窑顶自重的压力。薄壁结构的采用有效地降低了窑体的蓄热量，利于快速升温或降温。

当梭式窑由电加热时，可将电热体分层设置在窑墙上。有时，为提高窑内温度分布均匀性，在车门上也可设置电热体。

由于装卸产品在窑外进行，梭式窑同样具有操作条件好、劳动强度低、窑的周转速度快的优点。

参 考 文 献

[1]　斯列朴涅夫 Г М,沙扑兰诺夫 И А,科科依金 С П.陶瓷型芯用材料及其组织的形成机理.航空材料学报,1991,11(Supp.):56-58.
[2]　王昕,田进涛.先进陶瓷制备工艺.北京:化学工业出版社,2009:127.
[3]　金志浩,高积强,乔冠军.工程陶瓷材料.西安:西安交通大学出版社,2000:104.
[4]　McGourlay J C,Prajapati B A. Method of firing ceramic core bodies:US,7476356.2009.
[5]　汪重露.陶瓷注射成型石蜡基黏结剂热脱脂行为研究[硕士学位论文].武汉:武汉理工大学,2007.

［6］　华南工学院,南京化工学院,武汉建筑材料工业学院. 陶瓷工艺学. 北京:中国建筑工业出版社,1980:175.

［7］　顾立德. 特种耐火材料. 北京:冶金工业出版社,2002:43.

［8］　肖汉宁,高朋召. 高性能结构陶瓷及其应用. 北京:化学工业出版社,2006:54.

［9］　王培铭. 无机非金属材料学. 上海:同济大学出版社,1999:213.

［10］　Altoonian M A,Runions R D. Method for firing ceramic cores:US,6403020. 2002.

［11］　贺靠团,马德文,蒋殷鸿,等. 空心叶片复杂硅基陶瓷型芯的粉料粒度. 材料工程,1992,(1):34-35.

［12］　King A G. Ceramic Technology and Processing. New York:Noyes Publications,2002:345.

［13］　Roth H A. Core molding composition:US,4989664. 1991.

［14］　Claussen N,Lee T,Wu S. Low shrinkage reaction-bonded alumina. Journal of European Ceramic Society,1989,(5):29-35.

［15］　杨来侠,段志军,吴海华. 氧化铝陶瓷型芯凝胶成型因素研究. 特种铸造及有色合金,2010,30(2):149-152.

［16］　覃业霞,潘伟. 蓝晶石对氧化铝基复合陶瓷型芯性能的影响. 稀有金属材料,2009,38(增刊2):223-225.

［17］　张英杰,程玉保. 无机非金属材料工业窑炉. 北京:冶金工业出版社,2008:139.

［18］　顾国红. 焙烧炉温均匀性对陶瓷型芯性能的影响. 特种铸造及有色合金,2001,(3):54-55.

第 5 章　硅基陶瓷型芯

硅基陶瓷型芯是一类以石英玻璃粉为基体材料,SiO_2为主要成分,方石英为主晶相的陶瓷型芯。按化学组成,硅基陶瓷型芯可分为氧化硅-氧化铝陶瓷型芯、氧化硅-硅酸锆陶瓷型芯和氧化硅陶瓷型芯。其中,氧化硅陶瓷型芯又称为 DS (directional solidification)型芯。表 5-1 所示为硅基陶瓷型芯坯料组成、最高使用温度及其在超合金浇注中的应用范围。

表 5-1　硅基陶瓷型芯的坯料组成、最高使用温度及其在超合金浇注中的应用

型芯类别	坯料组成(质量分数)/%	最高使用温度/℃	应用范围
氧化硅-氧化铝陶瓷型芯	石英玻璃 85,氧化铝 15	1550	非定向浇注(EA)
	石英玻璃 90,铝-硅质材料 10		
氧化硅-硅酸锆陶瓷型芯	石英玻璃 80,锆英砂 20	1600	非定向、定向(DS)及单晶浇注(SC)
	石英玻璃 70,方石英 13,锆英砂 17		
DS 型芯	石英玻璃 99,方石英 1	1650	定向及单晶浇注
	石英玻璃 95,方石英 3,石英 2		

硅基陶瓷型芯的特点如下:

(1)纯度高,几乎不含可溶性金属元素,低熔点金属元素含量也很低。

(2)能在 950～1300℃的温度范围内烧结,烧结温度低,烧结温度范围宽,烧结性能好。

(3)热膨胀系数小,抗热震性优良,在铸型预热和金属液注入时不会因热应力过大而导致型芯开裂。

(4)具有自发析晶的能力,能转化为熔点高达 1723℃的方石英,在浇注温度达到 1650℃时仍具有足够的高温结构稳定性。

(5)方石英化速率具有较好的可控性,在 10～30min 内加热到 1300～1600℃时,方石英含量可达 60%～85%或更高,能为陶瓷型芯适时提供足够的高温抗折强度和抗高温蠕变能力。

(6)具有良好的冶金化学稳定性,与超合金的化学相容性好。

(7)由石英玻璃向方石英转化时体积变化小,而且,方石英能阻止陶瓷型芯在浇注过程中的二次烧结,并使型芯坯体仍保持多孔结构,退让性好。

(8)易于为碱溶液从铸件中脱除而不腐蚀铸件,溶出性优良。

上述优良的性能特点,使硅基陶瓷型芯在熔模铸造中获得了广泛的应用。有

资料称,在目前使用的陶瓷型芯中,有 90％以上是硅基陶瓷型芯。表 5-2 所示为英国某公司陶瓷型芯的化学组成,物化性能及特点。

表 5-2　英国陶瓷型芯的化学组成、物化性能及特点

型芯编号		MD	ME	LC24	LC21	LC11	LC4
化学组成/％	SiO_2	77.5	95.5	1.2	31.5	97.5	97.5
	$ZrSiO_4$	21.0	—	48.5	66.5	—	—
	Al_2O_3	1.5	4.0	50.0	1.5	2.1	2.1
	Na_2O	<0.1	0.03	0.2	<0.1	<0.03	<0.03
	K_2O	<0.05	0.08	—	<0.05	0.1	0.1
总收缩/％		1.3	1.3	0.5	1.0	0.5	0.3
物理性能	常温抗折强度/MPa	12.1	15.2	9.0	8.3	9.0	6.9
	显气孔率/％	35	31	40	35	35	30
	体积密度/(g/cm³)	1.63	1.55	2.50	2.19	1.45	1.55
	热膨胀率(1000℃)/％	0.22	0.18	0.60	0.30	0.15	0.15
化学性能	化学相容性	适用于定 DS/SC 合金,合金中 Hf 含量允许达 2％或更高,不允许含稀土元素	最适用于浇注 IN718	优于 LC11/LC4,最适合不锈钢	适用于易于产生气体的合金	适用于 IN718 以外的镍基合金
	溶出性	非常好,有少量残渣	非常好,无残渣	不溶	中等	非常好,无残渣	非常好,无残渣
应用范围及特点		DS、SC、EA,特别适用于 SC,可避免二次结晶,高耐火度	DS、SC、EA 高耐火度	EA 可用于 IN718 及其他高活性合金	EA 退让性好,抗热撕裂	EA 抗热撕裂	EA

虽然硅基陶瓷型芯使用广泛,但也有其本身的局限性,主要表现为以下几个方面:

(1) 型芯矿相结构的不均匀性。作为基体材料石英玻璃粉烧结的不均匀性,决定了硅基陶瓷型芯矿相结构的不均匀性,使型芯的不同部位有不同的烧结程度,不同的方石英含量和不同的抗折强度。

(2) 型芯的高温性能对制备工艺与使用条件的高度敏感性。型芯的高温性能取决于型芯在制备与使用过程中由石英玻璃转化成方石英的数量,方石英的分布状况及方石英高、低温晶型转化的次数。例如,型芯坯料中的方石英含量、型芯烧结过程中形成的方石英数量、型芯经高温强化后在型壳脱蜡焙烧时形成的方石英数量、铸型预热过程中转化为方石英的速度及数量、型芯为金属液所包围情况下形成的方石英数量等,都对型芯的高温抗折强度、抗高温蠕变能力及高温体积稳定性

产生极大的影响。

（3）型芯在铸型中定位的不稳定性。硅基型芯的热膨胀系数小于大多数目前使用的型壳的热膨胀系数，难以牢固地固定在型壳内。而且，其数值的大小因坯体中方石英含量的不同而有显著的变化，因而，在使用过程中因热胀失配而易于导致型芯位移或折断，成为难以满足高尺寸精度铸件使用要求的原因之一。

5.1　石英与方石英

5.1.1　石英的结构[1]

石英的分子式是 SiO_2，相对分子质量为 60.1。自然界中石英主要以脉石英、石英砂岩、石英岩和水晶的形式存在。石英的结构基元是硅氧四面体 $[SiO_4]^{4-}$，每一个离子半径为 0.04nm 的 Si^{4+} 位于以四个离子半径 0.14nm 的 O^{2-} 为顶点的四面体中心，见图 5-1。四面体中，Si^{4+} 和 O^{2-} 之间的距离为 0.16nm，小于硅离子半径和氧离子半径之和，四面体的棱长为 0.26nm，比氧离子半径的二倍要短。因此，硅氧四面体的结构较为稳定。Si^{4+} 和 O^{2-} 之间的化学键为极性共价键，离子键和共价键各占 50%，键强约为 443.5kJ/mol。由于硅离子周围四个氧离子呈四面体分布，既满足共价键的方向性要求，又满足离子键对阴阳离子大小比的要求，整个硅氧四面体的正负电荷重心重合，不带极性。

根据硅氧四面体的连接方式，石英属于架状硅酸盐晶体结构，见图 5-2。在石英晶体结构中，同时为两个 Si^{4+} 所共有的四面体顶角之 O^{2-} 称为桥键氧，结合键在桥键氧上的键角总是倾向于形成约 145°。由硅氧四面体所构成的六节环状层，其末公用氧轮流向上或向下，通过一个公用氧来替代两个不饱和氧，组成由氧离子最紧密堆积的面心立方体，其中 1/4 的空隙为硅离子所填充，其余 3/4 的空隙全都空着，从而给各种变体的形成创造了条件。

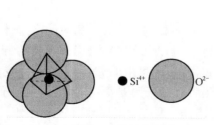

图 5-1　硅氧四面体结构示意图

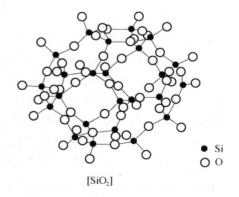

图 5-2　石英晶体结构图

5.1.2 石英的多晶转变

石英的一个最重要的特性,就是它具有复杂的多晶性。在常压和有矿化剂(或杂质)存在的条件下,二氧化硅能以七种晶相、一种液相(熔融石英)和一种亚稳相(石英玻璃)存在。不同晶型之间的转变可分为横向的一级变体间转变和纵向的二级变体间转变,见图 5-3。

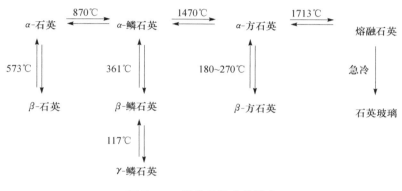

图 5-3 二氧化硅的多晶转变

一级变体间转变,又称重建性转变,结构的改变不能通过简单的原子位移来实现,而必须打开原子间的键并且改建成一个新的结构。为了打开和重新组建新键,就需要较大的能量,其特点是转变速率非常缓慢,必须在转变温度下保持相当长的时间才能实现这种转变。要使转变加速,常需加入矿化剂。此外,这类转变通常是由晶体的表面开始逐渐向内部进行。

二级变体间转变,又称位移性转变或高低温晶型转变,这种转变仅仅使结构发生畸变,结构的转变并不打开任何键或改变最邻近的配位数,只是原子从它们原先的位置发生少许位移。其特点是转变速率快,转变是可逆的,并在一个确定的温度下于整个晶体内发生。但根据精确的测定,位移性转变并不存在突变点,是一个持续转变的过程,而且存在着转变的滞后现象。加热时的转变结束温度稍高于冷却时转变的开始温度,这与晶体结构中存在缺陷有关,缺陷的存在利于成核。

表 5-3 所示为 SiO_2 晶型的结构参数,表 5-4 所示为 SiO_2 晶型的物理性能。在 SiO_2 晶型发生转化的过程中,伴随着一定的体积变化,见表 5-5。其中,在一级变体转变时,虽然体积变化较大,由于转变速率缓慢,对生产过程不致造成有害影响;在二级变体转变时,虽然体积变化不大,但转变速率快,往往对生产工艺产生较大的影响。

表 5-3　SiO_2 晶型的结构参数

晶型	晶系	Si—O 间距/nm	Si—O—Si 键角/(°)	稳定温度范围/℃
β-石英	三方	0.161	144	<573
α-石英	六方	0.162	147	573~870
γ-鳞石英	斜方	0.158~0.161	143~157	<117
β-鳞石英	六方	0.154~0.156	165~179	117~400
α-鳞石英	六方	0.156~0.165	147~152	870~1470
β-方石英	斜方	0.161	144	<180~270
α-方石英	立方	0.161	147~148	1470~1723
石英玻璃	无定形	0.162	120~180	>1713±10

表 5-4　SiO_2 晶型的物理性能

晶型	密度/(g/cm³)	比容/(cm³/g)	线膨胀系数/$10^{-6}℃^{-1}$
β-石英	2.65	0.3773	12.3
α-石英	2.533	0.3948	—
γ-鳞石英	2.27~2.35	0.4405~0.4255	—
β-鳞石英	2.242(转变温度下)	0.4460	—
α-鳞石英	2.228(转变温度下)	0.4488	—
β-方石英	2.33~2.34	0.4292~0.4273	10.3
α-方石英	2.229(转变温度下)	0.4486	—
石英玻璃	2.203	0.4539	0.5

表 5-5　SiO_2 多晶转变时的体积变化

一级变体间的转变	转变温度/℃	体积效应/%	二级变体间的转变	转变温度/℃	体积效应/%
α-石英→鳞石英	870	+16.0	β-石英→α-石英	573	+0.82
α-石英→方石英	1000*	+15.4	—	—	—
α-石英→石英玻璃	1000*	+15.5	γ-鳞石英→β-鳞石英	117	+0.2
鳞石英→α-方石英	1470	+4.7	β-鳞石英→α-鳞石英	163	+0.2
α-方石英→石英玻璃	1713	+0.1	β-方石英→α-方石英	180~270	+2.8

*为计算采取的温度(℃)。

　　图 5-4 所示为石英、鳞石英和方石英的线膨胀率,表明在各自晶形的高、低温晶型转化过程中,方石英的体积变化量最大,线膨胀率达 1.7%。

5.1.3　方石英

　　方石英是一种低密度的 SiO_2 同质多象变体,常压下其高温相 α-方石英的热力学稳定区为 1470~1728℃。但它能以亚稳态形式保存到很低的温度,直到大约 250℃时,才转化为低温相 β-方石英。图 5-5 所示为 α-方石英的结构。

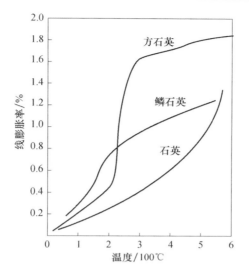

图 5-4　SiO_2 各晶型线膨胀率曲线

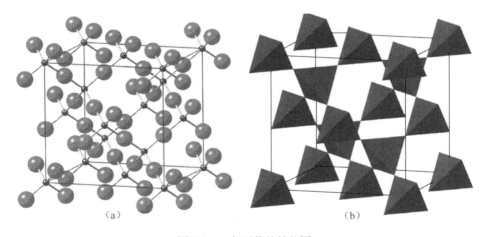

图 5-5　α-方石英的结构[2]

1. 方石英的形成及其形貌

方石英可由晶态的石英转化而成,由石英玻璃析晶而成,由非晶质 SiO_2 如稻壳灰、硅藻土转变而成,或由硅溶胶转化而成。不同形成条件的方石英,其结构形貌有一定的差别。

图 5-6 为由石英块体经煅烧后的块状方石英的显微结构图,方石英呈多孔状,系相转变时伴随的体积膨胀所致。图 5-7 为粉状方石英的显微结构,粉料表面仍可见到中空结构。

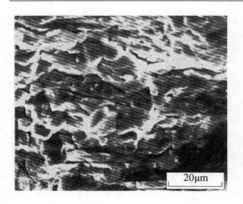

图 5-6 块状方石英的 SEM 图[3]   图 5-7 粉状方石英的 SEM 图

块状石英经煅烧并高温保温后(1350℃/72h＋1450℃/3h)的方石英为粒径小于 0.5μm 的方石英微晶,见图 5-8。石英单晶在氩气氛中加热至 1710℃ 保温 40min 后从玻璃相中析出的方石英如图 5-9 所示。

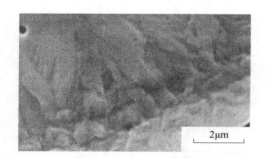

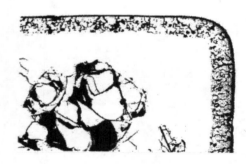

图 5-8 块状石英煅烧并高温保温后的方石英   图 5-9 石英玻璃熔体中析出的方石英[4]

图 5-10 为玻璃池窑中的硅砖使用 3 年后在 1550～1600℃ 形成的粒径 20～30μm 的四方双锥方石英晶体,图 5-11 为硅砖使用 15 年后在温度低于 1250℃ 部位形成的球状方石英微晶聚集体。

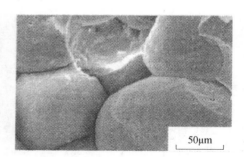

图 5-10 四方双锥方石英晶体[5]   图 5-11 球状方石英微晶聚集体

图 5-12 为石英玻璃粉经 1550℃/10h 预烧并粉碎后再次煅烧所形成的方石英的扫描电镜图。图 5-13 为液相析晶的方石英形貌,由图可见,方石英为由不规则等粒状(5～20μm)晶体构成的聚集体,具有多边形形貌,这种细小粒状晶体呈非均质性,一组或多组定向排列,聚集体之间由无色透明玻璃相胶结。

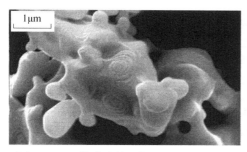

图 5-12　石英玻璃粉煅烧后形成的方石英

图 5-13　方石英的二次电子图像[6]

2. 方石英的晶型转化[7]

加热至 200～275℃时,方石英由四方低温型转化为立方高温型。实际转化温度的高低和晶型转化温度范围的宽窄均与方石英的结晶程度有关,结晶程度越高,实际转化温度越高,晶型转化温度范围越窄。对于单个方石英晶体,晶型转化速率很快,对于方石英料粉,晶型转化过程发生在一定的温度范围之内。另外,方石英的晶型转化呈现出明显的滞后现象,降温时由高温型向低温型转化的温度比加热时由低温型向高温型转化时的温度低约 35℃。

在石英玻璃中析出方石英时,当石英玻璃尚处于较高的温度时,由于由石英玻璃转化为高温型方石英时的体积变化不大,石英玻璃仍呈透明状态。但当石英玻璃温度降低到 800℃以下时,将出现网状微裂纹。温度降低到 250～270℃时,高温型芯方石英转化为不透明的低温型方石英,微裂纹进一步增大增多。当温度回升时,低温型芯方石英又转化为高温型方石英,但微裂纹不能弥合,不透明的状态不可能恢复到透明的状态。

5.2　石　英　玻　璃

石英玻璃分为透明和不透明两大类。透明石英玻璃又可分为普通石英玻璃、高纯石英玻璃和掺杂石英玻璃。普通石英玻璃是以天然水晶或硅石为原料经高温熔制而成的,SiO_2 含量在 99.95% 以上。高纯石英玻璃则使用无机或有机硅的液体化合物(如四氯化硅)经火焰水解合成工艺制成,称为合成石英玻璃,SiO_2 含量在 99.999% 以上。若在原料中加入微量元素,就可制成具有各种特殊性能的掺杂石英玻璃。作为硅基陶瓷型芯的基体材料,通常选用普通石英玻璃。

5.2.1　石英玻璃的结构[8]

石英玻璃的结构系由硅氧四面体[SiO₄]相互连接构成的三维网络结构,既与石英的晶体结构类似,又有其自身的结构特点:

(1) 石英玻璃中 Si—O 键距为 0.162nm,比石英晶体中的键距 0.161nm 稍长,因而 Si—O 键强度略小而结构较为疏松;石英玻璃中 Si—O—Si 键角分布范围为 120°~180°,比石英晶体中的键角分布范围 125°~162°宽,见图 5-14。石英玻璃较宽的键角分布引起原子间距较大的可变性,使三维网络结构失去对称性而呈现不规则性。因此,与石英晶体的远程有序结构相比,石英玻璃的远程有序性要低得多,见图 5-15。

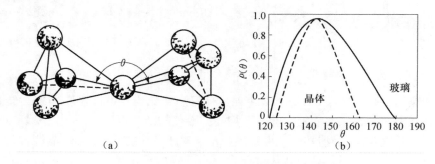

(a) (b)

图 5-14　石英晶体与石英玻璃中 Si—O—Si 键角及键角分布范围

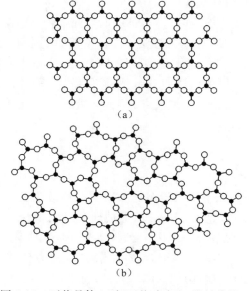

(a)

(b)

图 5-15　石英晶体(a)与石英玻璃(b)的结构模型

(2) 石英玻璃中的硅氧四面体虽对邻近的四面体保持着一定的取向上的规律性,有序范围为 $0.7 \sim 0.8$nm,其近程有序结构似乎已失去了晶体的意义。但石英玻璃的中程有序结构却与高温型方石英的动态无序结构具有相似性,粒径在一维方向为 $1 \sim 3$ 个高温型方石英晶胞的尺寸,虽然还未达到可稳定存在的方石英晶核的尺度,但仍可增加高温型方石英的有效成核速率。从图 5-16 可见,在石英玻璃的 XRD 曲线上,对应于方石英主峰的位置存在着明显的弥散峰。

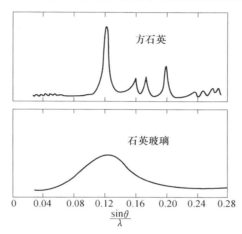

图 5-16　方石英与石英玻璃的 XRD 曲线

(3) 石英的化学组成符合分子式 SiO_2,而石英玻璃化学分子为 SiO_{2-x},表明石英玻璃结构中存在着氧缺位。

石英玻璃的中程有序结构可能来源于:①熔制时未完全散开的有序片断,在快速冷却时仍保留在玻璃结构中。特别对于电熔石英玻璃,这种有序片断甚至能保留石英晶体的某些结构特征。②熔体冷凝过程中在温度低于熔点以下一定温度范围内形成小于临界半径的晶胚。③对石英玻璃进行热处理的升温过程中所形成的有序区。

5.2.2　石英玻璃的结构缺陷

石英玻璃虽然纯度很高,见表 5-6,但仍然含有少量金属离子,见表 5-7。金属离子、羟基及氧缺位等构成了石英玻璃中的微观结构缺陷;气泡、颗粒及条纹等构成了石英玻璃的宏观结构缺陷。

表 5-6　石英玻璃的纯度

纯度	石英玻璃类别			
	高纯透明	气炼透明	电熔透明	不透明
SiO_2 含量(质量分数)/%	99.999	99.97	99.95	99.5

表 5-7　石英玻璃的杂质含量[9]

石英玻璃类别	Al	Fe	Ca	Mg	Ti	Cu	Ni	Sn	Mn	Pb	B
高纯透明/10^{-6}	4.0	0.5	3.5	1.2	0.5	0.20	0.10	0.05	0.02	0.06	0.1
气炼透明/10^{-6}	30～100	1.0	1.5	1.0	1.0	0.20	—	—	0.2	—	0.2～0.6
电熔透明/10^{-6}	30～150	5.0	5.0	5.0	1.0	0.50	—	—	0.2	—	0.3～0.6
电熔不透明(质量分数)/%	0.03	0.015	0.02	0.005	0.005	0.002	—	—	—	—	—

石英玻璃的结构缺陷与制备工艺有关,见表 5-8 和表 5-9,也与原料质量有关[10]。例如,表 5-10 所示为不同产地水晶的铝含量,将直接影响石英玻璃中的铝含量,表 5-11 所示为不同产地水晶、石英料粉的气、液包体含量,将直接影响石英玻璃中的羟基含量。图 5-17 所示为由不同产地水晶熔制的石英玻璃,脱羟后石英玻璃中残余羟基含量与水晶中羟基的相对红外吸收强度之间的关系,由图可见,水晶原料中羟基含量越高,石英玻璃中的残余羟基越多。

表 5-8　不同类型石英玻璃的制备工艺及宏观结构缺陷

类型	制备工艺	宏观结构缺陷		
		气泡	颗粒	条纹
I	水晶粉电熔	较多	较多	较多
II	水晶粉氢氧焰气炼	较多	较多	较多
III	$SiCl_4$ 氢氧焰水解熔制	较少	无	较少
IV	$SiCl_4$ 无氢等离子焰氧化熔制	较少	无	较少

表 5-9　不同类型石英玻璃的微观结构缺陷

类型	金属离子质量含量/10^{-6}										羟基/10^{-6}	氧缺位
	Al	Fe	Ca	Mg	Ti	Li	Na	K	Ni	总量		
I	63	3.0	1.0	1.0	0.5	2.0	1.5	2.0	—	74.0	6	多
II	17	1.0	0.5	1.0	0.4	1.5	1.0	0.8	—	23.2	213	较多
III	0.84	0.48	0.28	0.65	0.1	0.01	0.16	0.18	0.03	2.73	1100～1300	无
IV	0.22	0.14	0.15	0.15	0.04	—	0.01	0.05	0.2	0.96	1	少

表 5-10　不同产地水晶中的 Al 含量　　　　　(单位:10^{-6})

东海一级	东海四级	山东四级	方政四级	通河四级	四川二级	广东二级	广西二级
10～12	17～20	19～23	50～60	65～70	70～80	100～150	100～120

表 5-11　不同产地水晶、石英料粉(60～80 目)的气、液包体含量[11]

(单位:mg/kg)

东海一级水晶	东海四级水晶	东海早期伟晶岩型石英	山东昌邑元古代石英岩	北京延庆震旦纪石英岩
98.74	203.51	225.8	184.75	744.11

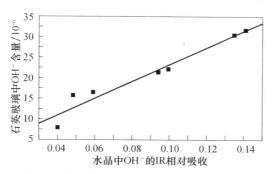

图 5-17　石英玻璃难消除羟基含量与水晶原料中结构水的关系[12]

5.2.3　氧化物对石英玻璃结构的影响

石英玻璃的结构与石英玻璃中作为杂质或添加剂存在的金属氧化物的种类及含量有关。根据金属元素在石英玻璃结构中的配位数（CN），可对氧化物作如表 5-12 所示的分类。

表 5-12　网络形成体、中间体与改变体元素的配位数

网络形成体		网络中间体		网络改变体	
掺杂元素	CN	掺杂元素	CN	掺杂元素	CN
Si	4	—	—	Li	1
Ge	4	—	—	Na	1
B	3	—	—	K	1
Al	3	Al	3	Cs	1
P	5	—	—	Rb	1
V	5	Be	2	Be	2
As	5	—	—	Mg	2
Sb	5	—	—	Ca	2
Zr	4	Zr	4	Ba	2
—	—	—	—	Sr	2
—	—	Zn	2	Zn	2
—	—	Cd	2	Cd	2
—	—	—	—	Hg	2
—	—	—	—	Ga	3
—	—	—	—	Sn	4
—	—	Pb	2	Pb	4

1. 网络形成体氧化物的影响

网络形成氧化物除氧化硅外，还包括氧化硼、氧化磷等，其正离子的特点是离

子半径小、电价高、电场强度高，并与氧离子形成离子-共价键，具有单独形成网络结构的能力。

石英玻璃中含有氧化硼时，如 $Na_2O/B_2O_3>1$，B^{3+} 以 $[BO_4]$ 存在，能与 $[SiO_4]$ 组成连续、统一的网络结构，而 Na^+ 则以网络外体离子配置在 $[BO_4]$ 附近，以保持电荷平衡。但是，进入结构网络后，由于 $[BO_4]$ 与 $[SiO_4]$ 尺寸不同，会导致较大的结构畸变。如 $Na_2O/B_2O_3<1$，或有 Al_2O_3 存在时，部分 B^{3+} 以二维的 $[BO_3]$ 三角体存在，会破坏石英玻璃网络的立体结构，使结构重排易于进行。

2. 网络改变体氧化物的影响

网络改变体氧化物包括碱金属氧化物（R_2O）、碱土金属氧化物（RO）、氧化镧、氧化钕、氧化钇等。这类氧化物中正离子的共同特点是离子半径大、电价低、电场强度小、与氧离子间化学键的离子键性强。当石英玻璃中含有这类氧化物，如含有 Na_2O 时，其半径大、电荷小的 $Na^+—O^{2-}$ 的键强比 $Si^{4+}—O^{2-}$ 的键强小得多。因此，这些 O^{2-} 易被 Si^{4+} 从 Na_2O 处拉出去。也就是说，Na_2O 的存在会导致四面体网络中和两个 Si^{4+} 相连的所谓桥氧的断裂而形成非桥氧，见图 5-18。当部分桥氧断开后，石英玻璃结构的网络连接程度降低。由于这类离子不能单独形成结构网络，但能改变网络结构，并在结构中处于网络之外，故称为网络外体或网络改变体离子。

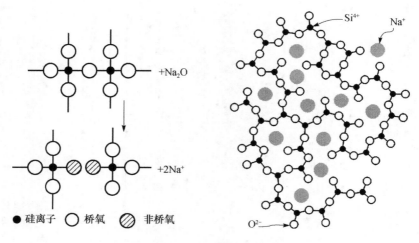

图 5-18　Na_2O 对网络结构影响示意图

在石英玻璃中，作为网络外体的碱金属离子，其实际赋存状态还与熔制气氛有关[13]。在氧化气氛下熔制的石英玻璃中，碱金属离子处于"活化态"，能使硅-氧键断开；在还原气氛下熔制的石英玻璃中，碱金属离子被还原成原子态，即呈"非活化态"，对石英玻璃的结构网络不产生断键作用。例如，在气炼工艺制备的石英玻璃中，碱金属离子的三分之二处于"非活化态"。

羟基（OH⁻）对石英玻璃结构的影响类似于碱金属氧化物，同样能使桥键氧断裂而成为非桥键氧，导致石英玻璃网络结构连接程度的降低。

3. 网络中间体氧化物的影响

网络中间体氧化物包括氧化铝、氧化铍、氧化锗等，其正离子在石英玻璃结构网络中有两种不同的配位数，而且倾向于从高配位数转入低配位数，但这一转变与石英玻璃中非桥氧的数量有关。

石英玻璃中含有网络中间体氧化物，如 Al_2O_3 时，Al^{3+} 在石英玻璃熔体中的配位状态取决于是否能获取到非桥氧。当 $R_2O/Al_2O_3 > 1$ 时，Al^{3+} 获取到非桥氧处于四配位，作为网络形成体而以 $[AlO_4]$ 存在，能替代 Si 的位置，使断裂的硅氧键重新联结，从而使玻璃结构网络联结程度提高，见图 5-19。每一个 $[AlO_4]$ 四面体有一个充填在四面体基团空隙中的碱金属离子或半个碱土金属离子，以保持其电中性。当 $R_2O/Al_2O_3 < 1$ 时 Al^{3+} 获取不到非桥氧而处于六配位，作为网络外体而以 $[AlO_6]$ 存在，将处于硅氧四面体网络之外，其作用与 R_2O、RO 一样，使硅氧键断裂，结构网络的连接程度降低。

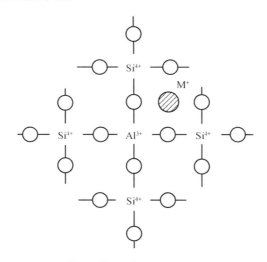

图 5-19　$[AlO_4]$ 四面体在网络结构中的位置

5.2.4　石英玻璃中的低共熔相

表 5-13 所示为部分氧化物在石英玻璃中的低共熔相。不论氧化物是石英玻璃所含的杂质，还是往石英玻璃中添加的外加剂，都将与 SiO_2 作用而形成低

共熔相。氧化物在系统中开始形成液相的温度越低,形成液相量越多,液相量随着温度升高增长越快,所形成的液相黏度越低和对晶相的润湿性越好,氧化物对石英玻璃高温性能的影响就越大。例如,当 Al_2O_3 和 Na_2O 含量相同时,由 Al_2O_3 生成的液相量几乎是 Na_2O 的两倍,因而 Al_2O_3 对石英玻璃某些高温性能的影响就更大。

表 5-13 石英玻璃中的双组分低共熔相

氧化物	平衡相	低共熔点/℃	1%氧化物生成的液相量/%	液相中氧化物含量(质量分数)/%
Na_2O	SiO_2-$Na_2O \cdot 2SiO_2$	782	8.9	25.4
Al_2O_3	SiO_2-$3Al_2O_3 \cdot 2SiO_2$	1595	18.2	5.5
TiO_2	SiO_2-TiO_2	1550	9.5	10.5
CaO	SiO_2-$CaO \cdot SiO_2$	1436	2.7	37.0
MgO	SiO_2-$2MgO \cdot SiO_2$	1890	—	—
	SiO_2-$MgO \cdot SiO_2$	1540	—	—
FeO	SiO_2-$2FeO \cdot SiO_2$	1178	1.61	62.0
MnO	SiO_2-$3MnO \cdot SiO_2$	1200	—	—

实际上,石英玻璃中往往有两种以上的杂质氧化物存在,系统中的低共熔温度就更低,见表 5-14。

表 5-14 三元系统低共熔点 (单位:℃)

$Na_2O \cdot CaO \cdot SiO_2$	$K_2O \cdot Al_2O_3 \cdot SiO_2$	$CaO \cdot Al_2O_3 \cdot SiO_2$
1047	1100	1385

5.2.5 石英玻璃的黏度[14]

黏度是石英玻璃的一个重要物理性质,影响石英玻璃黏度的因素有石英玻璃的温度、制备工艺、杂质种类及含量、热历史等。

石英玻璃温度对黏度的影响如图 5-20 所示。制备工艺对石英玻璃黏度的影响如图 5-21 所示,图中,虚线所示为平衡黏度曲线。羟基含量对石英玻璃平衡黏度的影响如图 5-22 所示,由图可见,随石英玻璃中羟基含量的提高,黏度下降。

TiO_2、Cr_2O_3、B_2O_3 含量(质量分数)对合成石英玻璃平衡黏度的影响如图 5-23 所示。此外,石英玻璃的黏度还与其热历史有关,经不同假想温度下稳定化处理的电熔石英玻璃的黏度-温度曲线示于图 5-24,图中实线所示为平衡黏度曲线。

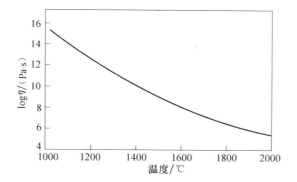

图 5-20　石英玻璃的黏度-温度曲线

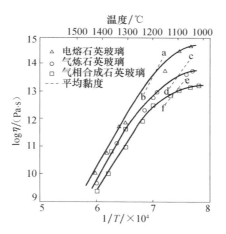

图 5-21　制备工艺对石英玻璃黏度的影响

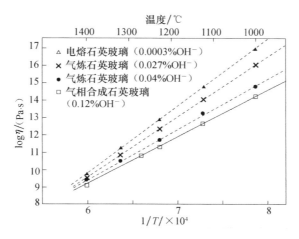

图 5-22　羟基含量对石英玻璃黏度的影响

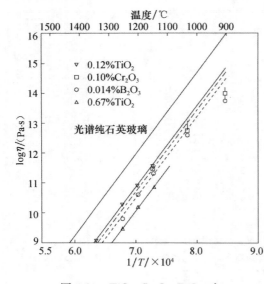

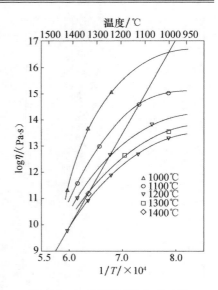

图 5-23　TiO₂、Cr₂O₃、B₂O₃ 对
石英玻璃黏度的影响

图 5-24　不同假想温度下石英
玻璃的黏度

石英玻璃在 1200℃时的黏度 η 与其 Na₂O 含量摩尔分数(C)的关系如图 5-25
所示。1400℃时石英玻璃的黏度与碱金属氧化物含量（质量分数）的关系如
图 5-26 所示。表 5-15 所示为 Na₂O 含量对石英玻璃网络联结程度及 1400℃时黏
度的影响。

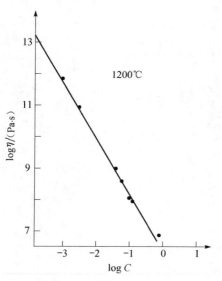

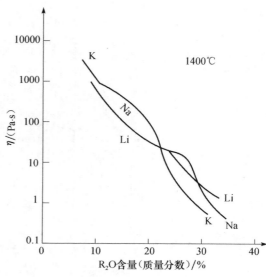

图 5-25　石英玻璃黏度与
Na₂O 含量的关系

图 5-26　石英玻璃黏度与 R₂O 含量的关系

表 5-15　1400℃ 时 Na₂O-SiO₂ 系统熔体的网络联结程度及黏度

Na₂O/SiO₂ 摩尔比	分子式	O/Si 摩尔比	[SiO₄]联结程度	黏度/(Pa·s)
0/1	SiO_2	2/1	骨架	10^{10}
1/2	$Na_2O \cdot 2SiO_2$	5/2	层状	280
1/1	$Na_2O \cdot SiO_2$	3/1	链状	1.6
2/1	$2Na_2O \cdot SiO_2$	4/1	岛状	<1

5.2.6　石英玻璃的高温软化

　　由于石英玻璃是非晶体材料，没有固定的熔点，在加热过程中会软化而变形。当石英玻璃的黏度为 $10^{13}\sim10^{14}$ Pa·s 时，开始发生变形，当黏度为 $10^{9}\sim10^{10}$ Pa·s 时，变形加快。图 5-27 所示为高纯电熔石英玻璃（SiO_2 含量大于 99.98%）的非弹性变形-温度曲线，由图可见，当压力分别为 0.78MPa、2.65MPa 和 7.84MPa 时，变形的起始温度分别为 1230℃、1160℃ 和 1110℃，而且变形一旦开始，将随温度的升高而迅速增大。

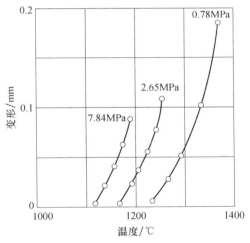

图 5-27　石英玻璃在不同压力下的非弹性变形-温度曲线[15]

图 5-28 所示为由两种纯度不同的石英玻璃粉压制成的圆柱形试样在加热到

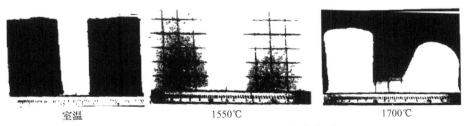

室温　　　　　　　1550℃　　　　　　1700℃

图 5-28　石英玻璃粉试样高温软化变形

不同温度时的形貌。由 5-28 图可见,高纯石英玻璃粉制备的圆柱体(左侧)即使在 1700℃的高温下仍能直立而不塌,而纯度较低的石英玻璃试样则因杂质的影响而在 1550℃时就明显变形。

5.2.7　石英玻璃的化学稳定性

石英玻璃的化学稳定性是指石英玻璃在使用过程中,抵抗水、酸、碱、盐类、金属熔体及其他介质侵蚀的能力,取决于玻璃的组成及侵蚀介质的性质。此外,温度、压力等环境因素也有很大的影响。表 5-16 所示为固体物质与石英玻璃的反应状况。

表 5-16　固体物质与石英玻璃的反应[16]

物质	符号	反应条件	物质	符号	反应条件
Ag	☆	—	Al₂O₃	★	仅在 1200℃以上
Al	★	700～800℃迅速反应	BaO	★	仅在 900℃以上
Au	☆	—	CaO	★	仅在 1000℃以上
Br	☆	—	CuO	★	仅在 950℃以上
C	★	仅在 1500℃以上	FeO	★	仅在 950℃以上
Ca	★	仅在 600℃以上	MgO	★	仅在 950℃以上
Cd	☆	—	PbO	△	—
Ce	★	仅在 800℃以上	ZnO	★	仅在 800℃以上
Cl	☆	—	BaSO₄	★	仅在 700℃以上
F	▲	仅在湿态	硼酸盐	△	—
Hg	☆	—	BCl₃	★	仅在 900℃以上
Li	▲	仅在 250℃以上	KCl	△	—
Mn	☆	—	KF	△	—
Mo	☆	—	NaCl	△	—
Na	★	仅在气态反应	偏磷酸钠	▲	—
P	▲	—	聚磷酸钠	▲	—
Pb	☆	—	Na₂SO₄	△	—
Pt	☆	—	硝酸盐	△	—
S	★	1000℃以上弱反应	ZnCl₂	△	—
Si	△	—	磷酸锌	★	仅在 1000℃以上
Sn	☆	—	硅酸锌	★	仅在 1000℃以上
Ti	△	—	碱式氧化物	★	仅在 800℃以上
W	☆	—	钨酸钠	▲	—
Zn	☆	—	氯铂酸铵	★	仅在 900℃以上

注:☆不反应;★在标明温度反应;△熔融物与石英玻璃反应;▲反应。

按侵蚀机理,可把对石英玻璃起反应的侵蚀剂分为两类:

第一类,在常温下或温度相对较低的环境中,能与石英玻璃中的硅氧骨架起作用的物质,如氢氧化物溶液或熔盐、氢氟酸和氟化物溶液等。

第二类,在高温下及真空环境中,能使石英玻璃中的 Si^{4+} 被还原的物质,如钛合金及超合金熔体中的活性元素等。

石英玻璃具有良好的耐酸性,除氢氟酸和 300℃ 以上的热磷酸外,任何浓度的无机酸和有机酸在高温下几乎都不能侵蚀石英玻璃,但是石英玻璃对碱类和碱性盐类的抵抗力较差。

碱对石英玻璃的侵蚀是通过 OH^- 破坏硅氧骨架,使 Si—O 断裂,结构网络解体,最后形成硅酸根离子,从而使 SiO_2 溶解在碱溶液中,其反应为

$$\text{Si—O—Si} + OH^- == \text{Si—O}^- + \text{HO—Si} \tag{5-1}$$

$$\text{HO—Si} + 3OH^- == Si(OH)_4 \tag{5-2}$$

$$Si(OH)_4 + NaOH == [Si(OH)_3O]Na + H_2O \tag{5-3}$$

在上述反应中,Si^{4+} 周围原有的四个桥氧均被 OH^- 所取代,形成 $Si(OH)_4$(也称硅醇团)。$Si(OH)_4$ 是一种极性分子,能使周围的水分子极化而定向地附着在自己的周围,成为 $Si(OH)_4 \cdot nH_2O$(或简单地写成 $SiO_2 \cdot xH_2O$)。这是一个高度分散的 SiO_2-H_2O 系统,称为硅酸凝胶。当硅酸凝胶附着在石英玻璃表面成为一屋薄膜时,将阻止上述反应的进行。但在 pH 较高的碱溶液中,虽然硅醇团不断生成,但并不形成硅酸凝胶薄膜,从而使石英玻璃表层全部脱落。一般而言,石英玻璃的侵蚀程度随着碱溶液 pH 的增大而提高。

在常温常压下,粒径小于 0.15mm 的石英玻璃颗粒在起始浓度为 2mol/L 的单组分苛性碱溶液中的溶出量与时间的关系示于图 5-29 所示,由图可见,硅溶出量大小的顺序为 NaOH>KOH>LiOH。在 LiOH 中,硅溶出量最小的原因为反应产物是一种不具有肿胀特性的较稳定的胶体,会覆盖在石英玻璃颗粒表面而阻止反应继续进行。

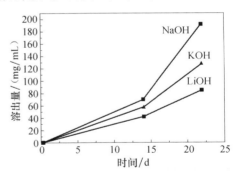

图 5-29　石英玻璃在单组分苛性碱溶液中的溶出量[17]

对于吸附在石英玻璃表面的碱金属或碱土金属硅酸盐,由于阳离子种类不同,在碱溶液中的溶解度也不同。其中,Ba^{2+}、Sr^{2+}、Na^+ 在碱液中的溶解度较大,因而对石英玻璃的侵蚀程度也较大。

5.3　石英玻璃的析晶

5.3.1　石英玻璃的析晶机理

石英玻璃是一种亚稳态结构,具有自发析晶的趋向,其析晶可分为体积成核析晶与表面成核析晶两类。体积成核析晶的成核位置在基体相内,晶体生长是单个原子不断在晶核上堆积长大的过程;表面成核析晶的成核位置在玻璃表面,晶体宏观生长方向与表面垂直。有研究认为[18],氧缺位石英玻璃只有在化学计量得到满足的情况下才能析晶。而就成核方式而言,石英玻璃在1300℃析晶时的成核酝酿期估计为$\tau \approx 5 \times 10^4 s$,难以均相成核[19]。

1. 体积成核析晶

研究表明[20],1709℃时石英玻璃熔体中典型的方石英生长过程如图5-30所示,1709℃时高温型方石英的生长速率曲线如图5-31所示。

图5-30　1709℃时方石英的生长过程

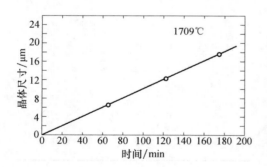

图5-31　方石英的生长速率曲线

也有研究认为[21],某些类型的石英玻璃经长期加热后,内部会产生结晶。对于组成如表5-17所示的电熔石英玻璃经1483℃核化处理70h后,不同保温温度时方石英的径向生长速率列于表5-18。图5-32所示为1483℃时高温型方石英生长的过程,图5-33所示为1483℃时方石英的生长速率曲线。

表5-17　电熔石英玻璃化学组成　　　　　(单位:10^{-6})

Al_2O_3	Fe_2O_3	TiO_2	CaO	MgO	K_2O	Na_2O	Li_2O
137	5	3	8	4	2	27	0.7

表 5-18　不同保温温度时方石英的径向生长速率

参数	保温温度/℃				
	1347	1408	1483	1540	1618
生长速率/(μm/min)	6.5×10^{-4}	3.7×10^{-3}	1.8×10^{-2}	4.1×10^{-2}	9.0×10^{-2}

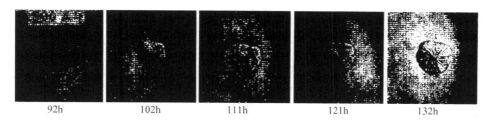

| 92h | 102h | 111h | 121h | 132h |

图 5-32　1483℃时高温型方石英的生长过程

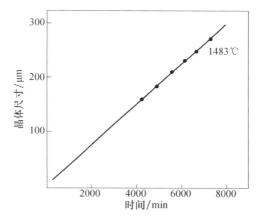

图 5-33　高温型方石英 1483℃时的生长速率

从上述研究结果可见,石英玻璃的体积析晶是一个形核速率很慢,生长速率很小,因而析晶速率很慢的过程。可以认为,体积析晶对于石英玻璃析晶的贡献通常非常小,在硅基陶瓷型芯的制备与使用过程中,一般可以不予考虑。

2. 表面成核析晶

当石英玻璃在较高温度下与含氧的气体接触时,氧原子通过热扩散渗入并溶解于石英玻璃表层,填补了石英玻璃中的氧缺位,形成与分子式 SiO_2 相一致的微晶团,成为方石英成核的前驱体,经进一步有序化后即转变为高温型方石英。随着氧原子向石英玻璃内部的逐层渗透,石英玻璃的析晶过程自表及里逐层推进,使方石英的宏观生长方向与表面垂直。由于石英玻璃表面的表面能较高,特别是表面杂质及缺陷的存在,使得表面非均态成核速率大大加快。

图 5-34 所示为石英玻璃管在加热过程中表面析晶的形貌。1150℃时，出现方石英核晶；1200℃时，出现微区分层；1250℃时，形成了方石英；随温度升高，方石英数量增多，尺寸增大。

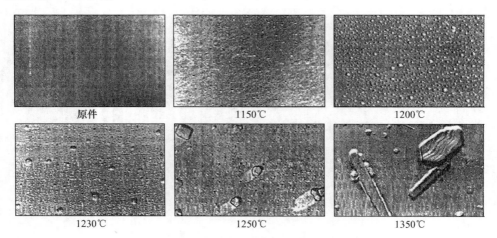

原件　　　　　　　　　1150℃　　　　　　　　　1200℃

1230℃　　　　　　　　　1250℃　　　　　　　　　1350℃

图 5-34　石英玻璃管经不同温度保温 2h 的表面结构形貌[22]　×16000

图 5-35 所示为石英玻璃粉经 1150℃，保温 30min 后的显微形貌和电子衍射花样。由图 5-35 可见，在非晶光斑周围已有微弱晶体衍射斑点出现，表明石英玻璃粉表层在此温度下已有方石英析出。图 5-36 所示为石英玻璃粗颗粒表面成核析晶的方石英（K）的形貌，颗粒中心仍为石英玻璃（F）。

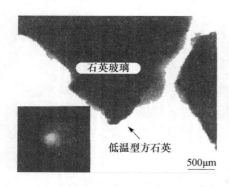

石英玻璃

低温型方石英

500μm

图 5-35　石英玻璃粉表面析晶形貌[23]

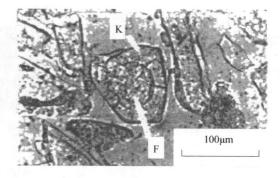

K

F

100μm

图 5-36　石英玻璃颗粒表面析晶

5.3.2　影响石英玻璃析晶的因素

1. 氧缺位对石英玻璃析晶的影响[24]

在相同析晶条件下，与符合化学计量比的石英玻璃相比，氧缺位石英玻璃的析晶层厚度较薄，见图 5-37，表明氧缺位石英玻璃的析晶速率相对较小。从图 5-38 可见，化学计量石英玻璃在 1460℃时的析晶层厚度与时间呈线性关系，表明其析晶一直受扩散控制，而氧缺位石英玻璃在 1460℃时的析晶层厚度在析晶初期与时间呈线性关系，而后很快转变为抛物线关系。这表明，氧缺位石英玻璃仅析晶初期受扩散控制，而后很快转变为受界面控制。因此，氧缺位石英玻璃的方石英层厚度的平方与时间呈线性关系，见图 5-39。

（a）　　　　　　　　　　　　　（b）

图 5-37　方石英层的厚度

（a）SiO_{2-x}；（b）SiO_2

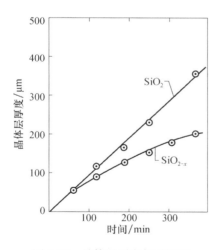
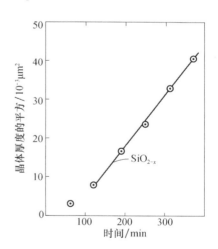

图 5-38　晶体层厚度与时间的 关系曲线

图 5-39　晶体层厚度的平方与 时间的关系曲线

2. 杂质对石英玻璃析晶的影响

不同杂质对石英玻璃管析晶的影响如表 5-19 所示。其中，Na^+ 和 Ba^{2+} 使石英玻璃析晶的起始温度最低，析晶程度最严重。

表 5-19　杂质对高纯石英玻璃管析晶起始温度及析晶程度的影响[25]

参数	杂质种类										
	Na	Mg	Ca	Al	Mn	Fe	Cu	Sn	MgO	Ba(OH)$_2$	CaCO$_3$
析晶温度/℃	700	750	1150	900	850	900	1050	900	1050	600	900
析晶程度	严重	中等	轻微	中等	轻微	中等	中等	严重	中等	严重	中等

　　当石英玻璃中同时含有多种微量杂质时,杂质组分氧化铝的摩尔分数与各碱金属氧化物摩尔分数之和的比值对石英玻璃在 1350℃保温过程中的方石英层厚度以及石英玻璃在该温度下的黏度的影响,见表 5-20。在 1350℃保温 2h 时,该比值越大,方石英层生成速率越小,见图 5-40;方石英层生成速率的下降,与石英玻璃黏度增大有关,见图 5-41。

表 5-20　多种微量杂质对石英玻璃的析晶及黏度的影响[26]

试样	杂质含量(摩尔分数)/10⁴%				Al$_2$O$_3$/ $\sum$R$_2$O	1350℃保温时方石英层厚度/μm					$\log\eta$/ (N·s/m²)
	Al$_2$O$_3$	Na$_2$O	Li$_2$O	K$_2$O		30min	60min	120min	240min	480min	
A	48.2	57.8	5.6	<1.5	0.8	40	—	64±5	118	—	5.58
B	24.9	14.9	3.9	<1.5	1.3	33	43	51±4	61	87	5.64
C	24.9	1.6	4.8	<1.5	3.9	25	33	36±4	45	60	5.95
D	73.3	8.5	3.0	<1.5	6.4	13	15	22±4	33	40	6.00
E	61.0	3.6	4.3	<1.5	7.7	15	17	29±3	—	32	6.22

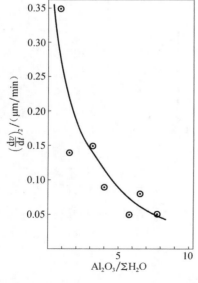

图 5-40　Al$_2$O$_3$/$\sum$R$_2$O 对析晶
速率的影响

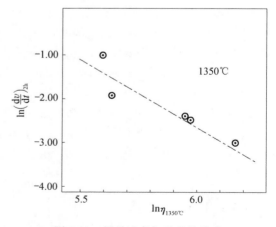

图 5-41　析晶速率与黏度的关系

3. 掺杂对石英玻璃析晶的影响[27]

在石英玻璃中分别掺杂 Al_2O_3 和 Nd_2O_3 时,方石英的析晶速率受到明显不同的影响。电熔石英玻璃、掺杂摩尔分数 $1.0\%Al_2O_3$ 电熔石英玻璃和掺杂摩尔分数 $0.08\%Nd_2O_3$ 电熔石英玻璃中的方石英质量分数 X 与热处理制度的关系分别如图 5-42 中的(a)~(c)所示。

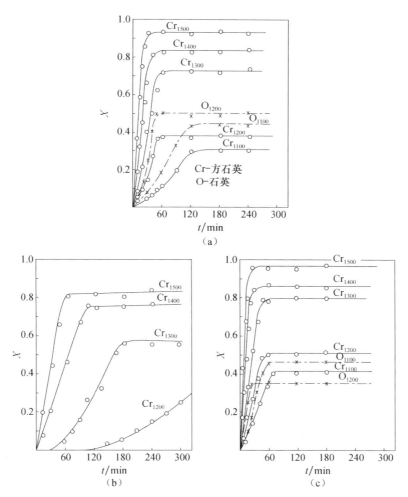

图 5-42   石英玻璃的方石英质量分数与热处理制度的关系

(a) 电熔石英玻璃;(b) 摩尔分数 $1.0\%Al_2O_3$ 电熔石英玻璃;(c) 摩尔分数 $0.08\%Nd_2O_3$ 电熔石英玻璃

通过图 5-42(a)和(b)的对比可以看出,Al_2O_3 的掺加抑制了方石英的析晶。研究认为,这是由于氧化铝的掺加使方石英成核孕育期延长所致。通过图 5-42(a)和图(c)的对比可以看出,Nd_2O_3 的掺加促进了方石英的析晶。这是因为,离子半径为 1.03Å 的 Nd^{+3} 在石英玻璃结构中作为网络改变体存在,对方石英析晶的影响与碱金属氧化物类似。其添加量即使小于摩尔分数 0.1% 也能加速石英玻璃的析晶过程。

4. 添加剂对石英玻璃析晶的影响

当添加量为质量分数 1%、加热温度为 1300℃、保温时间为 1h 时,不同种类的添加剂对石英玻璃析晶量的影响示于表 5-21。其中,碱金属离子对石英玻璃析晶的促进作用最为显著。

表 5-21　添加剂对石英玻璃析晶量的影响[28]　[单位(质量分数):%]

添加剂	析晶量	添加剂	析晶量	添加剂	析晶量
Li_2CO_3	98	$Na_2WO_4 \cdot 2H_2O$	23	CeO_2	8
K_2CO_3	92	MnO_2	14	ZrO_2	8
Na_2CO_3	85	B_2O_3	14	BaO	6
Li_2SiF_6	82	Na_2UO_4	14	Cr_2O_3	6
Na_2SiO_3	72	硅胶	14	$CaSiO_3$	5
Na_2SiF_6	63	PbO	12	ZnO	5
Na_3AlF_6	38	MgO	12	CoO	5
$Na_2B_4O_7 \cdot 10H_2O$	37	CaO	12	$(NH_4)_3PO_4$	5
FeO	29	MoO	11	NaCl	5
$Na_2HPO_4 \cdot 12H_2O$	25	玉髓	9	Al_2O_3	3
Fe_2O_3	23	蛋白石	9	CaF_2	2

图 5-43 所示为几种不同添加剂的石英玻璃试样经不同温度下保温 2h 后的 X 射线衍射图谱。在没有添加剂的石英玻璃粉烧结试样中,出现方石英特征峰的温度为 1250℃;石英玻璃粉中引入相同质量分数(15%)的金红石与锐钛矿时,出现方石英特征峰的温度分别为 1200℃和 1160℃,表明 TiO_2 对石英玻璃的析晶起促进作用。锐钛矿的作用更强与其稳定性比金红石低有关;添加 2.0% Cr_2O_3 时,在 1250℃时烧结的试样中方石英的特征峰比没有添加剂试样的特征峰的峰值高,表明 Cr_2O_3 对石英玻璃的析晶有促进作用。当 Cr_2O_3 添加量为 10%~20% 时,经 1150~1200℃烧结的试样从炉内取出时就因方石英含量高而易于断裂。

5. 石英玻璃形状、石英玻璃粉形状及粒径对析晶的影响

1) 石英玻璃形状的影响

石英玻璃块(SiO_2 含量大于 99.9%),石英玻璃粉(组成同前,粒度为 10~20μm)和石英玻璃纤维(SiO_2 含量为 99.87%,Na_2O 含量为 0.0016%,直径为

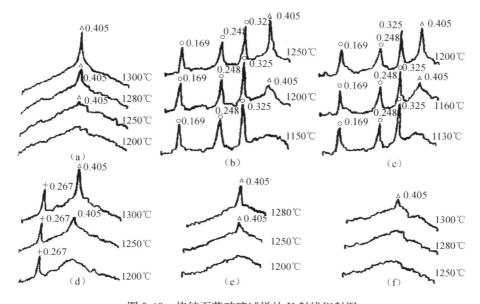

图 5-43　烧结石英玻璃试样的 X 射线衍射图

(a) 没有添加剂；(b) 15%TiO_2（金红石）；(c) 15% TiO_2（锐钛矿）；(d) 2.0%Cr_2O_3；

(e) 3.0%Si_3N_4；(f) 1.0%BN；△ 为方石英；○为氧化钛；＋为氧化铬

2.88～3.84μm，100%非晶态）在不同温度下保温 30min 后，各试样中的方石英含量示于图 5-44。由图 5-44 可见，石英玻璃纤维中方石英的含量最高，其原因在于石英玻璃纤维的比表面积大，杂质含量高。

2）石英玻璃粉形状的影响

石英玻璃粉颗粒形状（粒度分布相近）对析晶的影响如图 5-45 所示。由图 5-45

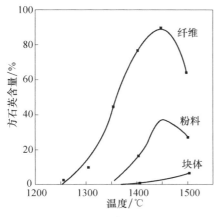

图 5-44　石英玻璃的形状对
析晶的影响[29]

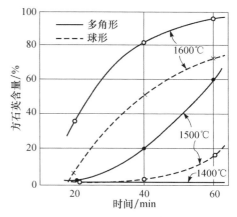

图 5-45　石英玻璃粉颗粒形状对
析晶的影响[30]

可见,在相同的保温温度与保温时间下,多角形石英玻璃粉的方石英含量明显高于球形石英玻璃粉的方石英含量。这是由于与球形颗粒相比,多角形颗粒表面的凹凸或微小突起多,表面积大,成核概率高,因此结晶速率快。

　　3)石英玻璃粉粒径的影响

　　石英玻璃粉粒径对石英玻璃析晶的影响如图 5-46 所示,图中,(a)、(b)和(c)料粉的平均粒径分别为 5.4μm、19.9μm 和 86.2μm。由图 5-46 可见,石英玻璃粉粒度越粗,在相同的保温温度与保温时间下,方石英含量越低。这与石英玻璃粉粒度增大时,比表面积减小,形核速率降低有关。

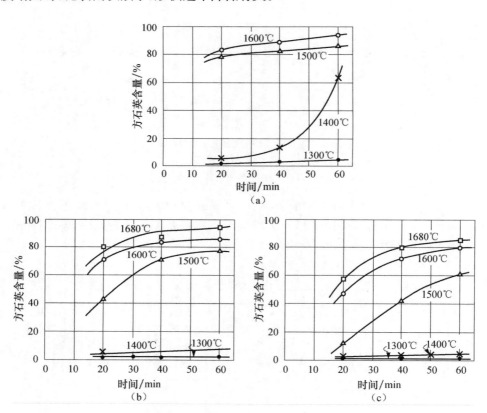

图 5-46　石英玻璃粉粒径对析晶的影响

6. 炉膛材质对析晶的影响[31]

　　石英玻璃管在高温炉内受热时,炉膛材料对析晶厚度的影响如表 5-22 所示。由 5-22 表可见,与石英容器相比,氧化铝炉材对析晶有明显的促进作用。

表 5-22　炉膛材质对析晶厚度的影响

试验加热环境	温度制度	析晶层厚度/μm
氧化铝炉材	1400℃×6h	59.2
石英容器中	1400℃×6h	10.0

当析晶温度制度为 1300℃保温 48h 时,对于氧化铝含量不同的高铝质炉膛材料,经连续 8 次试验,各次试验石英玻璃管试样的析晶层厚度列于表 5-23。由表 5-23 可知,炉材的氧化铝含量越低,石英玻璃管析晶层的厚度越小。对于同一种高铝质炉材,随使用次数的递增,析晶层厚度减小。而氧化铝含量为 75％的炉膛材料,因相组成基本为莫来石,对析晶的影响明显减小。75[#] 炉膛材料,使用前经盐酸浸泡 24h 并用去离子水冲洗,杂质含量更低而对析晶的影响就更小。

表 5-23　炉材氧化铝含量及使用次数对石英玻璃管析晶层厚度的影响（单位：μm）

氧化铝含量（质量分数）/％	第一次	第二次	第三次	第四次	第五次	第六次	第七次	第八次
98	全失透	全失透	1000	1000	1000	800	800	800
90	全失透	全失透	1000	800	600	800	800	800
75	80	70	70	50	45	53	47	46
75[#]	55	50	54	51	55	47	53	50
60	151	154	151	162	172	173	165	189

7. 温度制度对析晶的影响

不同温度下保温 30min 时,石英玻璃粉中方石英的衍射强度与温度的关系如图 5-47 所示,随加热温度的提高,方石英衍射峰的峰值强度增大。不同温度下保温时间对石英玻璃粉析晶数量的影响示于图 5-48。在相同的温度下,随保温时间延长,析晶量增大,温度越高,析晶量增加越快。

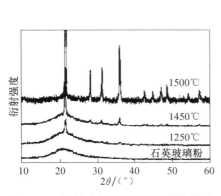

图 5-47　温度对方石英衍射强度的影响

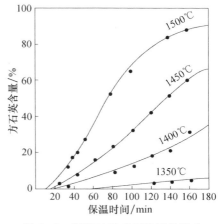

图 5-48　保温时间对析晶量的影响

8. 气氛对析晶的影响

石英玻璃粉在不同温度下保温 30min 时,气氛对析晶量的影响如图 5-49 所示。由图 5-49 可见,石英玻璃粉的析晶速率从快到慢的顺序是:湿空气＞干燥空气＞氮气＞氩气＞还原性气体。石英玻璃在真空(<1.3Pa)中的析晶速率比氮气和湿气中慢,见图 5-50 所示的(析晶速率/温度)的对数与温度倒数的曲线。

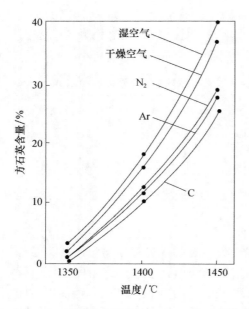

图 5-49　气氛对石英玻璃析晶量的影响[32]

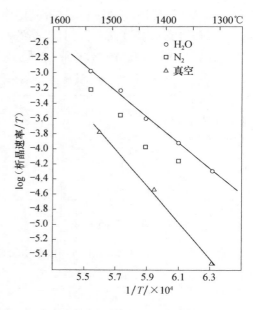

图 5-50　气氛对石英玻璃析晶速率的影响[33]

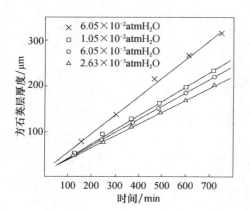

图 5-51　1426℃时石英玻璃在
湿空气中的析晶速率

研究认为,当水蒸气与石英玻璃接触时,在界面上形成 OH^- 键,使键强度大的 [Si—O—Si] 键被键强弱得多的 [Si—OH HO—Si] 键所取代。因而,水蒸气对石英玻璃的析晶起催化剂的作用。在湿空气中,石英玻璃的析晶速率取决于水蒸气分压,见图 5-51。研究还认为,在氮气中石英玻璃的析晶速率取决于对炉膛预真空处理的次数,也就是取决于炉内残留气体的浓度,氮气本身对石英玻璃的析晶不产生影响。

5.4 石英玻璃粉的烧结

5.4.1 石英玻璃粉的烧结过程及其不均匀烧结

1. 石英玻璃粉的烧结过程

石英玻璃粉的烧结大多在常压下进行,烧结温度低于 1000℃时,由于石英玻璃粉纯度很高,碱金属和碱土金属氧化物等杂质含量极少,不可能形成足以影响料粉烧结的低共熔点液相,所以坯体结构无明显变化,强度很低。

烧结温度升高到 1000～1200℃时,尽管仍未出现液相,但热力学上处于亚稳定态的无定形 SiO_2 由于扩散活化能低,容易通过表面扩散而产生物质迁移。表面扩散使玻璃颗粒表面变平,颗粒间相互连接,气孔变圆。同时,蒸发-凝聚传质过程也能对坯体产生相似的效果。但这两种传质过程都不对坯体密度产生影响。

烧结温度升高到 1200～1400℃时,由于黏性流动增大和沿着晶界及穿过晶格的体积扩散增强,使颗粒间桥颈变粗,闭口气孔减少,坯体密度增大,烧结过程加快。同时,使石英玻璃颗粒内部结构质点的重排加速,内部结构缺陷的消除加快,石英玻璃向方石英转化的过程加快。方石英的形成,使坯体由单一的非晶态变成非晶态与晶态共存的状态,并对烧结过程产生阻碍作用。其原因为:①方石英是一种共价键性较强的晶体,既不能产生黏性流动,也不易烧结;②形成于石英玻璃颗粒表面的方石英,构成了阻止石英玻璃黏性流动的"阻挡层"。当然,烧结的总趋势是随烧结温度升高,烧结程度增大,方石英含量增多,见图 5-52。

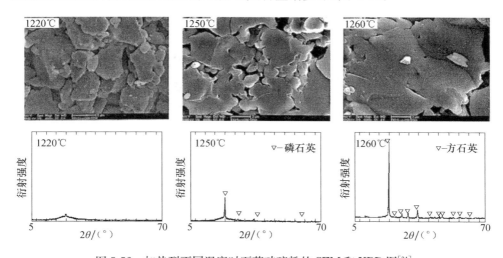

图 5-52 加热到不同温度时石英玻璃粉的 SEM 和 XRD 图[34]

经烧结的坯体中,方石英的形成使坯体的相组成已由烧结前的单一玻璃相变为玻璃相与晶相共存的多相体系。在降温过程中,由于:①方石英的热膨胀系数($10.3 \times 10^{-6}/℃$)比石英玻璃的热膨胀系数大;②方石英在大约270℃附近发生由高温型向低温型的二级相变,产生约2.8%的体积收缩。因而,在坯体内形成尺寸为$0.03 \sim 0.50\mu m$的微裂纹,可能导致坯体的烧结强度明显降低。

2. 石英玻璃粉的不均匀烧结[35]

由石英玻璃粉经注射成型工艺制备的试样($100mm \times 25mm \times 3mm$)经烧结后的性能数据如表5-24所示,其烧结线收缩率小于0.6%。从表5-24中试样的真密度、体积密度和气孔率随烧结温度制度变化小以及烧结线收缩小的情况反映,试样烧结程度较低。但试样中方石英含量随烧结温度的提高及保温时间的延长而显著增大。而且,在试样的表层及中心,方石英含量的分布随温度制度的变化而有显著的不同,见图5-53。

表 5-24 烧结温度与保温时间对试样性能的影响

温度	1200℃				1250℃				1300℃			
保温时间/h	真密度/(g/cm³)	体积密度/(g/cm³)	气孔率/%	方石英/%	真密度/(g/cm³)	体积密度/(g/cm³)	气孔率/%	方石英/%	真密度/(g/cm³)	体积密度/(g/cm³)	气孔率/%	方石英/%
1	2.20	1.59	27.9	17	2.30	1.60	30.3	65	2.27	1.62	28.5	53
2	2.22	1.59	28.3	19	2.30	1.58	31.1	81	2.29	1.59	30.5	79
4	2.23	1.60	28.3	35	2.30	1.61	29.9	70	2.29	1.61	29.7	94
8	2.28	1.60	29.9	81	2.29	1.63	28.7	81	2.31	1.64	28.8	84

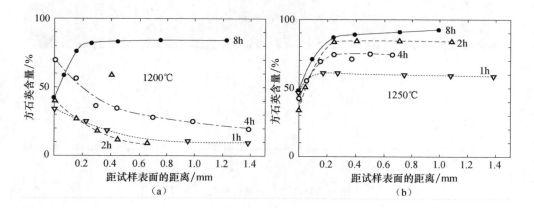

（a）　　　　　　　　　　　（b）

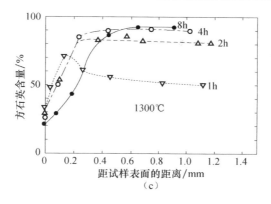

图 5-53　试样内方石英的分布

检测表明,试样中的石英玻璃粉本身 Na_2O 含量小于 0.05%,即使是粒径小于 $2\mu m$ 的细粉,在 1200℃保温 4h 后,仍难以检测到析出的方石英。但烧结试样的实际析晶能力明显大于石英玻璃粉本身的析晶能力,其原因在于烧结过程中,有外部的 R_2O 通过气相传质而渗入到石英玻璃中,并集中在试样厚度约 0.5mm 的表层。而且,随着保温时间的延长,表层 R_2O 的含量不断增多,见表 5-25。

表 5-25　1200℃烧结时保温时间对试样中碱金属氧化物含量的影响

氧化物含量		保温时间/h			
		1	2	3	4
Na_2O 含量 (质量分数)/%	表层	0.49	0.40	0.80	1.42
	中心	0.11	0.12	0.15	0.26
K_2O 含量 (质量分数)/%	表层	0.01	0.01	0.02	0.09
	中心	0.005	0.004	0.004	0.01

R_2O 向试样表层的渗入,导致石英玻璃黏度的明显下降,而石英玻璃黏度的下降,既有有利于烧结加快而使表面烧结程度提高的一面,又有有利于石英玻璃的析晶而阻碍进一步烧结的一面。图 5-54 所示为不同烧结温度和保温时间时试样的显微结构形貌,其中照片(a)和(c)的中心距试样实际边缘的距离为 $50\mu m$。

（a）

（b）

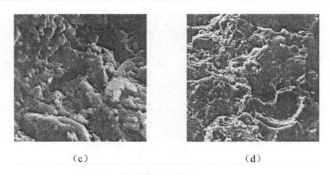

　　　　　　　　（c）　　　　　　　　　　　　　　　　　（d）

图 5-54　石英玻璃试样的 SEM 照片

(a) 1200℃×1h 试样边部×2000；(b) 1200℃×8h 试样中心×2200；

(c) 1200℃×8h 试样边部×2300；(d) 1300℃×8h 试样边部×480

　　图 5-54(a) 系经 1200℃保温 1h 烧结试样的表层，其烧结程度与该试样中心的烧结程度一样都很低，几乎没有可以辨别的差异。从图 5-54(b) 与 (c) 可见，对于经 1200℃保温 8h 的试样，中心的烧结程度明显低于试样表层。对于经 1300℃保温 8h 时烧结的试样，表层的烧结程度显著提高而形成了厚约 $60\mu m$ 的几乎完全致密的玻璃质表面层，如图 5-54(d) 所示。此外，过高的烧结温度和过长的保温时间使表层重新玻璃化而方石英含量低于 20%，这与表 5-33 中 1300℃保温 8h 时试样的方石英含量比保温 4h 时试样的方石英含量低的试验结果是一致的。

　　烧结石英玻璃试样表层与中心的烧结程度以及方石英含量高低的不同，反映了石英玻璃粉烧结的不均匀性，对试样的抗折强度、体积稳定性和形状的稳定性都会产生一定的影响。由于方石英的热膨胀系数比石英玻璃大很多，当试样快速升温至较高的温度时，试样表层与中心热膨胀的差异可能导致试样的扭曲与变形。

5.4.2　影响石英玻璃粉烧结的因素

　　石英玻璃粉的烧结，既与玻璃粉表面的机械应力、结构变形和结构缺陷有关，也与添加剂的种类及数量有关，还与温度制度及烧结气氛等有关。

1. 添加剂对石英玻璃粉烧结的影响

1）氧化铝的影响[36]

　　图 5-55 所示为不同 Al_2O_3 添加量的烧结石英玻璃试样在阶梯式升温过程中的线收缩曲线，试样 1～4 的 Al_2O_3 添加量（质量分数）分别为 0、0.1%、0.5% 和 1.0%，各试样在 1200℃保温 2h，而后快速升温到 1300℃再继续保温 2h。由图 5-55 可见，与不添加 Al_2O_3 的试样相比，Al_2O_3 添加量为 0.5% 和 1.0% 的试样，在 1200℃保温 2h 时的线膨胀率仅为一半。随保温温度的提高与保温时间的延长，线膨胀率降低的幅度进一步增大。

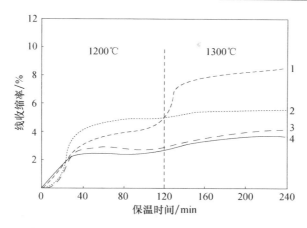

图 5-55 Al₂O₃ 添加量对石英玻璃烧结收缩的影响

2）氮化硅的影响[37]

氮化硅加入量与烧结温度对石英玻璃粉试样显气孔率的影响如表 5-26 所示。各试样显气孔率明显下降的温度均为 1150℃，表明氮化硅的添加对烧结起始温度的高低不产生影响。

表 5-26　氮化硅加入量与烧结温度对显气孔率的影响

试样编号	Si₃N₄ 加入量（质量分数）/%	显气孔率/%		
		1100℃	1150℃	1200℃
No. 1	0.0	22.8	17.4	16.8
No. 2	0.5	25.2	9.4	8.2
No. 3	1.0	26.1	7.7	6.4
No. 4	1.5	24.3	3.5	2.1

尽管氮化硅对试样烧结的起始温度没有影响，但对试样烧结程度的提高却有明显的促进作用。表 5-27 所示为 1150℃烧结时不同氮化硅含量试样的性能。由表 5-27 可见，随试样中氮化硅添加量增大，耐压强度显著提高、体积密度有所增大、显气率明显下降。这与烧结过程中氮化硅被氧化时所生成的无定形二氧化硅促进了石英玻璃粉的烧结有关。

表 5-27　1150℃烧结时不同氮化硅含量试样的物理性能

试样编号	耐压强度/MPa	体积密度/(g/cm³)	显气孔率/%
No. 1	24.34	1.85	17.4
No. 2	68.72	1.93	9.4
No. 3	74.31	1.95	7.7
No. 4	88.6	1.98	3.5

在烧结温度为 1200℃、保温 2h 时,氮化硅加入量与试样方石英含量的关系示于图 5-56,表明氮化硅的添加对方石英的形成没有产生明显影响。

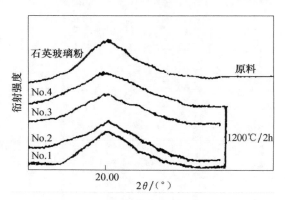

图 5-56　不同氮化硅加入量时各试样的 XRD 图

在石英玻璃粉中添加 Si 和 SiC 时,由于在烧结过程中都能因氧化而生成非晶态 SiO_2,对试样性能的影响与氮化硅类似,有利于促进烧结,并在烧结过程中伴随一定的体积膨胀效应。

3)硼化物的影响

烧结温度为 1350℃保温时间为 3h 时,硼酸对石英玻璃粉试样性能的影响如表 5-28 所示。

表 5-28　硼酸对试样性能的影响[38]

H_3BO_3 含量(质量分数)/%	耐压强度/MPa	体积密度/(g/cm³)	显气孔率/%
0	4.23	1.79	21.8
0.5	2.76	1.69	26.1
1.0	17.8	1.85	17.3
2.0	30.62	1.95	12.6
3.0	47.6	1.98	8.6
5.0	80.42	1.96	3.9

由表 5-28 可见,随 H_3BO_3 含量的增大,试样的耐压强度显著提高、体积密度有所增大、显气孔率明显降低。这是因为在加热过程中,于 100℃和 160℃时,先后发生如下反应:

$$2H_3BO_3 = 2HBO_2 + 2H_2O \tag{5-4}$$

$$2HBO_2 = B_2O_3 + H_2O \tag{5-5}$$

对于 B_2O_3-SiO_2 系统,于 450℃左右出现液相,液相数量的增加,促进了坯体的烧结。表 5-28 中加入量为 0.5% H_3BO_3 时的强度比 H_3BO_3 含量为零时低的原因是：①在不加 H_3BO_3 的试样中添加了少量硅溶胶；②在烧结过程中可能有部分 B_2O_3 挥发。

在烧结温度为 1185℃、保温时间为 3h 时，碳化硼对石英玻璃粉试样性能的影响如表 5-29 所示。随着 B_4C 加入量的提高，试样的耐压强度显著增大、体积密度有所增大、显气孔率急速降低。其原因为在加热过程中，当温度为约 1000℃ 时，发生如下反应：

$$B_4C + 4O_2 = 2B_2O_3 + CO_2 \tag{5-6}$$

表 5-29　碳化硼对试样性能的影响[39]

B_4C 加入量（质量分数）/%	耐压强度/MPa	体积密度/(g/cm³)	显气孔率/%
0	17.9	1.52	27
0.5	31.9	1.78	13
1.0	45.6	1.93	3
1.5	63.7	1.98	1

由 B_4C 被氧化而生成的 B_2O_3 与石英玻璃生成低共熔相，液相量的增大促进了试样的烧结。

在试样中添加相同摩尔分数的 H_3BO_3 和 B_4C 时，由 H_3BO_3 全部分解所生成的 B_2O_3 和由 B_4C 完全氧化所生成的 B_2O_3 的分子之比为 1:4。因而，B_4C 对试样烧结的促进作用显然要强得多。

在试样中添加 SiB_4 时，其促进烧结的效果更为明显，这是因为 SiB_4 氧化时不仅生成 B_2O_3，还生成无定形 SiO_2。

4）五氧化二磷的影响

烧结温度为 1350℃ 保温时间为 3h 时，P_2O_5 量对试样烧结性能的影响如表 5-30 所示。随 P_2O_5 加入量的增大，试样的耐压强度显著提高，体积密度有所增大，显气孔率明显降低。这是因为在 P_2O_5-SiO_2 系统中，于 980℃ 左右出现液相，液相数量的增加，促进了石英玻璃粉的烧结。另外，P_2O_5 的添加明显地表现出对石英玻璃析晶的阻碍作用，使方石英特征峰的强度降低，见图 5-57。其中，左图为不加 P_2O_5 的试样，右图为加 5.0% P_2O_5 的试样。其原因为添加 P_2O_5 所形成的双组分玻璃，对石英玻璃的表面起到了稳定作用，对方石英的形成起到了抑制作用。

表 5-30　P_2O_5 对试样性能的影响

性能参数	P_2O_5 含量（质量分数）/%					
	0	0.5	1.0	2.0	3.0	5.0
耐压强度/MPa	4.23	3.98	6.71	24.12	35.25	54.88
体积密度/(g/cm³)	1.79	1.63	1.66	1.83	1.96	2.04
显气孔率/%	21.8	28.3	27.4	19.8	13.6	7.4

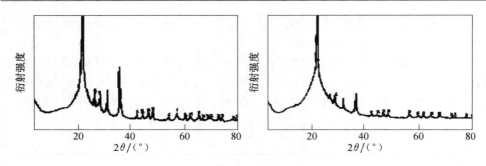

图 5-57　试样的 XRD 图

2. 温度制度对烧结的影响[40]

由表 5-31 可见,随烧结温度升高,体积密度缓慢增大、气孔率较快下降、抗折强度从 1200℃开始迅速增大至 1280℃时达最大值。温度进一步升高时,抗折强度下降。在烧结温度为 1250℃时,保温时间对烧结性能的影响如表 5-32 所示。

表 5-31　烧结温度对烧结的影响

性能参数	烧结温度/℃						
	1100	1150	1200	1250	1280	1300	1350
体积密度/(g/cm³)	1.92	1.93	1.98	2.00	2.01	2.10	2.15
气孔率/%	13.1	12.7	10.4	9.5	9.1	5.0	2.8
抗折强度/MPa	3.5	7.0	45.7	51.0	64.0	62.0	59.0

表 5-32　保温时间对烧结的影响

保温时间/h	抗折强度/MPa	体积密度/(g/cm³)	气孔率/%
1	33.0	1.95	11.8
2	51.0	2.00	9.5
3	63.8	2.02	8.6

在烧结温度为 1250℃、保温时间为 2h 时,不同升温速率对烧结的影响如表 5-33 所示。由表 5-33 可见,升温速率对试样性能没有明显影响。当试样的烧结温度为 1250℃时,保温时间对显微结构的影响如图 5-58 所示。

表 5-33　升温速率对烧结的影响

升温速率/(℃/h)	抗折强度/MPa	体积密度/(g/cm³)	气孔率/%
100	49.3	1.99	10.1
300	48.9	1.98	10.4
500	47.5	1.99	10.2

　　1250℃/100min　　　　　　　1250℃/120min　　　　　　　1250℃/150min

图 5-58　保温时间对试样显微结构的影响[41]

3. 真空烧结的影响

　　与在空气中的烧结相比,真空烧结的特点是烧结速率快,试样的气孔率和吸水率低,体积密度高,见表 5-34。

表 5-34　真空烧结对石英玻璃试样性能的影响[42]

介质	气孔率/%	吸水率/%	体积密度/(g/cm³)
空气	14.8	7.9	1.87
真空	2.04	0.96	2.15

4. 气氛对烧结的影响

　　图 5-59 所示为烧结温度 1250℃、保温时间 1.5h 时,在氧化气氛(a)和氮气(b)中烧结的石英玻璃试样显微结构。由图 5-59 可见,氧化气氛下烧结时,晶粒较粗,晶粒边界清晰;氮气中烧结时,颗粒边界模糊。

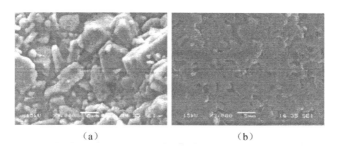

　　　　　　　　　(a)　　　　　　　　　　　　(b)

图 5-59　不同烧结气氛时石英玻璃试样断面的 SEM 照片

5.5　DS 型芯

　　DS 型芯是以高纯石英玻璃粉为基体材料,以活性料粉为辅助材料,以方石英为主晶相的陶瓷型芯[43]。其特点是抗高温蠕变能力强,可用于浇注温度高于

1600℃的超合金的定向凝固浇注与单晶浇注;溶出性优良,能用于腔体结构复杂的铸件浇注。

5.5.1　原材料及坯料组成

1. 石英玻璃粉

少量杂质就可能导致石英玻璃塑性流动温度降低 50℃以上,因此,必须严格限制石英玻璃粉中的杂质元素含量。例如,当型芯的最高使用温度高于 1650℃时,石英玻璃粉中碱金属元素含量要求低于 40×10^{-6},碱土金属元素含量要求低于 100×10^{-6}。

对石英玻璃粉的粒度要求视成型方法的不同而异,用于注射成型的料粉,其粒度要求是粒径 35~100μm 的粗粉为 50%~85%;粒径小于 30~40μm 的细粉为 15%~50%。细粉料中的一半可以是平均粒径为 1~20μm 的活性料粉。

2. 活性料粉

活性料粉是指含有失透金属离子(包括碱金属、碱土金属离子、铝离子等),能作为矿化剂使用的料粉,可以是经碱金属或碱土金属化合物处理的石英玻璃粉或其他合适的耐火料粉。对活性料粉的要求是:①失透金属离子含量不低于石英玻璃粉中失透金属离子含量的四倍;②失透金属离子分布在粉料颗粒表层,其深度小于 1/3 粒径;③料粉的粒径不大于 50μm,平均粒径以 1~20μm 为佳;④粉料分解后最好能生成 SiO_2。

经喷雾干燥或冷冻干燥处理的钠稳定胶体硅或水玻璃的干粉也常用做活性料粉。尽管制备料浆时仍需要加入液体组分,但使用干粉有利于与石英玻璃料粉的均匀混合。与通过浸渍含碱金属离子溶液的引入方式相比,由活性干粉引入时,碱金属离子的分布更均匀,引入量控制更准确。

3. 坯料组成

坯料中石英玻璃粉含量的高低主要取决于型芯的最高使用温度。例如,当型芯的最高使用温度为 1650~1680℃或接近方石英的熔化温度时,型芯中二氧化硅的含量要求为 98%~99.5%或更高。

在坯料中允许引入不超过 10%的氧化锆或锆英砂,也可以引入少量氧化镁、氧化钙、氧化钡、氧化钛、氧化锶、氧化铍、氧化钇、氧化镍、碳化硅、氮化硅等,但不允许引入氧化铝。

坯料中活性料粉用量的确定,既要保证烧结型芯中有足够数量的失透金属离子,又要考虑失透金属离子在型芯烧结过程中的挥发量,还要考虑失透金属离子矿化作用的强弱。当活性料粉提供的是钠离子、锂与钾离子或镁离子时,要求烧结型芯中相应的离子量分别为 $0.03\% \sim 0.1\%$、$0.04\% \sim 0.2\%$ 和 $0.1\% \sim 0.3\%$,以确保型芯中尚未转化成方石英的石英玻璃在铸型预热过程中能快速转变为方石英。

当活性料粉为钠含量质量分数 $20\% \sim 30\%$ 的硅酸钠干粉时,用量为 $0.3\% \sim 2\%$。当活性料粉为钠稳定胶体二氧化硅干粉时,由于其钠含量低,因而用量为 $1\% \sim 25\%$。

坯料中的黏合剂如硅树脂、硅油等,在型芯烧结时能生成无定形二氧化硅。

坯料中的润滑剂用量通常为 $3\% \sim 5\%$,一般宁愿使用油酸、硬脂酸等非金属化合物,而不使用硬脂酸铝、硬脂酸镁等金属硬脂酸盐。

表 5-35 所示为典型的 DS 型芯坯料组成。

表 5-35　DS 型芯坯料组成　　　　　　　[单位(质量分数):%]

材料名称	配比范围	No. 1 坯料	No. 2 坯料
石英玻璃粉(<75mm)	64～70	64.1	70.4
有机载体	12～15	13.0	13.0
黏合剂(石蜡、聚乙烯、聚丙烯等)	3～10	3.9	3.9
黏结剂(硅树脂、硅油等)	0～10	7.8	7.8
内部润滑剂(油酸、硬脂酸等)	3～5	4.6	4.6
钠稳定胶体硅(0.75%～1.0%Na₂O)	3～7	6.6	—
硅酸钠粉(325 目,20%Na₂O,80%SiO₂)	—	—	0.3

5.5.2　DS 型芯的制备与使用工艺要点

1. 料浆制备及成型

将有机载体、高温黏合剂及润滑剂等混合均匀,然后加入预先混合均匀并经预热的石英玻璃粉与活性料粉的混合料,充分搅拌后制成料浆。将料浆温度控制在 $65 \sim 90\text{℃}$ 或更高,经注射成型制成型芯生坯。

2. 型芯的烧结

将型芯生坯加热至 $500 \sim 600\text{℃}$,使有机组分排除并分解,然后加热至 $1100 \sim 1300\text{℃}$ 烧结,使型芯的主要物理性能符合如下要求:

(1) 气孔率为 $20\% \sim 40\%$,最好不低于 25%。

(2) 方石英含量为 $35\% \sim 60\%$,更好的是 $40\% \sim 55\%$,最好是 $40\% \sim 50\%$。

（3）常温抗折强度至少是 4.8MPa，最好是 5.5～6.9MPa。在某些情况下，型芯的抗折强度仅为 3.5MPa，也是允许的。型芯可以在常温下长期保存，但在使用时，当温度高于 300℃时，至少有 40％以上的低温型芯方石英转化为高温型方石英。当温度再次下降到 300℃以下时，晶型转化所伴随的体积变化将使型芯的强度又一次受到影响。

表 5-36 所示为 DS 型芯的物理性能。

表 5-36　DS 型芯物理性能

型芯编号	气孔率(体积分数)/%	密度/(g/cm³)	体积密度/(g/cm³)	常温抗折强度/MPa	方石英含量(质量分数)/%
No. 1	31.2	2.25	1.53	6.7	42
No. 2	32.4	2.24	1.52	6.9	36

3. 铸型的预热及浇注

浇注前，一般在 10～30min 内将铸型加热至 1300～1600℃，最好加热至 1400～1550℃，预热时间最好不超过 30min。使浇注前型芯中的方石英含量不低于 60％，最好为 80％～100％。

在定向凝固浇注时，金属液浇注温度高达 1650～1700℃，在铸型中的温度仍达 1600～1650℃，铸型内上部金属液的温度比合金熔点至少高 100℃，型芯周围金属液的温度至少比合金熔点高 40～50℃。

5.5.3　影响 DS 型芯性能的因素[44]

对于以石英玻璃粉 A、石英玻璃粉 B 和方石英粉为原料，硅树脂为黏结剂，坯料中硅树脂用量为 17％的 DS 型芯，石英玻璃粉和方石英粉的化学组成分别示于表 5-37 和表 5-38。硅树脂的性能示于表 5-39。陶瓷料粉的粒度分布曲线示于图 5-60。其中，石英玻璃粉 A 为细粉，小于 10μm 的颗粒含量大于 80％；石英玻璃粉 B 为粗粉，小于 10μm 的颗粒含量小于 30％；方石英的颗粒分布曲线几乎与石英玻璃粉 B 相同，小于 10μm 的颗粒含量小于 25％。DS 型芯陶瓷粉料的组成示于表 5-40。

表 5-37　石英玻璃粉的化学组成

粉料	SiO₂ 含量(质量分数)/%	杂质组分/10⁻⁶					
		Al	Fe	Ca	Mg	Na	K
石英玻璃粉 A	99.8	2000	50	30	20	30	30
石英玻璃粉 B	99.9	250	40	25	5	30	30

表 5-38　方石英粉的化学组成　　　［单位(质量分数):%］

SiO_2	Al_2O_3	Fe_2O_3	CaO	MgO	Na_2O	K_2O	TiO_2
99.70	0.07	0.03	0.01	0.05	0.01	0.01	0.01

表 5-39　硅树脂性能

外观	黏度(25℃)/(Pa·s)	非挥发物量(150℃/3h)/%	溶剂
无色,透明	1.2	50.3	甲苯

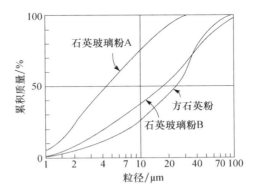

图 5-60　陶瓷料粉的粒度分布曲线

表 5-40　DS 型芯陶瓷粉料的组成　　　［单位(质量分数):%］

粉料	型芯 A	型芯 X	型芯 Y	型芯 Z
石英玻璃粉 A	100	80	60	40
石英玻璃粉 B	0	—	20	40
方石英粉	0	20	20	20

1. 烧结温度对型芯性能的影响

当升、降温速率为 200K/h,烧结保温时间为 2h 时,不同烧结温度时型芯 A 的 X 射线衍射图示于图 5-61。烧结温度为 1427K 时没有任何晶体析出。温度超过 1527K 时,可观察到方石英生成。温度高于 1573K 时,有较多的方石英析出。定量分析结果表明,在 1473K、1573K 和 1673K 时,方石英含量分别为 0.8%、11.7% 和 34.5%。

烧结温度对型芯 A 的热膨胀的影响示于图 5-62。对于烧结温度低于 1547K 的型芯,热膨胀率小于 0.1%,升温至 1327K 或更高温度时,因玻璃相的黏性流动而剧烈收缩。对于烧结温度高于 1577K 的型芯,升温至约 527K 时,可观察到快速膨胀,这与方石英的 $\alpha\beta$ 相转变有关。在这种情况下,总的热膨胀率大于 1%。

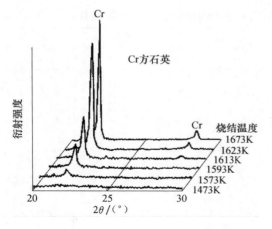

图 5-61　型芯 A 的 X 射线衍射图谱

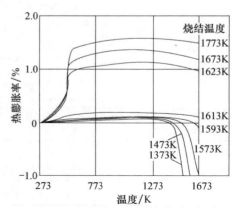

图 5-62　烧结温度对型芯 A 热膨胀的影响

　　烧结温度对型芯 A 的常温抗折强度和烧结收缩的影响示于图 5-63。随烧结温度升高,抗折强度增大,在 1597K 时,达最大值约 40MPa。烧结温度继续升高,强度快速下降至约 10MPa。型芯收缩随烧结温度升高而增大,当烧结温度超过 1627K 时,型芯收缩基本稳定在约 9%。

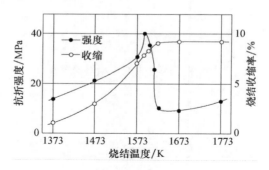

图 5-63　烧结温度对型芯 A 抗折强度和收缩的影响

2. 石英玻璃粉粒度对型芯性能的影响

　　型芯 X、Y、Z 的粒度分布曲线如图 5-64 所示,各型芯坯料的平均粒径分别为 5.5μm、7.1μm 和 9.3μm。在 1573K 烧结的各型芯的热膨胀曲线示于图 5-65,各型芯的热膨胀率为 0.4%～0.5%。

　　烧结温度对型芯常温抗折强度的影响示于图 5-66,由图可见,粒径越细,强度越高,强度对烧结温度的敏感性越强。其中,型芯 X 在温度约为 1620K 时的强度急速下降,与石英玻璃细粉快速方石英化有关。烧结温度对烧结收缩的影响示于图 5-67,由图可见,石英玻璃粉粒径越细,烧结收缩率就越大。

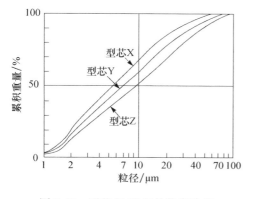

图 5-64　型芯 X、Y、Z 的粒度分布

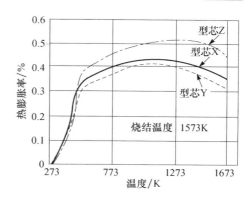

图 5-65　型芯 X、Y、Z 的热膨胀

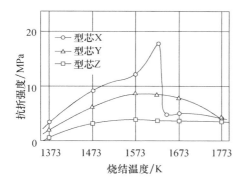

图 5-66　烧结温度对常温抗折强度的影响

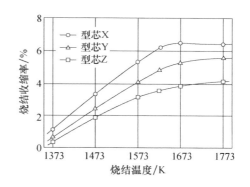

图 5-67　烧结温度对烧结收缩率的影响

经 1573K 烧结的各型芯试样的显气孔率及在温度为 368K、氢氧化钠浓度为 25% 的水溶液中浸泡 80min 的失重列于表 5-41。由表 5-41 可知，随粉料粒径的增大，显气孔率增大、溶解速率加快。

表 5-41　试样显气孔率和在碱溶液中溶解速率的关系

参数	型芯 A	型芯 X	型芯 Y	型芯 Z
显气孔率（体积分数）/%	10.0	23.1	24.9	26.9
质量溶失（质量分数）/%	42	59	60	74

3. 方石英对型芯性能的影响

方石英的添加使型芯的常温抗折强度和烧结收缩率减小，见图 5-68，这与方石英对型芯的烧结起阻碍作用有关。方石英的添加使型芯的热膨胀率增大，见图 5-69，当方石英含量超过 30% 时，$\alpha\beta$ 相变对膨胀的影响极为明显。

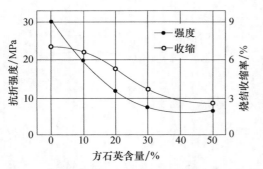
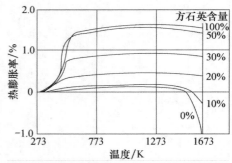

图 5-68　方石英含量对抗折强度及烧结收缩率的影响　　图 5-69　方石英含量对热膨胀率的影响

　　方石英的添加对石英玻璃的析晶也产生明显的影响,对于组成和粒径如表 5-42 所示的两个 DS 型芯试样,在不同焙烧温度下,保温时间对方石英转化率的影响如图 5-70 所示。

表 5-42　DS 陶瓷型芯的坯料组成及粒径

试样编号	石英玻璃含量 (质量分数)/%	方石英含量 (质量分数)/%	平均粒径/μm	比表面积/(m²/g)
A1	100	0	13.80	4.55
C1	80	20	14.65	4.24

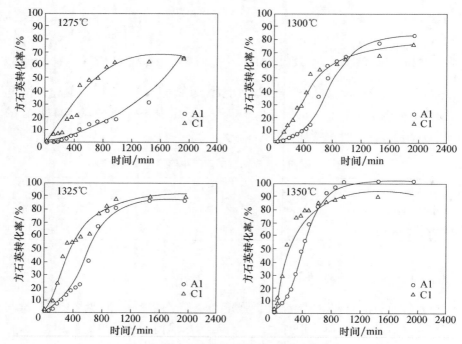

图 5-70　方石英和保温时间对方石英转化率的影响[45]

由图 5-70 可见,方石英晶种对石英玻璃颗粒转化为方石英的速率的影响可分为两个阶段。在保温前期,由于方石英晶种使系统的自由表面增大,成核位置增多,从而加快了石英玻璃颗粒的晶化速率;在保温后期,方石英晶种会阻碍石英玻璃的析晶,当焙烧温度为 1350℃时,阻碍作用表现得极其明显。研究认为,这与方石英晶种由低温型向高温型转化时体积的突然膨胀对周围石英玻璃颗粒产生的压应力有关。

5.6　氧化硅-硅酸锆陶瓷型芯

氧化硅-硅酸锆陶瓷型芯是以石英玻璃为基体材料,锆英砂为辅助材料,以方石英为主晶相,锆英石为次晶相的陶瓷型芯。其特性是制备与使用过程中对工艺的敏感性相对较小,尺寸稳定性好,可用于浇注温度低于 1600℃的超合金的非定向、定向及单晶浇注。但溶出性不如 DS 型芯好,不宜用于内腔结构太复杂的铸件的浇注。

5.6.1　锆英砂含量对陶瓷型芯性能的影响

1. 锆英砂含量对陶瓷型芯密度的影响

对于锆英砂含量分别为 21.6％、32.4％、37.8％和 43.2％的氧化硅-硅酸锆陶瓷型芯[46],锆英砂含量对型芯体积密度及相对密度的影响分别如图 5-71(a)和(b)所示,随锆英砂含量增大,型芯的体积密度提高,其中,体积密度最低的 21.6Z 试样具有最高的相对密度。

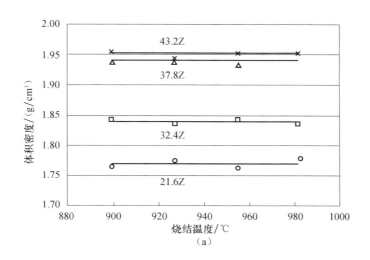

(a)

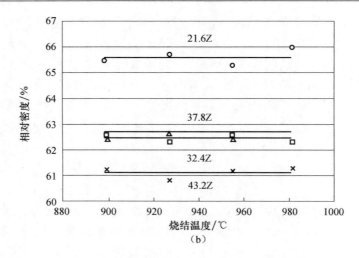

图 5-71　锆英砂含量对陶瓷型芯的体积密度(a)和相对密度(b)的影响

2. 锆英砂含量对陶瓷型芯常温抗折强度的影响

锆英砂含量对陶瓷型芯常温抗折强度的影响如图 5-72 所示。由图 5-72 可见,在相同烧结温度下,随锆英砂含量的降低,陶瓷型芯的抗折强度随之降低,这与型芯中的方石英含量相对较高有关。对于相同锆英砂含量的陶瓷型芯,随烧结温度提高,型芯的抗折强度降低。

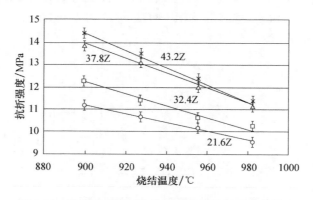

图 5-72　锆英砂含量对陶瓷型芯常温抗折强度的影响

3. 锆英砂含量对陶瓷型芯高温抗折强度的影响

不同锆英砂含量的陶瓷型芯在 1500℃保温 15～20min 时测定的高温抗折强度如表 5-43 所示。其中,锆英砂含量为 5％的试样,高温抗折强度似乎很高,但在方石英尚未大量析晶前,因石英玻璃粉的先行软化而导致型芯收缩变形;锆英砂含量为 90% 的试样,不仅高温抗折强度低,而且试样在高温炉内发生黏结;锆英砂含量为 30% 的试样,在高温下基本无收缩变形,强度适中。

表 5-43　锆英砂含量对陶瓷型芯高温抗折强度的影响[47]

性能参数	锆英砂含量(质量分数)/%				
	5	15	30	50	90
高温抗折强度/MPa	9.85	8.53	5.10	0.97	0.44

4. 锆英砂含量对陶瓷型芯热膨胀的影响[48]

对于组成和性能如表 5-44 所示的氧化硅-硅酸锆陶瓷型芯 K275 和 P32,室温~1525℃的表观试样长度如图 5-73 所示。由图 5-73 可见,在 500~1100℃时,两个试样的表观长度均较小而接近,并随温度的升高而逐渐增大;在 1100~1300℃时,因黏性流动烧结而使表观长度呈下降趋势;但从约 1300℃开始,由于 P32 坯体中方石英形成数量的迅速增加(图 5-74),使 P32 的表观长度大于 K275,形成图中所示的两条曲线分叉。

表 5-44　陶瓷型芯坯料及试样的性能

试样编号	坯料化学组成(质量分数)/%			坯料粒径		型芯性能			1530℃/30min 方石英含量/%
	SiO_2	$ZrSiO_4$	Al_2O_3	D_{max} /μm	比表面积 /(m²/g)	显气孔率/%	体积密度 /(g/cm³)	方石英含量/%	
K275	74	24	1	74	1.46	28.0	1.83	8	35
P32	93	3	4	74	2.65	30.0	1.60	13	57

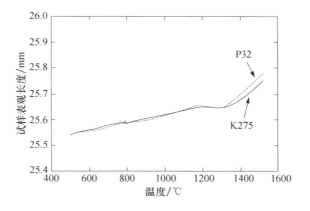

图 5-73　陶瓷型芯的表观长度与温度的关系

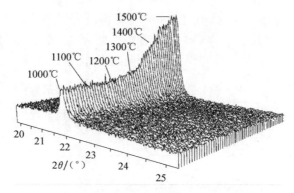

图 5-74　P32 陶瓷型芯高温 X 射线衍图

5. 锆英砂含量对陶瓷型芯高温蠕变的影响

为考查陶瓷型芯在定向凝固或单晶浇注过程中的高温结构稳定性,使陶瓷型芯按如图 5-75 所示的温度制度及加压方式加热并冷却,相当于使陶瓷型芯在不同静压力下经受再次等温烧结的过程。在不同的压力下,陶瓷型芯的蠕变量随恒温加热时间的变化如图 5-76 所示。由图 5-76 可见,在相同的温度和静压力下,K275 的蠕变量大于 P32。图 5-77 所示为陶瓷型芯在不同的温度下,受压蠕变速率与压应力的关系曲线。试验结果表明,K275 有较高的蠕变速率。

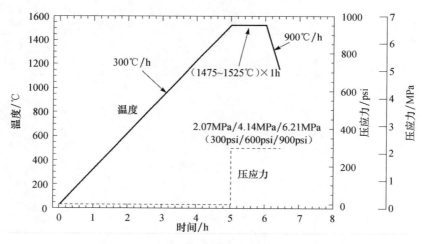

图 5-75　陶瓷型芯的温度制度及加压方式

1psi＝6.89×10³Pa

6. 锆英砂含量对陶瓷型芯总收缩的影响

陶瓷型芯的轴向总收缩与压应力的关系示于图 5-78。由图 5-78 可见,K275

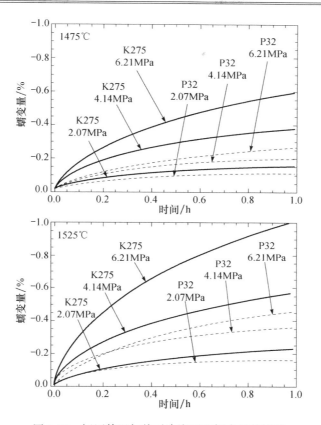

图 5-76　恒压等温加热对陶瓷型芯蠕变量的影响

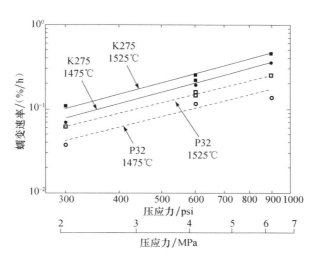

图 5-77　蠕变速率与压应力的关系

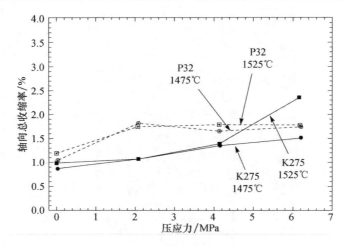

图 5-78　轴向总收缩率与压应力的关系

的总收缩小于 P32，这与 K275 型芯坯料中石英玻璃粉的比表面积较小和锆英砂含量较高是一致的。当静压力为零时，轴向收缩率约为 1%。烧结温度为 1475℃时，K275 的总收缩率没有随静压力的增大发生明显变化；烧结温度为 1525℃，当静压力增大到 6.21MPa 时，总收缩率才明显增大而比没有静压力时大一倍。对于P32，加压使总收缩率比不加压时增大 75%，但收缩大小与压力大小无关。

在恒温条件下，以不同的压应力加压 1h 以后，陶瓷型芯密度增大的百分数如图 5-79 所示。

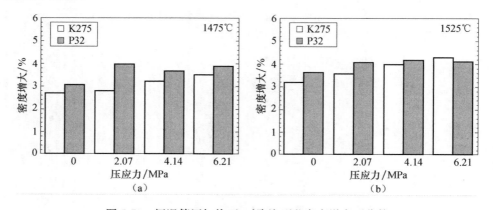

图 5-79　恒温等压加热 1h 时陶瓷型芯密度增大百分数

由图 5-79 可见，除 1525℃时 6.21MPa 静压力下的恒温等压加热外，P32 体积密度增大的百分数均大于 K275，这与 P32 中石英玻璃相含量高有关。

试验结果表明，陶瓷型芯的总收缩率取决于加热过程中型芯的再烧结以及再烧结时方石英形成的数量。高温蠕变对总收缩率虽有影响，但作用不大。

5.6.2　陶瓷粉料组成对型芯高温性能的影响[49]

1. 陶瓷粉料组成对抗高温蠕变性的影响

对于粉料组成和相组成如表 5-45 所示的硅基陶瓷型芯,其杂质含量及物理性能示于表 5-46。表中,型芯 A 的下垂温度最低,为 1582℃,其原因是型芯 A 的 Al 含量高,形成的氧化铝-氧化硅二元低共熔相数量多,而且液相对方石英颗粒能完全润湿。型芯 B 的下垂温度也较低,为 1649℃,与型芯 Na 含量高有关。其他各型芯试样的杂质含量都较低,其中,含锆英砂和氧化锆的型芯 C 和 D,下垂温度为 1688℃,与氧化锆-氧化硅低共熔点 1687℃一致。型芯 E 和 F 的下垂温度分别为 1700℃和 1706℃,接近于纯方石英的熔点 1723℃。

表 5-45　陶瓷型芯的粉料组成及加热至 1600℃时的相组成

型芯编号	粉料组成(质量分数)/%					相组成(质量分数)/%			
	石英玻璃	方石英	石英	锆英砂	氧化锆	玻璃相	方石英	锆英石	氧化锆
A	62	37	1	—	—	20	80	—	—
B	70	13	—	17	—	21	62	17	—
C	87	—	3	3	7	30	54	12	4
D	82	—	3	15	—	27	58	15	—
E	95	3	2	—	—	12	88	—	—
F	99	—	1	—	—	9	91	—	—

表 5-46　陶瓷型芯的杂质含量及物理性能

型芯编号	杂质含量(质量分数)/%				物理性能		
	Al	Mg	Ca	NaO	气孔率/%	密度/(g/cm³)	下垂温度/℃
A	1.21	0.30	0.03	<0.01	33	2.27	1582
B	0.13	0.27	0.04	0.42	26	2.57	1649
C	0.22	0.51	<0.01	<0.01	19	2.47	1688
D	0.12	0.13	0.04	<0.01	21	2.56	1688
E	0.13	0.13	0.06	<0.01	24	2.20	1700
F	0.11	<0.01	0.05	<0.01	19	2.20	1706

2. 粉料组成对高温尺寸稳定性的影响

表 5-47 所示为各型芯试样在热膨胀仪中从室温加热到最高温度保温,而后降温至 1400℃时的尺寸变化,表中"—"为收缩,"+"为膨胀。由表 5-47 可知,型芯的相组成对型芯的尺寸变化有显著的影响。其中,型芯 A 的尺寸变化最小,与型芯坯料中方石英含量最高有关;型芯 B、C、D 的尺寸变化居中,与型芯坯料中含锆英砂有关;型

芯 E 和 F 收缩最大,与型芯坯料中石英玻璃含量最高有关。

表 5-47　型芯的尺寸变化

加热及冷却速率/(℃/min)		100		7	
最高温度/℃		1540±10		1600	
最高温度下保温时间/min		15	30	10	
推杆应力/(g/mm²)		1.1±0.2	0.8±0.2	0.8±0.2	2.4±0.2
型芯编号	A	−0.08	+0.18	+0.02	—
	B	—	+0.18	+0.16	—
	C	+0.04*	—	−0.04	—
	D	−0.32	—	−0.20	−0.40
	E	—	−0.40	−0.67	—
	F	—	−0.74	−0.89	—

* 加热至 1610℃保温。

对于铸件结构设计者来说,在金属液凝固时(约 1400℃),型芯的尺寸变化是最为重要的。当要求形成相同尺寸的内腔时,型芯 F 的尺寸必须比型芯 B 大约 1%。

3. 粉料组成对热膨胀的影响

图 5-80 所示为加热和冷却速率约为 7℃/min、1600℃保温 1h 时,硅基陶瓷型芯在热膨胀仪中的膨胀和收缩曲线。

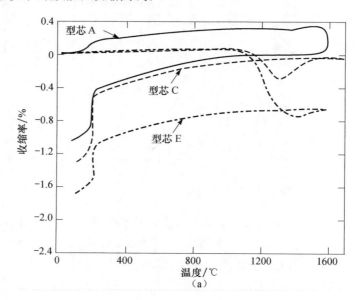

(a)

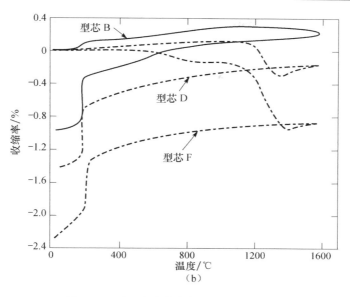

图 5-80　型芯在热膨胀仪中的膨胀与收缩

由图 5-80 可见,型芯在冷却过程中的变化大致相似,这是由于加热到 1600℃ 以后,型芯中的石英玻璃大部分已转化为方石英,见表 5-45。因此,型芯冷却曲线类似于方石英的冷却曲线,约 200℃ 时的突然收缩与方石英的高、低温晶型转化有关。但各型芯的收缩均小于根据晶型转化时晶格参数计算预期的收缩值 1.34%,其原因在于微裂纹的形成及相邻方石英颗粒间存在空隙。

然而,各型芯在加热过程中的变化却有明显的不同。其中,型芯 A 和 B 在 200℃ 时突然膨胀,与坯料中的方石英从低温型向高温型转变有关。而后,随温度升高轻微膨胀直到约 1200℃。在 1600℃ 保温 1h 后,型芯 A 的收缩率为 0.24%,与二元低共熔液相的出现有关;型芯 B 的收缩率较小,为 0.04%,与坯料中含锆英砂有关。

对于其他四种型芯,在加热到约 1100℃ 的过程中,C、D 和 E 轻微膨胀,F 轻微收缩。在 1100~1400℃ 的温度范围,因石英玻璃黏性流动烧结所产生的致密化,以及推杆压应力的作用,使四种型芯都有不同程度的收缩。由于型芯 C 和 D 坯料本身分别含有约 13% 和 18% 晶相,它们的收缩明显小于型芯 E 和 F 的收缩。当温度达到 1400℃ 时,型芯 E 和 F 中的石英玻璃向方石英转化的速率明显加快,见图 5-81。由于方石英含量的迅速增加,使型芯 E 和 F 的收缩终止,而且,随温度的升高产生轻微的膨胀。其原因在于温度高于 1400℃ 时,型芯 C、D、E 和 F 中所含 1%~3% 的石英开始转化为高温型方石英,转化过程中产生 5.3% 线膨胀,使四种型芯产生 0.007%~0.15% 的轻微膨胀。

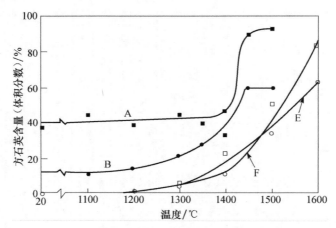

图 5-81　等温保温(保温时间 5min)温度对石英玻璃等温转化的影响

值得注意的是,对于型芯 E 和 F,由于坯料中几乎全部是石英玻璃相,在 1100~1400℃时,方石英量还很少,因而处于黏性流动变形阶段。在没有形成足够数量的方石英之前,向铸型内注入金属液,可能导致型芯的变形,造成露芯缺陷。

5.6.3　烧结工艺对陶瓷型芯相组成及性能的影响

1. 填料的影响

1) 填料处理方式及种类的影响

不同处理方式的氧化铝和锆英砂对型芯方石英含量及抗折强度的影响示于表 5-48。由表 5-48 可见,以锆英砂为填料时,方石英含量最低,强度最高。表 5-49 所示为型芯试样中由表面至中心逐层测定的方石英含量,表明不论在哪种填料中焙烧,自表及里方石英含量都呈下降趋势。

表 5-48　填料处理方式及种类对方石英含量及强度的影响[50]

方石英含量及强度	填料种类			
	工业氧化铝	经处理氧化铝	化学纯氧化铝	锆英砂
填料中 Na_2O 含量/%	0.3~0.5	<0.01	痕量	—
方石英含量/%	20.0	10.3	5.8	2.6
常温抗折强度/MPa	4.8	13.7	16.8	19.0

表 5-49　型芯试样中不同层面的方石英含量　[单位(质量分数):%]

填料种类	离表面距离/mm					
	0	0.3	0.5	1.0	2.0	总体平均
工业氧化铝	28.0	33.0	—	19.0	7.0	20.0
经处理氧化铝	21.0	14.1	12.7	8.2	5.5	10.3
化学纯氧化铝	10.1	7.2	6.2	4.6	4.7	5.8
锆英砂	5.6	4.1	2.7	2.3	2.5	2.6

2) 氧化铝填料中 Na_2O 含量的影响

氧化铝填料中 Na_2O 含量对型芯方石英含量及性能的影响示于表 5-50。由表 5-50 可见,随填料中氧化钠含量提高,试样中方石英含量显著增大,烧结合格率急速下降。

表 5-50 氧化铝填料中 Na_2O 含量对试样性能的影响[51]

参 数	No. 1	No. 2	No. 3	No. 4
Na_2O 含量/%	0.016	0.040	0.200	0.500
方石英含量/%	15	30	60	70
表面状态	表面光洁,无裂纹		裂纹细小,表面粘砂,能保持原形	布满裂纹,试样碎裂
抗折强度/MPa	24	12	2	0
合格率/%	90	40	10	0

2. 烧结温度的影响

对于原料化学组成如表 5-51 所示,粉料组成为 70%石英玻璃粉、30%锆英砂的氧化硅-硅酸锆陶瓷型芯[52],在烧结过程中的相组成变化如表 5-52 所示。

表 5-51 原料的化学组成 [单位(质量分数):%]

原 料	SiO_2	ZrO_2	TiO_2	Al_2O_3	Fe_2O_3	CaO	MgO	K_2O	P_2O_5	其他
石英玻璃粉	99.80	—	—	0.16	—	0.02	—	—	—	0.02
锆英砂粉	33.27	63.44	0.28	1.71	0.75	—	0.14	0.02	0.11	0.28

表 5-52 烧结过程中陶瓷型芯相组成的变化 [单位(质量分数):%]

相组成	温度/℃								
	1200	1230	1260	1290	1320	1350	1400	1550	1600
方石英	2	3	4	5	1	18	41	56	59
锆英石	30	30	30	30	30	30	30	30	30
玻璃相	68	67	66	65	59	52	29	14	11

烧结温度对陶瓷型芯的线收缩和显气孔率的影响示于图 5-82。在 1250~1350℃时,玻璃相黏性流动的增大,孔隙的减少,使显气孔率从 29%急速下降到 26%,在宏观上,则表现为线收缩快速增大。烧结温度和保温时间对型芯常温抗折强度的影响示于图 5-83。在 1200~1350℃时,强度随温度升高而下降的幅度不大,但当温度超过 1350℃时,强度急速下降。温度对陶瓷型芯密度和溶速的影响如图 5-84 所示。当温度超过 1200℃时,型芯密度增速加快,与烧结程度提高有关。型芯的溶速则随温度的升高而明显下降。

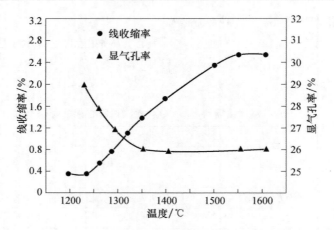

图 5-82　烧结温度对线收缩率和显气孔率的影响

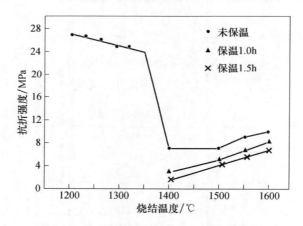

图 5-83　温度制度与抗折强度的关系曲线

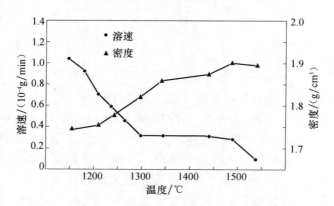

图 5-84　烧结温度对密度和溶速的影响

　　对于石英玻璃粉化学组成如表 5-53 所示,粉料组成为 80％石英玻璃粉、20％锆英砂的氧化硅-硅酸锆陶瓷型芯[53],不同温度下保温 4h 时,烧结温度对烧结收缩和常温抗折强度的影响如图 5-85 所示。由 5-85 图可见,在温度低于 1100℃时,随烧结温度升高,烧结收缩增大,抗折强度提高。但当温度高于 1100℃时,随烧结温度的进一步升高,烧结收缩减小并趋于平缓,抗折强度不断降低,这与试样中方石英数量明显增多有关,见图 5-86。由图 5-86 可见,随烧结温度提高,高温型方石英特征峰 C-1($2\theta＝21.8°$)和 C-4($2\theta＝35.8°$)不断增大,但在烧结温度为 1050℃和 1100℃的试样中,还观察不到低温型方石英的特征峰 C-2($2\theta＝27.3°$)和 C-3($2\theta＝31.2°$)。当烧结温度超过 1120℃时,由于高温型方石英数量的迅速增多,低温型方石英的数量才有所增加,在烧结温度为 1150℃和 1200℃的试样中,已能观察到低温型方石英的特征峰。

表 5-53　　石英玻璃粉的化学组成　　　　〔单位(质量分数):％〕

SiO$_2$	TiO$_2$	HfO$_2$	Al$_2$O$_3$	Fe$_2$O$_3$	MgO	Na$_2$O
99.1	0.02	0.26	0.30	0.09	0.08	0.15

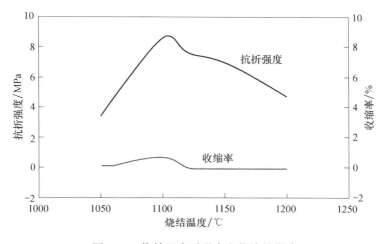

图 5-85　烧结温度对强度和收缩的影响

3. 炉温均匀性对型芯方石英含量的影响[54]

　　对炉内位置如图 5-87 所示的不同部位的陶瓷型芯,方石英含量如表 5-54 所示。由表 5-54 可见,同一炉内的型芯方石英含量之差最大可达约 10％。

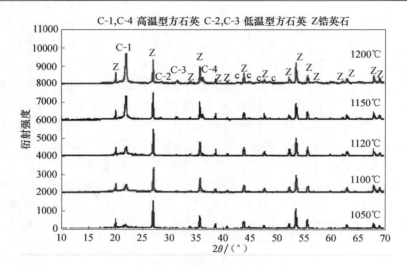

图 5-86　不同烧结温度时试样的 XRD 图谱

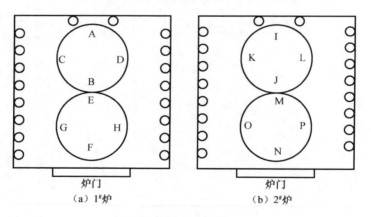

图 5-87　型芯在炉内位置示意图

表 5-54　炉内不同部位的硅基陶瓷型芯方石英含量

[单位(质量分数):%]

1#炉	位置	A	B	C	D	E	F	G	H
	方石英含量	13.5	13.4	16.5	10.2	13.2	6.1	11.1	6.9
2#炉	位置	I	J	K	L	M	N	O	P
	方石英含量	12.1	14.4	14.3	10.9	9.6	4.4	10.1	9.5

5.7　氧化硅-氧化铝陶瓷型芯

　　氧化硅-氧化铝陶瓷型芯是以石英玻璃粉为基体材料,工业氧化铝、电熔刚玉、硅质耐火料或熔块为添加料,以方石英为主晶相、莫来石为次晶相的陶瓷型芯。其特点是易于制备、强度较高,但抗高温蠕变能力较低、溶出性较差,多用于超合金的非定向凝固浇注。

5.7.1　氧化硅-氧化铝陶瓷型芯的组成及性能

典型的氧化硅-氧化铝陶瓷型芯的粉料组成、化学组成及性能分别示于表 5-55、表 5-56。

表 5-55　氧化硅-氧化铝陶瓷型芯的粉料组成及化学组成

[单位(质量分数):%]

型芯编号	粉料组成			化学组成						
	石英玻璃粉	γ-Al_2O_3	α-Al_2O_3	SiO_2	Al_2O_3	CaO	MgO	Fe_2O_3	Na_2O	K_2O
No. 1	80~85	10~15	—	70.10	14.69	<0.1	<0.02	<0.15	<0.1	痕迹
No. 2	90~95	—	3~4	91.15	3.24	<0.1	<0.04	<0.3	0.1	0.15
No. 3	90~95	—	3~4	90.60	2.78	<0.1	<0.04	<0.3	<0.1	0.12

表 5-56　氧化硅-氧化铝陶瓷型芯的性能

型芯编号	常温抗折强度/MPa	强化后强度/MPa	线膨胀系数(室温~1000℃)/℃$^{-1}$	气孔率/%	体积密度/(g/cm³)	密度/(g/cm³)	碱液中溶解时间/min
No. 1	7.2	22.8	$1.55×10^{-6}$	28.9	1.66	2.38	10~14
No. 2	9.7	22.3	$1.77×10^{-6}$	24.5	1.62	2.15	38
No. 3	8.1	19.1	$1.70×10^{-6}$	26.1	1.58	2.24	—

5.7.2　氧化铝对陶瓷型芯性能的影响

1. 氧化铝对烧结收缩的影响[55]

图 5-88 所示为 1150℃和 1200℃等温烧结过程中 Al_2O_3 添加量和烧结时间对硅基陶瓷型芯试样收缩率的影响。由图 5-88 可见,试样中仅添加 $100×10^{-6}$(0.01%(质量分数))的 Al_2O_3,就能使烧结收缩明显下降,并随 Al_2O_3 添加量的增加,烧结收缩进一步下降。但当添加量超过 $300×10^{-6}$ 时,即使等温烧结 5h,烧结收缩也不再下降,见图 5-89。

图 5-90 所示为不同 Al_2O_3 添加量的试样在恒速加热过程中的收缩曲线(以3℃/min 的速率从室温加热至 1600℃,保温 0.5h)。由图 5-90 可见,各试样从1100℃开始收缩,随温度升高,收缩逐渐增大直至 1300℃。在 1300~1375℃时,由于方石英量的增多而使收缩不再明显变化。但从室温至 1375℃的温度区间,不添加 Al_2O_3 的试样收缩约 7.5%,而添加 Al_2O_3 的各试样,收缩明显地要小得多,均小于 1.5%。

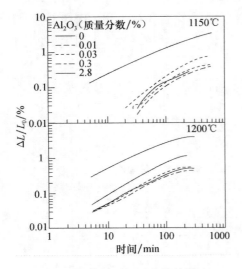

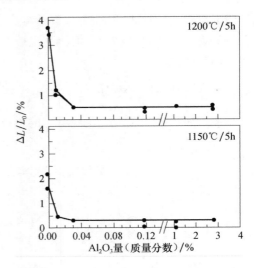

图 5-88　烧结时间对收缩的影响　　　　　图 5-89　Al_2O_3 量对等温烧结收缩的影响

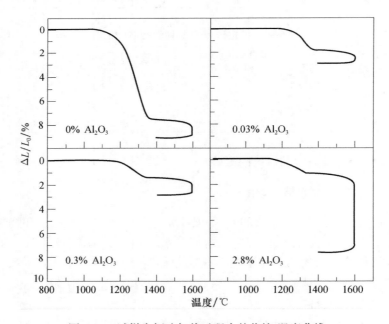

图 5-90　试样在恒速加热过程中的收缩-温度曲线

　　在 1375～1600℃时,收缩的变化因 Al_2O_3 添加量的不同而有明显的差别。Al_2O_3 添加量较低的两个试样收缩率小于 1.2%,而 Al_2O_3 添加量为 2.8% 的试样收缩率约达 6%,其总收缩率与不添加 Al_2O_3 试样的收缩率一样大。

　　添加 Al_2O_3 能使石英玻璃烧结程度降低、收缩减小的原因在于石英玻璃颗粒

周围的 Al_2O_3 与 SiO_2 反应形成硅酸铝层,能阻滞石英玻璃的黏性流动。图 5-91 所示的成分面分布明显反映了富铝层的存在。可供与其相对照的是,图 5-92 所示为不含 Al_2O_3 的试样在相同烧结条件下形成的显微结构。从图 5-92 可见,小颗粒石英玻璃颗粒已经消失,在石英玻璃颗粒间有明显的桥颈连接,其烧结程度明显高于添加 Al_2O_3 的试样。

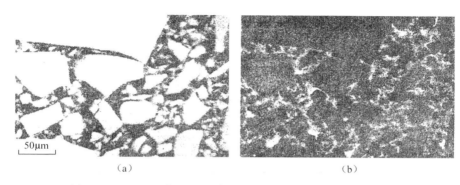

(a)　　　　　　　　　　　　　　　　　　　(b)

图 5-91　Al_2O_3 添加量 2.8% 试样经 1200℃保温 5h 的显微结构
(a) Si 面分布;(b) Al 面分布

图 5-92　不添加 Al_2O_3 试样经 1200℃保温 5h 显微结构

2. 氧化铝对强度及高温蠕变的影响[56]

表 5-57 所示为当烧结温度为 1130℃时,型芯坯料中 Al_2O_3 加入量对试样性能的影响。由表 5-57 可见,随 Al_2O_3 含量增大,方石英含量明显降低,常温抗折强度和 1200℃时的高温抗折强度明显增大,但 1500℃时的高温挠度显著增大。

表 5-57　Al₂O₃ 含量对试样性能的影响

试样编号	Al₂O₃ 含量 (质量分数)/%	方石英含量 (质量分数)/%	常温抗折强度/MPa	高温抗折强度/MPa	高温挠度/mm
1	0.1	38.1	5.4	6.7	3
2	0.5	14.6	10.7	13.8	5
3	1.0	8.5	11.2	14.3	11
4	2.0	0	14.5	18.7	15
5	15.0	0	16.0	19.5	50

表 5-58 所示为当型芯试样的氧化铝含量为 1% 时,烧结温度对烧结性能的影响。随烧结温度的提高,方石英含量迅速增大,常温抗折强度明显下降,而高温挠度显著减小。

表 5-58　烧结温度对试样性能的影响

性能参数	烧结温度/℃			
	1200	1300	1400	1500
方石英含量(质量分数)/%	18.5	36.7	78.4	95.6
常温抗折强度/MPa	15.2	10.4	5.0	5.2
高温挠度/mm	10	6	3	3

参 考 文 献

[1]　陈敏,于景坤,王楠. 耐火材料与燃料燃烧. 沈阳:东北大学出版社,2005:50.

[2]　Barry C C,Grant N M. Ceramic Materials /Science and Engineering. Heidelberg:Springer, 2007:106.

[3]　陈同彩,周善民,杨刚,等. 石英块料直接煅烧法生产的方石英粉体显微结构特征. 电子显微学报,2005,24(6):555～557.

[4]　Ainslie N G,MacKenzie J D,Turnbull D. Melting kinetics of quartz and cristobalite. Journal of Physical Chemistry,1961,65(10):1718～1724.

[5]　任刚伟,常亮,卫晓辉,等. 硅砖中方石英的晶体结构与形貌. 硅酸盐学报,2006,34(1): 123-126.

[6]　高振昕,任喜新,赵孟喜. α-方石英的结晶形貌. 硅酸盐学报,1992,20(1):99-102.

[7]　Leadbetter A J,Wright A F. The $\alpha\beta$ transition in the cristobalite phases of SiO_2 and $AlPO_4$. Philosophical. Magazine,1976,33(1):105-112.

[8]　樊先平,洪樟连,翁文剑. 无机非金属材料科学基础. 杭州:浙江大学出版社,2004:77.

[9]　《石英玻璃》编写组. 石英玻璃. 北京:中国建筑工业出版社,1975:2.

[10]　苏英,贺行洋,向在奎,等. 石英玻璃的结构缺陷及其形成机理. 武汉理工大学学报,2007, 29(8):50-54.

[11]　孙亚东,严奉林. 不同成因类型石英与石英玻璃气泡缺陷间关系探讨. 江苏地质,2005,29 (4):204-206.

[12]　周永恒,顾真安. 石英玻璃及其水晶原料中羟基的研究. 硅酸盐学报,2002,30(3):357-361.

[13]　何书平,胡先志,郑金淇. 石英玻璃管的高温软化性能研究. 光通信研究,1993,(4):39-43.

[14] Hetheington G. Viscosity of vitreous SiO$_2$. Physics and Chemistry of Glasses,1964,5(5):130-136.

[15] Gulaev V M,Ryabtsev K I,Bakunov V S,et al. The strength and deformation properties of vitreous silica. Glass and Ceramics,1973,30(6):379-382.

[16] 王玉芬,刘连城. 石英玻璃. 北京:化学工业出版社,2008:134.

[17] 莫祥银,金同顺,王克宇,等. 石英玻璃在不同碱性条件下的硅溶出研究. 南京师范大学学报(工程技术版),2003,3(4):1-5.

[18] Boganov A G,Rudenko V S,Bashina G L. Crystallization patterns and the nature of quartz glass. Neorgan Materialy,1966,2(2):363-375.

[19] Uhlman A R. Crystallization and melting in glass forming systems. New York:Plenum Press,1969:172-197.

[20] Wagstaff F E. Crystallization kinetics of internally nucleated vitreous silica. Journal of the American Ceramic Society,1969,52(12):650-654.

[21] Wagstaff F E. Crystallization and melting kinetics of cristobalite. Journal of the American Ceramic Society,1969,52(12):650-654.

[22] Suzdaltsev E I. Fabrication of high-density quartz ceramics:Research and practical aspects. Part 5. A study of the sintering of modified quartz ceramics. Refractories and Industrial Ceramics,2006,47(1):36-45.

[23] 刘春凤,贾德昌,周玉,等. 石英玻璃的析晶行为研究. 稀有金属材料与工程,2005,34(增刊1):613-615.

[24] Wagstaff F E,Ricchards K J. Preparation and crystallization behavior of oxygen-deficient vitreous silica. Journal of the American Ceramic Society,1965,48(7):382-383.

[25] 袁玲丽,诸定昌. 石英玻璃的特性对光源质量的影响因素. 中国照明电器,2004(12):28-30.

[26] Bihunlak P P. Effect of trace impurities on devitrification of vitreous silica. Journal of the American Ceramic Society,1983,66(10):188-189.

[27] Laczka M. Effect of alumium and neodymium admixtures on devitrification of silica glasses. Journal of the American Ceramic Society,1991,74(8):1916-1921.

[28] 素木洋一. 硅酸盐手册. 刘达权,陈世兴译. 北京:轻工业出版社,1988:287.

[29] 温广武,雷廷权,周玉. 不同形态石英玻璃的析晶动力学研究. 材料科学与工艺,2001,9(1):1-5.

[30] 高柳猛,片岛三朗. 高温にぉけるセラミク中子用石英ガラス粉の結晶化. 铸物,1988,60(6):401-406.

[31] 罗铁庄. 石英玻璃析晶性能影响因素的研究. 中国建材科技,1987,(3):17-20.

[32] 温广武,雷廷权,周玉. 石英玻璃粉末析晶的析晶特性. 鸡西大学学报,2001,(1):4-7.

[33] Wagstaff F E,Richards K J. Kinetics of stoichiometric SiO$_2$ glass in H$_2$O atmospheres. Journal of the American Ceramic Society,1966,49(3):118-121.

[34] 郝洪顺. 熔融石英陶瓷冷等静压成型与烧结工艺的研究[硕士学位论文]. 淄博:山东理工大学,2007.

［35］　Taylor D, Penny A N, Robinson A M, et al. Non-uniform sintering and devitrification in fused silica. Proceedings of the British Ceramic Society, 1973, (22):55-66.

［36］　Garibina N V, Pavlovskii V K, Seminov A D. The effect of Al and Ca impurities on the properties of quartz ceramics. Glass and Ceramics, 1998, 55(5/6):161-163.

［37］　郑士远, 罗永明, 李荣缇. 氮化硅对石英陶瓷性能的影响. 佛山陶瓷, 2000, (1):9-10.

［38］　杨德安, 沈继耀, 朱海强. 加入物对石英陶瓷烧结和析晶的影响. 耐火材料, 1994, 28(4): 201-203.

［39］　李友胜. 外加剂对熔融石英陶瓷烧结性能的影响. 耐火材料, 2004, 38(5):334-335, 346.

［40］　霍素珍. 对石英陶瓷烧结过程的研究. 佛山陶瓷, 2003, 28(6):44-49.

［41］　刘恒波. 熔融石英陶瓷的制备及其增强性研究［硕士学位论文］. 桂林:桂林理工大学, 2009.

［42］　Bukin L A, Kozlovskaya O V, Tertishcheva G P. Sintering quartz ceramics in vacuum. Refractories and Industrial Ceramics, 1971, 12(7/8):541-543.

［43］　Miller J J, Euclip J S, Eppink D L. Cores for investment casting process: US, 4093017. 1978.

［44］　Kato K, Nozaki Y. Basic research of ceramic core for solidification controlled castings. Transactions of the Japan Foundrymen's Society, 1991, (10):67-71.

［45］　Wang L Y, Hon M H. The effect of cristobalite seed on the crystallization of fused silica based ceramic core-A kinetic study. Ceramics International, 1995, 21:187-193.

［46］　Chao C H, Lu H Y. Optimal composition of zircon fused silica ceramic cores for casting superalloys. Journal of the American Ceramic Society, 2002, 85(4):773-779.

［47］　陈美怡, 李自德. 方石英转变及其在熔模铸造中的意义. 铸造, 1993, (4):9-13.

［48］　Wereszczak A A, Breder K, Ferber M K, et al. Dimensional changes and creep of silica core ceramics used in investment casting of superalloys. Journal of Materials Science, 2002, 37: 4235-4245.

［49］　Huseby I C, Borom M P, Greskovich C D. High temperature characterization of silica-base cores for superalloys. Ceramic Bulletin, 1979, 58(4):448-452.

［50］　方建, 刘福顺, 吴笑非, 等. 陶瓷型芯制造工艺:中国, CN 1076877A. 1993.

［51］　张强. 填料中 Na_2O 含量对型芯质量的影响. 特种铸造及有色合金, 2004, (4):52-53.

［52］　唐亚俊, 王景周, 胡壮麒. 添加质量分数 30% $ZrSiO_4$ 硅基陶瓷型芯高温特性的研究. 铸造技术, 1992, (1):11-15.

［53］　Seifodini1 A, Amadeh A, Goodarzi M H, et al. Effect of cristobalite formation on ceramic core properties for use in turbine blade casting. Proceedings of International Conference. Recent Advances in Mechanical & Materials Engineering. 30-31 May 2005, Kuala Lumpur, Malaysia: Paper No. 166:873-877.

［54］　田国利. 炉温均匀性对硅基型芯反玻璃化程度的影响. 材料工程, 1994, (11):33.

［55］　Lequeux N, Richard N, Boch P. Shrinkage reduction in silica-based refractory cores infiltrated with boehmite. Journal of the American Ceramic Society, 1995, 78(11):2961-2966.

［56］　张湛. 石英玻璃析晶规律及影响因素的研究. 宇航材料工艺, 1990, (2):34, 54-58.

第6章 铝基陶瓷型芯

共晶合金的使用,对陶瓷型芯提出了承受更高浇注温度的要求;定向凝固和单晶铸造技术的发展,对陶瓷型芯提出了在高温下保持更长时间的要求;为改善叶片材料抗氧化腐蚀性能而添加的活性金属元素的使用,对陶瓷型芯提出了更高的化学稳定性要求;叶片冷却技术的改进,对陶瓷型芯提出了更苛刻的尺寸公差要求。因而,无论从高温结构稳定性还是从与合金的化学相容性角度考虑,硅基陶瓷型芯已不能满足新的使用要求。铝基陶瓷型芯则因其特有的性能而在定向共晶合金的浇注中获得了应用。

铝基陶瓷型芯是一类以电熔刚玉或工业氧化铝为基体材料,以 α-Al_2O_3 为主晶相的陶瓷型芯,与硅基陶瓷型芯相比,它们的不同之处在于以下几个方面:

(1)氧化铝的熔点为 2050℃,远高于氧化硅的熔点 1710℃,因而铝基陶瓷型芯可在较高的浇注温度下使用。

(2)氧化铝有比氧化硅更高的化学稳定性。例如,在 1227℃时,氧化铝和氧化硅的 ΔG 分别为 770kJ/mol 和 640kJ/mol。因而,铝基陶瓷型芯与含 Y 和 Hf 等活性金属元素的超合金及共晶合金有优良的化学相容性,而硅基陶瓷型芯在使用温度超过 1550℃时易于与超合金中最活泼的元素如 Al、Hf、C、Y、La 等反应。

(3)硅基陶瓷型芯在制备与使用过程中有相变,在压制熔模前只能部分烧结,在浇注时会产生尺寸变化,影响型芯的体积稳定性。而铝基型芯中的刚玉为稳定相,在型芯的制备与使用过程中没有相变化,因此,铝基陶瓷型芯可比较充分地烧结。而且,如果浇注温度不高于型芯的烧结温度,在浇注过程中不会产生重烧收缩。优良的高温体积稳定性,易于保证复杂内腔结构的定向柱晶或单晶铸件的尺寸精度。

(4)铝基型芯的材质与型壳相似,热膨胀系数为 $9 \times 10^{-6}℃^{-1}$,比较接近于目前使用较普遍的刚玉型壳的热膨胀系数,与型壳的热胀匹配性好。因此,铝基型芯可以牢固地固定在型壳上,在铸型中有较高的定位精度,不容易造成铸件的壁厚偏差。

(5)硅基陶瓷型芯在烧结与使用过程中,由于熔融石英的方石英化而对坯体的收缩及致密化起阻碍作用,有利于保持型芯坯体的多孔性。但铝基陶瓷型芯却因体积扩散作用而收缩较大,其密度容易高于所希望的烧结密度。过大的收缩及过高的密度对于超合金和共晶合金的定向凝固或单晶铸造是不能允许的。其原因在于:收缩过大而导致变形大,型芯的形位公差难以控制;氧化铝的热膨胀系数虽然比氧化硅型芯大,但仍然比金属低,金属液凝固时,密度较高而弹性模量大的铝基陶瓷型芯的抗压缩变形的能力强,退让性差,易导致合金铸件的机械裂纹或热撕裂;另外,由于密度过高而导致溶出性的进一步降低,使脱芯更为困难。因此,在制备铝基型芯时,要求加入一定量的碳质成孔剂,以保证型芯坯体的多孔性;在使用时,浇注温度宜低于型芯的烧结温度,以避免重烧收缩导致的有害影响。

(6)氧化硅为酸性氧化物,易溶于碱溶液,脱芯容易。氧化铝为中性氧化物,在碱中溶解能力弱,脱芯非常困难。当氧化铝中添加硅质材料时,脱芯难度就更大。脱芯难成为制约铝基陶瓷型芯使用的障碍之一。

6.1　氧化铝原料

6.1.1　氧化铝的结构

氧化铝(Al_2O_3),相对分子质量 101.9,有多种同质异构体,但主要为 $\gamma\text{-}Al_2O_3$,$\beta\text{-}Al_2O_3$ 和 $\alpha\text{-}Al_2O_3$ 三种,其晶型转变如图 6-1 所示。

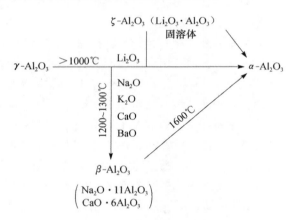

图 6-1　氧化铝的晶型转变[1]

$\gamma\text{-}Al_2O_3$ 属尖晶石型结构,立方晶系,氧原子呈立方密堆积,铝原子填充在间隙中,密度小,结构稳定性较低,在高温下不稳定,很少单独制成材料使用。

$\beta\text{-}Al_2O_3$ 是一种 Al_2O_3 含量很高的含有碱金属或碱土金属的铝酸盐,其化学组成可以近似地以 $R_2O \cdot 11\,Al_2O_3$ 和 $RO \cdot 6\,Al_2O_3$ 来表示,其中 R_2O 指碱金属氧化物,RO 指碱土金属氧化物。$\beta\text{-}Al_2O_3$ 属六方晶格,其结构由碱金属或碱土金属离子如 $[NaO]^-$ 和 $[Al_{11}O_{12}]^+$ 类型尖晶石单元交叠堆积而成,氧离子排列成立方密堆积,Na^+ 完全包含在垂直于 C 轴的松散堆积平面内,密度为 $3.30\sim3.63\text{g}/\text{cm}^3$,$1400\sim1500$℃开始分解,1600℃转变为 $\alpha\text{-}Al_2O_3$。

α-Al_2O_3 属三方晶系,是氧化铝多种变体中结构最稳定的一种,其稳定温度高达熔点,密度 $3.96 \sim 4.01 g/cm^3$,与杂质含量有关。α-Al_2O_3 的晶体结构如图 6-2 所示。其中,图 6-2(a)是菱形的单元晶胞,O^{2-} 按六方密集堆积,Al^{3+} 位于八面体空隙中。由于 Al 与 O 数目不等,只有 2/3 的八面体空隙被 Al^{3+} 填充,见图 6-2(b)。$[AlO_6]$ 八面体之间是以由三个 O^{2-} 组成的晶面以共价键相连接,见图 6-2(c)。

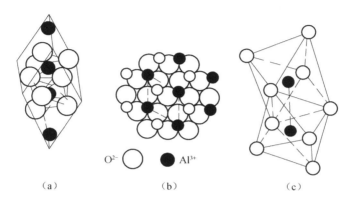

O^{2-} ○　　　Al^{3+} ●

（a）　　　　　　　（b）　　　　　　　（c）

图 6-2　α-Al_2O_3 晶体结构

图 6-3 所示为 α-Al_2O_3 表面结构,带负电荷的羟基与中心阳离子间的静电吸引力使羟基被吸附在 α-Al_2O_3 的表面,使 α-Al_2O_3 表面由 Al、Al—OH 和 Al—O—Al 所构成。

6.1.2　工业氧化铝[2]

工业氧化铝是用碱法从铝矾土和硬水铝石中分离提纯出来的,呈白色松散的晶体粉末状,为低温稳定的 γ-Al_2O_3。图 6-4 所示为四方形的 γ-Al_2O_3,晶体发育完整。表 6-1 所示为工业氧化铝的化学组成。

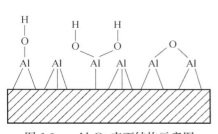

图 6-3　α-Al_2O_3 表面结构示意图　　　　图 6-4　γ-Al_2O_3 粉体形貌(TEM)

表 6-1　工业氧化铝化学组成　　　　［单位(质量分数):%］

工业氧化铝	Al$_2$O$_3$ 含量	杂质含量			
		SiO$_2$	FeO$_3$	Na$_2$O	灼减
我国工业氧化铝一级	>98.6	≤0.02	≤0.03	≤0.50	≤0.80
我国工业氧化铝二级	>98.5	≤0.04	≤0.04	≤0.55	≤0.80
美国摩比尔厂氧化铝	—	0.018	0.019	0.543	1.22

工业氧化铝粉是由粒径小于 0.1μm 的 γ-Al$_2$O$_3$ 细小晶体聚积而成的疏松球粒体,孔隙率约 50%。大多数球粒体的尺寸为 40～70μm,最大的可达 100～200μm,最小的仅为几个微米。将工业氧化铝加热到 1050℃时,γ-Al$_2$O$_3$ 开始转变为 α-Al$_2$O$_3$。随着温度的升高,转化速率加快,至约 1500℃时,转化近于完成,并伴有 14.3% 的体积收缩。

当工业氧化铝粉被用做陶瓷型芯烧结时的填料使用时,必须经过预烧处理,其工艺过程为在工业氧化铝粉中掺入适量 H$_3$BO$_3$、NH$_4$F、AlF$_3$、MgCl$_2$ 等,混合均匀后入窑焙烧。当掺加剂为 H$_3$BO$_3$ 或 MgCl$_2$ 时,在煅烧过程中分别发生如下反应:

$$Na_2O + 2H_3BO_3 = Na_2B_2O_4 \uparrow + 3H_2O \qquad (6-1)$$
$$Na_2O \cdot 11Al_2O_3 + MgCl_2 = MgO \cdot Al_2O_3 + 2NaCl + 10Al_2O_3 \qquad (6-2)$$

在煅烧过程中,工业氧化铝所含的 Na$_2$O 挥发而出,并使 γ-Al$_2$O$_3$ 转化为 α-Al$_2$O$_3$。表 6-2 所示为硼酸加入量和煅烧温度对煅烧氧化铝组成的影响。

表 6-2　硼酸加入量和煅烧烧温度对煅烧氧化铝组成的影响[3]

工业氧化铝煅烧温度/℃	H$_3$BO$_3$ 加入量(质量分数)/%	煅烧后工业氧化铝的化学组成(质量分数)/%			
		Al$_2$O$_3$	Na$_2$O	B$_2$O$_3$	灼烧减量
1450	0	99.90	0.40	—	0.24
	1	99.92	0.045	痕迹	0.13
	3	99.33	0.014	0.91	0.10
1600	0	99.02	0.20	—	0.18
	1	99.77	0.05	—	0.21
	3	99.67	0.027	—	

6.1.3　刚玉[4]

刚玉是矿物名称,以前称为宝石,化学成分主要是 Al$_2$O$_3$,结晶形态为 α-Al$_2$O$_3$。纯净刚玉无色透明,含微量铬时呈淡红色,为红宝石,含微量铬和钛时呈蓝色,为蓝宝石。自然界有刚玉矿藏,如非洲南部诸国、哈萨克斯坦、加拿大,以及我国的河北、西藏、江苏、山东等。

工业上使用的刚玉类别较多,按晶体形态,可分为板状、片状、柱状、粒状、单晶刚玉、微晶刚玉、β-刚玉等。按外观颜色,可分为白刚玉、棕刚玉、蓝刚玉、青刚玉、黑刚玉、透明刚玉等。按制备方法,可分为轻烧刚玉,烧结温度为 $1350\sim1550℃$;烧结刚玉,烧结温度为 $1750\sim1950℃$;电熔刚玉,熔化温度在 $2030℃$ 以上。图 6-5 所示为呈柱状的烧结刚玉晶体形貌。

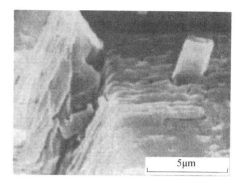

图 6-5　α-Al_2O_3 粉体形貌(SEM)

1. 电熔刚玉的组成

电熔刚玉中常含一定量的杂质,有的是由作为原料的工业氧化铝带入而在熔制过程中未能完全除去而残留的,如 K_2O、Na_2O、CaO、MgO、Fe_2O_3、TiO_2 等,有的是为降低熔制温度而加入的,如 SiO_2、B_2O_3。杂质对电熔刚玉的外观色泽及物化性能均产生一定的影响。表 6-3 所示为我国部分生产厂家电熔刚玉粉的化学组成;表 6-4 所示为日本 Sumitomo Chemical Company 生产的 α-Al_2O_3(AKP-53)的杂质元素含量。

表 6-3　国内部分生产厂家电熔刚玉粉的化学组成

[单位(质量分数):%]

生产厂家	Al_2O_3	SiO_2	Fe_2O_3	Na_2O	灼减
三星白刚玉厂	≥99.00	≤0.10	≤0.03	≤0.10	≤0.06
大禹化工公司	≥99.50	≤0.10	≤0.10	≤0.10	—
翔宇造型材料公司	≥98.50	—	—	≤0.50	—

表 6-4　α-Al_2O_3(AKP-53)杂质元素含量

元素	Fe	Cu	Mg	Na	Si
含量/($\mu g/g$)	9	<1	20	7	140

我国电熔刚玉通常按筛分级别进行分类,见表 6-5。美国部分电熔刚玉粉的粒度组成示于表 6-6。

表 6-5　国内电熔刚玉按筛分级别分类表

类别	磨粒	磨粉	微粉	细粉
粒径/μm	$200\sim160$	$120\sim30$	$63\sim20$	$10\sim5$

表 6-6　美国部分电熔刚玉粉粒度组成 ［单位（质量分数）：％］

电熔刚玉粉	粒径/μm					
	0～5	5～10	10～20	20～30	30～37	＞37
Norton-320 Alundum	3.0		53.0	36.0	7.0	1.0
Norton-400 Alundum	15.0	13.0	64.0	7.0	1.0	
Norton 38-900 Alundum	55.5	34.0	余量			
Meller 0.3μm	无团聚					

2. 刚玉的物化性能

1) 物理性能

电熔刚玉的物理性能如表 6-7 所示。刚玉属中等膨胀系数氧化物，其膨胀比氧化钙和氧化镁低，比尖晶石、莫来石和锆英石高。线膨胀率与温度的关系如表 6-8 所示。刚玉的导热性好，特别是低温时更好。

表 6-7　刚玉的物理性能

熔点/℃	硬度	密度/(g/cm³)	线膨胀系数(20～1000℃)/℃⁻¹	热导率(1500℃)/[W/(m·K)]
2050	9	3.99	$8.6×10^{-6}$	5.8

表 6-8　刚玉线膨胀率与温度的关系

温度/℃	400	600	800	1000	1200	1400	1600	1800	2000
线膨胀率/%	0.25	0.40	0.60	0.80	1.00	1.20	1.40	1.60	1.80

2) 化学性能

刚玉属于两性氧化物，化学性能稳定，在常温下不受酸碱腐蚀，不溶解于水，在 300℃ 以上才被氢氟酸、氢氧化钾、磷酸等侵蚀，高温下常呈弱碱性或中性，在氧化剂、还原剂或各种金属液的作用下不发生变化，如铝、锰、铁、锡、钴、镍等都不与它发生反应。因此，刚玉是熔模铸造使用的优质耐火材料之一。

刚玉与金属在氮气中的反应示于表 6-9，与氧化物的反应示于表 6-10，与碱金属、碱土金属盐的反应温度示于表 6-11。

表 6-9　刚玉与金属的反应

温度/℃	钼	镍	铌	铍	钛	锆	硅
1400	不反应	不反应	不反应	不反应	不反应	不反应	弱反应
1600					反应	弱反应	激烈
1800			弱反应	弱反应	激烈	激烈	—

表 6-10　刚玉与氧化物的反应

温度/℃	氧化锆	氧化钛	氧化硅	氧化铁	氧化钙	氧化镁	氧化镍	氧化钴	氧化锌
1500	不反应	不反应	不反应	轻微	轻微	不反应	轻微	轻微	不反应
1600		轻微	不反应	轻微	轻微	不反应	轻微	轻微	不反应
1750	轻微	极强烈	激烈	极强烈	极强烈	轻微	激烈	极强烈	轻微

表 6-11　刚玉与碱金属、碱土金属盐反应温度　　　　　　（单位：℃）

NaOH	KOH	Ca(OH)$_2$	Na$_2$CO$_3$	K$_2$CO$_3$	CaCO$_3$	LiF	NaF	KF	CaF$_2$
540	580	1100	1070	1100	1100	1090	1210	1100	1580

铝、铅及铁等与刚玉的浸润角大于 90°；某些铁合金与刚玉的浸润角小于 90°。气氛（包括真空）及刚玉中的杂质对浸润角产生一定影响，如铁对刚玉的浸润角为 119°，刚玉中含 2%、30% 和 70%MgO 时，浸润角分别为 101°、99° 和 95°。

6.2　高温烧结铝基陶瓷型芯

高温烧结铝基陶瓷型芯的烧结温度大多在 1600℃ 以上，具有优良的高温结构稳定性，用于超合金、共晶合金的定向或单晶浇注。

6.2.1　β-氧化铝陶瓷型芯

β-氧化铝陶瓷型芯是以 Al$_2$O$_3$ 为主成分，以铝酸钠或铝酸钡为基体材料，以 β-Al$_2$O$_3$ 为主晶相的一类陶瓷型芯。用于制备 β-氧化铝陶瓷型芯的常用原料为铝酸钠（Na$_2$O · 9Al$_2$O$_3$-Na$_2$O · 11Al$_2$O$_3$）、铝酸钡（BaO · 6Al$_2$O$_3$）、铝酸钙（CaO · 6Al$_2$O$_3$）和铝酸锶（SrO · 6Al$_2$O$_3$）。根据使用的原料不同，β-氧化铝陶瓷型芯可分为铝酸钠陶瓷型芯和铝酸钡陶瓷型芯两类。

1. 铝酸钠陶瓷型芯[5]

铝酸钠陶瓷型芯以 Na$_2$O · 11Al$_2$O$_3$ 为主晶相，以 α-Al$_2$O$_3$ 为次晶相。虽然铝酸钠含有 Na$^+$，但由于 Na$^+$ 被 Al^{3+} 所屏蔽，既降低了 Na$_2$O 的挥发性，也降低了 Na$_2$O 与定向共晶合金反应的可能性，从而使因金属熔体中的金属铝被氧化而生成的活性氧化铝与铝酸钠反应生成低共熔相的温度不低于 1800℃。因此，铝酸钠的化学稳定性接近于氧化铝，可以作为定向共晶合金浇注的型芯材料。

铝酸钠陶瓷型芯的坯料组成为铝酸钠质量分数 60%～100%，其余为氧化铝。型芯经 1600～1800℃ 下的高温烧结以后，其显微结构为由铝酸钠原位形成含有大量孔隙的三维网络结构，α-Al$_2$O$_3$ 分布在网络结构的孔隙内。

当坯料100％由粒径为5～50μm、平均粒径为35μm的铝酸钠配制,成型压力为69MPa,烧结温度为(1800±10)℃时,型芯试样的密度为理论密度的55％。型芯试样可用于定向凝固浇注NiTaC-13定向共晶合金,浇注温度为(1675±25)℃,凝固时间为20h,气氛为含CO体积分数10％的氩气。检测表明,型芯中没有金属液渗入的迹象,铸件没有产生热裂纹,虽然形成了厚约10μm的α-Al$_2$O$_3$反应层,而且观察到组成接近Ta$_{0.75}$V$_{0.25}$C的碳化钽,但表面质量符合设计要求。

2. 铝酸钡陶瓷型芯[6]

1) 铝酸钡陶瓷型芯的制备工艺

铝酸钡陶瓷型芯的化学组成范围示于表6-12。配制坯料时,可直接选用氧化钡和氧化铝为起始料,也可以选用硝酸钡、草酸钡或碳酸钡以及氢氧化铝为起始料。例如,以碳酸钡和氢氧化铝为起始料时,其工艺过程为将化学纯碳酸钡与氢氧化铝按质量比为1：0.788的配比称量后,置于以高铝球为研磨介质的球磨机中混合。混合料经1200℃保温4h预烧,再经电熔制成熔块。用颚式破碎机将熔块破碎成粒径为1～5mm的料粒,再用以高纯氧化铝球为研磨介质的圆锥磨球磨约118h,制成料粉。球磨时加入反凝聚剂,以防止料粉结块。然后对料粉进行筛分,制成＋60目、－60＋150目、－150＋300目和－300目不同粒级的料粉。

表6-12　铝酸钡陶瓷型芯化学组成　　[单位(质量分数):％]

材料名称	一般范围	最佳范围	实例
BaO	38～76.5	40～70	60
Al$_2$O$_3$	62～23.5	60～30	40

将料粉配制成蜡浆后,用注射成型工艺制备尺寸为175mm×12mm×4mm试条。将试条以25℃/h的速率加热到300℃,以脱除试条中的黏合剂。而后进行烧结,当保温时间均为4h时,烧结温度对物理性能的影响见表6-13。

表6-13　烧结温度对型芯试样物理性能的影响

烧结温度/℃	抗折强度/MPa	显气孔率/％	线收缩/％
1450	1.3	39.0	＋0.15
1550	3.0	39.6	＋0.05
1650	14.5	33.0	－2.07
1700	48.3	15.0	－8.5

另一种制备工艺路线是将碳酸钡和氢氧化铝混合料的预烧温度提高到1550℃,保温2h。对高温预烧的混合料不经电熔,直接加工成配制浆料用的不同

粒级料粉。陶瓷型芯的烧结温度控制在 1450～1750℃,保温 4～5h,试样的物理性能略有提高。另外,在配制蜡浆时可用 5％～10％的电熔刚玉取代相同数量的铝酸钡料粉,也能获得比较满意的性能。

2) 铝酸钡陶瓷型芯的显微结构及性能特点

经 1650℃,保温 4h 烧结的铝酸钡陶瓷型芯的显微结构如图 6-6 所示,铝酸钡晶体呈六角形,其烧结程度低、烧结收缩小、压溃性好。在相同条件下烧结的全铝质陶瓷型芯的显微结构示于图 6-7,可明显看到氧化铝颗粒在烧结初期形成的连接颈。

图 6-6　铝酸钡陶瓷型芯显微结构　　　　图 6-7　全铝质陶瓷型芯显微结构

铝酸钡陶瓷型芯的性能特点如下:

(1) 高温化学稳定性和结构稳定性好,适合于超合金的定向凝固或单晶铸造。

(2) 溶出性好,如将尺寸为 38mm×0.7mm×1mm 的铝酸钡陶瓷型芯试样用于单晶浇铸。在高压釜中以氢氧化钠和氢氧化钾溶液为脱芯液时,型芯的溶出速率为 2.9mm/h,而相同条件下烧结的全铝质陶瓷型芯的溶出速率为 0.9mm/h。

6.2.2　氧化镁-氧化铝陶瓷型芯[7,8]

氧化镁-氧化铝陶瓷型芯是一类以氧化铝为基体材料,以氧化镁为添加料,以氧化镁掺杂氧化铝、镁铝尖晶石或 α-Al_2O_3 为主晶相的陶瓷型芯,可分为氧化镁掺杂氧化铝陶瓷型芯和镁铝尖晶石陶瓷型芯两类。

1. 氧化镁-氧化铝陶瓷型芯的制备工艺

型芯制备的工艺路线有两条:一是将氧化镁和氧化铝粉按配比混合后,在 (1500±200)℃的温度范围内煅烧 1～4h,使生成一定数量的氧化镁掺杂氧化铝和镁铝尖晶石。将经高温煅烧的料块经破碎、球磨制成粒径为 1～40μm 的料粉。将料粉制成型芯坯体后,在 1600～1850℃的高温下经烧结而成。二是将氧化镁和氧化铝粉按配比混合后,直接成形,并在 1600～1850℃的高温下烧结而成。

　　在陶瓷型芯的烧结过程中,氧化镁的添加能显著改善烧结性能,明显降低烧结温度并有效抑制氧化铝晶粒的生长,其作用机理如下[9]:

　　(1)氧化镁能溶入氧化铝晶格中,伴随固溶体的形成,产生结构缺陷(氧空位),增强了氧离子的扩散,对烧结起促进作用。

　　(2)氧化镁与氧化铝在晶界上形成镁铝尖晶石,并包裹在氧化铝颗粒的表面,能阻碍传质过程的进行,钉扎晶界移动,抑制晶粒长大。

　　(3)增强表面扩散作用。

　　(4)当坯体中有液相存在时,氧化镁能驱使由杂质离子形成的液相转变为固溶体;能改变内界面能,增强液相对氧化铝颗粒的润湿作用;能导致部分液相析晶,阻碍物质从一个晶粒向另一个晶粒的迁移;能提高液相黏度,阻碍液相-晶粒之间发生熔解沉淀反应。

　　在氧化镁-氧化铝陶瓷型芯中,往往同时存在三种晶相,即氧化镁掺杂氧化铝相、镁铝尖晶石相和 α-Al_2O_3 相。氧化镁含量对陶瓷型芯相组成及显微结构的影响如表 6-14 所示。

表 6-14　氧化镁含量对陶瓷型芯相组成及显微结构的影响

MgO 量(摩尔分数)/%	相组成及显微结构特征
5	作为次晶相的氧化镁掺杂氧化铝所占体积分数达最大值,形成连续的结构网络,作为主晶相的 α-Al_2O_3 分布在氧化镁掺杂氧化铝结构网络的孔隙中
<5	随氧化镁量减少,氧化镁掺杂氧化铝相所占体积分数减小,由其所形成的结构网络断裂增多,位于结构网络孔隙内的 α-Al_2O_3 相数量相应增多
>5	随氧化镁量增多,氧化镁掺杂氧化铝相所占体积分数减小,由其所形成的结构网络断裂增多,分布在结构网络空隙内的镁铝尖晶石数量增多,α-Al_2O_3 相数量减少
20	氧化镁掺杂氧化铝数量进一步减少,由其所形成的结构网络完全断裂,镁铝尖晶石相数量增多而成为基质相,使氧化镁掺杂氧化铝相成为分散相
>20	镁铝尖晶石数量进一步增多,α-Al_2O_3 相数量相应减少
50	全部为镁铝尖晶石相

2. 氧化镁-氧化铝陶瓷型芯的特性

　　(1)型芯可应用于浇铸温度为 1600～1800℃,定向凝固时间达 30h 以上的定向共晶合金的浇注,合金铸件有可以接受的表面状态。

　　(2)氧化镁掺杂氧化铝陶瓷型芯的脱除可在压力釜中进行,以浓度为质量分数 10%～70% 的氢氧化钾或氢氧化钠为脱芯液,压力釜温度高于 200℃,最佳温度为 290℃。在压力釜中,型芯的脱除过程为通过碱溶液对镁掺杂氧化铝基质相的化学腐蚀作用而使结构网络解体,通过对脱芯液机械搅拌的物理作用而将未曾溶解的尖晶石和 α-Al$_2$O$_3$ 颗粒从型芯空穴中清洗出去。铸件的表面或完整性不会受碱溶液腐蚀的明显影响。

（3）由于镁铝尖晶石不溶于碱溶液,对于主晶相为镁铝尖晶石的陶瓷型芯要求用熔融氟盐脱除。

6.2.3　氧化钇掺杂氧化铝陶瓷型芯[10]

氧化钇掺杂氧化铝陶瓷型芯是以氧化铝为基体材料,以氧化钇为添加料,以 α-Al$_3$O$_3$ 为主晶相的陶瓷型芯,可用于活性金属的浇注。

1. 氧化钇掺杂氧化铝陶瓷型芯的制备工艺

氧化钇掺杂氧化铝陶瓷型芯,由氧化铝、氧化钇、氧化镁和碳质材料制备。陶瓷料粉组成范围如表 6-15 所示,陶瓷料粉的典型组成如表 6-16 所示,塑化剂组成如表 6-17 所示。坯料中氧化铝为基体材料,氧化钇为掺加剂,氧化镁为晶粒生长抑制剂,碳粉为成孔剂（易溃散剂）。氧化铝料可选用 100% Norton-320 Alundum,也可选用 Norton-320 Alundum 和 Norton 38-900 Alundum 的混合料,混合料中 Norton 38-900 Alundum 量不超过 15%。氧化铝料必须包括粗、细两种粉料,其中粗粉是指在烧结过程中实质上不发生反应的粒径足够大的粉料。为使氧化铝料有最佳的 pH,以保证浆料有更好的流动性和成型性能,要求对粗粉进行酸洗。氧化铝料中至少含 1% 平均粒径为 0.75~3μm 的细粉。例如,可掺加由 Malakoff Industries, Inc. of Malakoff 生产的 Reynolds RC-HPT-DBM. TM,其平均粒径为 0.75μm,并含质量分数 0.075% 的 MgO。

表 6-15　陶瓷粉料组成范围　　　　　[单位(质量分数):%]

物料名称	Al$_2$O$_3$	Y$_2$O$_3$	MgO	碳　粉
组成范围	66~95	1~20	1~5	适量

表 6-16　典型陶瓷粉料组成

材料名称及质量要求	含量(质量分数)/%
Norton-320 Alundum 氧化铝(酸洗,纯度大于 99.5%)	70.20
Norton 38-900 Alundum 氧化铝(酸洗,纯度大于 99.5%)	11.30
Reynolds RC-HPT-DBM. TM. 氧化铝(平均粒径 0.75μm,酸洗,纯度大于 99.5%)	3.0
Molycorp 氧化钇(平均粒径 5μm,纯度 99.99%)	7.0
MLW grade-325 mesh 氧化镁(Harwick Standard Chemical Co,纯度大于 99.5%)	1.90
Union Carbide-200 mesh GP-195 石墨	6.60

表 6-17　塑化剂组成

材料名称及生产厂家	作用	含量(质量分数)/%
Okerin 1865Q. TM. 烷烃基石蜡(Dura Commodities Corp. of Harrison,N. Y)	黏合剂	87.60
Strahl & Pitsch 462-C. TM. 石蜡(Strahl & Pitsch, Inc. of West Babylon, N. Y.)	增强剂	5.55
DuPont Elvax 310. TM. (E. I. DuPont de Nemours Co. of Wilmington,Del.)	抗偏析剂	3.13
油酸	分散剂	3.72

料浆组成范围为陶瓷粉料 80%～86%,塑化剂材料 14%～20%。典型的料浆配比为陶瓷料 84.68%,塑化剂材料 15.32%。配制蜡浆时,搅拌温度约 110℃,而后将浆料温度控制在 80～125℃,供成型之用。陶瓷型芯采用注射成型工艺成型,成型压力为 1.38～10.34MPa。

在排蜡与烧结时,必须使用与型芯轮廓相符的耐火定形模。将型芯蜡坯放在底模上,用粒径较细的石墨粉将型芯埋上,排蜡最高温度 232～288℃,排蜡周期约 68h。排蜡后,刷干净型芯坯体和底模上的石墨粉,扣上顶模,入炉烧结。烧结在氧化气氛下进行,升温速率控制在 60～120℃/h,烧结温度 1600～1700℃,烧结周期约 48h。

在烧结过程中,掺入坯料中的全部碳粉都被烧掉,使型芯坯体内形成体积分数 44%～49% 的气孔;坯料中的氧化铝细粉,一部分与氧化钇反应,生成钇铝石榴石,一部分与氧化镁反应,生成能抑制氧化铝晶粒过度长大的镁铝尖晶石。由于坯料中氧化钇含量较少,坯料中的氧化铝粗粉实际上仍保持未反应的状态,从而形成以 $\alpha\text{-}Al_3O_3$ 为主晶相,以钇铝石榴石和镁铝尖晶石为次晶相的晶相结构。氧化钇掺杂氧化铝陶瓷型芯的性能见表 6-18。

表 6-18　氧化钇掺杂氧化铝陶瓷型芯性能

气孔率/%	线收缩率/%	常温抗折强度/MPa	表观密度/(g/cm³)	热膨胀率(1500℃)/%
44～49	1.8～2.2	17～34	3.95～4.10	1.16

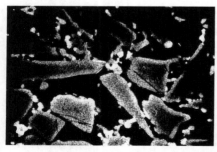

图 6-8　氧化钇掺杂氧化铝陶瓷
型芯显微结构

2. 氧化钇掺杂氧化铝陶瓷型芯的显微结构及其特点

图 6-8 所示为氧化钇掺杂氧化铝陶瓷型芯的显微结构,图中,浅灰色大颗粒是作为主晶相的未参与反应的 $\alpha\text{-}Al_2O_3$ 粗颗粒,白色小颗粒是作为次晶相的钇铝石榴石、镁铝尖晶石和少量还未参与反应的氧化铝小颗粒。次晶相位于大颗粒表面,并形成晶粒边界层。周围

深色区域为连通气孔。

氧化钇掺杂氧化铝陶瓷型芯的特点如下：

(1) 在烧结过程中,烧结反应主要发生在氧化铝细粉与氧化钇或氧化镁之间,氧化铝粗颗粒实际上没有参与反应,因而烧结收缩较小。

(2) 型芯的烧结温度高于实际浇铸温度,在浇注温度接近 1600℃ 时,型芯不会产生二次烧结,因而,具有良好的高温结构稳定性。

(3) 分布在未反应氧化铝颗粒表面的钇铝石榴石多晶体,使型芯中的氧化铝颗粒不会与合金中的活性金属元素直接接触,提高了陶瓷型芯的冶金化学稳定性,并能阻止合金液中的钛向金属型芯界面迁移。因而,与熔融活性金属有优良的化学相容性,可成功地应用于活性金属的浇铸。

(4) 型芯气孔率高,不但在金属液凝固时有较好的退让性,不会造成铸件的热撕裂,而且溶出性好,在用标准热苛性碱溶液脱芯时能在合理的脱芯周期内(如 60h 内)全部脱除。

(5) 型芯中氧化钇含量低,能大幅度降低工业生产时陶瓷型芯的原料成本。

6.2.4　钇铝石榴石-氧化铝陶瓷型芯[11]

钇铝石榴石-氧化铝陶瓷型芯是一类以氧化铝粉为基体材料,钇铝石榴石粉为添加料,以刚玉为主晶相,钇铝石榴石为次晶相的陶瓷型芯,适用于含钇镍-铬超合金(如 GE N5 和 N6,PWA1487)、钛合金、锆合金或含相当数量钨、铪、碳、镍等的活性金属的浇铸。

1. 钇铝石榴石-氧化铝陶瓷型芯制备工艺

1) 钇铝石榴石粉的制备

将按钇铝石榴石化学计量比($3Y_2O_3 \cdot 5Al_2O_3$)配制的氧化钇和氧化铝粉的混合料,经电熔或烧结,制成以钇铝石榴石为主晶相,以单斜铝酸钇($2Y_2O_3 \cdot Al_2O_3$)和钇铝钙钛矿($Y_2O_3 \cdot Al_2O_3$)为次晶相的料块。再将料块加工成当量直径小于 $20\mu m$ 的料粉。

2) 料浆制备

料浆中的黏合剂同时含有水溶性和非水溶性两种组分。水溶性组分的相对分子质量小于 10000,至少包含一个亲水官能团,可选用平均相对分子质量为 3350 的聚乙二醇。非水溶性组分是一种不溶于水基介质的聚合物,其羟基与非极性稀释剂共聚,可选用聚缩醛共聚物。水溶性组分和非水溶性组分在常温下均为粉料,加热后变为液态,能完全互溶,形成均匀的异组分混合液。水溶性组分和非水溶性组分可根据工艺要求按不同比例配制,效果最好的是两种组分各占 50%。

将组成如表 6-19 所示的陶瓷料粉用分散剂、润滑剂和表面活性剂包覆后,与黏合剂一起置于混料机中,在适当的温度下经充分混合制成喂料。由于黏合剂黏度较小,喂料中各组分混合均匀。

表 6-19　料粉粒径及组成表

材料名称	当量直径/μm	组成范围(质量分数)/%	实例(质量分数)/%
钇铝石榴石粉	3～20	10～40	25(3μm)
氧化铝粉	40	90～60	75

3) 脱脂与烧结

将用注射成型工艺制备的型芯坯体浸入水中,待至少脱除 80% 水溶性组分后,置于高湿度的空气中缓慢干燥。而后在中温炉内加热至 538℃ 以上,使坯体中残留的水溶性组分和非水溶性组分全部排除。再将型芯坯体置于高温炉中,在1500～1650℃ 的高温下烧结。

2. 钇铝石榴石对界面反应的影响

表 6-20 所示为料粉组成不同,料粉中钇铝石榴石含量及当量直径不同的陶瓷型芯在浇铸含钇镍-铬超合金 GE N5 时,尺寸大于 0.038mm 的型芯-金属界面反应斑的数量及反应斑的最大深度表。反应斑可能是型芯-合金界面反应的结果,也可能是合金中元素向界面迁移的结果。

表 6-20　型芯料粉组成对界面反应的影响

编号	型芯料粉组成(质量分数)/%	斑点数量/个	斑点最大深度/mm
1	氧化铝 100	115	0.076
2		80	0.064
3	氧化钇 7,氧化铝 85,氧化镁 2,碳粉 6	29	0.064
4		19	0.051
5	钇铝石榴石(3mm)10,氧化铝 90	20	0.051
6	钇铝石榴石(15mm)10,氧化铝 90	13	0.064
7	钇铝石榴石(15mm)20,氧化铝 80	10	0.064
8		5	0.051
9	钇铝石榴石(3mm)20,氧化铝 80	2	0.051
10		1	0.051

由表 6-20 可见,试样 1 和试样 2 使用氧化铝陶瓷型芯浇铸,型芯-金属反应斑的数量多而且反应斑的深度深;试样 3 和试样 4 使用氧化钇掺杂氧化铝陶瓷型芯,由于在未反应的氧化铝颗粒表面形成钇铝石榴石层使反应斑点数量明显减少而深度变浅;试样 5～10 使用钇铝石榴石-氧化铝陶瓷型芯,反应斑数量进一步减少。

随着型芯料粉中钇铝石榴石数量的增多及其当量直径的减小,界面反应程度明显降低。其原因在于氧化铝颗粒周围数量众多而粒径细小的惰性钇铝石榴石粉料能阻断活性金属液与氧化铝颗粒间的反应,并降低合金液中的钇向界面迁移的动力。试验表明,钇铝石榴石粉含量为 20%,当量直径为 $3\mu m$ 时,可以取得最好的效果。

6.2.5　氧化镧-氧化铝陶瓷型芯[12,13]

氧化镧-氧化铝陶瓷型芯是一类以氧化铝为基体原料,以氧化镧为添加料,以 Al_2O_3 和 $La_2O_3 \cdot 11Al_2O_3$ 或 $LaAlO_3$ 和 $La_2O_3 \cdot 11Al_2O_3$ 为主晶相的混合氧化物相陶瓷型芯,可用于定向共晶合金的浇注。以 $NdAlO_3$ 或非化学计量镁铝尖晶石为主晶相的陶瓷型芯和氧化镧-氧化铝陶瓷型芯具有相似的性能[14]。

1. 氧化镧-氧化铝陶瓷型芯的制备工艺

根据对型芯晶相种类的要求按物质的量比称取氧化镧和氧化铝料。要求主晶相为 Al_2O_3 和 $La_2O_3 \cdot 11Al_2O_3$ 时,氧化镧含量为摩尔分数 0.1%～8.0%;要求主晶相为 $LaAlO_3$ 和 $La_2O_3 \cdot 11Al_2O_3$ 时,氧化镧含量为摩尔分数 8%～50%。

坯料制备可采用不同的方法:一是料粉混合后直接供成型之用;二是料粉混合后经 600～1700℃预烧并粉碎后备用;三是料粉混合后经电熔并粉碎后备用。

根据型芯的形状选择不同的成型方法,如压制成型、注射成型或传递模成型等,将料粉加工成预定密度的型芯坯体。型芯的烧结温度为 1400～1900℃,经烧结后型芯的气孔率控制在体积分数 30%～70%。

为提高陶瓷型芯的退让性,对于两种热膨胀系数不同晶相共存的型芯坯体,可以进行淬火处理。利用急速降温过程中在晶相界面产生的热应力,在坯体中形成微裂纹。微裂纹起源于不同晶相间的第一个界面,部分微裂纹将绕过一个晶相的晶粒扩展到晶相间的第二个界面。

淬火过程是将陶瓷型芯加热到 200～1000℃的某一温度,而后投入淬冷液体中,如温度约 21℃的水中。淬火时,需对液体进行搅拌,以保证对型芯坯体冷却的均匀。型芯坯体中微裂纹的形成虽能提高型芯的退让性,但是,如果微裂纹过宽、过多,不但会导致型芯强度的大幅度下降,而且金属液容易渗入并凝固在型芯坯体的微裂纹中,造成脱芯难度增大,铸件腔体表面处理成本提高。

2. 氧化镧-氧化铝陶瓷型芯的特性

(1) 型芯材料的化学稳定性好,与定向共晶合金不发生化学反应,利于定向共晶合金铸件的工业化生产。

（2）型芯材料的生成自由能负值比氧化铝低，用于浇铸碳含量较高的 NiTaC-13 定向共晶合金时，脱碳倾向比使用氧化铝型芯时小。

（3）型芯材料与 NiTaC-13 定向共晶合金熔体的润湿角较大，约为 90°，利于形成完美的铸件金属表面。

（4）型芯气孔率高，为体积分数 30%～70%，特别是作为双晶相陶瓷型芯，由于经淬火处理后大量微裂纹的形成而具有良好的退让性，能有效避免铸件的热撕裂或热裂纹。

（5）型芯可用氟化物、氯化物熔盐脱除，不会对铸件产生明显腐蚀。

6.2.6　铝氧化结合氧化铝陶瓷型芯[15]

铝氧化结合氧化铝陶瓷型芯可采用水基凝胶注模成型工艺成型，其制备工艺要点有以下几个方面。

1. 坯料组成

坯料以电熔刚玉粉为基体材料，以粒径 4～20μm 的金属铝粉为烧结助剂，铝粉过细有燃烧的危险，粒径较粗有利于降低烧结收缩。刚玉粉与铝粉的质量比以 20∶1～5∶2 为宜。为提高型芯的耐高温性能，可在坯料中引入适量氧化镁和氧化锆。当型芯用于含钇和铪的超合金浇注时，为降低型芯-合金界面反应，可在坯料中引入适量氧化钇、氧化铪、铝酸钇或稀土铝酸盐。

2. 坯体干燥

经水基凝胶注模成型工艺制备的型芯坯体自模型中取出后，放入相对湿度为 75% 的第一个干燥箱，干燥 12h，再放入相对湿度为 50% 的第二个干燥箱，干燥 8h，最后放入 50℃ 的干燥箱中干燥 8h 以上。干燥时间的长短与坯体的厚度有关。干燥时，速率不能过快，以防止开裂及因收缩不均而卷曲。在干燥过程中，料浆中的一部分水将率先被排除，在型芯坯体中形成一定数量的孔隙。

3. 烧结

将经干燥后的型芯坯体装入高温炉内，在氧化气氛下进行烧结，烧结时间不超过 48h。从室温～200℃ 的低温阶段，要求在约 50℃ 或稍高的温度下保温一定的时间，以排除凝胶中残留的水，使坯体中开口气孔数量进一步增多，以利于下一阶段黏合剂的快速氧化。在 300～1350℃ 的中温阶段，黏合剂经氧化或气化而被排除的同时铝粉的氧化加快。铝粉被氧化生成氧化铝微晶，并与坯料中的电熔刚玉粉料胶结，使坯体的强度增大。在 1500～1650℃ 的高阶段，陶瓷型芯被烧结。型芯的线收缩率小于 2％，密度约为理论密度的 60％，气孔率为 45％～75％。配料时，用粒径 14μm 的铝粉取代粒径为 4μm 的铝粉，型芯的线收缩仍小于 2％，而密度为理论密度的 50％。

由于料浆中的水及有机溶剂在烧结前期易于排出，既缩短了生产周期，又在坯体中形成了大量连通气孔，利于氧气进入坯体中，从而加速对金属铝粉的氧化；由于金属铝粉氧化生成氧化铝微晶时，体积增大，对坯体的烧结收缩起部分补偿作用，既在一定的程度上缓解了提高烧结强度和保持较小体积收缩的矛盾，又提高了型芯尺寸精度并使型芯有较高的气孔率。

6.3　中温烧结铝基陶瓷型芯

中温烧结铝基陶瓷型芯是一类以氧化铝为主成分，氧化硅为添加成分，以刚玉为主晶相，莫来石为次晶相或晶界相，烧结温度相对较低的铝基陶瓷型芯，可用于超合金、不锈钢等的浇注。

6.3.1　氧化铝-氧化硅陶瓷型芯[16]

当氧化铝-氧化硅陶瓷型芯的坯料由化学组成如表 6-21 所示的莫来石、蓝晶石、α-氧化铝微粉和石英玻璃粉配制，型芯试样由挤塑成型制备，烧结温度制度如图 6-9 所示时，坯料配方及坯料化学组成对性能的影响有以下几个方面。

表 6-21　原料的化学组成　　　　［单位(质量分数)：％］

原料	Al$_2$O$_3$	SiO$_2$	TiO$_2$	Fe$_2$O$_3$	CaO	MgO	K$_2$O	Na$_2$O
莫来石 M70	70.00	28.10	—	0.90	<0.10	0.50	<0.20	<0.10
蓝晶石	>55.00	<40.00	<1.00	<0.80	—	—	<0.10	0.02
α-Al$_2$O$_3$ 微粉	≥98.5	≤0.10	—	≤0.10	—	—	—	—
石英玻璃粉	<30×10^{-6}	>99	—	<60×10^{-6}	—	—	<9×10^{-6}	<12×10^{-6}

1. 坯料配方对性能的影响

随型芯坯料中莫来石含量的增加，吸水率降低、显气孔率逐渐减小、体积密度逐渐增大，分别如图 6-10～图 6-12 所示。当莫来石含量为 70％时，试样的吸水率为 26.9％，显气孔率为 42.5％，体积密度为 1.56g/cm^3。

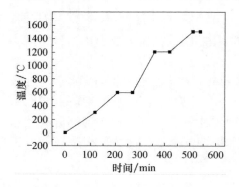

图 6-9　型芯试样的烧结温度制度

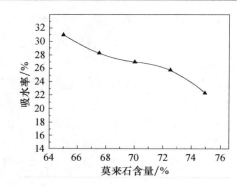

图 6-10　莫来石含量对吸水率的影响

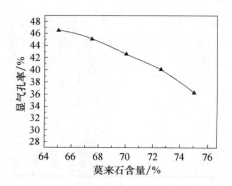

图 6-11　莫来石含量对显气孔率的影响

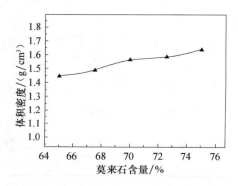

图 6-12　莫来石含量对体积密度的影响

随型芯坯料中蓝晶石含量的增加,吸水率和显气孔率增大,分别如图 6-13 和图 6-14 所示。当蓝晶石含量大于 19% 时,吸水率增加较快。随蓝晶石含量的增加,体积密度减小,见图 6-15。在蓝晶石含量为 19% 时,试样的吸水率为 28.1%,显气孔率为 45.1%,体积密度为 1.56g/cm³。

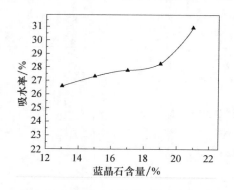

图 6-13　蓝晶石含量对吸水率的影响

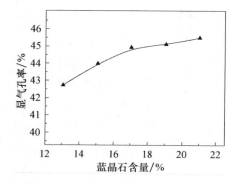

图 6-14　蓝晶石含量对显气孔率的影响

2. 坯料化学组成对性能的影响

随坯料中 Al_2O_3 含量的增加，吸水率和显气孔率逐渐增大，分别如图 6-16 和图 6-17 所示，当 Al_2O_3 含量在 70％以上时，吸水率和显气孔率分别大于 20％和 40％。随 Al_2O_3 含量增大，体积密度呈缓慢减少趋势（图 6-18），这与烧结过程中由蓝晶石分解所产生的体积膨胀对烧结收缩的影响占主导因素有关。当 Al_2O_3 含量为 70％时，试样的吸水率为 20.3％，显气孔率为 43.9％，体积密度为 1.89g/cm³ 。

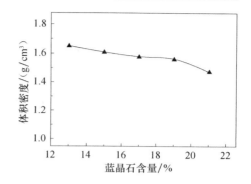

图 6-15　蓝晶石含量对体积密度的影响

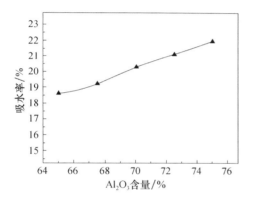

图 6-16　Al_2O_3 含量对吸水率的影响

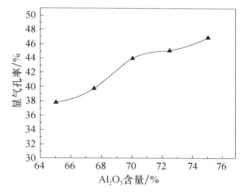

图 6-17　Al_2O_3 含量对显气孔率的影响

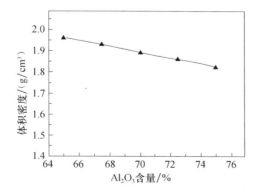

图 6-18　Al_2O_3 含量对体积密度的影响

随坯料中 SiO_2 含量的增大,吸水率和显气孔率减小,分别见图 6-19 和图 6-20,但 SiO_2 含量不宜大于 25%,否则吸水率会迅速减少至 20% 以下。随 SiO_2 含量的增大,体积密度增大,见图 6-21。从试样外观看,如 SiO_2 含量大于 30%,试样瓷化并产生裂纹,与坯体中方石英的形成及其相变有关。当 SiO_2 含量为 25% 时,试样的吸水率为 21.0%,显气孔率为 39.0%,体积密度为 1.96g/cm³。

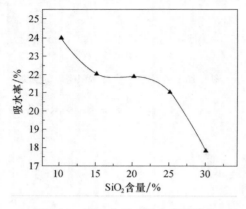

图 6-19　SiO_2 含量对吸水率的影响　　　图 6-20　SiO_2 含量对显气孔率的影响

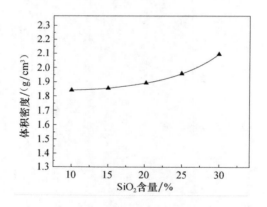

图 6-21　SiO_2 含量对体积密度的影响

当坯料配方为莫来石:蓝晶石:α-氧化铝微粉:石英玻璃粉=14:4:2:1时,由挤塑成型制备的陶瓷型芯的性能如表 6-22 所示。型芯可用于不锈钢层板装饰支撑件的浇注,宜选用机械方法脱除。

表 6-22　氧化铝-氧化硅陶瓷型芯的性能

吸水率/%	显气孔率/%	体积密度/(g/cm³)	抗折强度/MPa
20.9	36.0	1.96	28.2

当氧化铝-氧化硅陶瓷型芯坯料由刚玉和石英玻璃粉配制时,坯料中的 SiO_2 完全由石英玻璃粉引入,对于由干压成型制备的试样,SiO_2 含量对型芯性能的影响如下[17]。

SiO_2 含量对不同温度烧结型芯的常温抗折强度的影响示于图 6-22。由图 6-22 可见,在同一烧结温度下,SiO_2 含量越高,强度越大。相同 SiO_2 含量时,烧结温度提高,强度增大。烧结温度为 1400℃时,型芯的强度均小于 20MPa;烧结温度为 1450℃时,强度高于 20MPa;烧结温度进一步提高对强度提高影响不大。

SiO_2 含量对型芯线收缩的影响示于图 6-23。由图 6-23 可知,在相同烧结温度下,随 SiO_2 含量增大型芯的线收缩率增大。在同一 SiO_2 含量时,随烧结温度升高,型芯的线收缩率增大。

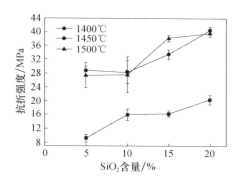

图 6-22　SiO_2 含量对常温抗
折强度的影响

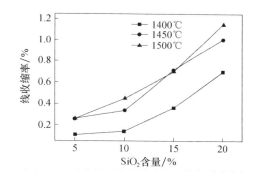

图 6-23　SiO_2 含量对型芯线
收缩的影响

SiO_2 含量对型芯显气孔率及体积密度的影响分别示于图 6-24 和图 6-25。由图 6-24 和图 6-25 可见,当 SiO_2 含量小于 15%时,随烧结温度的升高,型芯的显气

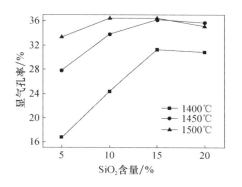

图 6-24　SiO_2 含量对型芯显
气孔率的影响

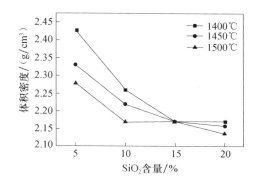

图 6-25　SiO_2 含量对型芯体
积密度的影响

孔率增大,体积密度减小;当 SiO_2 含量为 20% 时,型芯的显气孔率随温度升高先增大后减小,1450℃时的显气孔率大于 1500℃时的显气孔率。在相同的烧结温度下,随 SiO_2 含量的增大,显气孔率先增大后减小,在 SiO_2 质量分数为 15% 时,显气孔率达到最大值。

6.3.2　AC-1 及 AC-2 氧化铝基陶瓷型芯[18,19]

AC-1 氧化铝基陶瓷型芯以化学组成如表 6-23 所示的 α-Al_2O_3 为基体材料,以 TC-1 为矿化剂,坯料组成为 92%~99% α-Al_2O_3,1%~8% TC-1 矿化剂。

表 6-23　α-Al_2O_3 的化学组成　　　　　[单位(质量分数):%]

Al_2O_3	SiO_2	Fe_2O_3	CaO	Na_2O	K_2O
≥99.12	≤0.21	0.03	0.04	≤0.40	≤0.01

型芯烧结的温度制度为:以 50~200℃/h 的升温速率从室温升到 1250~1450℃,保温 4~10h 后停电,随炉冷却到 200℃以下出炉。

AC-2 陶瓷型芯是在 AC-1 型芯的基础上进行强化处理后制成的,由于在晶界上形成了莫来石高强互锁网络结构,使型芯的烧结收缩降低,抗高温蠕变能力增强。表 6-24 所示为 AC-1 和 AC-2 陶瓷型芯的性能,两种型芯均可用于超合金的定向及单晶浇注。

表 6-24　AC-1 和 AC-2 氧化铝基陶瓷型芯的性能

型芯代号	烧结收缩/%	气孔率/%	常温及高温抗折强度/MPa			高温挠度/mm
			常温	1450℃	1550℃	1550℃×0.5h
AC-1	2.1	32~36	9.0~12.0	10.3	5.0~7.0	0.8~1.6
AC-2	<1.0	—	9.0~11.0	—	6.0~8.0	0.3~0.7

6.3.3　氧化铝-纳米氧化硅陶瓷型芯[20,21]

氧化铝-纳米氧化硅陶瓷型芯是以 α-氧化铝微粉为基体材料,莫来石粉和纳米氧化硅为烧结助剂,氧化镁为晶粒生长抑制剂,碳粉为成孔剂,经压注成型后烧结而成的。其主要性能示于表 6-25。

表 6-25　氧化铝-纳米氧化硅陶瓷型芯的性能

烧结收缩率/%	显气孔率/%	密度/(g/cm³)	抗折强度/MPa	高温挠度/mm
1.26	37.8	2.3	72.0	1.1

1. 纳米氧化硅含量对性能的影响

纳米氧化硅的引入使陶瓷型芯的常温抗折强度增大,见图 6-26。其原因在于纳米氧化硅的添加,使型芯坯体的烧结驱动力增强,烧结温度降低。随纳米氧化硅含量的增加,坯体结构中孔洞数量减少,致密度增大,颗粒间结合增强,见图 6-27,图中(a)、(b)、(c)、(d)的氧化硅含量分别为 0%、3%、5% 和 7%。特别是氧化铝颗粒间纳米晶的析出,见图 6-28,使材料的断裂由沿晶断裂为主转变为以穿晶断裂为主,使型芯材料的断裂强度大幅度提高。

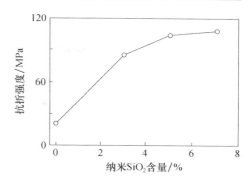

图 6-26　纳米 SiO_2 含量与抗折强度的关系曲线

(a)　　　　　　(b)

(c)　　　　　　(d)

图 6-27　不同纳米 SiO_2 含量型芯试样的断口形貌

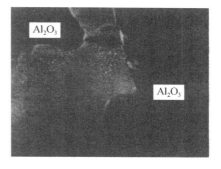

图 6-28　Al_2O_3 颗粒晶界中析出的纳米晶

2. 料粉粒度对性能的影响[22]

对于氧化铝料粉颗粒配比如表 6-26 所示的四个型芯试样,烧结收缩和相对密度随烧结温度的变化示于表 6-27。由表 6-27 可见,不论烧结温度高低,No.1 试样的烧结收缩最小,相对密度最低。

表 6-26　氧化铝料粉颗粒配比

料粉颗粒	No. 1	No. 2	No. 3	No. 4
细颗粒	1	1	1	2
中颗粒	2	1	1	1
粗颗粒	1	1	2	2

表 6-27　烧结收缩率和相对密度随烧结温度的变化

试样编号	烧结收缩率/%			相对密度/%		
	1300℃	1400℃	1500℃	1300℃	1400℃	1500℃
No. 1	3.23	3.87	4.5	55.19	62.81	70.35
No. 2	3.36	4.20	4.90	57.33	65.49	75.55
No. 3	3.58	4.23	5.00	59.18	67.39	78.01
No. 4	3.52	4.60	5.20	57.86	65.56	73.44

表 6-28 所示为分别于 1300℃、1400℃和 1500℃时，保温 5h 烧结后的各型芯试样，在 1500℃保温 3h 时的高温蠕变量。由表可见，随烧结温度提高，各试样的蠕变量减小。其中，以氧化铝料粉粒度配比为 No.1 的试样蠕变量最小。

表 6-28　试样在 1500℃×3h 时的蠕变量随烧结温度的变化

试样编号		No. 1	No. 2	No. 3	No. 4
蠕变量/mm	1300℃	0.23	0.36	0.58	0.52
	1400℃	0.08	0.20	0.23	0.19
	1500℃	0.01	0.04	0.06	0.03

3. 氧化铝纤维含量对性能的影响[23]

对于原料配比如表 6-29 所示的型芯材料试样，Al_2O_3 纤维含量和烧结温度对气孔率的影响如图 6-29 所示。在相同的烧结温度下，随 Al_2O_3 纤维含量增加，气孔率增大，这与 Al_2O_3 纤维阻碍了坯体的致密化过程有关。Al_2O_3 纤维含量和烧结温度对试样在 80℃饱和 NaOH 溶液中溶失量的影响如图 6-30 所示，图中，(a)、(b)、(c)试样的烧结温度分别为 1200℃、1250℃、1300℃。随试样纤维含量增加和烧结温度降低，溶失速率加快。

表 6-29　陶瓷型芯坯料的原料配比　　[单位(质量分数):%]

试样编号	α-Al_2O_3	Al_2O_3 纤维	纳米 SiO_2	MgO
No. 1	94	0	5	1
No. 2	89	5	5	1
No. 3	84	10	5	1
No. 4	79	15	5	1

图 6-31 所示为经不同烧结温度烧结 3h 的各试样在 1500℃×3h 的蠕变量与 Al_2O_3 纤维量的关系曲线。由图可见，对于不同烧结温度的试样，Al_2O_3 纤维含量对蠕变量有不同的影响，可能与各试样初次烧结的程度及蠕变过程中的二次烧结有关。

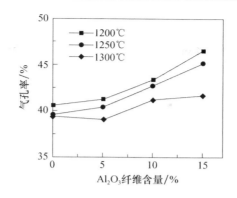

图 6-29　Al_2O_3 纤维含量和烧结温度对气孔率的影响

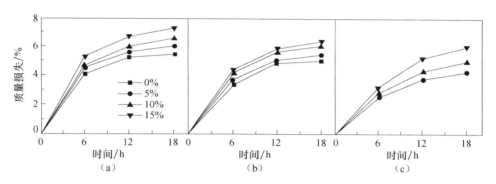

图 6-30　Al_2O_3 纤维含量和烧结温度对溶失量的影响

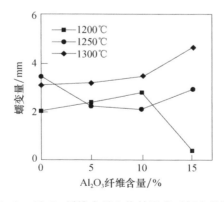

图 6-31　Al_2O_3 纤维含量和烧结温度对蠕变的影响

6.4　气相还原烧结氧化铝陶瓷型芯

气相还原烧结氧化铝陶瓷型芯是以 Al_2O_3 为唯一成分或主要成分、电熔刚玉为基体材料、刚玉为主晶相,通过碳还原烧结而成的密度低、气孔率高、表面致密、压溃性好的陶瓷型芯,又称为低密度氧化铝陶瓷型芯,可应用于定向共晶合金的浇注。

6.4.1　气相还原烧结氧化铝陶瓷型芯的制备工艺[24]

1. 料浆制备与成型

型芯坯料由氧化铝料粉、易反应填料和塑化剂配制。氧化铝料可以全部为电熔刚玉,也可以是电熔刚玉和氧化镁掺杂或稀土氧化物掺杂氧化铝的混合料[25],还可以是电熔刚玉与 β-氧化铝的混合料[26]。以 100% 电熔刚玉为基体材料时,几种可供选择的坯料配方如表 6-30 所示。

表 6-30　坯料配方　　　　　[单位(质量分数):%]

基体材料	No. 1	No. 2	No. 3	No. 4	No. 5
Norton-320 Alundum	—	—	100	80	—
Norton-400 Alundum	80	70	—	—	—
Norton 38-900 Alundum	—	—	—	20	100
Meller 0.3μm	20	30	—	—	—

易反应填料可以是铝、硼、石墨、碳化铝、碳化硼、氧碳化铝,以及其他合适的能提供碳源的有机化合物。易反应填料的特点是:①在型芯排蜡过程中能全部保留;②在高温下能与氧化铝反应生成低价铝氧化物挥发而出。以石墨为易反应填料时,石墨(G)与氧化铝(A)的最佳摩尔比为 $0.2 < G/A < 0.3$。

为满足注射成型工艺要求,保证浆料有良好的悬浮性、稳定性和流动性,在浆料中加入体积分数不大于 50% 的塑化剂。塑化剂以石蜡为基材,由 P-21 石蜡、P-22 石蜡和纯地蜡各 1/3 配制而成。外加蜡量 8% 的油酸,4% 的蜂蜡和 3% 的硬脂酸铝。

对于形状复杂的陶瓷型芯,采用注射成型工艺。料浆温度为 80～130℃,成型压力为 1.38～69MPa,最大成型压力为 345MPa。蜡坯收缩率约 1%。

2. 排蜡与烧结

把陶瓷型芯蜡坯埋置在活性氧化铝、活性炭、石墨或高比表面积炭黑等填料中,按低于 25℃/h 的速率加热到约 200℃,保温足够长的时间,直至残留蜡量为总蜡量质量分数的 2%～4% 时,结束排蜡过程。

将排蜡后的型芯装在气氛炉内,先以小于 25℃/h 的速率加热到 400℃,以排尽型芯中的残留蜡。炉温达到 400℃ 以后,为避免碳在加热过程中被氧化,以不小于 200℃/h,最好为 300℃/h 的速率尽可能快地加热到最终烧结温度。为保证石墨与氧化铝反应充分,在最终烧结温度下必须保温足够长的时间。最终烧结温度的高低取决于高温保温时间的长短及型芯的使用要求。型芯的最终烧结温度为1750~1850℃,保温时间为 15min~4h。

型芯的烧结在超低氧含量的还原气体或氩、氦、氖等惰性气体中进行。当烧结在氢气中进行时,石墨和氧化铝之间在温度高于 1500℃时发生如下反应:

$$Al_2O_3(s) + C(s) === 2AlO(g) + CO(g) \qquad (6-3)$$

$$Al_2O_3(s) + 2C(s) === Al_2O(g) + 2CO(g) \qquad (6-4)$$

随着炉温的升高,上述反应加快,气相低价氧化铝的数量增多。在加热过程中,低价氧化铝的气相传质过程,既包括在氧化铝颗粒的高表面能区形成低价氧化铝,并从高表面能区蒸发,也包括低价氧化铝向低表面能区的传输,并在低表面能区被氧化而凝结,还包括气态低价氧化铝从坯体中逸出而损耗。如果气相传质速率远大于体积扩散或晶界扩散的传质速率,则在制品中仅仅发生材料的质量转移而气孔体积不会减小(不会致密化)。如果低价氧化铝只蒸发不凝结而外逸,则造成坯体失重,密度降低。在气相传质过程中,对于陶瓷型芯的中心部位,气相传质作用在使氧化铝颗粒变粗、变圆,并在氧化铝颗粒间形成窄桥颈连接网络的同时,由于部分气态低价氧化铝的外逸而导致大量连通气孔的形成;对于陶瓷型芯的表层,由于炉内气氛中所含的氧把部分低价氧化铝氧化,新生成的氧化铝在型芯表面或接近表面的区域凝结,使表层密度增大,并形成由内及表逐渐增大的密度梯度。正是这种气相传质作用,使型芯的表层成为致密的阻挡层,使型芯的中心部分成为包含大量连通气孔的窄桥颈连接结构网络,并在表层形成密度梯度,见图 6-32~图 6-35。图 6-32 中,10 为型芯坯体,12 为致密的表面层,14 为中心多孔的部分,16 为氧化铝颗粒。图 6-33 所示为型芯中心部分连通气孔的形貌。图 6-34 中 18 为氧化铝颗粒 16 之间的窄连接桥颈。图 6-35 所示为表层 12 的形貌,表层中的气孔都是封闭的。

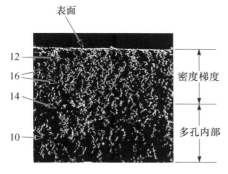

图 6-32　型芯断面扫描电镜图

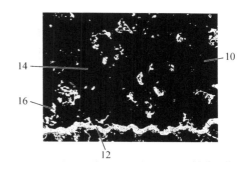

图 6-33　型芯内部的连通气孔

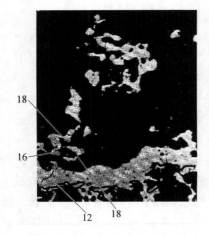

图 6-34　氧化铝颗粒间的桥颈连接

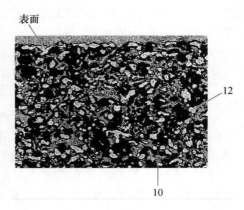

图 6-35　型芯表层扫描电镜图

3. 气体组成对型芯烧结的影响

在烧结过程中,炉内气体组成对陶瓷型芯显微结构的影响极为明显。例如,氢气露点的高低直接影响型芯气孔率的高低。这是因为在加热过程中,氢气中所含的水与碳之间发生如下反应:

$$C + H_2O \rule[0.5ex]{2em}{0.4pt} CO\uparrow + H_2\uparrow \tag{6-5}$$

氢气露点较高时,氢气中的含水量较大,加热过程中坯体内碳的损失量较大,导致在高温阶段低价气相氧化铝生成数量减少,因而型芯的气孔率降低。因此,氢气的露点必须低于 $-37℃$(约含 $200×10^{-6}$ 水),最好低于 $-62℃$(约含 $8×10^{-6}$ 水)。

氢气露点的高低还直接影响陶瓷型芯的变形,氢气露点升高,型芯变形增大。例如,氢气露点为 $-62℃$ 或更低时,型芯不变形,氢气露点为 $-37℃$ 时,型芯有少量变形。这是因为氢气露点越高,含水量就越高,碳脱除的数量就越多,型芯的收缩越不均匀,变形就越大。另外,在氧化铝颗粒间还没有结合强度之前,碳的过早脱除也是造成变形的原因之一。当然,对于形状复杂的陶瓷型芯,尚有其本身的结构因素,例如,表面积与体积之比高的部位脱碳速率快,更容易产生变形。

炉内气体中氧分压的高低,直接影响传输到型芯表面或接近表面的低价氧化铝在该区域的氧化与凝结,因而对型芯表层结构有极为明显的影响。在高温烧结阶段,气体中的氧分压必须与露点低于约 $-37℃$ 的湿氢中的氧分压相当。

当炉内气体中有过量的杂质氧或水汽存在时,从 $900℃$ 到 $1500℃$ 的温度范围内,如加热速率低于 $100℃/h$,由于碳的大量脱除,导致碳与氧化铝的实际比例大幅度下降,因而不可能最终获得具有预期气孔数量的陶瓷型芯,而且收缩率可高达

13％。在其他条件相同的情况下,如加热速率达约 300℃/h,则有可能获得预期气孔数量的陶瓷型芯,而且收缩率仅为 2％。当炉内气体中不含过量氧气或水汽时,陶瓷型芯的气孔数量及线收缩不受加热速率的影响,仅仅是初始含碳量的函数。

　　4. 石墨及烧结温度对型芯显微结构的影响[27]

　　图 6-36 所示为 G/A＝0 和 G/A＝0.75 的两种坯体在氢气露点为－37℃的条件下,不同烧结温度下保温 30min 的显微结构照片。

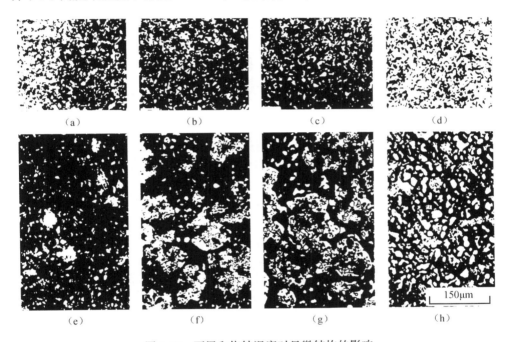

图 6-36　石墨和烧结温度对显微结构的影响

(a) 1450℃,G/A＝0;(b) 1550℃,G/A＝0;(c) 1650℃,G/A＝0;(d) 1750℃,G/A＝0;
(e) 1450℃,G/A＝0.75;(f) 1550℃,G/A＝0.75;(g) 1650℃,G/A＝0.75;(h) 1750℃,G/A＝0.75

　　图 6-36(a)、(b)、(c)和(d)为 G/A＝0 的纯氧化铝坯体试样,随烧结温度升高,氧化铝颗粒间桥颈增粗,气孔减少,晶粒长大。其余试样的 G/A＝0.75,烧结温度为 1450℃ 时,可以观察到氧化铝-石墨二相结构,见图 6-36(e)。烧结温度为 1550℃时,二相结构进一步发展,氧化铝颗粒被浅灰色的 Al_4O_4C 基质所包围,见图 6-36(f)。烧结温度为 1650℃时,为氧碳化铝所包围的氧化铝颗粒并没有增大,而单体氧化铝颗粒变粗,见图 6-36(g)。烧结温度为 1750℃时,仅能观察到相互连接的、变粗、变圆的 $\alpha\text{-}Al_2O_3$,试样密度很低,见图 6-36(h)。

6.4.2　气相还原烧结氧化铝陶瓷型芯的特性

以碳还原烧结及气相传质作用为中心的烧结机理,决定了氧化铝陶瓷型芯的结构特征,赋予了其独有的性能特点。

(1) 在配料时,除引入石墨外,没有引入任何其他烧结助剂,因而,型芯纯度很高,与定向共晶合金有优良的化学相容性。

(2) 在气相传质过程中,坯体中心部位的电熔刚玉颗粒粗化,并形成桥颈连接,型芯能在保持 40%~60%(体积分数)连通孔的前提下,获得一定的烧结强度,使型芯气孔率高而烧结强度适当。高气孔率使型芯有良好的退让性,使其可用于浇铸壁厚约 1.5mm 或更薄的涡轮叶片而不会产生热撕裂。如果铸件有足够的壁厚,抵抗热应力的能力较强时,型芯的气孔率有适当降低的空间。型芯的密度低、气孔率高及电熔刚玉颗粒间的桥颈连接使陶瓷型芯有较好的溶出性,能在压力釜中用 KOH 或 NaOH 溶液比较容易地从铸件中脱除。

(3) 型芯的烧结温度接近或者高于定向共晶合金的浇铸温度,具有优良的高温结构稳定性。在共晶合金定向凝固的保温过程中,不会因二次烧结而导致坯体收缩及气孔率下降,既能保证铸件内腔的尺寸精度和形位精度(薄壁铸件的尺寸公差可以达到 0.76mm±0.07mm),又不会影响型芯的溶出性。

(4) 在型芯表面形成的厚 5~100μm 的阻挡层,能有效阻止金属液向型芯坯体的渗透,能保证铸件内腔有光洁的表面。

(5) 使用前必须将型芯在氧化气氛中加热到 900℃以上,将可能残存于型芯坯体中的碳全部烧除,以避免定向共晶合金浇注时金属液可能产生的"沸腾"。

(6) 型芯可用于定向共晶合金的浇注,浇铸温度允许超过 1600℃并可能高达 1850℃,凝固时间允许超过 16h,但是设备投资大、维修费用高、工艺控制难、操作安全性差,难以普遍推广使用。

参 考 文 献

[1] 王零森.特种陶瓷.长沙:中南大学出版社,2005:134.
[2] 胡宝玉,徐延庆,张宏达.特种耐火材料技术手册.北京:冶金工业出版社,2004:62.
[3] 张金升,张银燕,王美婷.陶瓷材料显微结构与性能.北京:化学工业出版社,2007:253.
[4] 徐平坤.刚玉耐火材料.北京:冶金工业出版社,2007:98.
[5] Greskovich C D, de Vries R C. Alumina-based ceramics for core materials:US,4156614. 1979.
[6] Taylor D,Howlett S P,Farr H J,et al. Ceramics compact:US,4495302. 1985.
[7] Borom M P. Magnesia doped alumina core material:US,4102689. 1978.
[8] Huseby I C,Klug F J. Nonstoichiometric MgAl$_2$O$_4$ for casting advanced superalloy materials:US,4189326. 1980.
[9] 曲远方.功能陶瓷材料.北京:化学工业出版社,2003:308.

［10］ Frank G R, Canfield K A, Wright T R. Alumina-based core containing yttria: US, 4837187. 1989.

［11］ Dodds G C, Alexander R A. Ceramic material for use in casting reactive metals: US, 5580837. 1996.

［12］ Huseby I C, Klug F J. Core and mold materials for directional solidification of advanced superalloy materials: US, 4097291. 1978.

［13］ Huseby I C, Klug F J. Mixed oxide compounds for casting advanced superalloy materials: US, 4108676. 1978.

［14］ Huseby I C, Klug F J. Mixed oxide compound NdAlO₃ for casting advanced superalloy materials: US, 4178187. 1979.

［15］ Klug F J, Giddings R A. Core compositions and articles with improved performance for use in castings for gas turbine applications: US, 6345663. 2002.

［16］ 张伟. 氧化铝/氧化硅陶瓷型芯材料的制备技术研究［硕士学位论文］. 济南: 山东大学, 2008.

［17］ 余建波, 王宝全, 曾宇平, 等. 石英含量对刚玉基陶瓷型芯材料性能的影响. 铸造, 2011, 60 (5): 486-488, 492.

［18］ 曹腊梅, 杨耀武, 才广慧. 单晶叶片用氧化铝基陶瓷型芯 AC-1. 材料工程, 1997, (9): 21-23, 27.

［19］ 薛明, 曹腊梅. 单晶空心叶片用 AC-2 陶瓷型芯的组织和性能研究. 材料工程, 2002, (4): 33-34, 37.

［20］ 赵红亮, 楼琅洪, 胡壮麒. 氧化铝/氧化硅纳米复合陶瓷型芯材料的制备与性能. 材料研究学报, 2002, 16(6): 650-654.

［21］ 赵红亮, 翁康荣, 关绍康, 等. 空心叶片用陶瓷型芯. 特种铸造及有色合金, 2004, (5): 38-41.

［22］ 覃业霞, 张睿, 杜爱兵, 等. 粉料粒度对氧化铝基陶瓷型芯材料性能的影响. 稀有金属材料与工程, 2007, 36(增刊 1): 711-713.

［23］ 张睿, 覃业霞, 杜爱兵, 等. 氧化铝纤维对氧化铝基陶瓷型芯材料性能的影响. 稀有金属材料与工程, 2007, 36(增刊 1): 675-677.

［24］ Pasco W D, Klug F J. Method for making porous, crushable core having a porous integral outer barrier layer having a density gradient therein: US, 4221748. 1980.

［25］ Klug F J, Pasco W D, Prochazka S. Alumina core having a high degree of porosity and crushability characteristics: US, 4164424. 1979.

［26］ Greskovich C D, Klug F J, Pasco W D. Process for making a ceramic article having a dense integral outer barrier layer and a high degree of porosity and crushability characteristics: US, 4187266. 1980.

［27］ Klug F J, Pasco W D, Borom M P. Microstructure development of aluminum oxide: graphite mixture during carbothermic reduction. Journal of the American Ceramic Society, 1982, 65(12): 619-624.

第7章 锆基、稀土基陶瓷型芯

钛合金及其他活性金属,如锆、锆合金、铝-锂合金,以及含一定数量钨、碳、镍或钴的定向共晶合金,含一定数量钛、铝、铪、钨的镍基超合金等,具有比强度高、弹性模量高、耐高温、耐腐蚀等优点,在航空、航天、化工、核工业、能源工业、体育用品、人体关节植入物和假肢铸件制造中获得了广泛的应用。但由于钛合金及其他活性金属几乎能与所有陶瓷材料发生反应,因而常用的硅基、铝基陶瓷型芯都难以满足使用要求。目前,国际上用于钛合金及其他活性金属熔模铸造的陶瓷材料主要是 ZrO_2 和 Y_2O_3。

包括铌-硅化物合金在内的许多耐熔金属间化合物具有优良的承高温能力,操作温度达 $1200\sim1700℃$,远高于超合金的极限操作温度 $1100℃$,因而能更好地满足涡轮叶片在高温、高压和高应力条件下使用的苛刻要求,但对空心涡轮叶片铸造使用的陶瓷型芯则提出了更高的要求。稀土氧化物陶瓷型芯,将有望获得成功的应用。在包括15个镧系元素及钪和钇在内的共17个稀土元素中,应用最多的是钇的氧化物,即氧化钇。

7.1 氧化锆陶瓷型芯

7.1.1 氧化锆

1. 物理性能

氧化锆的分子式为 ZrO_2,相对分子质量为 123.2,是由斜锆石(ZrO_2)或锆英石($ZrO_2 \cdot SiO_2$)提炼而来的,高纯的氧化锆粉呈白色,较纯的氧化锆粉呈黄色或灰色。

ZrO_2 在不同温度下以三种不同的晶型存在,即单斜晶、四方晶和立方晶。其转化过程如下:

$$单斜\ ZrO_2 \underset{\approx 1000℃}{\overset{\approx 1200℃}{\rightleftharpoons}} 四方\ ZrO_2 \overset{\approx 2370℃}{\rightleftharpoons} 立方\ ZrO_2$$

三种晶型的密度分别为 $5.65g/cm^3$、$6.10g/cm^3$ 和 $6.27g/cm^3$。图 7-1 所示为 ZrO_2 的相图,当温度升高到约 1200℃时,单斜晶型转化为四方晶型(转变温度受氧化锆中杂质的影响),伴随有 7%~9% 的体积收缩和 5936J/mol 的吸热效应,见图 7-2。冷却过程中约在 1000℃时,由四方氧化锆转变为单斜氧化锆,体积膨胀,见图 7-3。上述过程不但是可逆的,而且速率很快,并存在着多晶转变中常见的滞后现象。

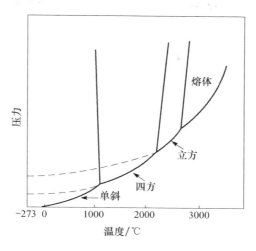

图 7-1 ZrO_2 相图

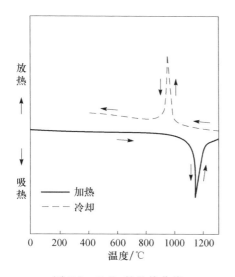

图 7-2 ZrO_2 的差热曲线

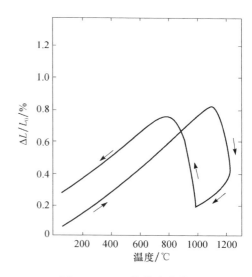

图 7-3 ZrO_2 的热膨胀曲线

氧化锆相转变体积变化很大,因此在加热或冷却过程中会产生很大的应力,引发变形和开裂。为抑制晶型转变,必须采取使氧化锆稳定化的措施。为获得稳定的氧化锆,通常加入质量分数 4%～6% 的氧化钙、氧化镁、氧化钇或氧化铈等,经高温煅烧或电熔,形成部分稳定或全稳定的立方晶型氧化锆固溶体。经稳定化处理的氧化锆作为陶瓷型芯材料,在加热或冷却过程中不再发生相变。钙稳定电熔氧化锆的化学组成及性能分别如表 7-1、表 7-2 所示。

表 7-1　电熔氧化锆粉(一325 目)的化学组成

[单位(质量分数):%]

化学组成		主要元素					其他杂质元素总量
ZrO$_2$	CaO	Zr	Ca	Si	Fe	Al	
≥92	4.0~5.5	69.40	3.66	0.21	0.05	0.05	0.05

表 7-2　电熔氧化锆的性能

耐火度/℃	密度/(g/cm^3)	线膨胀系数(25~1250℃)/(10^{-6}℃$^{-1}$)	热导率/[W/(m·K)]	
			100℃	1000℃
2500	5.6	5.1	19.51	2.29

2. 化学性能

氧化锆具有优良的耐热性,极高的冶金化学稳定性,不与铂、钯、铑等稀贵金属作用,可用做熔炼这些金属的坩埚。氧化锆与金属钛等活性金属液接触时,不易产生 α 层,可用做活性金属熔模铸造材料。

氧化锆的熔点很高,为 2715℃,难以烧结。为降低烧结温度,可在坯料中加入适量助熔剂,如摩尔分数为 0.1%～1% MgO,0.5%～5% CaO,0.5%～5% Y$_2$O$_3$,0.5%～7% Sc$_2$O$_3$,0.5%～15% CeO$_2$,或适量其他稀土氧化物等。氧化锆在氧化气氛中十分稳定,但对还原气氛很敏感,在温度高于 500℃时,被还原为低价氧化物。因此,含氧化锆的陶瓷型芯必须在氧化气氛下烧结。

氧化锆为弱酸性氧化物,不能与酸或碱反应,这是氧化锆陶瓷型芯不能用化学方法脱除的原因。

7.1.2　氧化锆陶瓷型芯的制备及其特性[1,2]

1. 挤塑成型制备氧化锆陶瓷型芯

对于形状比较简单的陶瓷型芯,如用于钛合金高尔夫球杆头铸件的陶瓷型芯,可采用挤塑成型工艺制备。坯料组成如表 7-3 所示,其制备工艺过程如下:

各种物料按配料比称取后,先将氧化锆和锆英砂放入干式混料机内混合。而后将混合均匀的干料放入湿式混料机内,在混合过程中依次加入黏合剂、增塑剂、润湿剂和溶剂,使其充分混合。将混合均匀的湿料放入炼泥机内,炼制 20min 以上,并真空除气。将经过炼制的坯料放入密闭容器中,在 20～30℃的温度下陈腐12～24h,使塑化剂分布均匀,水解反应进行充分,以提高坯料的可塑性。在挤塑成型机中将可塑性坯料挤制成坯条,并切割成所需长度。坯条在 20～30℃下干燥 3～7d 或在 50～80℃温度下干燥 5～24h。将干坯放入高温炉内在 1200～1500℃ 下烧结,烧结周期为 8～14h。当烧结温度为 1400℃ 时,型芯的抗折强度为 6.4MPa,热膨胀系数(400～1400℃)为 10×10^{-6} ℃$^{-1}$。烧结坯体经机加工成为所需形状及尺寸精度的陶瓷型芯。

表 7-3　氧化锆陶瓷型芯坯料组成　　　［单位(质量分数):%］

材料名称	No. 1	No. 2	No. 3	No. 4	No. 5
基体材料:氧化锆	64～96	65～75	85～95	70	90
矿化剂:锆英砂	1.5～15	8～12	2～6	10	4
黏合剂:甲基纤维素、羟甲基纤维素或羟丙基纤维素	0.0007～8	4～6	0.001～2	5	1
溶剂	1.5～12	6～10	2～5	8	3
增塑剂:桐油或花生油	0.0007～5	2～4	0.001～1.5	3	1
润湿剂:干油	0.00007～6	3～5	0.0001～2	4	1

2. 水基注射成型氧化锆陶瓷型芯的制备[3]

注射成型制备氧化锆陶瓷型芯的料浆配方如表 7-4 所示,料浆在温度为 80℃的搅拌桶内配制。注射成型压力 0.4MPa,保压时间 20s,经流水冷却后脱模,型芯坯体在空气中干燥。烧结温度制度为:用 2h 从室温加热到 200℃,保温 3h,用 10h 加热到 1550℃,保温 2h。烧结过程中不需要使用填料,也不需要任何支撑,因为水在低温时就以蒸汽释出而仅留下作为黏合剂的琼脂。坯体烧结密度为 (4.79 ± 0.19) g/cm^3。

表 7-4　氧化锆陶瓷型芯料浆配方

物料名称	用量/g
氧化锆(Zirconia A,Corning Glass Co.)	320
氧化锆(Zircar Products,Inc.)	932
氧化锆(由烷氧基锆水解制备的粉料)	469
氧化钇(Molycorp Inc.)	81
去离子水	432
琼脂(Meer Corp,type S-100)	0.6%～0.8%(质量分数)

3. 氧化锆陶瓷型芯的特性

氧化锆陶瓷型芯的结构致密、表面光洁、尺寸精度高、强度好,在浇铸过程中能抵抗住离心力及金属液的冲刷作用。铸件凝固后,可用传统的钻芯方法把型芯从铸件内取出。检测表明,用于浇铸钛合金时,在铸件一侧,硅、锆元素含量很少,在陶瓷型芯一侧,钛、铝、钒元素含量甚微,铸件和型芯界面处的元素基本无扩散,没有发生明显的界面反应。氧化锆陶瓷型芯既可用于钛合金铸造,也可用于软铁、球墨铸铁及不锈钢等的铸造。

7.2 稀土金属氧化物陶瓷型芯

稀土金属氧化物陶瓷型芯是指在陶瓷料粉中稀土金属氧化物含量至少在50%以上的一类陶瓷型芯,可应用于活性金属及耐熔金属间化合物的浇注。

7.2.1 氧化钇

氧化钇的分子式为 Y_2O_3,相对分子质量为225.8,熔点为2410℃。

氧化钇是由含钇矿物钇土经分解,离子交换,然后由沉淀物草酸钇经加热分解而得的无定形粉料,其分解式为

$$2Y_2(C_2O_4)_3 + 3O_2 =\!=\!= 2Y_2O_3 + 12CO_2 \uparrow \tag{7-1}$$

无定形氧化钇粉比表面积大,活性高,不能直接用做陶瓷型芯原料。在无定形氧化钇粉中,加入15%聚乙烯醇水溶液,充分混合后,在压机上压制成块,干燥后在1700～1800℃下保温4～6h煅烧,则成为氧化钇熟料,其化学组成及理化性能见表7-5。

表7-5 氧化钇熟料的化学组成及物理性能

化学组成(质量分数)/%			物理性能		
Y_2O_3	Fe_2O_3	ZrO_2	体积密度/(g/cm³)	显气孔率/%	吸水率/%
99.26	0.16	0.58	4.00～5.00	2.1～6.6	0.42～1.70

无定形氧化钇在电弧炉熔炼成结晶体后,经破碎筛分,则成为电熔氧化钇粉,电熔氧化钇的化学组成及物理性能分别如表7-6和表7-7所示。

表7-6 电熔氧化钇的化学组成　　　　［单位(质量分数):%］

主要成分	杂质元素					
Y_2O_3	Si	Fe	Mg	Ca	Al	稀土元素
＞99.5	＜0.01	＜0.01	＜0.01	＜0.01	＜0.03	＜0.04

表7-7 电熔氧化钇的物理性能

熔点/℃	密度/(g/cm³)	线膨胀系数(25～1250℃)/(10⁻⁶℃⁻¹)	热导率(100℃)/[W/(m·K)]
2410	4.8	9.7	28.8

白色电熔氧化钇具有很高的强度和较高的密度,加热至1000℃时灼减量小于

1％（质量分数）。在高温下，晶格结构不发生变化。氧化钇不溶于水，但可溶于强酸。

氧化钇在烧结时收缩较小，但难以烧结，为降低烧结温度，可在坯料中添加适量的烧结助剂，如 ThO_2、ZrO_2、HfO_2、MgO 或 $MgAl_2O_4$ 等。作为烧结助剂的 MgO 和 $MgAl_2O_4$，用量范围为质量分数 0.1％～5％。其中，MgO 的最佳用量为 0.3％～1.5％，$MgAl_2O_4$ 的最佳用量为 0.1％～1.0％。$MgAl_2O_4$ 可用两种不同方式添加，一为将预先制备好的 $MgAl_2O_4$ 粉加到坯料中，二为将等摩尔质量的 MgO 和 Al_2O_3 粉直接加到坯料中。按前一种方式加入时，促进烧结的作用更显著。

7.2.2　稀土金属氧化物陶瓷型芯的制备及其特性[4]

1. 稀土金属氧化物陶瓷型芯的制备工艺

1）料浆制备及成型

料浆由陶瓷料粉和塑化剂配制而成。陶瓷料粉包括但不限于氧化钇、氧化铝、铝酸盐、硅酸钇、硅酸铈、硅酸锆、稀土金属硅酸盐和石英玻璃等。在陶瓷料粉中，稀土金属氧化物的含量至少在质量分数 50％以上，一般在 75％以上，最好在 85％以上。常用的稀土金属氧化物为氧化钇、氧化铈、氧化铒、氧化镝、氧化镱等。其中，氧化钇的含量可以为 50％～99％。

塑化剂中包含蜡基合成物、热固性树脂和有机金属液等，有时还含有适量水溶性溶剂或有机溶剂。塑化剂用量约为型芯浆料总体积的 30％～65％。部分塑化剂在烧结前期能转化为金属氧化物。

采用注射成型、传递模成型、凝胶注模成型等工艺，将料浆制成所要求尺寸和形状的陶瓷型芯生坯。

2）烧结

型芯烧结温度为 900～1800℃，烧结时间一般为 15min～10h。烧结时，炉内可以是空气、氮气、氢气、氢气/水汽混合气体、惰性气体（如氩气）等，烧结也可在真空下进行。对于氧化钇含量为 50％～99％的陶瓷型芯，烧结温度为 1200～1700℃。经烧结后，陶瓷型芯的密度一般为理论密度的 35％～85％，最好为理论密度的 50％～75％，而且，务必使型芯有一定数量的连通气孔。

3）浸渍

烧结后的陶瓷型芯，必须进行浸渍处理。可供选用的浸渍材料有氧化硅、氧化铝、稀土金属氧化物、过渡金属氧化物等。其中，稀土金属氧化物包括氧化钇、氧化铈、氧化铒、氧化镝、氧化镱等。过渡金属氧化物包括氧化锆、氧化铪、氧化钛等。浸渍材料也可以是作为金属氧化物前驱体的金属盐，见表 7-8。

表 7-8　　金属氧化物及相应的金属盐

金属氧化物	金属盐
氧化钇	硝酸钇、氯化钇、醋酸钇、硫酸钇
氧化铈	硝酸铈
氧化锆	硝酸锆、环戊二烯基锆盐
氧化铪	氢化铪
氧化铝	氯化铝、硫酸铝、铝酸钾
氧化钛	氯化钛、钛氯氧化物、钛醇化物(如四甲基钛)

浸渍液可以是浸渍材料的胶体溶液。为便于胶体粒子渗入型芯坯体的孔隙中,胶体粒子的平均粒径必须小于陶瓷型芯坯体中气孔通道的尺寸。在陶瓷型芯坯体中,大气孔的通道尺寸为 $0.5 \sim 40 \mu m$,小气孔的通道尺寸为 $0.5 \sim 5 \mu m$。因而一般要求胶体粒径小于 $1 \mu m$,有时要求小于 $0.1 \mu m$。

浸渍液也可以是浸渍材料的水溶液或非水溶液。许多浸渍材料能溶于水、脂肪族乙醇、乙二醇、丙酮、乙酸或其他有机液体介质中。溶液中金属氧化物或金属盐的浓度取决于对被浸渍陶瓷型芯的浸渍要求。

对陶瓷型芯进行浸渍处理时,浸渍时间因陶瓷型芯的尺寸、孔径和组成、浸渍液的组成和类型而不同,一般为 $1min \sim 24h$。有时,可采用先抽真空降低浸渍液沸点,而后再加压以增大浸渍速率的工艺。

在浸渍过程中,与使用胶体溶液相比,使用金属氧化物溶液或金属盐溶液时,浸渍材料向型芯坯体的气孔中渗透的速度更快。而且,金属氧化物渗入气孔内部时不会造成气孔通道的堵塞,这一点,在某些情况下极为重要。

为判别浸渍效果,可将浸渍后的型芯坯体放入真空容器中,如果从型芯坯体中不再释放出气体,表明坯体中的所有孔隙已充满浸渍液。在一般情况下,为浸渍液所充填的孔隙占 80% 以上。

浸渍后的型芯,常用空气吹除表面残液,经干燥后进行二次烧结。

4) 二次烧结

二次烧结的作用是:①将浸渍液中的液相组分全部排除,使型芯坯体中仍然保持足够数量的与表面相连通的开口气孔;②使金属氧化物前驱体分解为金属氧化物颗粒,并与周围的气孔壁发生键合反应,以提供一定的附加强度;③使渗入型芯坯体孔隙中的金属氧化物与陶瓷型芯的基体材料反应生成固溶体,以提高陶瓷型芯与熔融金属的化学相容性。

二次烧结温度为 $1200 \sim 1800℃$,取决于型芯尺寸、坯体材料、加热方式及浸渍材料的类型与粒径等。温度过高,会造成型芯尺寸的变化;温度过低,达不到二次烧结的预期作用。

为确保陶瓷型芯的使用性能要求,必须有足够数量的金属氧化物渗入型芯坯体中,通常将金属氧化物的增重控制在型芯坯体质量的 0.5% 以上,有时控制在 2% 以上。为保证型芯坯体中有足够的金属氧化物增重,浸渍与二次烧结过程有时需要重复二次或二次以上。当然,部分二次烧结过程可以在型壳焙烧与铸型预热时一并进行,但必须注意的是,浸渍与热处理过程既不允许造成型芯的尺寸变化,也不能影响型芯的溶出性能。

2. 稀土金属氧化物陶瓷型芯的特性

(1) 制备过程中更注重对型芯坯体中气孔数量及气孔结构的控制,特别是烧结时连通气孔的数量将直接影响后续的浸渍工序。

(2) 型芯的浸渍及二次烧结,不仅有利于提高型芯的高温强度,更有利于改善型芯与难熔金属间化合物的化学相容性。因此,在选用浸渍材料时,首先考虑对陶瓷型芯的使用要求。例如,当型芯用于浇注活性金属而对化学相容性要求较高时,可选用稀土金属氧化物;当型芯用于浇注含过渡金属元素的合金而要求尽可能能降低过渡元素的损耗时,可选用过渡金属氧化物;当要求型芯能在相对较低的温度下有较高的强度时,可选用氧化硅。

另外,在选用浸渍材料时,还必须考虑浸渍材料与型芯坯体材料之间所发生的反应。例如,在含稀土氧化物的陶瓷型芯中,渗入氧化铝、氧化铪、氧化锆或氧化钛并经过二次烧结后,将分别形成稀土铝酸盐、稀土铪酸盐、稀土锆酸盐或稀土钛酸盐;在含氧化钇的陶瓷型芯中,当渗入材料中氧化硅含量占 50% 甚至 80% 以上时,将生成足量的偏硅酸钇($Y_2O_3 \cdot SiO_2$),其优良的耐火性能和化学不活泼性,将在浇铸涡轮件时发挥重要作用。

7.3 单斜稀土铝酸盐陶瓷型芯[5]

单斜稀土铝酸盐($Re_4Al_2O_9$)陶瓷型芯是一类以稀土氧化物为基体材料,以金属铝为添加料,以单斜稀土铝酸盐和稀土氧化物单质(非化学结合态)为主晶相的陶瓷型芯。单斜稀土铝酸盐包括铝酸钇、铝酸铈、铝酸铒、铝酸镝、铝酸镱及它们的混合物。下面以最为常用的单斜铝酸钇陶瓷型芯为例介绍其制备工艺。

7.3.1 单斜稀土铝酸盐陶瓷型芯的制备

单斜稀土铝酸盐(以铝酸钇为例)陶瓷型芯的坯料组成为质量分数 95%~90% 氧化钇和 5%~10% 金属铝粉。采用常规的陶瓷型芯成型方法成型。型芯的烧结可分为三个阶段:① 85~450℃ 的低温阶段,黏合剂的熔化与排出;② 600~1100℃ 的中温阶段,金属铝的氧化;③ 1200~1800℃ 高温阶段,陶瓷型芯的烧结。

在烧结过程中,金属铝粉被氧化而生成活性较高的氧化铝。由活性氧化铝和氧化钇发生反应所生成的单斜铝酸钇及其他钇的铝酸盐,将在由铝粉被氧化后所留下来的孔隙周围形成一个相对致密的外壳,从而使型芯坯体内在原来金属铝粉的位置上形成了大量的封闭气孔。孔径为 $2 \sim 10 \mu m$。气孔壁的一部分为钇的铝酸盐,另一部分为未反应的氧化钇。

陶瓷型芯经烧结后,主晶相为单斜铝酸钇(YAM)和氧化钇单质,次晶相为钇铝钙钛矿(YAP)和钇铝石榴石(YAG)。两种次晶相的含量分别为主晶相单斜铝酸钇含量的 $20\% \sim 40\%$ 和 $5\% \sim 20\%$。必须注意的是,型芯坯体中作为一种化学组分,氧化铝含量可以达到约 10%,但作为物相,不允许有氧化铝单质存在。

对于组成为质量分数 95% 氧化钇粉、5% 金属铝粉的型芯试样,当烧结温度为 $1200 \sim 1700℃$ 时,其显微结构如图 7-4 所示。图 7-4 中,12 为单质氧化钇,呈白色;14 为单斜铝酸钇,呈灰白色;16 为气孔。

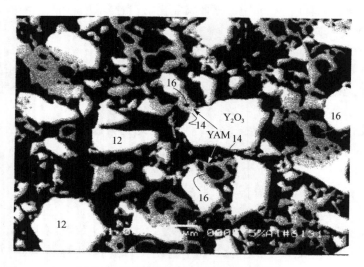

图 7-4　单斜铝酸钇陶瓷型芯的显微结构

当烧结温度为 $1700℃$,保温时间为 $1h$ 时,型芯的烧结收缩为 2.5%,抗折强度为 $10.4MPa$,物相组成如表 7-9 所示。

表 7-9　陶瓷型芯的相组成　　　　　[单位(质量分数):%]

氧化钇	单斜铝酸钇	钇铝钙钛矿	钇铝石榴石	氧化铝
53.8	34.7	10.0	1.5	0.0

当烧结温度为 $1600℃$ 的型芯试样经浓度 69% 硝酸在 $110℃$ 下 4h 溶解后,失

重达 90%,残渣的组成如表 7-10 所示。由表 7-10 可知,单斜铝酸钇相已全部为硝酸所溶解。

表 7-10 陶瓷型芯残渣相组成表 ［单位(质量分数):%］

氧化钇	单斜铝酸钇	钇铝钙钛矿	钇铝石榴石	氧化铝
3	0	64	18	15

次晶相钇铝钙钛矿与钇铝石榴石不溶于酸,因此在陶瓷型芯的相结构中,二相之和不能超过陶瓷相总量的 25%。

7.3.2 单斜稀土铝酸盐陶瓷型芯的特性

(1) 单斜稀土铝酸盐陶瓷型芯与活性金属及耐熔金属间化合物有良好的化学相容性。对于单质氧化钇含量为 25%~75% 的单斜铝酸钇陶瓷型芯,当单斜铝酸钇相的含量大于 10% 时,可用于活性金属的浇注;当单斜铝酸钇相含量大于 40% 时,可用于耐熔金属间化合物的浇注。

(2) 作为主晶相之一的单斜铝酸钇易溶于酸溶液,因此,可供选用的脱芯液有浓度 5%~91% 的硝酸、浓度 2%~37% 的盐酸、浓度 50%~85% 的磷酸、浓度 5%~30% 的硫酸或浓度 30%~90% 的乙酸。最常用的为硝酸或硝酸与磷酸的混合液。

(3) 型芯坯体结构中的封闭气孔不但有利于降低陶瓷型芯的弹性模量,改善型芯的退让性,而且有助于增强溶出性。

7.4 氧化铪-氧化钇陶瓷型芯[6]

氧化铪-氧化钇陶瓷型芯以氧化钇为基体材料,氧化铪为添加料,以氧化钇-氧化铪固溶体为主晶相,铪酸钇($Y_2Hf_2O_7$)为次晶相。可用于铌基、钛基、铪基和锆基等活性金属的浇注。型芯坯料中的氧化钇也可用其他稀土金属氧化物代替。

7.4.1 型芯坯料的化学组成和粒度组成

型芯坯料由氧化钇和氧化铪配制,其中,氧化铪的含量以摩尔分数 1%~30% 为宜。为降低型芯的烧结温度,调节型芯的热膨胀系数,也可适量引入其他稀土金属氧化物。另外,可引入适量在型芯烧结过程中能转化为氧化铪的金属铪或铪化合物。

型芯坯料的粒度组成如图 7-5 所示,最大粒径不能超过 1mm,通常为 0.1~600μm,其中,小于 1μm 的约占 10%,小于 200μm 的或更细的占 90%。较好的粒径为 5~100μm，更好的粒径为 10~70μm。

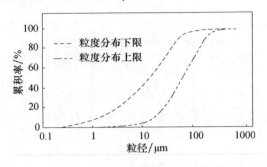

图 7-5　型芯坯料的粒度组成范围

7.4.2　型芯坯体的相组成及对性能的影响

氧化铪-氧化钇陶瓷型芯以氧化铪-立方氧化钇固溶体为第一相，以立方铪酸钇为第二相。其中，铪酸钇比氧化铪-氧化钇固溶体对活性金属的反应活性更小，这是氧化铪-氧化钇陶瓷型芯比纯氧化钇型芯更适合于浇注活性金属的原因。但铪酸钇在硝酸溶液中可溶性差，因而，铪酸钇相的含量不宜过高。

图 7-6 所示为氧化铪-氧化钇相图，图中 1#、2#、3# 试样的氧化铪含量分别为摩尔分数 67%、50%、12%。如图 7-6 中箭头所示，试样的可溶性随氧化铪含量增大而降低。试验表明，经 1700℃ 烧结的型芯试样，其密度为理论密度的 50%~70%，烧结强度大于 10MPa，在 110℃ 的 69% 硝酸溶液中，三个试样的可溶性明显不同。其中，以氧化铪-氧化钇固溶体为主晶相的 3# 试样可溶性最好，在 9min 内全部溶解；以立方铪酸盐为主晶相的 1# 试样可溶性最差，仅稍微溶解；而 2# 试样可溶性居中。图 7-7 和图 7-8 所示分别为 2# 和 3# 试样的显微结构形貌。

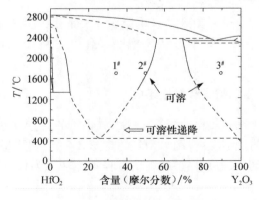

图 7-6　氧化铪-氧化钇相图

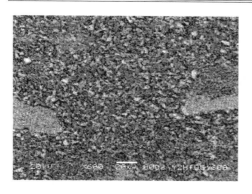

图 7-7　2# 型芯试样显微结构

图 7-8　3# 型芯试样显微结构

7.4.3　氧化铪-氧化钇陶瓷型芯的特性

（1）对于熔点高，化学活性强的铌硅合金等活性金属的浇注，既不能使用普通的氧化硅和氧化铝型芯，也不能使用纯氧化钇型芯，而氧化铪-氧化钇型芯则与铌硅合金等强活性金属有优良的化学相容性，浇注时界面反应小。

（2）型芯的热膨胀系数与活性金属的热膨胀系数较接近，而且可以采用与制备型芯组成相同的烧结料制备型壳。因而，型芯、型壳和金属三者间的热胀匹配性好。

（3）当坯料组成含摩尔分数 1% ～ 30% 氧化铪时，型芯在硝酸溶液中有良好的溶出性。

参 考 文 献

[1] 彭德林,王蔚,胡声林,等. 钛合金高尔夫球杆头铸件氧化锆陶瓷型芯:中国,10043667.6. 2004.

[2] 彭德林,王蔚. 钛合金精密铸造陶瓷型芯. 铸造,2006,(10):1082-1084.

[3] Fanelli A J, Silvers R D. Process for injection molding ceramic composition employing an agaroid gell-forming material to add green strength to a preform:US,4734237. 1988.

[4] Bewlay B P,Klug F J. Rare earth-based core constructions for casting refractory metal composites,and related processes:US,7610945. 2009.

[5] Bewlay B P,Bancheri S F,Klug F J. Ceramic cores for casting superalloys and refractory metal composites and related processes:US,7946335B2. 2011.

[6] Bancheri S F,Klug F J,Bewlay B P. Hafnia-modified rare-earth metal-based ceramic bodies and casting processes performed therewith:US,7845390. 2010.

第8章　镁基、钙基及其他陶瓷型芯

8.1　氧化镁陶瓷型芯

氧化镁陶瓷型芯是以 MgO 为主成分，以化学纯氧化镁为基体材料，以方镁石为主晶相的陶瓷型芯。

8.1.1　氧化镁的性能[1]

1. 物理性质

氧化镁的分子式为 MgO，相对分子质量为 40.3，唯一的晶相为方镁石。方镁石属立方晶系，NaCl 型结构。晶体中的质点以离子键相结合，离子间静电引力大，晶格能高达 3935kJ/mol，故熔点高，达 2800℃，硬度较大，莫氏硬度为 6。方镁石的晶格常数随煅烧温度的升高而减小，真密度随煅烧温度的升高而增大。充分烧结的方镁石晶格常数为 0.42nm，真密度为 3.61g/cm³。在 20~1000℃时平均热膨胀系数为 $13.5 \times 10^{-6}℃^{-1}$；在 100~1000℃时热导率为 35~7W/(m·K)，由于方镁石的热膨胀系数大，热导率较低，抗热震性极差。

方镁石虽然熔点很高，但具有较高的蒸气压，当温度超过 1800℃时，便可产生升华现象。所以氧化镁的使用温度在氧化气氛中限制在 2200℃以下，在还原性气氛中限制在 1700℃以下。在真空中因容易挥发，最高使用温度限制在 1600~1700℃。

2. 化学性能

氧化镁为弱碱性耐火氧化物，对酸性物质的抵抗力差，能溶解于弱酸，但几乎不被碱性物质所侵蚀。氧化镁对碱性熔渣及多种金属熔体有很强的抗侵蚀能力，铁、镍、铀、钍、锌、铝、锰、钼、镁、铜、钴、铜-硼合金等都不与氧化镁发生反应。但在高温下氧化镁能与多种氧化物反应，例如：

（1）氧化镁与二氧化硅可以形成熔点分别为 1890℃ 和 1557℃ 的橄榄石（$2MgO \cdot SiO_2$）和顽火辉石（$MgO \cdot SiO_2$），反应分别为

$$2MgO + SiO_2 \longrightarrow 2MgO \cdot SiO_2 \tag{8-1}$$

$$MgO + SiO_2 \longrightarrow MgO \cdot SiO_2 \tag{8-2}$$

低共熔相的形成既影响耐高温性能,又影响水溶性,这是氧化镁中 SiO_2 杂质含量必须严格控制的原因,也是氧化镁陶瓷型芯不能直接与型壳材料接触的原因。

(2) 氧化镁和氧化铝可以形成熔点为 2135℃ 的镁铝尖晶石。这是提高氧化镁制品抗热震性的途径之一,但也是造成合金液中形成镁铝尖晶石夹杂的原因,其反应为

$$MgO + Al_2O_3 === MgO \cdot Al_2O_3 \tag{8-3}$$

(3) 氧化镁与氧化钛可以形成熔点为 1850℃ 的 $MgO \cdot TiO_2$ 和熔点为 1680℃ 的 $MgO \cdot 2TiO_2$。因此,二氧化钛可以作为氧化镁烧结的助熔剂,而且也可借此提高氧化镁的抗水化性能,其反应分别为

$$MgO + TiO_2 === MgO \cdot TiO_2 \tag{8-4}$$
$$MgO + 2TiO_2 === MgO \cdot 2TiO_2 \tag{8-5}$$

(4) 氧化镁与氧化铁可以形成镁铁尖晶石($MgO \cdot Fe_2O_3$),反应温度为600~1000℃。因此,Fe_2O_3 对改善氧化镁的初期烧结有一定的作用,其反应为

$$MgO + Fe_2O_3 === MgO \cdot Fe_2O_3 \tag{8-6}$$

(5) 氧化镁与氧化铬可以形成两种镁铬尖晶石,一种是熔点为 2235℃ 的 $MgO \cdot Cr_2O_3$,另一种是熔点为 2290℃ 的 $MgO \cdot 2Cr_2O_3$,其反应分别为

$$MgO + Cr_2O_3 === MgO \cdot Cr_2O_3 \tag{8-7}$$
$$MgO + 2Cr_2O_3 === MgO \cdot 2Cr_2O_3 \tag{8-8}$$

(6) 氧化镁与氧化钙的共熔点为 2370℃,虽然共熔点温度很高,但随着氧化钙含量的增加,氧化镁的抗水化性能降低。

(7) 氧化镁很容易被碳还原成金属镁。在空气中,金属镁立即与空气中的氧反应形成白色氧化镁浓烟。

尽管氧化镁本身的生成自由能负值很大,但 Mg 的蒸气压很高,因此仍能和合金中的部分元素反应[2],例如:

$$3MgO(s) + 2Al(l) === Al_2O_3(s) + 3Mg(l,g) \tag{8-9}$$
$$2MgO(s) + Ti(l) === TiO_2(s) + 2Mg(l,g) \tag{8-10}$$
$$3MgO(s) + 2Cr(l) === Cr_2O_3(s) + 3Mg(l,g) \tag{8-11}$$

其中部分反应产物如 Al_2O_3 和 Cr_2O_3 会与 MgO 进一步反应生成镁铝尖晶石和铬铝尖晶石。

另外,氧化镁的抗水化学稳定性很低,极易与水或大气中的水分发生如下水化反应:

$$MgO + H_2O === Mg(OH)_2 \tag{8-12}$$

并伴随 53% 的体积膨胀效应。所生成的 $Mg(OH)_2$ 在高温下会重新分解,并由于体积收缩而导致微裂纹的形成及强度的下降。因此,对氧化镁陶瓷型芯必须作防水处理。

8.1.2　镁质陶瓷型芯原料

1. 化学纯氧化镁

多种含镁矿石如菱镁矿（$MgCO_3$）、水镁石[$Mg(OH)_2$]、白云石（$MgCO_3 \cdot CaCO_3$）、光卤石（$MgCl_2 \cdot KCl \cdot 6H_2O$）、水氯镁石（$MgCl_2 \cdot 6H_2O$）、硫酸镁（$MgSO_4 \cdot H_2O$）等，经过酸、碱化学处理去除杂质后，制成各种镁盐。各种镁盐经加热分解制成化学纯氧化镁。国产化学纯氧化镁料的化学成分见表 8-1。

表 8-1　国产化学纯氧化镁的化学成分 ［单位（质量分数）：%］

产地	MgO	SiO_2	Al_2O_3	Fe_2O_3	CaO	TiO_2	MnO_2
沈阳	99.56	0.26	0.10	0.03	0.23	0.03	0.002
上海	99.40	0.32	0.08	0.14	0.14	0.03	0.003
锦州	99.40	0.16	0.08	0.04	0.32	0.03	0.005

2. 烧结镁砂

菱镁矿经 1000℃ 煅烧即可获得轻烧镁砂（又称轻烧镁石或苛性镁石），由于晶体缺陷多，活性极高，极易水化，不宜直接作为型芯材料使用。轻烧镁砂经 1650℃ 煅烧，晶体缺陷减少，晶格排列紧密，活性降低，抗水化能力提高，称为烧结镁砂，是镁质耐火材料的主要原料。

3. 电熔镁砂

电熔高纯镁砂在三相电弧炉中熔制，为透明状或半透明状晶体，最小晶粒为 $360\mu m$，最大晶粒为 $1400\mu m$，真密度 $3.613g/cm^3$。洛阳耐火材料研究院生产的电熔高纯镁砂的化学成分因原料来源不同而有所不同，见表 8-2。

表 8-2　洛耐院高纯电熔镁砂化学成分 ［单位（质量分数）：%］

原料来源	MgO	SiO_2	Al_2O_3	Fe_2O_3	CaO	MnO_2
锦州料	99.50	0.25	0.20	0.03	0.029	0.0025
上海料	99.67	0.17	0.12	0.03	0.013	0.0015
玛瑙研磨机细粉料	99.25	0.25	0.06	0.06	0.260	—
瓷球磨机细粉料	98.77	0.46	0.11	0.11	0.690	—

8.1.3　氧化镁陶瓷型芯的制备

对于陶瓷型芯基体材料氧化镁料的选择，必须详细考查其制备工艺、杂质含量、矿相结构以及烧结性能和水化性能等，必要时应通过试验以做出最佳的选择。例如，电熔氧化镁由于方镁石发育十分完善，化学活性很小，水化速率很低，脱芯较困难，其烧结和水化的综合性能较差，不宜选用。轻烧氧化镁由于密度小、烧结收缩大,难以控制陶瓷型芯的尺寸,也不宜选用。化学纯氧化镁方镁石发育不完善,晶粒十分细小,化学活性大,能很好地溶解于弱酸水溶液中,因此,具有较好的烧结和水化性能,可用做制备氧化镁陶瓷型芯的原料。

氧化镁陶瓷型芯可采用传递模成型、注射成型、灌浆自硬成型等方法制备。

1. 传递模成型氧化镁陶瓷型芯[3]

1) 料浆组成

氧化镁陶瓷型芯传递模成型用料浆组成如表 8-3 所示。其中,氧化镁的粒径最好为 25~150μm,粒径太细时不易润湿,粒径太粗时难以保证铸件质量。作为热塑性或热固性树脂,可以是聚苯乙烯、聚乙烯、聚乙二醇、酚醛树脂或聚乙烯醇等。

表 8-3 氧化镁陶瓷型芯料浆配方表   (单位:g)

材料名称	作用	No. 1	No. 2	No. 3
氧化镁	基体材料	400	400	400
氟化镁	助熔剂	—	7.2	—
聚苯乙烯	黏合剂	70	4	100
乙醚酮	溶剂	200	—	200
二甲苯		—	240	—
硬脂酸	脱模剂	30	36	70
氟化锂(或矿物油)	润滑剂	3.6		3.6

2) 料浆配制

先将聚苯乙烯溶于乙醚酮或二甲苯中,再加入硬脂酸、矿物油等组分,最后加入氧化镁和氟化镁等,经充分搅拌,使粉料颗粒完全被润湿,而后置于真空室中,使溶剂完全挥发。

3) 成型

将树脂-氧化镁混合料放入传递模成型机的料桶中,以 69~138MPa 的压力将料浆注入模具中。料浆固化后,取出型芯坯体。

4) 脱脂与烧结

将型芯坯体放置于定形耐火模中,按表 8-4 所示的升温制度在空气中缓慢加热,使树脂和润滑剂等受热分解脱除而在型芯坯体中留下孔隙。如升温速率过快,气体逸出时可能会使部分氧化镁颗粒移动而影响坯体结构的完整性。待型芯中来源于树脂和润滑剂的碳质材料全部脱除后,快速升温至(1315±166)℃,保温 11h,使型芯既有一定的烧结强度而又不产生明显的烧结收缩。

表 8-4 脱脂升温制度表

保温温度/℃	176	204	260	288	371	399	454
保温时间/h	15	8	15	8	64	8	2

作为助熔剂加入的氟化镁,除能降低型芯的烧结温度以外,还能与存在于氧化镁中的痕量铁或硅反应而使其逸出,使型芯的纯度提高。其实,作为润滑剂加入的氟化锂,在烧结过程中也能起到与氟化镁相同的作用。研究认为,锂的卤化物及氯化镁、氧化硼都具有烧结助熔剂的作用。

2. 灌浆自硬成型氧化镁陶瓷型芯[4]

将组成为质量分数 12%～30%氯化镁($MgCl_2 \cdot 6H_2O$)和 60%～80%氧化镁粉配制成的水基料浆,注入塑料或橡胶模中,料浆组分经反应生成复杂的氯氧化镁水泥,待料浆硬化至具有足够的刚性后,形成由氯氧化镁水泥胶结而成的氧化镁型芯坯体。脱模后的型芯坯体经 1204～1482℃焙烧,氯氧化镁被氧化为氧化镁,烧制成氧化镁型芯。例如,可以将 167g 氯化镁溶于 100g 水中,配制成氯化镁水溶液。按 50g 氯化镁水溶液中加入 150g 氧化镁的比例配制料浆。料浆经浇注自硬成型后,并经 1482℃下焙烧,制成氧化镁陶瓷型芯。

8.1.4 氧化镁陶瓷型芯的特性

(1)氧化镁高温化学稳定性好,与合金液的化学相容性优于二氧化硅和氧化铝,能承受高达 1540～1650℃的浇铸温度。可用于超合金的非定向凝固、定向凝固及单晶铸造,可用于真空、非真空条件下不锈钢、铸钢等的铸造,也可用于含有质量分数 0.5%～3.0%铪的 B-1900 和 MarM200 的定向凝固合金的浇注。

(2)氧化镁的热膨胀与合金的热膨胀很接近,热胀匹配性好,见图 8-1。因此,氧化镁型芯可用于浇铸内腔形状极为复杂的薄壁铸件而不易产生热裂缺陷。

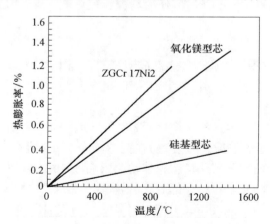

图 8-1　氧化镁陶瓷型芯与合金的热膨胀[5]

(3)氧化镁陶瓷型芯能溶于热水,更易溶于有机酸,如乙酸,很容易用非腐蚀性介质将其从铸件的窄小孔隙中脱除,因而也适用于铝合金等轻合金铸件的精密铸造。

（4）在氧化镁型芯与型壳材料直接接触的表面会产生低共熔相,因此,型芯表面必须浸涂一层粒径小于 $100\mu m$ 的氧化锆料浆。

（5）氧化镁陶瓷型芯的抗热震性差,因此,送入真空浇注室之前的铸型必须预热到比合金熔点高 56℃以上的温度。浇注前,合金液必须在比其熔点高 56～139℃的温度下经短时间保温,否则可能导致断芯。

8.2　氧化钙及其他钙基陶瓷型芯

8.2.1　氧化钙的性能及其制备

1. 氧化钙的性能

氧化钙的分子式为 CaO,相对分子质量为 56.1,熔点为 2570℃,莫氏硬度 6,真密度 $3.32g/cm^3$,20～1700℃平均线膨胀系数 13.85×10^{-6},100～1000℃时的导热系数 14～7W/(m·K)。

据研究[6],在 1500℃时,一些氧化物生成自由能（负值）的绝对值大小的顺序为 $CaO>HfO_2>ZrO_2>Al_2O_3>MgO>TiO_2>SiO_2>Cr_2O_3$。可见,氧化钙在热力学上是最稳定的氧化物之一,与各种熔融金属几乎不发生反应。氧化钙属碱性耐火氧化物,抗碱性炉渣和金属液侵蚀的能力强。

氧化钙的晶相为方钙石,属四方晶系,NaCl 型结构,钙离子位于氧离子的八面体空隙中,晶格常为 0.4797nm,因晶格结构较为疏松而易于水化。氧化钙与水蒸气发生如下反应:

$$CaO(s) + H_2O(g) \Longrightarrow Ca(OH)_2(s) \qquad (8\text{-}13)$$
$$\Delta G = -109.35 + 0.14T$$

只要温度低于 781K,反应就能自发向右进行,同时伴随体积膨胀。氧化钙及其制品在大气中稳定性低,例如,烧结氧化钙熟料只能存放约 100h。对于以电熔氧化钙颗粒制备的耐火砖,经过 1780℃高温焙烧,再包覆防水防潮的聚乙烯薄膜,存放时间也只能延长到 3～4 月。

为提高氧化钙制品的抗水化学稳定性,通常采用两类方法[7]:一是引入氧化物添加剂,如 MgO、Fe_2O_3、Al_2O_3、Cr_2O_3、SiO_2、ZrO_2、TiO_2 和稀土氧化物等,或引入盐类添加剂,如 $CaCl_2$、$MgCl_2$、$Ca(NO_3)_2$ 等;二是进行表面处理,用无水有机物或抗水性无机薄膜包裹。

2. 氧化钙的制备

制备氧化钙的原料有天然高纯的石灰石、大理石、方解石、白垩,还有经过工业

加工的碳酸钙原料。碳酸钙的理论分解温度为 850℃,实际达到完全分解的温度为 1200℃,反应式如下:

$$CaCO_3 = CaO + CO_2 \uparrow \qquad (8\text{-}14)$$

氧化钙的化学组成示于表 8-5。

表 8-5　氧化钙的化学组成　　　　　[单位(质量分数):％]

氧化钙种类	CaO	CaCO₃	Cl⁻	Fe²⁺	SO₄²⁻	总氮量	不溶于酸物
分析纯	97.5	1.0	0.005	0.015	0.01	0.05	0.015
化学纯	93.0	3.0	0.015	0.03	0.05	0.10	0.03

1) 烧结氧化钙砂

将生石灰破碎、压球,经 1700℃以上高温焙烧,制成氧化钙砂。经 1870℃高温烧结的氧化钙砂的显气孔率为 6％。

2) 电熔氧化钙砂

以大理石、石灰石或生石灰(轻烧氧化钙)为原料,在三相电弧炉中电熔制成氧化钙砂。由大理石电熔制成的氧化钙砂的体积密度为 $3.34g/cm^3$。

8.2.2　氧化钙陶瓷型芯的制备工艺及其特性[8]

1. 氧化钙陶瓷型芯的制备及其使用

氧化钙陶瓷型芯以工业碳酸钙为原料,以方钙石为主晶相。型芯的 CaO 含量至少为质量分数 50％,其余原料包括:为降低型芯烧结温度而添加的助熔剂,如 MgO、SrO、BaO 等高熔点氧化物;为调整型芯水溶性且不溶于水的耐火材料,如 MgO、ZrO_2、$CaO\text{-}Al_2O_3$ 或 $MgO\text{-}Al_2O_3$ 质材料等。

型芯采用冷压或热压成型工艺制备。采用热压成型时,模具材料为石墨,成型在真空中进行,温度为 1400℃,压力为 34.5MPa,热压时间为 30min。

型芯密度一般控制在理论密度的 70％～100％。对于密度为理论密度 70％～85％的低密度氧化钙型芯,为降低型芯在运输与储存过程中的水化速率,必须在型芯表面施加有机防水涂层,如醋酸纤维、聚苯乙烯等。在浇注前须经加热除去有机材料。

高密度的氧化钙型芯不但强度高,而且表面没有施加防水涂层的必要。为弥补因密度高而造成对脱芯速率的影响,可在型芯坯料中添加适量水溶性比 CaO 更好的 SrO、BaO 等。当然,添加料的熔点不能低于 1800℃,并且不会与超合金发生界面反应。

氧化钙型芯可用于组成为 15.0％Cr、15.3％Co、4.4％Mo、3.4％Ti、4.3％Al、0.02％B,其余为 Ni 的镍基超合金的真空浇注,浇注温度为 1550℃。金相显微镜检验表明,型芯材料没有与金属液发生反应。由热压成型工艺制备的气孔率为

15%的氧化钙型芯,可用于组成为 25.5%Cr、10.5%Ni、7.5%W、2.0%Fe、0.5%C,其余为 Co 的钴基超合金的浇注。浇注在大气中进行,温度为 1600℃。

2. 氧化钙陶瓷型芯的特性

(1) 熔点高,高温化学稳定性好,浇铸时不会与金属液发生反应,可用于超合金、铝合金的浇注。

(2) 热膨胀系数高,与超合金的膨胀系数($17.1\times10^{-6}℃^{-1}$)接近。金属液凝固时能与金属同步收缩,能避免由于应力产生的热撕裂。

(3) 易溶于热水,脱芯速率快,不会对铸件造成任何损伤。

8.2.3　磷酸钙陶瓷型芯[9]

磷酸钙陶瓷型芯是一类以易溶于硝酸水溶液的磷酸钙 $Ca_3(PO_4)_2$ 为可溶性组分,以其他耐火材料,如氧化镁、氧化铝、硅酸锆、氧化硅、锆石、莫来石、煅烧高岭土、硅线石等为添加料的陶瓷型芯,多用于铝或铝合金的浇注。

坯料中磷酸钙含量为质量分数 100%~20%,其他添加料可高达质量分数 80%。磷酸钙的来源有经煅烧或不经煅烧的化学沉积磷酸钙、煅烧骨灰、煅烧菱镁矿、煅烧羟基磷酸钙等。

磷酸钙陶瓷型芯的主要制备工艺参数如表 8-6 所示,表中括号内的数据为料粉平均粒径。主要性能如表 8-7 所示,表中的溶出时间指铝或铝合金铸件内的试样在 50%硝酸水溶液中溶出的时间。

表 8-6　磷酸钙陶瓷型芯的制备工艺参数

编号	坯料组成(质量分数)/%	成型方法	烧结制度
No. 1	煅烧化学沉淀磷酸钙(4.1μm)100	注射	1250℃/2h
No. 2	煅烧化学沉淀磷酸钙(4.1μm)70,铝质材料(100 目 B. S. 筛)30	压制	1190℃/0.5h
No. 3	煅烧化学沉淀磷酸钙(0.5μm)40,煅烧菱镁矿(1.1μm)60	压制	1190℃/0.5h
No. 4	煅烧化学沉淀磷酸钙(0.5μm)20,骨灰(11.3μm)80	挤塑	1250℃/2h

表 8-7　磷酸钙陶瓷型芯的性能

编号	抗折强度/MPa	体积密度/(g/cm³)	烧结收缩/%	溶出时间/h
No. 1	7.6	1.78	2	1
No. 2	3.5	1.89	0.4	1
No. 3	4.1	1.62	4	1
No. 4	8.3	1.98	1.6	2

8.2.4　三元氧化钙基陶瓷型芯[10]

三元氧化钙基陶瓷型芯是一类以熔点 1584℃的铝方柱石($2CaO \cdot Al_2O_3 \cdot$

SiO_2，C_2AS）或熔点 1553℃的钙长石（$CaO \cdot Al_2O_3 \cdot 2SiO_2$，$CAS_2$）为主晶相的易溶陶瓷型芯，能溶于水和稀盐酸，可用于铝合金的浇注。其制备工艺要点为将碳酸钙、石英玻璃和氧化铝粉按摩尔比配料，经球磨混合并压制成料粒，在 1371～1454℃煅烧 2h 以上，以形成铝方柱石或钙长石。对于配料中 CaO 组分的引入，最合适的原料是碳酸钙，也可选用铝酸三钙（$3CaO \cdot Al_2O_3$）或氧化钙。但氧化钙易吸潮，操作困难；对于配料中的 SiO_2 和 Al_2O_3 组分的引入，除选用石英玻璃粉和氧化铝外，也可由铝硅质耐火材料如莫来石引入。

将经煅烧的混合料在充氩气的干燥箱中破碎并球磨成小于 100 目的料粉。在料粉中加入黏合剂与润滑剂，制成适合于挤塑成型或压制成型用的坯料。经成型后的型芯坯体在 1260～1454℃烧结至少约 2h，以获得所要求的烧结程度，满足收缩率、气孔率和强度等要求。

当配料组成为 2mol 氧化钙、1mol 氧化硅和 1mol 氧化铝时，型芯的主晶相为铝方柱石，型芯的性能如表 8-8 所示，表中，溶解度系指在 82℃普通盐酸中 6h 的溶解量。

表 8-8　三元氧化钙基（C_2AS）陶瓷型芯的性能

密度/(g/cm³)	抗折强度/MPa	热膨胀系数/℃⁻¹	溶解度/%
2.13±0.03	>34.5	4.0×10⁻⁶	70.0±5.0

8.3　氧化锌陶瓷型芯[11]

氧化锌（ZnO），相对分子质量为 81.4，白色粉末状，密度 5.6g/cm³，熔点约 1976℃，1800℃时升华，线膨胀系数 7.0×10^{-6}℃$^{-1}$。

8.3.1　氧化锌陶瓷型芯的制备工艺

作为基体材料的氧化锌，可选用当量直径 0.4～0.8μm，纯度 99.8% 的化妆品级氧化锌或当量直径 2～5μm，纯度 99.4% 的陶瓷级氧化锌。前者纯度高，反应性好，后者成形易，烧结收缩小。在某些情况下，两种氧化锌料可混合使用。坯料中氧化锌含量为 60%～100%。

作为添加料，可选用锆英砂。锆英砂能降低型芯的收缩，但在型芯的烧结过程中，会与氧化锌发生如下反应生成硅锌矿（Zn_2SiO_4）：

$$2ZnO + ZrSiO_4 \Longrightarrow Zn_2SiO_4 + ZrO_2 \qquad (8-15)$$

硅锌矿的生成，导致型芯坯体中水溶性氧化锌数量的减少。为保证氧化锌陶瓷型芯有足够高的溶出性，型芯中必须有不低于 50% 的未反应氧化锌构成连续的结构网络。因此,坯料中锆英砂的用量不宜过高。另外,坯料中的锆英砂必须分散均匀,否则在烧结时会聚结成块,脱芯时难以从内腔中排出。

作为成孔剂,可选用木屑、粉末状有机料或其他纤维料。成孔剂对于调整控制型芯的烧结收缩、热膨胀、气孔率和硬度有明显的作用,但加入量不宜过多。

坯料中塑化剂的种类及用量因成型方法不同而异。干压或等静压成型时,加入 2%~5%淀粉、聚乙烯醇等;挤塑成型时,加入 4%~7%的黏合剂及水;注射成型时,加入 17%~25%热塑性树脂。

在制备坯料时,将氧化锌和锆英砂在球磨机中球磨至所要求的粒度后,与塑化剂、成孔剂等在混料机中混合均匀,以备成型之用。

型芯的烧结在氧化气氛下进行,烧结温度为 800~1350℃。烧结温度越高,型芯吸水率越小,硬度越大。在烧结过程中,氧化锌与锆英砂间的反应越明显,对型芯性能的影响越大。需要对经烧结的型芯进行精修时,可用磨料整形加工。

对于坯料配方如表 8-9 所示的试样,成孔剂及烧结温度对挤塑成型型芯性能的影响见表 8-10,其中溶解试样的溶液为温度 95~98℃,浓度 20%的乙酸水溶液。

表 8-9　氧化锌陶瓷型芯坯料配方　　　　　　　　　　　（单位:份）

试样编号	氧化锌	木屑	谷物淀粉	微晶石蜡乳液	水
No. 1	100	—	3	2	12
No. 2	95	5	3	2	12
No. 3	90	10	3	2	12

表 8-10　成孔剂及烧结温度对型芯性能的影响

烧结温度/℃	试样形状	No. 1					No. 2					No. 3				
		外径/mm	内径/mm	吸水率/%	质量/g	溶解时间/min	外径/mm	内径/mm	吸水率/%	质量/g	溶解时间/min	外径/mm	内径/mm	吸水率/%	质量/g	溶解时间/min
900	管	4.6	1.8	4.5	4.2	25	4.7	1.8	9.0	3.4	13	4.7	1.8	20	2.8	15
—	棒	5.4	—		6.7	62	5.6	—		5.4	30	5.7	—		4.4	25
1000	管	4.4	1.6	1.0	4.2	18	4.5	1.7	4.7	3.4	12	4.5	1.7	10	2.8	17
—	棒	5.2	—		6.8	63	5.2	—		5.3	20	5.2	—		4.3	25
1100	管	4.4	1.6	<0.1	4.2	21	4.4	1.6	2.0	3.4	13	4.3	1.6	7	2.8	19
—	棒	5.1	—		6.6	57	5.1	—		5.4	17	5.0	—		4.4	30

当烧结保温时间为 6h 时,添加料及烧结温度对试样在 20%热乙酸溶液中溶解性的影响见表 8-11。

表 8-11　坯料组成及烧结温度对型芯溶解性的影响

坯料组成(质量分数)/%		烧结温度/℃		
锆英砂	氧化锌	900	1000	1100
75	25	全溶	全溶	不溶
50	50	全溶	全溶	不溶
25	75	全溶	全溶	全溶

8.3.2　氧化锌陶瓷型芯的特性

(1) 氧化锌陶瓷型芯能为酸或碱的水溶液所溶出。例如,脱芯液可以是浓度 10%～20% 的硫酸、硝酸、盐酸、磷酸或乙酸水溶液,也可以是浓度 33% 的氢氧化钾或氢氧化钠水溶液。

(2) 氧化锌陶瓷型芯可用于青铜、黄铜、银、铝、铅等的浇注。

8.4　硅酸锆陶瓷型芯

硅酸锆陶瓷型芯是以氧化锆和氧化硅为主要成分,以锆英砂为主要原料,以锆英石为主晶相的陶瓷型芯,多应用于超合金、碳钢或合金钢的浇注。

8.4.1　锆砂

锆砂又称锆英石或硅酸锆,作为原料,常称为锆砂或锆英砂,作为矿物相,常称为锆英石。

1. 锆砂的组成及其物理性质

锆砂的分子式为 $ZrO_2 \cdot SiO_2$ 或 $ZrSiO_4$,相对分子质量为 183.2,理论组成为质量分数 67.2% ZrO_2,32.8% SiO_2。锆砂是由酸性火成岩风化并沉积而成的一种天然矿物原料,常见的伴生矿物有石英、铝矾土、独居石、钛铁矿、金红石、石榴石等。锆砂中常含有 0.5%～3.0% HfO_2,0.0～2.0% TiO_2 和微量稀土氧化物,因而带有微量的放射性。锆砂的外观颜色不一,有红褐、红紫、棕黄、淡黄、浅灰,亦有完全无色。

为提高原矿品位,可用浮选及多级重力分离等方法去除大部分伴生矿物,用强力磁选去除独居石,用酸洗去除 Th、P、K、Na、Ca、Mg 等的氧化物,并通过煅烧去除有机物和结构水。经处理的精矿砂粒度为 0.1～0.2mm。为便于调整粒度组成,通常要预先煅烧或高温熔融成锆英石熟料团块,即将部分精矿砂与部分磨细的锆砂粉混合,添加暂时性黏合剂制成料球,在 1500～1700℃ 下煅烧成密实团块。煅烧时,锆砂从 900℃ 开始收缩,约到 1350℃ 收缩终止,继续升温反而有所膨胀,在

1700℃以后又急剧收缩。煅烧后致密度可提高到 3.5g/cm³。以细粉料生产纯硅酸锆型芯时,可直接将精矿砂在 1450℃煅烧,经急冷使其疏松,然后再磨细、筛分,备用。锆砂的化学组成因原料产地及加工工艺的不同而有较大的差别,如表 8-12 所示。

表 8-12 锆砂化学组成 [单位(质量分数):%]

来源	ZrO_2	SiO_2	TiO_2	Al_2O_3	Fe_2O_3	CaO	MgO	R_2O	灼减
沈阳阿斯创公司	65.62	32.02	0.12	—	0.07	—	—	—	0.53
湛江稀土公司	62.50	32.23	1.98	0.81	0.46	0.48	0.58	—	0.25
澳大利亚(东部)	67.2	32.28	0.08	0.25	0.07	0.01	0.01	0.02	0.15
澳大利亚(西部)	65.37	33.42	0.29	0.62	0.06	0.05	0.05	0.08	0.24
南非	65.43	—	0.05	0.17	0.29	—	—	—	—
日本	98.90		0.13	0.40	0.06	—	—	—	—
美国	62,50	35.00	1.75	0.12	0.10	0.10	0.10	0.05	—

锆英石是 ZrO_2-SiO_2 二元系统中唯一的二元化合物,属正方晶系,其物理性质如表 8-13 所示。由于锆英石的热膨胀系数小、导热性好,抗热震稳定性优良。锆英石的常温强度和高温强度都很高,常温耐压强度约 150MPa,荷重软化温度大于 1500℃;弹性模量较高,室温下约为 2.3×10^5 MPa,1150℃时为 1×10^5 MPa。由于锆英石熔点较高,为降低烧结温度,常加入少量 CaO、MgO、MgF_2 或 $Ca(OH)_2$ 等矿化剂。这些矿化剂能促进锆英石分解,并与氧化锆形成固溶体或进入玻璃相中,从而促进烧结。

表 8-13 锆英石的物理性能

分解温度 /℃	密度 /(g/cm³)	莫氏硬度	弹性模量/10^5MPa		热膨胀系数/(10^{-6}℃$^{-1}$)	导热系数/[W/(m·K)]		
			室温	1150℃	室温~1400℃	100℃	400℃	1000℃
1676	3.9~4.9	7~8	2.3	1.0	4.5	6.69	5.00	4.18

2. 锆砂的化学性能

锆砂较难与酸发生作用,也不易被一些熔融金属润湿并与其发生反应,对炉渣、玻璃液等都有良好的抵抗性。因而,高纯度的锆砂具有良好的化学稳定性,是一种优质的熔模铸造用耐火材料。锆砂既可作为涂料中的耐火粉料和撒砂材料而用于熔模铸造型壳面层中或过渡层中,用于不锈钢、高合金钢熔模铸件的生产;也可作为型芯材料而用于陶瓷型芯的制备。但是,易受碱金属、碱土金属的作用而分解。另外,作为型芯材料时,难以为脱芯介质所溶出,因而只能用于型芯截面较大而可采用机械方法脱芯的铸件浇注。

3. 锆英石的热分解

锆英石的理论分解温度为 1676℃，实际上，高纯锆英石在 1540℃时开始缓慢分解。锆英石分解为四方型氧化锆和氧化硅，在四方型氧化锆中含有不大于 0.1％的氧化硅，即相当于固溶 0.3％硅酸锆。由于氧化硅的真密度比锆英石小得多，因而锆英石分解时会产生较大的体积膨胀。

锆英石实际分解温度的高低，既与升温速率快慢有关，也与锆英砂本身所含的杂质种类及数量有关，更与锆英砂的粒径大小有关。杂质对分解温度的影响如表 8-14 所示。有试验表明，粒径大小的影响比杂质的影响更显著。

表 8-14　杂质对锆英石分解温度的影响　　　　　（单位：℃）

无杂质	CaO、MgO	K₂O、Na₂O
1676	1300	900

锆英石的分解速率与温度高低有关，温度低于 1600℃时，分解较慢；温度高于 1600℃时，分解较快；温度超过 1700℃时，分解迅速；温度达到 2000℃时，锆英石全部分解。

锆英石分解所生成的 SiO_2 为无定形，活性大，极易与合金中的 Al、Ti、C 等反应而在铸件表面产生麻点及气泡等缺陷。此外，锆英石分解时，坯体强度下降，蠕变增大，这可能是氧化硅－硅酸锆陶瓷型芯的最高使用温度不高于 1600℃的原因。另外，在降温时，锆英石热分解后生成的 ZrO_2 和 SiO_2 能重新结合生成锆英石，特别是缓冷时更是如此。

8.4.2　硅酸锆陶瓷型芯的制备

1. 注浆成型制备硅酸锆陶瓷型芯[12]

注浆成型工艺制备硅酸锆陶瓷型芯的工艺要点如下：

（1）基体材料。作为基体材料的锆英砂粉，可由粒径为 80μm 或更细的细粉与粒径为 100μm 或更粗的粗粉混合而成。粒径太粗，会降低坯体结合强度，粒径太细，会影响坯体脱模性能而使坯体表面变粗糙。当细粉与粗粉的质量比为6：4至 7：3 时，坯体强度较高，坯体表面密度也较高，而变形较小。

（2）黏结剂。将作为黏结剂的铝溶胶分散在以水为主的液体介质中，氧化铝胶粒呈杆状或纤维状，尺寸为 0.01μm×0.1μm（直径×长度），含量约为质量分数 10％，pH 为 3～5。试验表明，不能用硅溶胶替代铝溶胶，也不能使用硅溶胶与铝溶胶的混合液，否则会造成坯体开裂，或在坯表面出现缩痕及斑点。

（3）浆料配制。浆料在转速为 500r/min 的浆式搅拌器中配制，铝溶胶加入量为锆英砂料粉质量的 20%～40%。如低于 20%，料浆流动性差，如高于 40%，坯体收缩增大，影响尺寸精度。为提高料浆的流动性，可在浆料中加入 pH 与铝溶胶 pH 相同的阴离子表面活性剂。其 pH 过高或过低，都会影响使用效果。表面活性剂最好在将铝溶胶加入耐火料粉后再加入，用量以铝溶胶质量的 0.05%～1.00% 为宜。用量太低，达不到应有的作用。用量太高，易在坯体表面形成空穴。加入表面活性剂后，要对浆料进行充分搅拌，以确保浆料具有优良的流动性。

（4）模型制备。对成型用模型的要求是含大量连通气孔而具有吸水性，气孔尺寸最好小于 30μm。制作模型的材料有多孔合成树脂、烧结金属、烧结陶瓷及石膏，最常用的是石膏。

（5）注浆成型。将料浆注入石膏模型后，被铝溶胶所包覆的料粉由于铝溶胶的胶凝作用而形成有一定湿强度的型芯坯体。在成型过程中，耐火料粉中的细料较多地集中在坯体表面，使表面粗糙度降低，而粉料中的粗料较多地集中在坯体的内层，使生坯内层形成较多孔隙。为加速成型过程并提高坯体质量，可采用压力注浆或震动注浆工艺。

（6）坯体干燥。在脱模后的最初的 1～5h 内，干燥温度以 30～60℃ 为宜，以避免坯体开裂。而后升温到 100～250℃，以加快干燥速率。坯体可带模干燥，也可脱模干燥。

（7）型芯烧结。烧结的目的首先在于脱除铝溶胶中的水，并除去成型过程中带入的某些有机组分。因而，烧结温度至少要高于铝溶胶的脱水温度 680℃。在烧结过程中，由铝溶胶转变而来的氧化铝，对耐火粉料的结合能力能保持到近 1600℃ 而不受影响。

以铝溶胶为黏结剂的硅酸锆陶瓷型芯的特点如下：

（1）在制备过程中不易开裂，具有优良的耐热性，即使与温度为 1200～1600℃ 的金属液接触也不会变形，而且由于型芯收缩小，铸件尺寸精度可控制在 ±0.25mm 的范围内。

（2）由 100% 锆英砂为基体材料的硅酸锆陶瓷型芯，可用于 Ni 基超合金的浇注，浇注温度为 1470℃。铸件可用压力为 68MPa 的高压水脱芯；由 60% 锆英砂、40% 石英砂为基体材料的陶瓷型芯，可用于 Cr13 钢的浇注，浇注温度为 1600℃。铸件可用温度为 600℃ 的氢氧化钠熔体脱芯，脱芯时间为 1h。

2. 灌浆成型制备硅酸锆陶瓷型芯[13]

采用灌浆成型制备硅酸锆陶瓷型芯时，以 325 目锆英砂为基体材料，硅溶胶为黏结剂，浓度 25% 的氯化铵水溶液为促凝剂。氯化铵的加入，能改变硅溶胶的 pH 而使料浆快速凝固。

当试验温度为 27℃,湿度为 53％时,固化剂与锆英砂的质量分数对固化时间的影响如图 8-2 所示。由图 8-2 可知,对于实际生产操作而言,固化剂加入量以 0.3％～0.6％为宜,料浆的固化时间为 8～15min。

型芯的烧结温度对烧结强度有明显的影响,见图 8-3。通常将烧结温度控制在 900℃,保温 1h,型芯烧结收缩率为 0.13％,烧结强度为 7.0MPa。

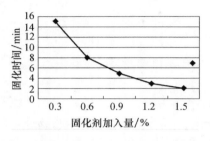

图 8-2　固化剂加入量对固化时间的影响

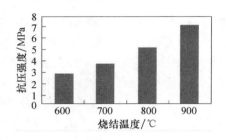

图 8-3　烧结温度对强度的影响

3. 注射成型制备硅酸锆陶瓷型芯[14]

采用注射成型工艺制备硅酸锆陶瓷型芯的主要工艺参数示于表 8-15。黏合剂用量系指耐火粉料的体积分数,由于耐火粉料的组成、种类、颗粒形状和粒径不同,黏合剂用量也不同。坯料组成为锆英砂以及锆英砂-石英玻璃的型芯烧结温度较高,为 1300℃,而坯料组成为锆英砂-熔块的型芯烧结温度较低,约为 1000℃。这是因为熔块的熔融促进了型芯坯体的烧结。试验表明,在温度为 650℃的氢氧化钠脱芯剂中,除 100％锆英砂的 16 号型芯在 1h 以内不能完全从铸件中溶出之外,其他型芯均能在 15min 之内完全从铸件中溶出。

表 8-15　注射成型制备硅酸锆陶瓷型芯的主要工艺参数

编号			16	27	30	34	22
料浆组成	耐火粉料	锆英砂(质量分数)/％	100	80	97.5	92.5	90
		石英玻璃粉(质量分数)/％	—	20	—	—	—
		熔块(质量分数)/％	—	—	2.5	7.5	10
	分散剂	油酸(质量分数)/％	1.0	1.5	1.5	1.5	1.5
	黏合剂	Esso1600 蜡(体积分数)/％	38	21.2	—	22	32.5
		石蜡(体积分数)/％	—	—	30	—	—
注射成型		温度/℃	104	121	121	121	121
		压力/MPa	0.62	0.06	0.06	0.55	0.55
烧结温度/℃			1300	1300	1000	1000	1000

8.5　氮化硅陶瓷型芯

　　氮化硅陶瓷型芯以氮化硅为主晶相，以金属硅或氮化硅粉为起始物料经反应烧结或热压烧结而成，可应用于超合金的浇铸。

8.5.1　氮化硅的性能及其合成[15]

1. 氮化硅的性能

　　氮化硅（Si_3N_4）相对分子质量为 140.29，氮和硅的质量分数分别为 60.06％和 39.94％。氮化硅呈灰白色至青白色，莫氏硬度 9。

　　氮化硅有两种晶型，低温型 α-Si_3N_4 和高温型 β-Si_3N_4，均属六方晶系。在温度低于 1400℃时，生成 α-Si_3N_4，在较高的温度下则生成 β-Si_3N_4。加热时，约在 1500℃左右发生 α-Si_3N_4 向 β-Si_3N_4 的晶型转化。工业氮化硅通常由反应烧结法在 1400℃左右制备，为 α-Si_3N_4 和 β-Si_3N_4 的混合料，两种晶相的比例因制备温度不同而异。α-Si_3N_4 的真密度为 3.18g/cm^3；β-Si_3N_4 的真密度为 3.21g/cm^3；工业氮化硅的真密度为（3.10±0.01）g/cm^3，体积密度为 2.2g/cm^3。

　　氮化硅强度高，并与密度成正比。常温耐压强度为 506～633MPa。在高温下强度下降很小，如 1000℃时的热态抗折强度仍高达 140～160MPa。荷重软化温度达 1800℃以上，高温蠕变很小。

　　氮化硅的热膨胀系数较低，在 20～1020℃时的平均热膨胀系数为 2.75×10^{-6}℃$^{-1}$。导热系数为 9.47W/(m・K)，因而是一种耐热震性很强的材料。

　　氮化硅的熔点高达 2000℃，但在 1900℃时升华分解。在温度低于 1200℃时不氧化；温度高于在 1200℃时，受氧气或水蒸气的作用而被迅速氧化，并析出 SiO_2，其反应分别为

$$Si_3N_4 + 3O_2 =\!\!= 3SiO_2 + 2N_2 \uparrow（升华） \tag{8-16}$$

$$Si_3N_4 + 5O_2 =\!\!= 3SiO_2 + 4NO \uparrow \tag{8-17}$$

$$SI_3N_4 + 6H_2O =\!\!= 3SiO_2 + 4NH_3 \uparrow \tag{8-18}$$

氧化反应的速率与反应温度及材料的致密程度有关，反应时生成的 SiO_2 薄膜能起保护作用而减缓氧化过程。

　　氮化硅对除碱液、氢氟酸以外的所有无机酸及非铁金属熔液都有很强的耐蚀性，不被金属液尤其是非铁金属液所润湿，能耐大部分有色金属，如铝、铅、锌、锡、金、银、黄铜、镍等熔融金属的腐蚀。

2. 氮化硅的合成

1) 金属硅粉氮化法

将金属硅粉在氮气中或氨气中加热到 1200~450℃进行氮化处理,即可合成氮化硅,其反应式为

$$3Si + 2N_2 = Si_3N_4 + 736.9kJ/mol \tag{8-19}$$

金属硅熔点为 1415℃,为防止反应过于激烈形成金属硅熔块,影响进一步反应,在合成前可将金属硅粉压制成块,再进行氮化处理。这样可以制得主要是 β 型的氮化硅。

2) 二氧化硅还原法

用硅石粉与焦炭粉或石油焦粉在氮气中加热,其反应式如下:

$$3SiO_2 + 6C + 2N_2 = Si_3N_4 + 6CO - 1180.7kJ/mol \tag{8-20}$$

由于反应是吸热反应,温度容易控制,适于制备 α 型氮化硅。受到反应条件的限制,在合成料中易混杂碳、碳化硅及二氧化硅等物质。

3) 气体合成法

将四氯化硅($SiCl_4$ 或 SiH_4)与氢气和氮气(或 NH_3),送至加热到 1400~1500℃的石墨或其他基板上,使其在表面上析出 α-氮化硅。此法适于制备涂层、封孔和管形制品。

8.5.2　氮化硅陶瓷型芯的制备及其特性[16]

氮化硅陶瓷型芯可以采用反应烧结或热压烧结工艺制备。采用反应烧结工艺时,以金属硅粉作为起始料。将硅粉与聚乙烯醇或其他有机树脂黏合剂混合制成料浆,用注射成型工艺制成型芯生坯。将型芯生坯在几个小时内加热至约 600℃,脱除黏合剂后形成一个主要为硅粉的型芯坯体。值得注意的是,脱除黏合剂的温度要远低于硅粉的烧结温度。而后将型芯坯体置于氮气氛中无压烧结,制成所要求的氮化硅型芯。反应烧结氮化硅型芯密度为理论密度的 60%~90%。

采用热压烧结工艺时,以氮化硅粉为起始料。为改善氮化硅烧结性能,可添加少量烧结助剂,如氧化镁,其用量为混合料的 0.5%~10.0%。热压烧结氮化硅型芯的密度可达到理论密度的 99%,强度很高。

氮化硅陶瓷型芯的性能为密度 1.59~3.18g/cm³,抗折强度 138~690MPa,热膨胀(室温~982℃)1.38%~1.53%。

在使用氮化硅型芯进行浇注时,先将铸型在真空炉中预热至 980~1065℃。而后将温度约为 1430℃的镍基或钴基超合金浇入铸型。脱芯时,以温度为 538~593℃的熔融氢氧化钠为脱芯剂,边脱芯,边搅拌,时间为 2~6h。

氮化硅陶瓷型芯的特性如下:

（1）与大多数金属液接触时呈惰性，可用于钴基、镍基超合金的浇铸。

（2）在使用过程中不发生相变，热膨胀系数与目前使用的型壳相适应，在温度达到 1371℃时仍具有优良的强度，而且其强度可以通过控制型芯的密度来调节，以避免铸件热撕裂。

（3）以约 600℃的熔融氢氧化钠为脱芯液，能 100％将型芯溶出而对铸件完全不腐蚀。例如，对于铸件中尺寸为 12.7mm×12.7mm×3.2mm 的热压氮化硅试块，能在 600℃熔融氢氧化钠中于 28min 内完全脱除。

8.6　氮化铝陶瓷型芯

氮化铝陶瓷型芯是以氮化铝为基体材料，以硼酸钙或硼酸镁为结合剂，以碳酸钙或淀粉为成孔剂的硼酸盐结合非氧化物酸溶性陶瓷型芯，可用于铝及铝合金的浇注。当然，也可选用氮化硅或碳化硅为基体材料，其制备工艺与性能与硼酸盐结合氮化铝陶瓷型芯相似。

8.6.1　氮化铝的性能及其合成

1. 氮化铝的性能

氮化铝（AlN），相对分子质量为 40.99，氮和铝的质量分数分别为 34.18％和 65.82％，属六方晶系。氮化铝呈灰白、淡蓝或绿色，莫氏硬度 5，理论密度 3.26g/cm³，升华分解温度 2450℃，热导率 3.02W/(m・K)，20～1350℃时线膨胀系数 $6.0×10^{-6}℃^{-1}$，抗热震性好，能耐 2200～20℃的急冷急热。

氮化铝易发生氧化和水解反应，生成氧化铝或氢氧化铝，特别是破碎和研磨过程中，新暴露的表面更易水解，水解反应式为

$$AlN + 3H_2O \Longrightarrow Al(OH)_3 + NH_3 \tag{8-21}$$

因此，在对氮化铝进行研磨之前，需进行稳定化处理，方法是将氮化铝团块破碎至过 100 目筛，装入石墨坩埚中，在碳管炉中通入 0.1MPa 的氩气，加热到 1800～2000℃保温 1.5h。

氮化铝不易被铜、铝、铅液润湿，不与熔融铁、铝和铝合金反应；与氧化铝相容性好，在 1600℃时可形成 γ-氧氮化铝（AlON），其化学式为 $3AlN・7Al_2O_3$。氧氮化铝的抗侵蚀性能优于氮化铝、碳化硅和氮化硅，抗热震性优于氧化铝和氧化镁等。

氮化铝与沸腾的稀酸和浓酸不起反应。强碱溶液可缓慢腐蚀氮化铝，沸腾的碱溶液能与氮化铝剧烈反应。

2. 氮化铝的合成

1) 氧化铝还原

用氧化铝与碳粉的混合物在氮气或氨气中加热至 1700℃，反应式如下：

$$Al_2O_3 + 3C + N_2 \Longrightarrow 2AlN + 3CO \uparrow \qquad (8\text{-}22)$$

此方法适于工业化生产，但含有一定数量的碳、氧等杂质。

2) 金属铝氮化

以金属铝粉为原料，以碱金属的氟化物为助熔剂，在温度为 1000℃ 的高温下通入氮气，发生如下反应：

$$2Al + N_2 \Longrightarrow 2AlN \qquad (8\text{-}23)$$

3) 电弧法

以两根高纯金属铝为电极，在氮气保护下用直流电起弧，金属铝在电极间气化后，与氮气反应生成氮化铝团块，可制备高纯氮化铝。

4) 氯化铝与氮或氨合成

使氯化铝与氮气或氨气在 1200～1500℃ 的高温下分别发生如下反应：

$$AlCl_3 + N_2 \Longrightarrow AlN + NCl_3 \qquad (8\text{-}24)$$

$$AlCl_3 + NH_3 \Longrightarrow AlN + 3HCl \qquad (8\text{-}25)$$

使用氨气时反应更易于进行，因为氨在解离时生成单原子的活性氮，其活性比 N_2 更强。

8.6.2　氮化铝陶瓷型芯的制备及其特性[17]

1. 制备工艺

型芯的坯料组成如表 8-16 所示。其中，氮化铝为基体材料，当然也可选用氮化硅或碳化硅为基体材料；硼酸盐为黏结剂，既可选用硼酸钙，也可选用硼酸镁；碳酸钙或淀粉为成孔剂。成孔剂对氮化铝型芯在体积分数 34% 硝酸溶液中溶失量的影响示于图 8-4。

表 8-16　氮化铝型芯坯料组成　　　　［单位（质量分数）：%］

氮化铝（或氮化硅，碳化硅）	硼酸钙，硼酸镁	碳酸钙，淀粉
41～48	35～50	7～14

由于氮化铝易于水解，在配料前，宜在 100～400℃ 温度下对氮化铝料作烘干处理，为加快型芯的烧结速率和降低型芯的烧结收缩创造条件。另外，不宜用注浆法成型，而必须加入有机黏合剂后采用机压、等静压或热压法成型。

型芯可以根据使用时的强度要求在较宽的温度范围内烧结，图 8-5 所示为烧

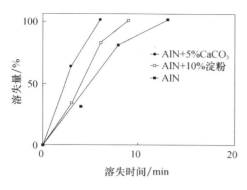

图 8-4　成孔剂对氮化铝陶瓷
型芯溶失量的影响

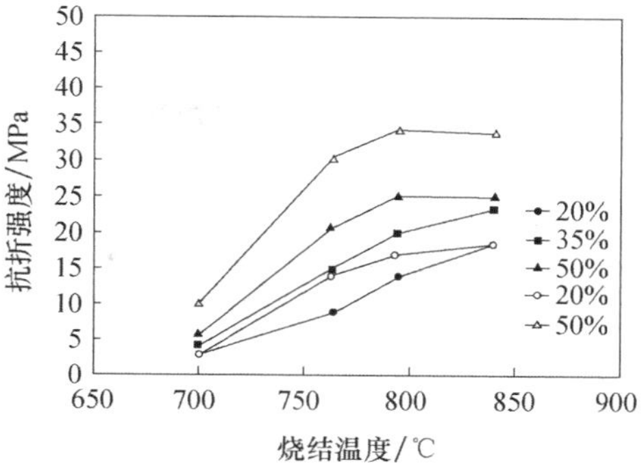

图 8-5　烧结温度和黏结剂用量对
陶瓷型芯烧结强度的影响

结温度和硼酸盐黏结剂用量对氮化铝型芯(空心标记)和氮化硅型芯(实心标记)烧结强度的影响。

　　为提高型芯的强度并避免型芯暴露在潮湿环境时的水化,可用酸溶或热分解的醇酸树脂及包括石蜡在内的各种蜡浸渍处理。

　　对于坯料组成为 45％硼酸钙,7％～14％碳酸钙,其余为平均粒径 400μm 氮化铝的陶瓷型芯,烧结收缩小于 2％,抗折强度小于 8MPa,在 15％HCOOH 水溶液中的溶出速率小于 70mm/h。

　　2. 特性

　　(1) 对于硼酸钙含量为 50％的氮化铝、碳化硅、氮化硅陶瓷型芯,它们的热膨胀系数与铝合金浇注用型壳的热膨胀系数相接近,见图 8-6。

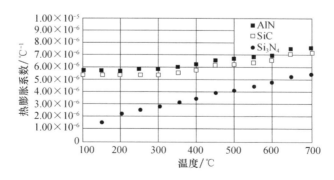

图 8-6　氮化铝、碳化硅、氮化硅陶瓷型芯的热膨胀系数

　　(2) 当黏结剂用量在 20％～50％时,型芯在相当宽的烧结温度范围内有所要求的抗折强度,因而设计者可自由选择黏结剂与耐火填料的比例范围,以满足特定的使用要求。

（3）硼酸盐易溶于硝酸、蚁酸、乙酸或氨基磺酸中,因而陶瓷型芯能在环境友好的脱芯液中快速脱除。表8-17所示为氮化铝陶瓷型芯在温度为80℃的酸浴中,在搅拌情况下,黏结剂全部溶出的时间。

表 8-17　不同脱芯液中黏结剂全部溶出的时间

参数	脱芯液			
	硝酸	蚁酸	乙酸	氨基磺酸
浓度(体积分数)/%	34	10	18	10
溶出时间/min	14	37	65	69

8.7　氮化钛陶瓷型芯

8.7.1　氮化钛的性能及其合成

1. 氮化钛的性能

氮化钛(TiN)的相对分子质量为 61.91,含钛 77.37%,含氮 32.63%,莫氏硬度 9,密度 5.21g/cm³,熔点高达 2950℃,熔化热为 73.50kJ/mol。氮化钛在 1230℃时的蒸气压小于 10^{-8}MPa,在 1730℃时大于 10^{-7}MPa,具有优良的抗热震性。

氮化钛是一种组成范围很宽的缺位型固溶体,以一氮化钛为基体相,稳定的组成为 $TiN_{0.60}$～$TiN_{1.16}$,氮含量低时缺氮,氮含量高时缺钛,氮含量的变化不会引起氮化钛结构的变化。氮化钛在真空中受热时失去氮,生成氮含量较低的氮化钛,但氮含量较低的氮化钛可再次吸收氮而恢复为氮含量较高的氮化钛。

氮化钛是一种相当稳定的化合物,在高温下,不与铁、铬、钙、镁、钼、钨等金属反应,即使对于共熔合金的定向凝固铸造,也是一种化学相容性好,高温结构稳定性好的材料。但是,氮化钛易于与合金材料发生机械黏结,并易于在界面上产生气泡。当用做型芯材料时,为消除其对铸件表面质量产生的不利影响,必须在表面镀复陶瓷薄膜。

氮化钛在 CO、氢气或氮气中十分稳定;在二氧化碳气氛中,氧化极缓慢;在空气中加热时,经氧化反应生成的一氧化钛由于与氮化钛同属面心立方晶系,因而能形成固溶体,仅在表面形成氧化层。但在氯气中加热时,能形成氯化钛。

氮化钛不溶于硝酸、盐酸或硫酸,但可溶于水。在熔融碱中,氮化钛会分解并产生 NH_3。

2. 氮化钛的合成

1) 二氧化钛碳热还原氮化

将二氧化钛粉与炭粉均匀混合后,在氮气流下加热到 1300℃以上,通过如下反应：

$$2TiO_2 + 4C + N_2 \Longrightarrow 2TiN + 4CO \qquad (8-26)$$

可制备纯度为 98% 的氮化钛。但由于 TiN、TiO 和 TiC 都具有相同的晶体结构，碳与氧都能固溶于氮化钛中，因此，不能制备纯度更高的氮化钛。

2）二氧化钛氨气还原

将氨气通入赤热的二氧化钛中，可制成高纯的氮化钛，反应式如下：

$$6TiO_2 + 8NH_3 \Longrightarrow 6TiN + 12H_2O + N_2 \qquad (8-27)$$

3）金属钛粉或钛的氢化物氮化

在 1000～1400℃ 的高温下，使金属钛粉直接与氮气或氨作用，可制成高纯的氮化钛，反应式如下：

$$2Ti + N_2 \Longrightarrow 2TiN \qquad (8-28)$$

$$2Ti + 2NH_3 \Longrightarrow 2TiN + 3H_2 \qquad (8-29)$$

以钛的氢化物为起始物料，反应式为

$$2TiH_2 + N_2 \Longrightarrow 2TiN + 2H_2 \qquad (8-30)$$

4）气相合成

使氮气加氢气或使氨气与四氯化钛反应，可制得非常纯的氮化钛，反应式如下：

$$2TiCl_4 + N_2 + 4H_2 \Longrightarrow 2TiN + 8HCl \qquad (8-31)$$

$$6TiCl_4 + 8NH_3 \Longrightarrow 6TiN + 24HCl + N_2 \qquad (8-32)$$

8.7.2　氮化钛陶瓷型芯的制备及其特性[18]

1. 制备工艺

1）成型

型芯的成型可采用压制成型，也可采用注射成型或注浆成型。压制成型时的有关工艺参数为单轴冷压成型时的成型压力为 13.8～206.8MPa，冷等静压成形时的成型压力为 34.5～206.8MPa。经常采用将两种方法结合起来成型的工艺，即先单轴冷压成型，而后冷等静压成型，使型芯生坯更密实。

采用注射成型或注浆成型时的有关工艺参数为将氮化钛粉与有机黏合剂混合调制成料浆。黏合剂可以是乙醇、异丙醇、丁醇。也可以是苯、甲苯、二甲苯和环己胺。经注射成型或注浆成型工艺制备的型芯坯体，先在真空度为 13.3～0.1Pa，温度为 100～130℃ 的真空干燥器中干燥 12～48h。而后在真空中加热至 400～500℃，时间为 4～12h，使型芯坯体中所含的黏合剂挥发或烧失。

2）真空烧结

型芯坯体在真空度为 1.3×10^{-3} Pa 的真空炉中烧结，烧结温度为 1500～

1800℃,烧结时间为 1～4h。

3）气相沉积金属膜

将经烧结的陶瓷型芯置于有金属钇的真空室中,加热至 1450～1550℃,气相沉积时间为 1～3h,在陶瓷型芯表面形成厚 400～500nm 的金属钇膜。

4）钇膜氧化

将沉积金属钇膜的氮化钛型芯置于氧化气氛的炉内,例如,在空气中,加热到 600～800℃,时间为 1～3h,将金属钇氧化成为氧化钇,从而在氮化钛型芯表面形成厚度为 400～500nm 的氧化钇膜。

2. 特性

（1）型芯在烧结过程中没有明显的体积变化,尺寸稳定性好;型芯的密度高,高温结构稳定性优良。

（2）氮化钛熔点远高于定向共晶合金的浇注温度,与合金的化学相容性好。例如,在 0.1Pa 真空下,型芯与温度为 1745℃的定向共晶合金液接触,约在 15h 内冷却至室温,型芯与合金之间没有明显的界面反应。

（3）型芯有良好的退让性,能避免铸件的热撕裂。此外,由于氧化钇膜的镀复,又排除了与合金间机械键合的可能性,既确保了铸件内表面的平整,又避免了气孔的形成。

（4）溶出性好,氮化钛能与沸腾碱溶液反应而容易地脱除,不损伤铸件。脱芯液可以是浓度为 20%～90%的氢氧化钾或氢氧化钠溶液,脱芯时间为 12～36h。

（5）型芯可用于定向共晶合金的浇注,也可用于铁或钛合金的浇注。

参 考 文 献

[1] 宋希文,侯谨. 耐火材料工艺学. 北京:化学工业出版社,2008:355.

[2] 王祖锦,张立同. 等静压镁质陶瓷坩埚与高温合金液之间的界面物理化学作用. 航空学报,1989,10(3):A167-172.

[3] Fassler M H, Brinker N E. Process of casting utilizing magnesium oxide cores: US, 3701379. 1972.

[4] Anderson J R, Bloomfield N J, Perron J S, et al. Process of making magnesium oxide cores: US, 3722574. 1973.

[5] 徐智清,卓越华. 氧化镁陶瓷型芯. 特种铸造及有色合金,1995,(6):8-10.

[6] 出川通,音谷登平. 高純度 Ni 基超合金のカルシア耐火材を用いた溶制技术. 铁と钢,1987,73(14):1691-1697.

[7] 赵三团,王威,徐俊. CaO 耐火材料的抗水化研究进展. 耐火材料,2005,39(5)364-367,370.

[8] Hulse C O. Process of casting nickel base alloys using water-soluble calcia cores: US,

　　　　3643728. 1972.

[9]　　Lichfield K R. Production of metal castings：US，3473599. 1969.

[10]　　Miller D G，Singleton R H. Leachable ceramic core：US，3576653. 1971.

[11]　　Bailey J T. Leachable ceramic cores：US，3727670. 1973.

[12]　　Sakai J，Morimoto S，Morikawa M，et al. Process for producing core for casting：US，4605057. 1986.

[13]　　曹科. 以硅溶胶为黏结剂的浇注成型陶瓷型芯. 造型材料，2005，(1)：15-16，25.

[14]　　Waugh A，Brookline M. Process for forming sintered leachable objects of various shapes：US，3549736. 1970.

[15]　　徐维忠. 耐火材料. 北京：冶金工业出版社，2002：150.

[16]　　Miller D G，Lange F F. Silicon nitride leachable ceramic cores：US，4130157. 1978.

[17]　　Kennerknecht S. Ceramic core for investment casting and method for preparation of the same：US，5468285. 1995.

[18]　　Mazdiyasni K S. Method for casting metal alloys：US，4043377. 1977.

第9章　盐基陶瓷型芯

为提高铝合金结构件的可靠性,铸造时常将几个部件组合在一起,其特点是:①尺寸大,外形尺寸常达 $\phi300mm×500mm$ 以上;②壁薄,平均壁厚小于 3mm;③内腔复杂,铸件常有多个全封闭或半封闭的空腔组成,并具有立体交叉的多通路变截面细长孔结构,这种集油、水、气多通路为一体的结构是用机加工方法难以实现的;④尺寸精度高,要求无余量铸造;⑤质量要求高。

制备整体结构铝合金铸件的关键是研制适用于铸件整体无余量铸造的型芯材料。在熔模精密铸造中常用的氧化硅、氧化铝等材料,虽能满足铝合金铸造对型芯材料的强度、结构稳定性和化学相容性等要求,但不能满足铝合金铸件脱芯时的要求。这是由于碱溶液会对铝合金产生严重的腐蚀,因而只允许用水或稀酸溶液脱除铝合金铸件中的型芯。

盐基陶瓷型芯是由水溶性无机盐和耐火陶瓷材料为原料制备的一类水溶性陶瓷型芯,由于其良好的水溶性而在铝合金、镁合金等轻合金铸件的铸造中得到了广泛的应用。按型芯坯料中无机盐和耐火材料相对含量的大小,可分为盐芯、盐基陶瓷型芯和无机盐结合陶瓷型芯三类。

9.1　盐　芯

从 20 世纪 40 年代开始研制与使用的盐芯是由水溶性无机盐制备的。最初使用的无机盐为碳酸钾,以后逐步从碳酸盐扩展到氯化物、硅酸盐、硼酸盐和磷酸盐等。对水溶性无机盐的基本要求是:①熔点高于合金浇注温度,以保证浇注时无机盐不会熔化或分解;②易于快速从铸件中为水所溶出;③盐的水溶液呈中性,不对铸件产生任何腐蚀。例如,对熔点为 660℃ 的铝的浇注,可供选用的无机盐可以是氯化钾、氯化钠和偏硅酸钠,它们的熔点分别为 776℃、800℃ 和 1088℃。

按盐芯的制备工艺,可将盐芯分为烧结盐芯、树脂结合盐芯、焦糖结合盐芯和熔注成型盐芯。

9.1.1　烧结盐芯[1,2]

1. 注射成型烧结盐芯的制备

1) 坯料组成

在烧结盐芯的坯料组成中,除作为基体材料的无机盐以外,还包括:①为便于成型而加入的黏合剂,如石蜡、聚苯乙烯或硅树脂等,最常用的是相对分子质量为 4000～8000 的聚乙烯醇。②为提高水溶性盐与结合剂的润湿性而引入的少量表面活性剂。对于颗粒表面带正电荷的氯化钠或氯化钾,可选用硫酸盐类阴离子表面活性剂,如由 ABM Chemicals Limited 生产的"Solumin PFN 20"。③为降低盐芯在烧结时收缩的适量惰性填料,如熔点高于 800℃甚至 1000℃的氧化铝、氧化硅、莫来石、硅线石、锆英砂、滑石或瓷粉等。④为提高盐芯强度而引入的适量增强剂,如硼砂、氧化镁、滑石粉或碱土金属盐等。表 9-1 为注射成型烧结盐芯坯料组成的一个实例。

表 9-1　烧结盐芯坯料组成　　　　　　　　［单位(质量分数):％］

原料名称	作用	组成范围	实例
氯化钠	基体材料	70～85	70.75
聚乙二醇(相对分子质量 6000)	黏合剂	12～19	18.35
Solumin PFN 20(ABM Chemicals Limited)	表面活性剂	0.5～1.5	1.00
硬脂酸盐	润滑剂	4.8～7.6	7.35
邻苯二甲酰盐	—	1.6～2.7	—

2) 坯料制备

在配制坯料前,先对无机盐作预烧、球磨及表面处理。以最常用的氯化钠为例,将食盐散装于不锈钢盘内,于焙烧炉中在 750℃左右焙烧 4h,以除去水分和可燃性杂质。然后随炉冷却至室温,再将烧结的盐块经轮碾机破碎、过筛,放入保温箱中储存待用。对盐的球磨可在球磨机中进行,如将 1kg 氯化钠和相同体积的分散介质乙醇或液体石蜡装入球磨机中,球磨 0.5～1.0h。典型的粒度组成如表 9-2 所示。将经球磨的氯化钠粉加热到 70℃,再加入 1% Solumin PFN 20,搅拌 30min。而后加入黏合剂等其他组分,混合 60min 后,可供注射成型之用。

表 9-2　可溶性盐的粒度组成　　　　　　　　［单位(质量分数):％］

粒径/μm	<3	<4	<6	<8	<11	<16	<22	<31	<44	<62	<88	<125	<175
含量	8～11	9～14	12～19	15～23	19～29	25～36	31～42	38～50	44～58	54～68	65～77	75～85	100

3）成型及烧结

盐芯成型时,料浆温度约控制在 70℃,模具温度约 25℃。盐芯的烧结温度控制为 500～750℃。温度制度可以是以不大于 20℃/h 的速率升温至 200℃,而后以不大于 40℃/h 的速率升温到 700℃,在 700℃保温不少于 4h,使相邻盐粒微熔而烧结。烧结时,要将盐芯坯体放入耐火匣钵中,并用耐火填料如氧化铝粉埋烧。

2. 压制成型烧结盐芯[3]

盐芯坯料由最大粒径分别为 250μm 和 25μm 的粗盐和细盐配制,粗/细盐的比例为 50/50～70/30;坯料中加入（质量分数）0.2%～0.7%油酸作为润滑剂,以提高坯体的密度;坯料中加入（质量分数）0.2%～0.7%的硅烷作为表面活性剂,以提高坯料的流动性。成型前,坯料最好在 115～150℃充分干燥,成型压力控制在 75～150MPa,烧结温度为 650～750℃,烧结时间为 15min～1h。

当粗/细盐粒配比为 60/40,油酸和硅烷的加入量均为 0.5%,成型压力为 86.5MPa,烧结温度为 750℃,保温时间 30min 时,盐芯的生坯密度为 1.916g/cm³,生坯强度为 15.3MPa。经烧结后,盐芯密度为 1.955g/cm³,强度为 54MPa。

当盐芯的密度不低于 1.90g/cm³,抗折强度不低于 25MPa 时,将具有足够的抗金属液渗透能力和抗折断能力,可用于压力为 150MPa 的中空铝合金件的压力铸造。

9.1.2　树脂结合盐芯[4]

树脂结合盐芯由水溶性盐和合成树脂制备。水溶性盐为能溶于热水或冷水的氯化物、硫酸盐、碳酸盐或与这些盐兼容的任何混合料。合成树脂为三聚胺甲醛树脂、尿素甲醛树脂、苯酚糠醛树脂、酚醛树脂或尿醛树脂等。对合成树脂的要求是:①有足够的结合强度;②存放过程中抗吸湿能力强,抗吸湿能力可用完全固化的盐芯在通常条件下存放 72h 后的强度下降判定;③浇注过程中气体释放量低。

在盐芯坯料中,合成树脂的用量最高不超过盐质量的 10%,一般为 5.0%～7.5%。为加快树脂固化速率,可添加少量催化剂或固化促进剂。

树脂结合盐芯的成型分两种方式:一为用树脂包裹水溶性盐,干燥成粉料后置于芯盒中,经加热固化;二为水溶性盐与树脂溶液调制成浆料,在 483～759kPa 压力下注射成型,而后固化。固化温度与树脂种类及含量有关,不能高于盐的熔点,以免盐粒熔化而变形。对于以氯化钠为基材,苯醛呋喃树脂为结合剂的盐芯,固化温度为 150～250℃,固化时间为 5s～2min。当固化温度为 250℃,固化时间为 90s 时,盐芯的热态抗折强度大于 0.9MPa,冷态抗折强度大于 2.1MPa。

9.1.3　焦糖结合盐芯[5]

焦糖结合盐芯是以可溶性盐为基材,以焦糖为黏合剂的一类可溶性型芯。水溶性盐为具有良好溶出性的碱金属盐或合适的碱土金属盐,其中以氯化钠为最佳。焦糖是由蔗糖、甜菜糖或葡萄糖经加热而制得的。黏合剂占坯体总质量的 0.3%～15.0%。

焦糖结合盐芯的制备过程为:①将焦糖溶于水、有机溶液或水与有机溶液的混合液中,溶剂与焦糖的比例以 1∶1～1∶10 为宜;②将可溶性盐和焦糖溶液在 20～180℃的温度下混合均匀,使黏合剂将可溶性盐包覆,而后干燥至混合料具有流动性;③将混合料置于成型模中,在 50～200℃的温度下压制成盐芯坯体;④脱模后的盐芯坯体在 150～300℃的温度下烘焙 10～120min。作为一个实例,可用 0.3kg 酒精稀释 2.7kg 焦糖,加入到温度为 120℃的 97kg NaCl 中,经搅拌混合并用热空气干燥。一旦混合料有流动性,立即倒入成型模中加压成型,压缩比为 1.4∶1,模型温度保持在 140℃。脱模后在 220℃下烘焙 60min。

焦糖结合盐芯的特点是:①在浇注时,释放出的气体量比树脂结合盐芯少;②使用过程中焦糖易于分解,使盐芯有更好的碎解性,因而比烧结盐芯和树脂结合盐芯有更好的溶出性。

9.1.4　熔注成型盐芯[6]

1. 制备工艺

熔注成型盐芯以铝浇注盐(aluminum casting salt)为原料,由熔融盐经注射成型而制成,其制备过程见图 9-1。熔盐 36 位于熔盐炉 38 的盐罐 34 内,盐罐温度

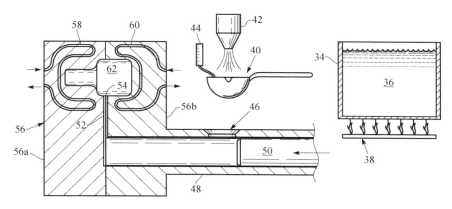

图 9-1　盐芯熔注成型

保持在 716℃。用料杓 40 从盐罐中舀取熔盐,吹风机 42 使熔盐降温至 679℃(熔盐温度由热电偶 44 指示),熔盐黏度增大而接近固化状态。将接近固化状态的熔盐经加料口 46 加入注射成型机的料缸 48 内,并为活塞 50 所推动而经料道 52,进料口 54,注入盐芯成型模的模腔 62 内。固定芯模件 56a 和活动芯模件 56b 内设有热油循环通道 58 和 60,热油使芯模温度保持在约 260℃。在热芯模内保压 30~50s,使盐芯均匀地降温并固化。脱模后将盐芯送入温度为 316℃ 的保温炉内保温,使之进一步固化。充分固化的盐芯将直接组装到铝合金铸型中,供浇注之用。

　　2. 熔注成型盐芯的特点

　　(1) 熔盐在注入芯模之前,预先降温到接近固化温度 679℃,使熔盐的黏度增大,避免因熔盐流动性过好而在成型时从模缝中漏出。

　　(2) 成型过程中,要求将芯模温度保持在 260℃ 左右。这是因为盐的热导率低,如果降温过快,盐芯表面形成凝壳隔热层,会延缓内部熔盐的降温固化。

　　(3) 从芯模取出的盐芯在温度约 316℃ 的保温炉内充分固化并保温,而后直接组装到铝铸件的铸型中,以避免盐芯在通常情况下因降温幅度过大开裂而造成强度下降,也避免了盐芯因吸湿而使表面状态恶化,从而保证了盐芯有足够高的抗折强度和优良的表面状态。

　　(4) 铝浇注盐是一种离子化合物,从液态变为固态时,密度从 $1.9g/cm^3$ 提高到 $2.1g/cm^3$,总收缩率达 2%~3%。在设计芯模内腔尺寸时,必须考虑熔盐收缩率对尺寸和形状的影响。

　　(5) 熔盐对熔炉、料杓、成型机及成型模具的内衬有强烈的腐蚀作用,必须使用特殊的耐腐蚀材料。

　　(6) 来源于熔盐的气体会使盐芯形成内部多孔区域,这些孔隙将成为盐芯强度的薄弱区,浇注金属液时可能成为局部塌陷区。

9.1.5　盐芯的特性

　　盐芯的优点如下:

　　(1) 作为脱芯介质的水不会对铝及铝合金铸件产生任何腐蚀,脱芯时没有振动和噪声,有利于降低劳动强度,改善作业条件。

　　(2) 水溶性盐能回收,脱芯成本较低。

　　(3) 除树脂结合盐芯外,其他盐芯不论在制备、浇注,还是残渣清洗过程中,都不会产生有害环境的气体、蒸气或废料,利于环境保护。

　　但盐芯也存在不少缺点,主要是:

　　(1) 无机盐为脆性材料,结合强度较低。当通过提高成型压力以提高盐芯强度时,对成型设备提出了更高的要求;当通过提高盐芯致密度以提高盐芯强度时,延长了脱芯时间,加大了用水量,增加了对盐回收的成本。一种比较有效的方法是在盐芯中引入晶须。例如,在 KCl 盐芯中引入硼酸铝晶须,能使抗折强度达到 16.6MPa[7]。

(2)无机盐有吸湿性,在大气条件下会潮解而使强度下降,不宜长期裸露于空气中;在脱蜡时,会受高温、高压水蒸气的作用而造成盐芯强度的下降与表层无机盐的溶失,从而影响铸件的尺寸稳定性及表面光洁度,难以满足内腔结构复杂、断面细薄,以及表面质量要求较高的铝铸件的使用要求。

(3)无机盐的熔点较低,在浇注温度下如持续时间较长,盐芯会软化甚至液化,以致影响铸件的内腔结构。

(4)脱芯后,必须对铸件进行充分清洗。否则,残留的金属盐离子会对铸件产生腐蚀作用,影响铸件使用寿命。

由于盐芯有如上所述的缺点,现已逐渐被盐基陶瓷型芯和无机盐结合陶瓷型芯所取代。

9.2 盐基陶瓷型芯

盐基陶瓷型芯是一类以水溶性无机盐为基体材料,以耐火材料为添加剂的水溶性陶瓷型芯。对耐火材料的要求是:①熔点高于盐的熔点;②热膨胀系数与盐的膨胀系数相适应;③在烧结过程中不与无机盐发生反应。

9.2.1 盐基刚玉陶瓷型芯[8]

盐基刚玉陶瓷型芯是由食盐、电熔刚玉粉和粗制聚乙二醇经成型、烧结,并强化处理制备而成的。作为基体材料的食盐,在铝合金浇铸的温度范围内有足够的高温稳定性。作为填料的电熔刚玉粉,化学稳定性好,烧结过程中不与食盐发生化学反应,能降低型芯烧结收缩,提高型芯的尺寸稳定性。作为黏合剂的粗制聚乙二醇,分子结构中有羧基端基,能很好润湿陶瓷材料,成型时有良好的流动性,成型后能自硬,型芯焙烧时能烧失掉。

型芯坯料配方(质量分数)为:食盐 60%～70%,电熔刚玉粉 7%～14%,聚乙二醇 24%～28%。型芯在 3.0～3.5MPa 的压力下压制成型,在 680～720℃ 温度下焙烧 30～45min。盐基刚玉陶瓷型芯的主要性能见表 9-3。

表 9-3 盐基刚玉陶瓷型芯性能

抗折强度/MPa	抗压强度/MPa	收缩率/%	表面粗糙度/μm	水溶性/(g/min)	发气量/(cm³/g)
7.8～8.0	15～19	3～4	0.8～3.4	3.5～8.0	2～5

经烧结的型芯必须经防水处理,可用由酚醛树脂或环氧树脂、固化剂及作为稀释剂的有机溶剂组成的浸渍液浸渍,在室温下自干后再在100℃烘焙1h,以便在型芯表面形成一层薄而致密的防水膜;也可在室温下浸涂两层醇酸清漆,醇酸清漆中含5%作为溶剂的二甲苯,浸透深度2～4mm,涂膜厚度50～70μm。防水膜赋予型芯良好的抗水性,使型芯在大气中不吸湿,能保存1年而性能不变。在型芯焙烧时防水膜会气化消失,使型芯有光洁的表面。几种防水涂料的组成及干燥方法示于表9-4。

表 9-4　几种防水涂料的组成和干燥方法

成分								干燥方法
树脂或油漆			固化剂			溶剂		
醇酸清漆/mL	酚醛树脂/g	6101 环氧树脂/g	六次甲基四胺/g	多乙烯多胺/mL	聚酰胺/g	二甲苯/mL	丙酮/mL	
95	—	—	—	—	—	5	—	自然风干或自然风干后100℃保温60min
—	—	50	—	50	—	—	75	
—	—	100	—	10	—	—	75	
—	32	—	3	—	—	—	50	

盐芯脱除后,必须用水将残留在铸件内腔表面的NaCl冲洗干净,直至冲洗液中Cl⁻浓度小于100mg/L,以避免对铸件产生腐蚀。

9.2.2　盐基非氧化物陶瓷型芯[9]

盐基非氧化物陶瓷型芯的添加料主要是氮化硼、氮化硅等氮化物及碳化硼等碳化物。材料可以是纤维、晶须、料粒或料块,添加量一般不超过坯料总量的20%。

盐基非氧化物陶瓷型芯的制备与使用要点如下:

(1)坯料制备。将无机盐如氯化钠或氯化钾等和陶瓷材料混合均匀。必要时,混合料中可加入少量黏合剂,如聚乙烯醇或聚碳酸酯醇,还可在混合料中加入少量酒精。

(2)压制成型。将坯料压制成型为气孔率很低或为零的高密度型芯。

(3)涂层制备。为提高型芯的承温能力,可采用喷涂或浸渍的方法在型芯表面涂覆一层隔热涂层。涂层材料可以是氮化物、碳化物或氧化物,最好为氮化硼。

(4)在压铸铝合金时,型芯能承受的压铸温度约为675℃,型芯不会软化或塌陷的持续时间至少为30s。

(5)型芯可用热水或蒸汽脱除,型芯材料可回收利用。

图9-2所示为硬模铸造时使用盐基陶瓷型芯压铸的截面图。图9-2中,2为盐基陶瓷型芯,4为金属液,4′为铸件,6为铸型,8为隔热涂层。

盐基非氧化物陶瓷型芯可用于高尔夫球头、棒球、自行车架、踏板及汽车和摩托车部件等的铸造。

9.2.3　低熔点盐基陶瓷型芯[10]

1. 型芯制备

低熔点盐基陶瓷型芯由易熔水溶性盐与硬质料的混合料制备。坯料组成（质量分数）为 $70\%\sim95\%$ 易熔水溶性盐和 $5\%\sim30\%$ 硬质料。对水溶性盐的要

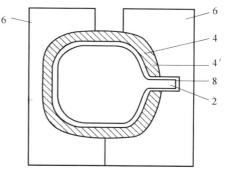

图 9-2　硬模铸造截面图

求是：①熔点为 $280\sim520℃$；②热导率为 $9.8\times10^{-2}\sim12W/(m\cdot K)$；③熔化潜热高；④粒径为 $40\sim100\mu m$。

常用水溶性盐的种类，配比及熔点如表 9-5 所示。

表 9-5　水溶性盐的组成及熔点

盐种类	熔点/℃	盐种类	配比	熔点/℃
$NaNO_2$	270	$NaCl:CuCl_2$	82:18	315
KNO_2	290	$KNO_3:KCl$	92:8	320
$NaNO_3$	308	$KCl:LiCl$	54:46	320
KNO_3	333	$PbCl_2:NaCl$	93:7	410
$CuCl_2$	422	$MgCl_2:NaCl$	54:46	430
$PbCl_2$	501	$CaCl_2:BaCl_2$	53:47	450
—	—	$NaCl:CaCl_2$	54:46	510

硬质料为非化学活性的金属或陶瓷材料，可以是料粉、纤维、晶须或它们的混合料。例如，密度与盐接近的金属硅、粒径为 $40\sim100\mu m$ 的氧化铝、直径为 $0.5\sim1\mu m$ 且长度为 $100\sim400\mu m$ 的碳化硅纤维。

在坯料中，硬质料不宜超过（质量分数）30%，否则会影响强度，并产生部分硬质料黏附于铸件表面的问题；也不宜小于（质量分数）5%，否则达不到添加硬质料的应有效果。

低熔点盐基陶瓷型芯的成型方法可以是：

（1）压制成型。将坯料球磨成粒径为 $40\sim100\mu m$ 的料粉，置于芯模中，以 $60\sim100MPa$ 的压力在芯模中加压成型，在熔点温度时要保压 $0.5\sim1min$，以便形成精细的表面结构。为便于脱芯，可加入润滑剂。

（2）熔注成型。将盐加热至熔化，加入硬质料，搅拌均匀，缓慢注入经预热的

钢模或石墨模中。浇注时的坯料温度控制在比熔点高 $30 \sim 80℃$ 为宜。温度过高,将因熔盐固化时收缩过大导致开裂并易于产生气孔;温度过低,因熔盐流动性不良而难以注满芯模。另外,芯模温度控制在不高于盐熔点温度的 $1/2$。模温过高,固化后的盐芯表面粗糙;模温过低,注入熔盐时充填性能不好。芯模材料以石墨为佳,其优点是热导率优良、熔盐易于注入且固化速率快、盐芯表面光洁。

2. 铸件压铸

压铸时合金液进料速率控制在 $1.8m/s$,挤压铸时进料速率为 $0.32m/s$,压力为 $96MPa$。

在压铸过程中,合金液在 $0.5 \sim 3s$ 内注满铸型。型芯材料的热导率仅铸型材料(如钢的热导率为 $331 \sim 403W/(m \cdot K)$)的 $1/1500 \sim 1/3000$,因此,低热容合金液中的大部分热量通过铸型散失,合金液将快速凝固。而合金液中的少部分热量传递给潜热大的盐芯时,仅 $2 \sim 3\mu m$ 深的盐芯表面层产生热变形,盐芯的整个形状不会产生变化。因而,能有效保证铸件内腔的尺寸公差要求。

在脱芯时,加热铸件,温度达到低熔点盐的熔点温度后,保温 $3 \sim 5min$,使盐芯熔化并脱除。而后,再用水冲洗铸件。由于脱芯温度低于合金的熔点,铸件不会产生热变形。

合金压注实例如下:将铝合金 ADC12 加热到 $670℃$ 使其熔化,而后注入内置直径 20mm、长 100mm 的圆柱形盐芯的铸型中。由钢模制备的盐芯,由石墨模制备的盐芯及盐基陶瓷型芯在压力铸造时的铸件表面状态分别如表 9-6～表9-8所示。各表中,"0"表示表面状态良好,"×"表示表面状态不良。在表 9-8 所示的盐基陶瓷型芯中,硬质料为 $20\% \sim 30\%$ 粒径为 $40 \sim 50\mu m$ 的氧化铝粉,或 $5\% \sim 15\%$ 直径 $0.5 \sim 1\mu m$、长度 $100 \sim 400\mu m$ 的碳化硅纤维。

表 9-6　钢模制备盐芯在压力铸造时的铸件表面状态

盐芯材料	压铸						挤压铸造					
	型芯与铸型间隙/mm						型芯与铸型间隙/mm					
	3	5	7	9	12	15	3	5	7	9	12	15
$NaNO_2$	0	0	×	×	×	×	0	×	×	×	×	×
KNO_2	0	0	×	×	×	×	0	×	×	×	×	×
$NaNO_3$	0	0	0	×	×	×	0	0	×	×	×	×
$NaCl:CuCl_2(82:18)$	0	0	0	×	×	×	0	0	×	×	×	×
$KNO_3:KCl(92:8)$	0	0	0	0	×	×	0	0	0	×	×	×
$KCl:LiCl(54:46)$	0	0	0	0	×	×	0	0	0	×	×	×
KNO_3	0	0	0	0	0	×	0	0	0	0	×	×
$PbCl_2:NaCl(93:7)$	0	0	0	0	0	0	0	0	0	0	×	×

续表

盐芯材料	压铸						挤压铸造					
	型芯与铸型间隙/mm						型芯与铸型间隙/mm					
	3	5	7	9	12	15	3	5	7	9	12	15
MgCl₂：NaCl(54：44)	0	0	0	0	0	0	0	0	0	0	0	×
CaCl₂：BaCl₂(53：47)	0	0	0	0	0	0	0	0	0	0	0	×
NaCl：CaCl₂(54：46)	0	0	0	0	0	0	0	0	0	0	0	×

表 9-7　石墨模制备盐芯在压力铸造时的铸件表面状态

盐芯材料	压铸						挤压铸造					
	型芯与铸型间隙/mm						型芯与铸型间隙/mm					
	3	5	7	9	12	15	3	5	7	9	12	15
NaNO₂	0	0	0	×	×	×	0	×	×	×	×	×
KNO₂	0	0	0	0	×	×	0	×	×	×	×	×
NaNO₃	0	0	0	0	0	×	0	0	×	×	×	×
NaCl：CuCl₂(82：18)	0	0	0	0	0	0	0	0	0	×	×	×
KNO₃：KCl(92：8)	0	0	0	0	×	×	0	0	0	×	×	×
KCl：LiCl(54：46)	0	0	0	0	0	0	0	0	0	×	×	×
KNO₃	0	0	0	0	0	0	0	0	0	0	×	×
PbCl₂：NaCl(93：7)	0	0	0	0	0	0	0	0	0	0	×	×
MgCl₂：NaCl(54：46)	0	0	0	0	0	0	0	0	0	0	0	×
CaCl₂：BaCl₂(53：47)	0	0	0	0	0	0	0	0	0	0	0	×
NaCl：CaCl₂(54：46)	0	0	0	0	0	0	0	0	0	0	0	×

表 9-8　石墨模制备盐基陶瓷型芯在压力铸造时的铸件表面状态

盐基陶瓷型芯材料	压铸						挤压铸造					
	型芯与铸型间隙/mm						型芯与铸型间隙/mm					
	3	5	7	9	12	15	3	5	7	9	12	15
NaNO₂＋Al₂O₃	0	0	0	0	×	×	0	0	×	×	×	×
KNO₂＋SiC	0	0	0	0	×	×	0	0	×	×	×	×
NaNO₃＋Al₂O₃	0	0	0	0	×	×	0	0	0	×	×	×
NaCl：CuCl₂(82：18)＋Al₂O₃	0	0	0	0	0	×	0	0	0	×	×	×
KNO₃：KCl(92：8)＋Al₂O₃	0	0	0	0	0	×	0	0	0	0	×	×
KCl：LiCl(54：46)＋SiC	0	0	0	0	0	0	0	0	0	0	0	×
KNO₃＋SiC	0	0	0	0	0	0	0	0	0	0	0	×
PbCl₂：NaCl(93：7)＋Al₂O₃	0	0	0	0	0	0	0	0	0	0	0	0
MgCl₂：NaCl(54：46)＋SiC	0	0	0	0	0	0	0	0	0	0	0	0
CaCl₂：BaCl₂(53：47)＋SiC	0	0	0	0	0	0	0	0	0	0	0	0
NaCl：CaCl₂(54：46)＋Al₂O₃	0	0	0	0	0	0	0	0	0	0	0	0

3. 低熔点盐基陶瓷型芯的特点

(1)适合于低热容合金,如铝合金、镁合金的压力铸造。

(2)易于制备形状比较复杂的陶瓷型芯。

(3)对坯料粒度控制的要求相对较低,利于降低生产成本。

(4)由于型芯的熔点较低,能通过加热使型芯从结构比较复杂的铸件内腔中快速脱除。

(5)型芯材料易于回收利用。

9.3 无机盐结合陶瓷型芯

无机盐结合陶瓷型芯是一类以耐火材料为基体材料,以无机盐为黏结剂的水溶性陶瓷型芯。

9.3.1 无机盐结合刚玉陶瓷型芯[11]

1. 刚玉砂的特性

作为无机盐结合刚玉陶瓷型芯的基体材料,刚玉砂的特性表现在:①既具有足够高的化学稳定性,又具有一定的表面活性,能在坯料配制过程中将黏结剂溶液强烈地吸附在表面上,使型芯坯体有一定的湿强度;②在型芯干燥过程中,随着水分的蒸发,能使包裹在刚玉砂周围的黏结剂以架桥的形式结晶而出,将刚玉砂牢固地黏结在一起,使型芯具有较高的干燥强度;③刚玉砂表层能与黏结剂发生反应,生成水溶性的反应产物如铝酸钠、铝酸钾等,而且反应产物不会对型芯的水溶性产生不利影响。

2. 黏结剂种类及典型的坯料配方

黏结剂的种类及典型的坯料配方示于表 9-9。

表 9-9 黏结剂种类及典型坯料配方

黏结剂种类	典型坯料配方(质量分数)/%	应用范围
$NaCl,KCl,Na_2CO_3,$ K_2CO_3	92 Al_2O_3,8 K_2CO_3(外加 6.4%H_2O,紧实法成型) 80 Al_2O_3,20 Na_2CO_3(外加 20%H_2O,流态成型) 70 Al_2O_3,30 Na_2CO_3(外加 0~5%H_2O,热芯盒法成型)	铝、镁合金
Na_3PO_4,K_3PO_4	90 Al_2O_3,10 Na_3PO_4	铜合金,铸铁
$NaAlO_2,KAlO_2,$ $BaO,Ba(OH)_2$	91 Al_2O_3,7.5 $Ba(OH)_2$,1.5 $KAlO_2$	铸钢,超合金

3. 成型方法

无机盐结合刚玉陶瓷型芯的成型方法示于表 9-10。

表 9-10　无机盐结合刚玉陶瓷型芯的成型方法

成型方法	工艺要点
捣制	坯料在芯盒中捣制成型,脱模后在 200~250℃下烘干备用
压制	含水量 2%~4% 的坯料在芯盒中以 10~30MPa 的压力压制成型,型芯可直接使用,也可烘干后备用
熔注	将坯料加热到黏结剂的熔化温度以上,如磷酸钠($Na_3PO_4 \cdot 12H_2O$)为 73.4℃,氢氧化钡($Ba(OH)_2 \cdot 8H_2O$)为 78℃;将具有流动性的坯料注入芯盒中,待凝固后脱模。经空气或真空中初步干燥后,在 200℃下烘干备用。对以钡盐做黏结剂的型芯需经过 900℃以上的焙烧才能保证有良好的水溶性
热芯盒	将具有良好流动性的坯料注入已预热到 200~220℃的热芯盒中,使其硬化成型
自硬	在以 Na_3PO_4 或 $NaAlO_2$ 为黏结剂的坯料中,加入铝粉或聚乙烯醇类有机化合物,使其在通入 CO 气体后能自行硬化

4. 磷酸盐结合刚玉陶瓷型芯的制备及其性能[12]

磷酸盐结合刚玉陶瓷型芯以电熔棕刚玉为基体材料,工业级磷酸钠为黏结剂。电熔刚玉和磷酸钠的化学组成分别示于表 9-11 和表 9-12。

表 9-11　电熔棕刚玉的化学组成　　　〔单位(质量分数):%〕

Al_2O_3	TiO_2	SiO_2	Fe_2O_3	其他杂质
≥93.5	1.5~3.8	≤2.0	≤1.0	≤2.0

表 9-12　磷酸钠的化学组成　　　〔单位(质量分数):%〕

$Na_3PO_4 \cdot 12H_2O$	游离碱	Na_2HPO_4	其他杂质
≥95.0	~3.0	≤1.0	≤0.5

典型的坯料配方为刚玉 100 份、磷酸钠 8 份、水 8 份,加入适量有机粉料。各组分经干混 9min、湿混 15min 后成型,并在 200~220℃烘箱内干燥 40min。陶瓷型芯的性能示于表 9-13。

表 9-13　磷酸盐结合刚玉陶瓷型芯的性能

湿压强度/MPa	干压强度/MPa	干拉强度/MPa	发气量/mL	发气时间/s	水溶溃散时间/min
≥0.022	≥6.3	≥1.5	≤11	13~14	<1

5. 无机盐结合刚玉陶瓷型芯的特点

无机盐结合刚玉陶瓷型芯具有较高的强度、耐火度、化学稳定性和必要的水溶性。其水溶溃散时间短、消耗水量少,耐火材料及结合剂的回收也较方便。因此,在有色合金、铸铁及铸钢件的浇铸中都得到了广泛的应用。

9.3.2　无机盐结合硅酸锆陶瓷型芯[13]

1. 制备工艺

1)坯料组成

型芯坯料组成示于表 9-14。其中,锆英砂与石英玻璃粉配比的选择主要考虑型芯与型壳的热膨胀系数相适应。添加溴化钾或溴化钠是为防止型芯在制备过程中变形。

表 9-14　型芯坯料组成　　　　　　　　　[单位(质量分数):%]

参数	锆英砂(200目)	石英玻璃粉(60目)	氯化钠	溴化钾	石蜡	蓖麻油
组成范围	40.0~50.0	15.0~20.0	20.0~30.0	1.0~5.0	10.0~13.0	0.2~2.0
实例	44.7	17.9	23.0	2.2	12.4	0.6

2)料浆制备

将锆英砂、石英玻璃粉、氯化钠和溴化钾等置于球磨机中球磨 2h。将石蜡熔化后加入蓖麻油,升温至 93℃。将混合均匀的干料粉与蜡液搅拌均匀,经真空脱除气泡后,降温至 88~91℃,供注射成型之用。

3)排蜡与烧结

将蜡坯放置在匣钵内的填料中,填料由 75%氧化铝粉和 25%氧化锆粉混合而成。以 11~33℃/h 的速率加热至 316~343℃,保温几个小时后随炉冷却至室温。从填料中取出型芯,用刷子和低压空气清理干净填料后,放置在垫板上,入炉烧结。烧结温度为 746~829℃,烧结时间为 2~8h。

4)防水化处理

防水化处理工艺如表 9-15 所示。在一般情况下,经重复浸渍处理的型芯即可供浇铸使用。为保证防水效果,浸渍时必须有足够的浸渍液进入型芯坯体中,大多通过测定累计增重加以控制。

另外,有时需要对防水处理后的型芯施加陶瓷保护层。例如,喷涂氧化锆料浆,经充分干燥,并在电炉中加热至 426~537℃,使料浆固结。

表 9-15　防水化处理工艺

次数	真空浸渍,每次 2min	干燥	固化	累计增重/%
1	硅酸乙酯水解液	常温自然干燥后,60℃烘箱干燥 1h	(149～204℃)/(1.5～2h)	2.2
2	酚醛树脂、甲醛体积分数各 50％混合液			7.9
3	硅酸乙酯水解液			11.4

2. 无机盐结合硅酸锆陶瓷型芯的特点

(1) 型芯氯化钠含量较少,热膨胀系数较低,但仍保持良好的溶出性。解决了氯化钠含量低时,热膨胀系数小但水溶性差,氯化钠含量高时,水溶性好但热膨胀系数大的矛盾。

(2) 用硅酸乙酯与酚醛树脂浸渍相结合的处理方法,使型芯有优良的抗水化能力。在压力釜中脱除蜡模时,型芯虽受到温度为 171～176℃,压力为 0.7～0.83MPa 的水蒸气的作用,但可溶性盐不会溶解、型芯强度不致降低、表面不致溶蚀。

(3) 在浇铸前,当将铸型预热到 649～704℃时,任何残留的蜡和型芯中的酚醛树脂都将被彻底烧掉,使型芯恢复到浸渍处理前的溶出性。型芯可以在用水蒸气冲刷的同时用水从轻金属或轻合金铸件中方便地脱除,铸件内表面平滑。

9.3.3　无机盐结合硅酸钙陶瓷型芯[14]

1. 硅灰石的特性

硅灰石是钙的偏硅酸盐矿物,化学式为 $Ca_3(Si_3O_9)$ 或 $CaSiO_3$,理论化学组成为 CaO 48.3％,SiO_2 51.7％,其中 Ca 常被 Fe、Mn、Mg 等类质同象替代。硅灰石属链状硅酸盐矿物,其晶型有 α-$CaSiO_3$(假硅灰石)和 β-$CaSiO_3$(硅灰石)两种。假硅灰石为六方晶系,呈粒状、粉状;硅灰石为三方晶系,呈针状或纤维状。硅灰石主要是 β 型的,化学稳定性好,具有线性热膨胀的特点,在 25～800℃的热膨胀系数为 $6.5\times10^{-6}℃^{-1}$,在 1125℃时以较小的体积变化不可逆地转变为 α 型。

2. 坯料组成

型芯的坯料组成示于表 9-16。硅灰石可选用天然矿物原料,其粒度组成示于表 9-17。选用聚乙二醇为黏合剂时,其相对分子质量以 4000～8000 为宜,最好为 6000,其用量以刚好能填满粉料随机堆积时的空穴而易于成形为宜。

表 9-16　型芯坯料组成　　　　［单位（质量分数）：%］

材料名称	作用	组成范围	实例
硅灰石	基体材料	77~72	57
氧化铝，氧化镁，氧化钛，锆英砂，莫来石，硅线石，滑石和瓷粉等	添加剂，降低型芯的烧结收缩及膨胀系数	2.0~2.5	1.7
氯化钠，氯化钾，偏硅酸钠	黏结剂	23~28	17.5
聚乙二醇，石蜡，硅树脂等	黏合剂	12~19	15.3
硬脂酸盐	润滑剂	4.8~7.6	5.2
Solumin PFN20（ABM Chemicals Limited）	表面活化剂	0.5~1.5	1.0
邻苯二甲酸二异辛酯		1.6~2.7	2.3

表 9-17　硅灰石粒度组成　　　　［单位（质量分数）：%］

粒径/μm	<5	<8	<15	<20	<25	<35	<50	<65	<80	<150
含量	10	20	30	40	50	60	70	80	90	100

3. 坯料制备

在容积为 5L 的球磨机中加入 1kg 粒径为 $150\sim200\mu m$ 的氯化钠，0.5L 乙醇和与氯化钠相同体积的球石。将经球磨的氯化钠和硅灰石加热到 70℃后放入混料机中，再加入 1% Solumin PFN 20，混合 30min 后，再加入坯料中的其他各组分，继续混合 60min，制成混合均匀的坯料。

4. 型芯烧结

将经注射成型的型芯坯体埋入耐火匣内的氧化铝粉中，以低于 20℃/h 的速率加热到 200℃，再以低于 60℃/h 的速率加热到 850℃。在 800~850℃保温 2~8h。在加热过程中，黏合剂全部烧失，盐粒稍微熔化，使型芯形成多孔结构。

5. 防水处理

防水处理既可采用不饱和聚酯树脂浸渍，浸渍后在约 150℃固化；也可采用硅树脂浸渍，如将硅树脂溶解于溶剂三氯乙烯中，浸渍后待溶剂挥发，在型芯表面形成硅树脂涂层。

无机盐结合硅酸钙陶瓷型芯可用于铝、铝合金等轻合金的浇注。

9.3.4　磷酸氢钠结合氧化铝-硅酸锆陶瓷型芯[15]

磷酸氢钠结合氧化铝-硅酸锆陶瓷型芯可采用注射成型或注浆成型工艺制备，料浆组成示于表 9-18。料浆中的氧化铝粉和锆英砂粉为基体材料，磷酸氢钠

(Na_2HPO_4)为黏结剂,水为分散剂,蔗糖的作用是利于成型时脱模,提高生坯强度,改善型芯表面光洁度。

表 9-18　料浆组成及料浆配方

参数	氧化铝粉	锆英砂粉	磷酸氢钠	蔗糖	水
组成范围(质量分数)/%	60~70	15~25	5~15	5	20~30
典型组成(质量分数)/%	65	20	10	5	—
料浆 A 配方/g	80	25	12	5	30

对于配方如表 9-18 中的料浆 A,其制备过程为将 12g 磷酸氢钠和 5g 蔗糖加入到水温为 50℃的 30g 水中,待完全溶解后,加入 80g 200 目的氧化铝粉和 25g 120 目的锆英砂粉,在 90℃温度下充分搅拌约 5min,制成均匀的陶瓷料浆。

在确定坯料组成时,要求将型芯的热膨胀率控制在 0.15%以下。在成型时,为便于脱模,宜选用硅油或含 20%煤油的石蜡为脱模剂。

对经注射成型制备的型芯生坯,其干燥温度制度为室温干燥 24h、50℃温度下干燥 4h、70℃下干燥 6h。干燥后的型芯生坯用沙子磨光,并用相同组成的新配制料浆修补裂缝与气孔,而后在 70~800℃的不同预定温度下焙烧。焙烧温度制度对型芯的强度和溶解性有明显影响,见表 9-19,表中各试样的料浆配方,干燥温度制度相同。

表 9-19　焙烧温度制度对型芯性能的影响

参数	No. 1	No. 2	No. 3	No. 4	No. 5
焙烧温度制度	200℃/4h	70℃/6h	400℃/2h	600℃/2h	800℃/2h
抗折强度/MPa	3.4	5.6	0.6	0.7	2.2
水中的溶解性	极好	极好	极好	好	较好

对用于熔模铸造的型芯,为防止蒸汽脱蜡时型芯的溶解及受损,需将经焙烧后的型芯浸入漆液中,在型芯表面形成防水涂层。

磷酸氢钠结合陶瓷型芯具有良好的水溶性、足够的机械强度、较高的表面光洁度和其他所希望的性能,可用于精度要求较高铝合金件的压铸、重力浇注和熔模铸造。

参 考 文 献

[1] Alexander K, Farr H J. Refractory mould body and method of casting using the mould body: US, 4480681. 1984.

[2] Andrko K, Wittstock P, Neckar H. Process of casting metals by use of water-soluble salt cores: US, 3356129. 1967.

[3] Hyndman C P, Wordsworth R A. Removable cores for metal castings: US, 5273098. 1993.

[4]　Brown W N, Robinson P M. Soluble metal casting cores comprising a water-soluble salt and a synthetic resin: US, 3645491. 1972.

[5]　Wischnack W, Dobner A. Casting core and process for the production thereof: US, 4361181. 1982.

[6]　Flessner T F, Marr C S. Die casting using casting salt cores: US, 5303761. 1994.

[7]　徐鹏程, 万里. 陶瓷晶须增强水溶性盐芯的成形特征与应用性能研究. 第九届铸造学术会议, 2007: 73-77.

[8]　孟爽芬, 李虹. 铝合金铸件用水溶性陶瓷型芯的研究与应用. 机械工程学报, 1989, 25(3): 94-96.

[9]　Carden R A, Calif C M. Soluble core for casting: US, 5921312. 1999.

[10]　Koji H G. Disintegrative core for high pressure casting method for manufacturing the same, and method for extracting the same: US, 6755238. 2004.

[11]　何顺荣. 刚玉基水溶性型芯的发展概况. 铸造设备研究, 2001, (5): 6-9.

[12]　高景艳, 何顺荣. 铸铁件用刚玉基水溶性型芯的研究. 铸造, 1991, (6): 9, 34-36.

[13]　Kelkar A H, Capodicasa F A, Weinstein J G. Ceramic core for investment casting and method for preparation: US, 4925492. 1990.

[14]　Alexander K, Farr H J. Moulding: US, 4629708. 1986.

[15]　Lee Y W. Water soluble ceramic core for use in die casting, gravity and investment casting of aluminum alloys: US, 6024787. 2000.

第 10 章　复合陶瓷型芯

当一种陶瓷材料不能同时满足型芯制备工艺要求和型芯使用性能要求,或不能同时满足高温结构稳定性和化学相容性要求,又或不能同时满足化学相容性和溶出性要求时,当一次成型不能同时满足陶瓷型芯不同部位的结构要求时,当仅仅使用陶瓷材料不能满足型芯不同部位的制备工艺与使用性能要求时,复合陶瓷型芯的发展为陶瓷型芯的制备开辟了一条新途径。

复合陶瓷型芯是由一种以上的陶瓷材料或由一个以上的陶瓷型芯部件(包括耐熔金属型芯部件)组合而成的陶瓷型芯。根据型芯的制备工艺及结构特点,可分为增强式、包覆式和装配式三类。

10.1　增强式陶瓷型芯

增强式陶瓷型芯由型芯主体件和起增强作用的芯骨组成。按主体件与芯骨的组合方式,可分为芯骨插入式增强和芯骨包入式增强两类。

10.1.1　芯骨插入式增强陶瓷型芯

1. 芯骨插入式增强陶瓷型芯简述

在浇铸叶身内的冷却通道与叶根(榫头)内的进气通道不在同一条直线上的涡轮叶片时,通常需要使用弯曲的陶瓷型芯。这就要求型芯材料既有足够的变形能力,以便将型芯弯曲成所需形状,又有足够的抗蠕变能力,以避免在使用时产生蠕变。但是,在目前使用的陶瓷材料中,很难找到一种能同时满足上述制备工艺要求与使用性能要求的材料。例如,氧化铝或氮化硅材料,能满足高温下不蠕变的要求,但很难弯曲。而易于弯曲变形的石英玻璃或微晶玻璃材料,则难以满足高温下持续保温而不蠕变的要求。芯骨插入式增强陶瓷型芯,则妥善地解决了上述矛盾。

图 10-1 所示为几种不同外形的芯骨插入式陶瓷型芯,图中,陶瓷型芯 12 由外部套管 14 和插入套管内的芯骨 16a、16b 组成,套管 14 包括两个直管部分 14a、14b 和一个弯管部分 15,两个芯骨分别从套管的两端插入。对套管材质的要求是有足够的变形能力,易于加工成所需形状的弯管,并具有良好的溶出性。对芯骨材质的要求是耐火度比套管高,不会与套管发生反应。在超合金的定向凝固或单晶

铸造中,常用的套管为石英玻璃管或微晶玻璃管,常用的芯骨多为圆柱形氧化铝瓷棒,也可选用氧化锆棒或氮化硅棒。套管外径一般为 1.8~2.5mm,内径为 1.1mm,瓷棒直径为 1.0mm。在套管内壁与瓷棒之间必须留有 0.01~0.02mm 的间隙,以便套管内的瓷棒在高温下仍能相对滑动。间隙的大小与套管及瓷棒的热膨胀系数有关,也与弯管的弯曲程度有关。间隙太小,套管易被胀裂,也不易弯曲。间隙太大,会影响冷却通道的形位精度。另外,由于氧化铝瓷棒的热膨胀系数比石英玻璃套管的热膨胀系数大,瓷棒插入时要尽量接近弯管部分而又不宜过深。

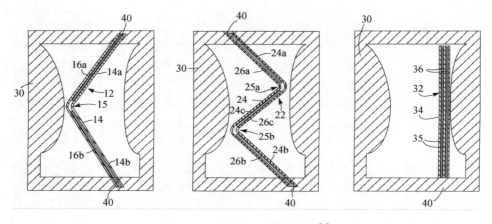

图 10-1 芯骨插入式陶瓷型芯[1]

陶瓷型芯 22 包括石英玻璃套管 24,其直管部分为 24a、24c 和 24b,弯管部分为 25a 和 25b,还包括作为芯骨的氧化铝瓷棒 26a、26c 和 26b,分别插在套管的相应直管部分内。为能将瓷棒 26c 插入套管的 24c 中,先将瓷棒 26b、26c、26a 插入石英玻璃直管中,而后在弯管部位 25a、25b 分别加热,使套管弯曲成所需要的角度。

陶瓷型芯 32 的外层型芯套管 34 由石英玻璃制备,呈直管状(不包括叶根的弯管部分和直管部分),横截面为椭圆形,并有两个与直管平行而相互间隔开的圆柱形孔 35。椭圆形截面的长径为 3.2mm、短径为 0.9mm,圆孔直径约 0.6mm。在每一个孔中,都插入一根直径约 0.5mm 的圆柱形氧化铝瓷棒 36。

在使用过程中必须注意的是,在陶瓷型芯与铸型 30 的型壳材料相连接的部位 40,需要用聚苯乙烯涂料封接,其作用是:①为型芯与型芯壳材料之间因热膨胀系数不同而预留间隙;②当瓷棒伸出套管以外时,将瓷棒封接在型壳材料上;③当瓷棒较短而在管端留有空隙时,用于封闭管端以防止瓷棒滑出,并为瓷棒的轴向膨胀预留端部间隙。对于陶瓷型芯 12 和 22,在型芯的两端都需要封接并固定;对于陶瓷型芯 32,仅一端固定即可。

有关型芯的脱除,因型芯结构不同而有所不同。对于型芯 12 和 32,可从套管两端先抽出瓷棒,而后用常规的工艺脱除铸件中的套管;对于型芯 22,要先从两端抽出瓷棒,而后用常规工艺脱除套管,最后再脱除被截留在套管 24c 中的瓷棒 26c。

2. 芯骨插入式增强陶瓷纤维型芯[2]

芯骨插入式陶瓷纤维型芯是由起增强作用的芯骨和陶瓷纤维套管组成的,见图 10-2。图中,400 为陶瓷纤维型芯、405 为铸钢件、410 和 420 分别为芯骨及陶瓷纤维套管、425 为由陶瓷纤维型芯形成的油路通道,其直径为 A,450 和 460 分别为陶瓷纤维型芯及铸件的两个端部。

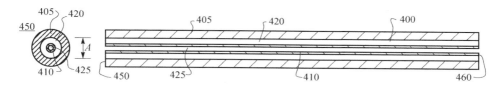

图 10-2 芯骨插入式陶瓷纤维型芯及铸件的结构

另一种芯骨插入式陶瓷纤维型芯的结构如图 10-3 所示。图中,900 为陶瓷纤维型芯、905 为铸钢件、910 为芯骨、920 为陶瓷纤维套管、925 为铸钢件内的油路通道,其内径如 D 所示。930 为陶瓷纤维型芯的锥形肩、940 为端部锥形通孔、950 和 960 分别为两个端部。由图 10-3 可见,端部锥形通孔的直径明显小于油路通道内径 D,其特点是在不增加整个铸件壁厚的前提下,由于铸件两端壁厚增大而为端部的封接面加工提供了加工余量。很显然,对于砂芯,是很难加工出形状和尺寸精度符合使用要求的锥形肩的。

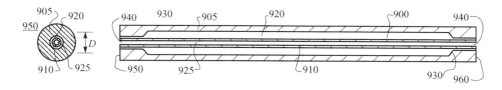

图 10-3 芯骨插入式陶瓷纤维型芯及铸件的结构

芯骨插入式陶瓷纤维型芯的制备过程包括:

(1)浆料制备。将陶瓷纤维和黏合剂放入混料机内,制成陶瓷纤维浆料。陶瓷纤维可以是适合于浇铸工艺的任何陶瓷纤维,最好是铝硅酸盐纤维。黏合剂要适合于陶瓷纤维的分散及黏结,为有机材料。

（2）套管制备。将陶瓷纤维浆料置于真空成型室内，并插入多孔芯管。在芯管内抽真空，使陶瓷纤维沉积在芯管外壁上。待沉积的陶瓷纤维层有足够的厚度后，将芯管从真空室取出，并将形成于芯管外壁上的陶瓷纤维套管取下。

（3）干燥及固化。将陶瓷纤维套管装入普通炉内或无线电频炉内干燥。在普通炉内干燥时，套管要吊装入炉；在无线电频炉内干燥时，套管可用传送带传送入炉。

（4）芯骨插入。将芯骨插入经干燥并固化后的陶瓷纤维套管内。芯骨材质可以是塑料、陶瓷、钢或任何其他能承受浇铸时的温度和应力的材料。芯骨可以是空心的，也可以是实心的。必要时，在芯骨与陶瓷纤维套管间可插入一个衬管，以改进芯骨与纤维套管间的接触状况。衬管材质可以是纸、纸板、陶瓷或复合材料。

（5）型芯加工。通过机械加工或研磨等加工方式，将表面呈蓬松状态的陶瓷纤维套管加工成尺寸、形状和表面光洁度符合使用要求的陶瓷纤维型芯。

（6）质量检验。质检内容包括尺寸检验、灼损测定、表面硬度测定以及对使用性能产生影响的其他项目。

（7）后续处理。为提高与改进型芯的使用性能并消除检测过程中可能发现的部分缺陷，可用另一种材料浸渍处理。另外，在将型芯放入砂型之前，用由软木或其他合适的材料制备的塞子将套管的两个端部堵塞，以免浇铸时金属液进入套管内。

芯骨插入式增强陶瓷纤维型芯可以在发动机铸钢件的砂型铸造中，替代砂芯来形成高压油路通道等内部腔体，有表面质量好、尺寸精度高、铸件质量小、加工成本低的优点。

10.1.2　芯骨包入式增强陶瓷型芯

在超合金的定向凝固或单晶铸造时，对用于冷却通道长度达 $12.7\sim30.5\text{cm}$ 或更长的陶瓷型芯，为有效防止在浇铸过程中可能产生的变形，可采用在成型陶瓷型芯时将芯骨包埋于陶瓷型芯坯体之内的方法。

图 10-4 为尚未脱除陶瓷型芯的铸件的结构图。图 10-4 中，周边虚线所示为铸件 30 的外表面，铸件的内部冷却通道由陶瓷型芯 32 形成。其中，通道 34 和 36、38 和 40、42 和 44 之间，在顶端分别由 U 形通道 46、50 和 54 相连通；通道 36 和 38、40 和 42 之间，在底端分别由 U 形通道 48 和 52 相连通。由沙漏状连接颈 56 形成的通道将叶根内腔 60 与 U 形弯道 52 相连通；由沙漏状连接颈 58 形成的通道将叶根内腔 62 与 U 形弯道 48 相连通。氧化铝质芯骨 68、64、66、70、72 和 74 分别位于形成冷却通道 34、36、38、40、42 和 44 的陶瓷型芯的相应部位；芯骨 76 和 78 分别位于连接颈 56 和 58 之内。

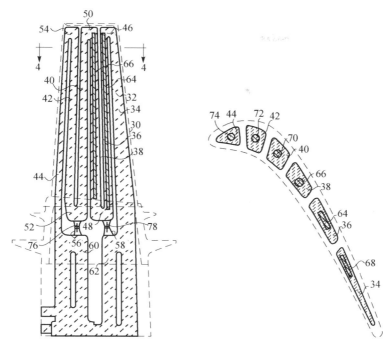

图 10-4　芯骨包入式陶瓷型芯[3]

　　芯骨包入式陶瓷型芯的制备过程为:

　　(1) 将芯骨置于压制陶瓷型芯用的钢模内。常用的芯骨可用氧化铝、氧化硅、钼、钨或碳化钨制备,也可采用与陶瓷型芯相同材质的坯料制备。对芯骨材料的性能要求是浇注时在金属液高温的较长时间作用下能保持刚性,并易于用物理或化学的方法从铸件内脱除。芯骨常为棒状或管状,其长度应与相应冷却通道的长度一致,其横截面可以为圆形、矩形或其他与冷却通道截面相适应的形状。芯骨的外表面以皱纹状为佳,以便于芯骨本身在型芯钢模中的固定,也便于在成型及烧结时与型芯材料的结合。当芯骨为中空管时,为进一步提高其强度,可在管内充填钼、碳化钨或其他某些在浇铸过程中能发生相变化而变坚硬的陶瓷材料。当然,在向型芯模具中注入陶瓷浆料之前,要将中空管的顶端封闭。

　　(2) 向钢模内注入陶瓷浆料,由浆料将芯骨包裹住,脱模后经烧结,制成复合陶瓷型芯。

　　在压制蜡模时,对于某些结构件,如氧化铝瓷棒或瓷管,要在芯骨的一端或两端增设蜡料延长区,以便在铸型中的相应部位形成空腔,为浇铸金属液时芯骨的轴向膨胀预留空间,避免因芯骨的热膨胀而导致陶瓷型芯的开裂。

　　芯骨包入式陶瓷型芯可使用通常的脱芯工艺脱除,但对化学脱芯液要作适当调整,以便于芯骨的脱除。如芯骨的横截面小于铸件顶端孔径,可以采用物理方法从孔中取出。

　　对于结构复杂、壁厚悬殊的陶瓷型芯,见图 10-5,采用芯骨包入工艺,能有效地解决型芯在成型和烧结过程中的开裂问题,明显提高陶瓷型芯和铸件的合格率。

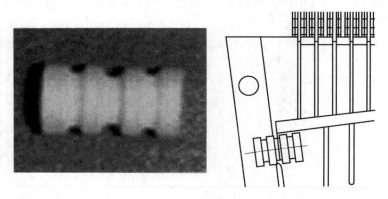

图 10-5　芯骨(左)及其在陶瓷型芯中的位置(右)[4]

10.2　包覆式陶瓷型芯

　　包覆式陶瓷型芯是一类以能满足高温结构稳定性和溶失性要求的材料作为基体材料,以能满足化学相溶性要求的材料作为表层包覆材料的陶瓷型芯。按表层包覆材料的制备工艺,可分为涂层式和镀膜式两种,以氧化钇镀膜的氮化钛陶瓷型芯见第 8 章。

10.2.1　涂层式硅基陶瓷型芯

　　在铁合金砂型铸造中,一般都采用砂芯来形成铸件内腔,但对于质量较小的砂芯,浇铸时会被快速加热而使有机结合剂分解,导致砂芯失去强度。因此,一直难以用砂芯在厚壁铸件中浇注直径为 1~2cm,长度与直径比超过 10∶1 的细长孔。熔模铸造中常用的陶瓷型芯,如硅基型芯,虽然耐热冲击性好,但砂型铸造时在浇铸前没有预热时间,因而高温结构稳定性满足不了使用要求;又如氧化铝型芯,虽然高温结构稳定性好,但耐热震性满足不了使用要求。一种由挤塑成型方法制备的石英玻璃薄壁管,经涂层处理后,能作为形成细长孔的预制型芯而应用于铁合金砂型铸造。

　　1. 涂层式硅基陶瓷型芯的制备工艺[5]

　　1)薄壁管制备
薄壁管坯料由耐火骨料、有机黏合剂、无机增塑剂、高温黏结剂和矿化剂配制而成。

耐火骨料的组成为 80%～99% 的石英玻璃粗粉和少量氧化铝、氧化锆、锆英砂或其他耐火材料,其中氧化铝用量不能超过 2%。石英玻璃粗粉的粒度为 10～100μm,纯度大于 99.7%,以杂质存在的碱金属含量小于 100×10^{-6},碱土金属含量小于 500×10^{-6}。

有机黏合剂为谷物淀粉、亚麻仁油、低熔点胶、蜡、多萜、乙基纤维素、虫漆、聚乙烯、聚丙烯、乙酸乙烯或聚苯乙烯等,用量为坯料的 3%～7%,其作用是为生坯提供常温结合强度,在型芯的焙烧过程中将全部烧失。

无机增塑剂为膨润土和球土等,其作用是提高坯料可塑性及生坯强度,但会使型芯的烧结温度降低,用量不宜超过耐火骨料量的 3%,否则会造成干燥收缩过大,并因引入的氧化铝量过多而影响型芯的高温性能和脱芯性能。

高温黏结剂为粒径小于 10μm 的石英玻璃细粉,其作用是提高坯料可塑性,并促进石英玻璃粗粉的烧结,以提高型芯的烧结强度,用量为石英玻璃料的 10%～15%,但必须严格控制其所含的失透金属离子量。

矿化剂可以是经处理的、粒径细小的、所含失透离子集中在颗粒表层的石英玻璃粉,也可以是商品名为"Ludox"、"Syton"或"Nalcoag"的钠稳定胶体硅悬浮液。矿化剂所含有的锂、钠、钾等失透金属离子,能使型芯中的石英玻璃颗粒在浇铸金属液的过程中快速转变为方石英。当选用粒径为 0.05μm 钠稳定胶体硅粉为矿化剂时,用量为型芯质量的 1.5%～5%,钠的总量控制在 0.04%～0.1%。

典型的硅基陶瓷型芯坯料配方如表 10-1 所示。

表 10-1　坯料配方　　　　　　　　　　（单位:份）

石英玻璃粉			球土	膨润土	增塑剂	谷物淀粉	硅溶胶(干基)
25～75μm	<25μm	0.1～10μm					<0.05μm
45	45	10～12	1.6～1.8	0.8～1.0	<0.2	5～6	1.5～5

配制坯料时,将石英玻璃粉、膨润土、球土、谷物淀粉和其他干粉料在双锥形混料器中混合后,置于球磨机中,再加水和钠稳定胶体硅,使总液相量为塑性坯料的 15%～30%,经球磨后供成型之用。

塑性坯料在 68.7～98.10kPa 压力下,挤制成外径为 18～30mm 的管坯,切割成 60～150cm 长的管材,经室温下干燥 4～5d,或在温度为 20～80℃ 的烘箱内干燥足够长的时间后,再切割成 12～25cm 长的型芯生坯,其抗折强度为 5.88～8.83MPa。生坯在 1100～1300℃ 焙烧约 2h,烧制成多孔薄壁管,方石英含量为 20%～30% 或更多。

对经烧结的薄壁管,还需要进行机加工或研磨,以获得所需要的形状、尺寸及精度。例如,图 10-6 所示为经过机加工的陶瓷型芯 25,右端 27 较细,左端 26 较粗,最大外径不超过 6～20mm,外表面有螺纹 28。管孔 29 的直径小于管外径的1/3,如左端外径小于 15mm 时,孔径为 2～5mm 或更小。管长度超过型芯外径的20 倍。

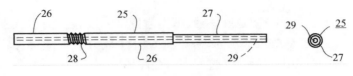

图 10-6　薄壁管结构图

2) 涂层制备

薄壁管表层涂料由耐火材料和黏合剂配制而成。耐火材料为锆英石砂、菱镁石、铬铁矿、石墨(400 目)或它们的混合物。耐火材料的颗粒度为 0.1～20μm 或稍小,平均粒径小于 10μm,最好为 1～6μm。如果耐火材料为锆英石或菱镁矿,平均粒径最好为 3～10μm。如果耐火材料全部或部分为石墨,粒径应更小。黏合剂可以是胶体氧化硅或胶体氧化铝等无机黏结剂,也可以是其他有机黏合剂,用量以不超过 10％为宜。当耐火材料为菱镁矿、锆英石时,无机黏结剂可单独使用,也可与其他有机黏合剂配合使用。对于涂料中液相含量的确定,必须能满足涂层时的操作要求和对涂层的厚度要求。

对用于铸铁浇铸的型芯,由于铸铁的含碳量高,涂料中可以加入相当数量的碳。例如,涂料可由等量的石墨和菱镁矿(或锆英砂)配制,以含有机黏合剂的三氯乙烯为溶剂。菱镁矿的粒径为 1～50μm,平均粒径为 8～12μm。石墨的最大粒径为 30μm,平均粒径在 5μm 以下,如有必要,还可选用一定量的胶体石墨。对用于钢或低碳铁合金浇铸的型芯,涂料中不能含有石墨。

在涂料中使用重质耐火材料如锆英砂时,需要加悬浮剂,最好选用由海藻制取的钙藻酸,它不仅是悬浮剂,也是黏合剂。如果使用其他有机黏合剂,可以使用羟乙基纤维素或羟甲基纤维素为悬浮剂。

典型的涂料配方为锆英砂或其他耐火材料 35～40 份、胶体硅(干基)4～7 份、有机黏合剂钙藻酸 0.4～0.5 份、水 50～55 份。

施涂料的方法有喷、浸、刷等。涂层厚度一般控制在 40～100μm,不宜超过200μm。涂层厚度取决于型芯的尺寸和形状、浇铸金属的种类以及铸件的尺寸精度。涂层以一层最为经济,也可施涂两层或两层以上组成相同或不同的涂料。

型芯浸涂料后,需通过干燥除去水或挥发性溶剂。将经常温干燥至有一定强度的型芯,置于 80～250℃的烘箱中干燥 2h 左右,也可采用真空干燥或热风强制干燥。有机黏合剂为热固性树脂时,干燥温度宜高于 200℃,当干燥温度为 230～250℃时,表面质量会更好。浆料中含有机溶剂时,宜先在室温下进行干燥,最终干燥温度为 200～500℃。经充分干燥的型芯需再次在约 1000℃左右焙烧,焙烧温度不宜过高,以防型芯表面产生不希望的析晶。

由于涂层极为均匀,使用前一般没有必要对型芯表面再进行机加工或其他处理。对表面有螺纹的型芯,则需要刷光,以保证涂层厚度更均匀。如果铸件精度要求极高,可进一步作表面处理,包括机加工、电化学加工或精修。

2. 涂层式硅基陶瓷型芯的特性

(1) 管壁以粗颗粒石英玻璃料为主体骨架,有良好的渗透性,气孔率为 25％～55％,利于砂型铸造过程中气体的逸出。

(2) 在浇铸开始时,石英玻璃骨料仍有约 80％保持无定形态,耐热震性优良,能够承受铁合金液在不到 2s 内从低于 100℃到高于 1500℃的快速加热而不损坏。

(3) 薄壁管以熔融石英细粉为高温黏结剂,常温抗折强度不低于 7.85～9.80MPa,1500℃时的高温抗折强度不低于 4.90～5.88MPa,浇注时能承受熔融金属液的冲击而不折断。

(4) 薄壁管中由熔融石英细粉转化而成的方石英,含量达 15％以上,其中至少有 5％分布在熔融石英颗粒表面,1400℃时的黏度大于 1.0×10^{12} Pa·s,一般为 $(2.0～4.0) \times 10^{12}$ Pa·s。抗高温蠕变能力强,能承受熔融金属进入砂型腔体时的浮力和内压力,在金属凝固之前能保持其形状不变,利于在铸件中形成符合形位公差要求的细长孔。例如,铸孔长度方向总弯曲不超过 0.03mm/cm;铸孔偏离所要求横截面尺寸不超过 0.05mm/cm。

(5) 薄壁管表面的涂层,使型芯表面与金属液不直接接触,利于结构精细的铸孔表面结构的形成。例如,能在铸件内表面直接浇注出 5～10 条/cm 的螺纹。另外,也有利于脱芯。

(6) 薄壁管采用挤塑成形工艺制备,适于工业化生产,生产成本仅为高压注射成形工艺制备的 1/10。型芯适用性强、精度高,便于无中心研磨或其他精密机加工作业。

10.2.2　氧化钇面层陶瓷型芯[6]

1. 制备工艺

1) 涂料的制备

氧化钇涂料由耐火料粉、酸和惰性溶剂配制而成。耐火料粉可以全部为氧化钇,也可以是氧化钇与全稳定或部分稳定氧化锆的混合料。

酸是氧化钇涂料的主要组分之一,在常温下能与氧化钇反应生成盐,并使涂料保持相对稳定。可供选用的有机酸包括单-羧基饱和酸和聚-羧基饱和酸,如蚁酸、乙酸、丙酸、柠檬酸、丁二酸、草酸、三羧酸、酞酸和酒石酸等;可供选用的无机酸包括硫酸、硝酸和氨苯磺酸。酸浓度不宜过高,以使氧化钇及其他耐火材料能稍微溶解为宜,但也不能过低,以免将过多的水带入料浆中。

涂料中的惰性溶剂可以是异丙醇、甲醇、丙酮或甲基异丁酮等,也可以是这些溶剂的混合液。对惰性溶剂的要求是室温时蒸气压不能太高,否则在挂浆时会引起降温并造成开裂,但也不能过低,以免造成干燥时间过长。还要求溶剂能全溶于水或部分溶于水,以加快涂层硬化速率。

水会明显影响涂料的稳定性。这是因为由氧化钇和酸发生反应所生成的钇盐,会与水进一步反应生成氢氧化物,导致涂料快速凝结。含水量越高,涂料凝结速率越快,稳定性就越差,存放期就越短。涂料含水量很少或不含水时,存放期可达几天或几周。当然,氧化钇的颗粒尺寸、料浆中酸的用量、涂料的使用条件等,都对涂料的稳定性产生一定影响。

为改善涂料对模型表面的润湿性,可在涂料中滴加适量非离子型润湿剂 Sterox NJ。

2) 面层制备及浇注成型

将氧化钇涂料涂挂在型芯模型的内表面,趁涂料仍然潮湿时,将粒径为 $-20\sim+100$ 目的电熔氧化钇砂撒在涂层上,以形成氧化钇涂层。待涂层在室温下干燥后,注入高浓度可浇注耐火料浆,料浆胶凝后形成型芯的基体部分。把被氧化钇涂层所包覆的坯体从模型中取出,经干燥与烧结,制成氧化钇涂层陶瓷型芯。

构成型芯基体的耐火材料,其作用是衬托并支撑面层材料。基体材料的选择,既要考虑与面层材料的适应性,也要考虑浇铸金属材料的化学活性。当型芯用于浇铸钛及其他较高活性金属时,宜选用氧化钇料,制成全氧化钇质的陶瓷型芯;当型芯用于浇铸活性比钛低的其他金属时,可选用氧化锆、氧化铝、石英玻璃粉或其他耐火材料。例如,料浆可以由粒径 20 目以下的石英玻璃粉、氧化硅含量为 20% 的水解正硅酸乙酯溶液和作为胶凝剂的碳酸铵配制,制成氧化钇涂层氧化硅陶瓷型芯。

在氧化钇面层陶瓷型芯的制备过程中,氧化钇与浆料中的酸反应生成钇盐,钇盐与浆料中的水或空气中的水汽反应生成 $Y(OH)_3$,形成"生坯键",利于生坯强度的提高。烧结时水化物脱水生成 Y_2O_3,形成"烧结键",利于烧结强度的提高。

2. 氧化钇面层陶瓷型芯的性能

氧化钇面层陶瓷型芯优良的冶金化学稳定性,使其可用于钛、钛合金及含难熔金属元素如 Ta、Re、W、Mo、Hf、Y 等的第二代、第三代高温单晶合金的浇注。当氧化钇面层陶瓷型芯用于浇铸 6Al4V 钛合金时,涂料组成对铸件表面反应层深度的影响如表 10-2 所示。

表 10-2　涂料组成对反应层深度影响表

	试样编号	SA	SB	SC	SD	SJ	SK	SL
涂料组成	柠檬酸	3.125	5.8	3.125	5.8	5.8	5.8	5.8
	99%异丙醇	12.5	12.5	12.5	12.5			
	5%Nirez 树脂					12.5		
	10%Nirez 树脂						12.5	
	15%Nirez 树脂							12.5
	非电熔氧化钇			13.4	13.4			
	电熔氧化钇(325 目)	75	75	40.2	40.2	70	70	70
反应层深度/mm		0.02	0.03	0.03	0.05	0.03	0.02	0.02

10.3　装配式陶瓷型芯

装配式陶瓷型芯由两个或两个以上预制型芯件组装而成,预制型芯件可以是蜡件,也可以是烧结件;组装可以在型芯制备过程中进行,也可以在熔模制备过程中进行。

10.3.1　组装式薄壁陶瓷型芯

组装式薄壁陶瓷型芯由两个或两个以上的陶瓷型芯件组装而成的,其中至少包括一个薄壁陶瓷型芯件,其制备过程及特点[7]有以下几个方面。

1. 薄壁陶瓷型芯件的制备及其组装

薄壁陶瓷型芯一般选用石英玻璃粉为原料,以便于脱芯,宜采用流延成型—热压压制—激光加工的工艺路线制备。

由流延成形法制备的厚度均匀的料带经干燥除去溶剂后,具有一定的可塑性。将可塑性的料带置于金属模具中,加热至 100℃,保温 30min,而后在 40MPa 的压力下保压 3min。将压制成形的薄壁芯坯置于耐火定形匣中烧结,烧结温度为 1250℃,保温 4h。将烧结薄壁型芯用有机树脂或聚合物浸渍增强。

型芯的密度应大于 70%,最好大于 99%,以便用机加工或激光加工的方法在型芯表面加工出小孔、凸台等精细结构,见图 10-7。型芯的壁厚可控制在 0.1～0.4mm,以便在铸件中形成厚度为 0.1～0.4mm 的通道。通道可呈放射状,并与壁厚为 0.1～0.8mm 的铸件外壁完全平行,见图 10-8。

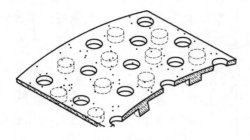

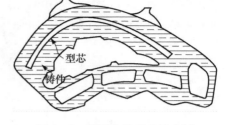

图 10-7　薄壁陶瓷型芯的结构　　　　图 10-8　薄壁陶瓷型芯的应用

　　由上述方法制备的薄壁型芯件既可与其他薄壁型芯件组装在一起,也可组装到一个用普通方法制备的厚壁中心型芯件上。组装时可用结黏合剂黏结,也可用榫眼-榫舌式机械连接,还可由穿过型芯的石英玻璃管串接并用陶瓷结合剂黏结。黏合剂可由硅溶胶和莫来石质填料以 30：70 的比例配制而成。

　　2. 组装式薄壁陶瓷型芯的特点

　　(1) 型芯可加工性好,对铸件内腔的精确控制更容易。

　　(2) 型芯壁厚可控制在 0.1～0.4mm,在铸件中形成的腔体能更接近于铸件表面,有利于冷却效率的提高。

　　(3) 薄壁型芯能在叶尖或叶缘直接形成冷却空气排出口,使冷却空气可从叶根直接撞击叶尖,使叶片有更好的冷却效果。

10.3.2　插接式陶瓷型芯

　　1. 插接式陶瓷型芯的结构之一

　　插接式陶瓷型芯由主体型芯、薄壁型芯和芯棒插接而成,其结构示于图10-9

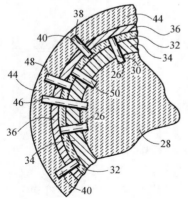

图 10-9　复合陶瓷型芯-
蜡模-型壳结构图[8]

中,其组装过程与蜡模制备过程同时进行。

　　在内含主体型芯 28 的蜡模 34 的表面放置薄壁型芯 32,在薄壁型芯的拐角处插入临时定位销钉(图 10-9 中未显示),将薄壁型芯固定在蜡模上。在薄壁型芯的预定部位打孔,孔穿透薄壁型芯和蜡模,并在主体型芯上形成盲孔 26。在盲孔26 中插入芯棒 30 和 50,使芯棒尾端端面与薄壁型芯外表面平齐。盲孔 26 的内径宜略大于芯棒外径,既便于芯棒的插接,又便于芯棒的固定,还能满足使用过程中芯棒与陶瓷型芯的热胀匹配要求。一般而言,芯棒直径为 2.3～14.0mm,盲孔孔径比芯棒直径大 0.01～0.03mm。芯棒可用石英玻璃、氧化铝或其他类似材料制备。

　　在经上述处理的薄壁型芯 32 和蜡模 34 的外围,压制薄层蜡模 36,而后在薄层蜡模的不同部位打深度不同的三类孔:第一类孔穿透薄层蜡模 36,在薄壁型芯 32 上形成盲孔 38,用以插入芯棒 40。选择盲孔 38 的位置时,要求插入的芯棒 40 能对薄壁型芯的曲面形状起一定的约束作用,因为虽然薄壁型芯在加工时已符合曲面形状的要求,但型芯材料的弹性可能导致形状的改变。第二类孔穿透薄层蜡模 36 和薄壁型芯 32,在薄壁型芯上形成通孔,用于插入芯棒 48。第三类孔穿透薄层蜡模 36、薄壁型芯 32 和蜡模 34,并在主体型芯 28 上形成盲孔 26,用以插入直通芯棒 46。在薄层蜡模的孔中分别插入相应的芯棒 40、48 和 46 之后,用常规的方法制备型壳 44。

　　由图 10-9 可见,穿透薄层蜡模 36 的芯棒 40,其前端插接于薄壁型芯 32 的盲孔 38 内,其尾端固定在型壳 44 上;穿透薄层蜡模 36 和薄壁型芯 32 的芯棒 48,其前端端面与薄壁型芯 32 的内表面平齐,尾端固定在型壳 44 上;穿透薄层蜡模 36、薄壁型芯 32 和蜡模 34 的直通芯棒 46,其前端插接于盲孔 26 内,其尾端固定在型壳 44 上。

　　当铸型中的金属液凝固后,铸件中分别形成与主体型芯和薄壁型芯相对应的内、外两个腔体。脱除芯棒后,在铸件的内壁和外壁上留下相应的通孔。其中,由直通芯棒 46 形成的内、外两个孔是直通的;由芯棒 50 和 48 分别形成的内、外两个孔的位置有一定的偏移,形成了迷宫结构,增加了冷却空气在薄壁外腔内的停留时间,提高了冷却效果。

　　2. 插接式陶瓷型芯的结构之二

　　另一种插接式陶瓷型芯示于图 10-10。图 10-10 中,40 为铸型,41、42、43 为主

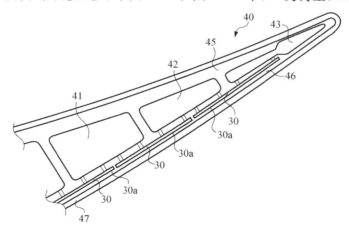

图 10-10　插接式陶瓷型芯结构[9]

体型芯,30 为次级型芯,45 和 46 为内、外蜡层,47 为型壳。主体型芯的形状、数量及相对位置取决于铸件内腔结构设计要求。

次级型芯 30 由底板 31 及立柱 32 构成,见图 10-11。作为一个实例,底板厚度约 0.5mm,宽(W)约 6.4mm,长(L)约 12.7mm。底板上有多个在浇注时将为金属液所充填的孔 33,孔数量以 10～40 个为宜,最好为 20 个,孔径可以是 0.8mm。立柱 32 的中心线 Z 垂直于底板 31,当然也可以有其他不同的角度;立柱数量以 7～8 个为宜,最好为 6 个;立柱的横截面可以是圆形、椭圆形的;立柱的直径取决于冷却气体的流速,立柱长度与在铸件中的部位有关。作为一个实例,立柱的直径约为 0.5mm,长度约为 2.5mm。

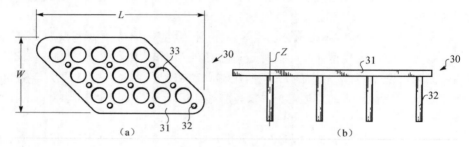

图 10-11　次级型芯结构

(a) 俯视图;(b) 侧视图

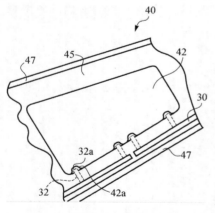

图 10-12　次级型芯与主体
型芯的插接方式

次级型芯与主体型芯的插接可在型芯的制备过程中进行。例如,在注浆成型时通过立柱端部 32a 外表面与主体型芯凹孔 42a 内表面之间的摩擦接合相连接,见图 10-12,而后进行烧结。又例如,通过激光焊接将立柱端部焊接在主体型芯上,或将黏结剂注入 42a 中,使立柱端部黏结在主体型芯上,可供选用的陶瓷黏结剂为由 AREMCO of Valley Cottage,N.Y. 出售的 cermabond。

次级型芯与主体型芯的插接也可在熔模压制过程中进行。其步骤为:①压制熔模主体,用内蜡层 45 将主体型芯包裹;②在蜡层 45 表面放置相应数量的次级型芯,使型芯的立柱穿透蜡层,将其端部 32a 插入主体型芯的凹孔 42a 中;③二次压制熔模,用外蜡层 46 将次级型芯外表面 30a 全部包覆,而后按常规工艺制备型壳 47。

主体型芯与次级型芯以用石英玻璃粉制备为宜,以便于脱芯。薄壁型芯件的密度以接近 99% 为佳,以便于激光加工。

与以前的多腔薄壁结构叶片制造工艺相比,使用接插式陶瓷型芯,可以一次浇注出金属壁数量在 20 个以上的多腔中空叶片,生产成本较低;叶片整体性好,强度高;叶片壁厚能小于 0.8mm,而且重量轻。对于等轴晶铸件,叶片最小壁厚为 0.3~0.4mm,对于定向柱晶或单晶铸件,叶片最小壁厚为 0.1~0.5mm。

10.3.3　两步成型陶瓷型芯

1. 陶瓷型芯结构特点

图 10-13 所示为适于两步成型的陶瓷型芯 110 的结构图。

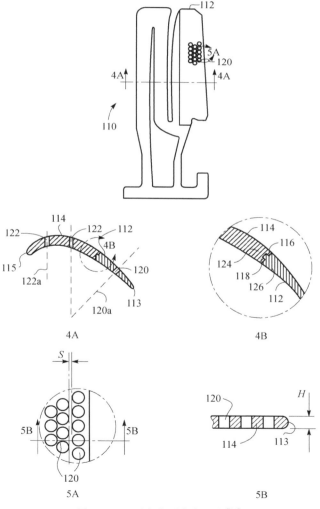

图 10-13　两步成型陶瓷型芯[10]

由图 10-13 可见,型芯 110 由尺寸较小、结构较精细的尾缘部件 112 和尺寸较大的前缘部件 114 两个部分组合而成。在图 10-13 中,4A 是型芯 110 沿 4A-4A 的横截面图,4B 是 4A 的局部放大图。由图 4A 可见,前缘部件 114 呈曲面状,其厚度从导向边 115 向侧邻接面 118 逐渐过渡,与尾缘部件 112 的邻接面 116 相适应。尾缘部件 112 也呈曲面状,其厚度从邻接面 116 至尾端 113 逐渐减小。前缘部件上的通孔 122,浇铸时在叶片前缘腔体中形成由小圆柱排列而成的纵向肋;尾缘部件上的通孔 120,浇铸时在叶片尾缘腔体中形成由扰流柱排列而成的桥式支架。桥式支架既提高了腔体的强度,又限制了从尾缘排气缝流出的冷却空气流量,还增大了腔内热交换的表面积。由于通孔 120 和 122 的中心轴线 120a 和 122a 成一定的交角,因此,只有在双模两步成型时才能使用结构比较简单的"单拉式"陶瓷型芯模具。

在图 10-13 中,5A 是尾缘部件 112 的局部放大,在浇注时,通孔 120 之间的距离 S 将决定铸件尾缘扰流柱之间的距离;5B 是 5A 的纵剖面,在浇注时,尾缘 113 的厚度 H 将决定铸件尾缘排气缝的宽度。

2. 制备过程及工艺要点

陶瓷型芯的制备过程为首先单独成型型芯尾缘部件 112,然后将在接合面 116 上设有榫舌 124 的型芯尾缘部件放入制备型芯前缘部件的金属模中,在成型型芯前缘部件 114 的过程中,在接合面 118 上同时形成榫槽 126,使前缘部件的成型和前、后缘部件的融合同时进行。由辅助机械连接结构"榫舌 124-榫槽 126"连接在一起的两个分步成型的型芯坯件 112 和 114,经烧结后成为一个复合陶瓷型芯。陶瓷型芯的制备工艺要点有以下几个方面。

1) 坯料选择

在选择型芯坯体材料时,必须考虑部件的大小及结构的精细程度。对于尺寸较小,结构精细的叶片尾缘部件,坯料粒径以较小为宜,以保证成型时浆料能充满模腔的所有部位;材料的溶出性要求较高,以保证脱芯时型芯残渣能从叶片狭小的内腔中清洗出来。对于尺寸较大的叶片前缘部件,坯料粒径可以较粗,浆料的流动性和溶出性可以稍差。而且,坯料粒径较粗,有利于减小收缩,提高结构稳定性。

型芯的前缘部件和尾缘部件可使用同一种坯料。当选用如表 10-3 所示的坯料时,热塑性塑化剂的组成(质量分数)为:石蜡(Okerin 1865Q, Astor Chemical) 14.41%、表面活性剂(DuPont Elvax 310 FINNECAN)0.49%、油酸 0.59%。

型芯的前缘部件和尾缘部件也可选用不同的坯料。例如,尾缘部件的坯料组成(质量分数)为:石英玻璃 84%、锆英砂 10% 和氧化铝 6%,平均颗粒度为 120~325 目。前缘部件的坯料可以是氧化铝,颗粒尺寸约为 120 目。

表 10-3　陶瓷型芯坯料组成　　　[单位(质量分数):%]

材料名称	粒度组成	含量
氧化铝	$37\mu m$ 70.2%、$5\mu m$ 11.3%和 $0.7\mu m$ 3%	84.5
氧化钇	$-4\mu m$	7.0
氧化镁	$-4\mu m$	1.9
石墨粉	$-17.5\mu m$	6.6

2)成型

前缘和尾缘部件的成型方法包括注射成型、传递模成型、浇注成型等,这些方法可单独使用,也可结合使用。一般而言,使用颗粒较粗、流动性较差的浆料制备型芯前缘部件时,宜采用传递模成型。

对于尾缘部件上的榫舌,可选用适当的模具在成型过程中同时形成,也可通过对尾缘部件进行机加工而形成。前一种方法工序较少,但模具结构较复杂。

在成型前缘部件时,要求浆料温度适当,使尾缘部件的接合面部分熔化,以保证两个型芯部件间的良好"黏结"。

由于榫舌-榫槽结构沿着整个接合面形成互锁,提高了型芯部件抗变形与抗开裂的能力。但值得注意的是,使用两种陶瓷坯料时,热膨胀速率和总收缩的不同,可能导致连接处的开裂。

3)烧结

陶瓷型芯的烧结温度视坯料组成不同而异。例如,陶瓷材料为氧化铝、氧化钇或氧化镁时,烧结温度为1680℃;陶瓷材料为石英玻璃、锆英砂和方石英时,烧结温度为1120℃。烧结时,将型芯坯件放在耐火定形模内,以防止型芯变形和纵向扭曲。

3. 两步成型陶瓷型芯的特点

(1)型芯的不同部位可以选用化学组成不同与粒度组成不同的坯料,可以选用不同的成型方法及工艺参数,为满足陶瓷型芯不同部位的不同制备工艺要求和使用要求提供了可能性。

(2)简化了模具设计结构,降低了模具制造成本。在单模一步成型时,因位于型芯曲面上不同部位通孔的中心轴线不平行,只能采用有多个抽拉式活块的设计结构,模具加工难度大、加工周期长、制造成本高。双模两步成型时,可以采用结构简单、加工容易、操作方便的单拉式陶瓷型芯模具。

(3)单模一步成型时,由于受浆料粒度组成及成型工艺参数的制约,型芯尾缘部件上 S 和 H 的尺寸不能小于0.4mm。而对于双模两步成型,预先单独成型尾缘型芯部件时,允许选用粒度较细的陶瓷材料、允许在最短的时间内施加较大的压力,使尾缘部件上结构精细的每一个部位都能完全填满浆料。因而尾缘的最小厚度及通孔的最小间距可从普通一次成型型芯的 0.4mm 减小到 0.20～0.25mm,从而使叶片尾缘排气缝宽度更窄、扰流柱间距更小,利于更好地控制冷却气流,更有效地提高冷却效果。

10.4　陶瓷-耐熔金属型芯

陶瓷-耐熔金属型芯由陶瓷件和耐熔金属件组合而成,陶瓷件由氧化物陶瓷材料制备,耐熔金属件由钼、铌、钽、钨、铼、碲等耐熔金属材料,以及它们的合金或金属间化合物制备。在陶瓷-耐熔金属型芯中,至少包括作为耐熔金属件的一条金属线或一块金属片。

10.4.1　陶瓷-耐熔金属型芯的制备及其使用

1. 耐熔金属型芯件的制备

耐熔金属线材或板材等经激光切割、剪裁、穿孔、照相蚀刻、弯曲或扭转等,必要时通过电阻焊、TIG 焊、铜焊和扩散黏结等方法相互连接,制成难熔金属型芯件。

为防止金属材料在高温时氧化,避免金属材料在浇注时与熔融金属反应,在金属件表面必须涂覆一层或多层防护材料。防护材料可以是二氧化硅、氧化铝、氧化锆、氧化铬、莫来石、二氧化铪等耐火陶瓷材料,也可以是铂及其他贵金属材料或铬、铝等金属材料。陶瓷材料与金属材料的热膨胀系数必须相匹配,形成陶瓷涂层的方法包括 CVD、PVD、电泳或溶胶-凝胶法等。可以多次涂覆不同种类的陶瓷材料,每层的厚度为 3～25μm。

2. 陶瓷-耐熔金属型芯的组合[11]

在陶瓷件与金属件之间,可通过机械互锁或化学黏结的方式相组合。例如,对于设有突缘 224 或凹槽 226 的耐熔金属片 220,见图 10-14,可在成型时,将陶瓷料浇注在突缘上或注入凹槽中,使陶瓷件与耐熔金属件形成机械互锁,从而将耐熔金属片 220 组装在陶瓷件 222 上。

耐熔金属件可以位于陶瓷件的内部,也可以附着在陶瓷件的其他部位。在图 10-15 中,金属线 200 位于陶瓷件中,使陶瓷件的强度提高、抗开裂和抗变形的能力增强;金属线 202 位于陶瓷件的表层,构成了型芯的表面轮廓;耐熔金属片 204 及耐熔金属件 206 位于陶瓷件的表面,构成了型芯的圆角和拐角;耐熔金属件 208

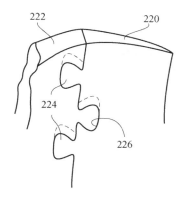

图 10-14　陶瓷-耐熔金属
件组合示意图

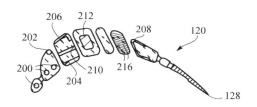

图 10-15　陶瓷-耐熔金属件组合方式

构成了型芯的三条边和两个角；耐熔金属片 210 位于陶瓷件内，从一个表面扩展到另一个表面；整个耐熔金属件 212 被包覆于陶瓷组件之中；而完全由金属板制备的尾缘 128，比用陶瓷材料制备的尾缘更薄、更适用。在图 10-16 中，耐熔金属件 230 的一端嵌入型芯 232，另一端固定在型壳 234 上，浇铸时在涡轮叶片内壁形成弯曲的冷却通道，这样的通道用普通的陶瓷型芯是不可能形成的。

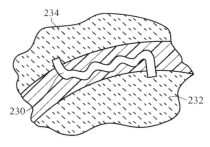

图 10-16　陶瓷-耐熔金属
件组合方式

3. 陶瓷-耐熔金属型芯的烧结

陶瓷-耐熔金属型芯的烧结分为氧化脱蜡、非氧化烧结和冷却三个阶段[12]。从室温至气氛转化温度为氧化脱蜡阶段，从气氛转化温度至型芯烧结温度为非氧化烧结阶段。

氧化脱蜡过程在空气中进行。氧化气氛有利于陶瓷型芯坯体中塑化剂的排出，但要防止对耐熔金属件的氧化。因而，对于气氛转化温度的选择，既不能太低，以避免塑化剂排除不尽；又不能过高，以避免金属件的氧化最终影响铸件的质量。

在气氛转化过程中，往窑内通入非氧化性气体，如氮气或氩气。但通入非氧化气体的速率不能过快，以避免窑温下降过多，务需将降温幅度控制在 28℃ 以下。待窑内空气排除干净以后，继续以较小的进气速率供应非氧化性气体，以保持烧结过程在恒定的非氧化气氛下进行。

　　在窑内气氛转化结束后,一般可以 0.6～2.8℃/min 升温速率加热至型芯的烧结温度,当型芯在烧结温度下保温足够长的时间而获得所要求的尺寸和强度以后,转入冷却阶段。冷却过程中降温速率的快慢对于型芯的合格率有重大影响。要求严格控制降温速率,务使耐熔金属件的收缩不比陶瓷件的收缩快太多,以避免陶瓷型芯件内产生过大的应力而导致开裂。

　　冷却过程也可分三个阶段,第一阶段从烧结保温温度到约 540℃,降温速率可较快,如 19～28℃/min;第二阶段从约 540℃ 到约 260℃,降温速率要慢一些,如11～19℃/min;炉温在 260℃ 以下为第三阶段,可停止供热,并使炉膛与大气相通,复合型芯重新暴露于空气中。炉温将自然下降,降温速率一般为2.8～6℃/min。

　　4. 陶瓷-耐熔金属型芯的脱除

　　陶瓷-耐熔金属型芯的脱除方法取决于陶瓷型芯件的材质、金属型芯件及其涂层的材质、铸件的特性以及型芯的几何形状。从铸件中脱除陶瓷-耐熔金属型芯时,一般可采用化学方法分步脱除,先用碱溶液脱除型芯的陶瓷件,再用酸溶液脱除型芯的金属件。例如,在脱除型芯陶瓷件后,可以使用由 40 份 HNO_3、30 份 H_2SO_4、30 份 H_2O 配制的酸溶液脱除金属钼件,酸溶液温度控制在 60～100℃[13]。另外,对于截面较大的耐熔金属件(如金属钼件),可采用加热氧化的方法使其形成挥发性氧化物而脱除。

10.4.2　陶瓷-耐熔金属型芯的改进

　　陶瓷-耐熔金属型芯一般由陶瓷件形成较大的内腔结构(如主通道),由耐熔金属件形成精细结构(如出口通道)。但是,当型芯由一个陶瓷件与多个细小的金属件相组合时,无论在制备型芯的过程中,还是在蜡模压制和铸型制备过程中,不但金属件本身易于损坏,而且,金属件在陶瓷件上的组装以及复合型芯的定位和固定也都极为困难。一种经改进的陶瓷-耐熔金属型芯[14]如图10-17 所示。

　　图 10-17 中,陶瓷型芯件 12 和耐熔金属件 13构成的复合型芯 11 为蜡模 14 所包裹,陶瓷型芯件12 的顶缘和尾缘分别为 16 和 17。金属件 13 的上端 23 从蜡模 14 的顶端伸出。其中,位于蜡模 14 之内的部分 26 将作为型芯本体结构的组成部分之一,而伸出到蜡模顶端 24 之外的部分 27,可以作为型

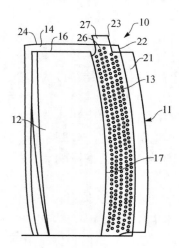

图 10-17　陶瓷-耐熔金属型芯

芯定位与固定用的"定位端",见图 10-18。耐熔金属件 13 的凸缘 19 镶嵌并黏结于陶瓷型芯件 12 尾缘 17 的凹槽 18 之中,见图 10-19。耐熔金属件 13 侧向伸展到蜡模 14 后缘 22 之外的部分 21 同样可以作为型芯的"定位端"。在耐熔金属件 13 为蜡模所包裹的部分 26 上,可以很容易地加工孔径较小的多排通孔 37。

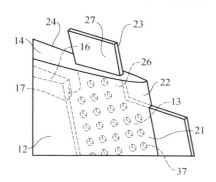

图 10-18　陶瓷-耐熔金属型芯
上部放大图

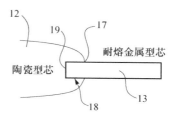

图 10-19　陶瓷件-耐熔金属件
啮合示意图

　　由上可见,耐熔金属件 13 在为陶瓷-耐熔金属型芯提供型芯的本体部分之一 26 的同时,又提供了两个供型芯定位与固定用的"定位端"27 和 21,既减少了金属件的数量,又简化了型芯组装工序,还提高了型芯定位的稳定性。

10.4.3　陶瓷-耐熔金属型芯的特点

　　陶瓷-耐熔金属型芯能用于超合金涡轮叶片熔模铸造,其特点如下:

　　(1) 耐熔金属件的采用,解决了小截面陶瓷型芯在制备与使用过程中易于变形与折断的难题,改善了型芯的力学性能和浇注时的抗热冲击性,提高了使用截面尺寸小于 0.3~0.4mm 的型芯时的浇注合格率。

　　(2) 金属材料的可加工性优良,能制成用陶瓷材料难以制成的形状。例如,易于将金属线材加工成蠕虫状而在铸件内形成能强化冷却气体湍流的通道;易于在金属薄板上打孔径更小、密度更大的孔,从而在铸件通道内形成直径更小、数量更多的立柱。

　　(3) 型芯的形状需要修正时,速度可更快、成本可更低。

参 考 文 献

[1]　Mills D,Lindahl A T,Kington A D. Component casting:US,4637449. 1987.

[2]　Kimbrough L C,Gardner K R. Ceramic fiber core for casting:US,6868892. 2005.

[3]　Davis R M. Composite,internal reinforced ceramic cores and related methods:US,5947181.
　　　1999.

［4］　董茵,汪文虎,海潮,等.一种解决陶瓷型芯开裂的方法.特种铸造及有色合金,2010,30 (4):357-358.

［5］　Larson D L. Method of casting steel and iron alloys with precision cristobalite cores:US, 4236568. 1980.

［6］　Feagin R C,Foa B R. Ceramic cores for casting of reactive metals:US,5712435. 1998.

［7］　Chartier T J E,David V L C,Derrien M F L,et al. Process for the manufacture of thin ceramic cores for use in precision casting:US,6286582. 2001.

［8］　O'Connor K F, Hoff J P,Frasier D J,et al. Single-cast,high-temperature,thin wall structures:US,6255000. 2001.

［9］　Dierksmeier D D,Ruppel J A. Casting core and method of casting a gas turbine engine component:US,6557621. 2003.

［10］　Carozza E J,Frank G R,Caccavale C F,et al. Improved hollow cast products such as gas-cooled gas turbine engine blades:US,5498132. 1996.

［11］　Shah D N,Beals J T,Marcin J J,et al. Cores for use in precision investment casting:US, 6637500. 2003.

［12］　Bochiechio M P,Bullied S J,Kennard L D. Method for firing a ceramic and refractory metal casting core:US,7861766. 2011.

［13］　Beals J T,Draper S D,Lopes J A,et al. Investment casting core methods:US,7270170. 2007.

［14］　Wiedemer J D,Santeler K A. Composite core for use in precision investment casting:US, 7270173. 2007.

第 11 章　陶瓷型芯的加工

采用熔模铸造工艺制备超合金中空铸件,有其特有的技术优势,但也存在着一些制约因素,主要是:

(1) 对于中空精铸件,其外形尺寸超差时,可以通过机加工使其尺寸精度和形位精度满足设计要求,但其内腔尺寸超差时,不能通过任何加工方法使之达到设计要求。由于中空精铸件的内腔结构,首先取决于陶瓷型芯的尺寸精度和形位精度。而随着对陶瓷型芯结构精细程度、线性尺寸精度和形位精度要求的不断提高,陶瓷型芯制备过程中各种工艺因素变化所造成的偏差已经大于空心叶片薄壁部位的壁厚、叶片内腔中换热筋的尺寸和叶片内腔中扰流柱的直径和间距,使陶瓷型芯制备工艺与精铸件精度要求之间的矛盾更趋尖锐。

(2) 在中空铸件的熔模铸造过程中,陶瓷型芯在成型后、烧结后及金属液凝固时的尺寸和形状,受到多种导致型芯收缩、变形、扭曲的因素的影响。其中,尤以型芯烧结过程中的影响最为严重。由于很难精确预估这些因素所产生影响的大小,使型芯模具和压型的设计加工,以及铸型的制备不可避免地成为一个多次修改、不断校正和反复试验的过程。对于形状复杂的中空铸件,投入使用之前通常需要二十至五十周的时间。模具加工次数多、周期长、成本高,严重制约了中空精铸件生产周期的缩短、生产成本的下降和合格率及产量的提高。

(3) 在铸件结构设计时,为迁就陶瓷型芯精度不足的实际情况,采取了过盈设计的手段,使铸件壁厚的加工余量增大,不仅增加了合金材料的消耗量,也增大了铸件后续加工的工作量,导致生产成本的大幅度上升。

为提高陶瓷型芯的尺寸精度和形位精度、缩短模具加工周期和降低中空精铸件制造成本,有必要开展对陶瓷型芯加工的研究与试验工作。

陶瓷型芯加工的目的是:

(1) 获得符合设计要求的型芯精细结构,提高陶瓷型芯的工程可靠性。

(2) 提高陶瓷型芯的尺寸精度和形位精度,满足复合陶瓷型芯在组装时的设计要求。

(3) 获得一定的表面粗糙度或纹理,满足铸件内腔表面结构的设计要求。

(4) 获得所希望的表面特性,如与金属液的润湿性,满足浇注时的充型性能要求。

11.1　陶瓷型芯的超声波加工

陶瓷型芯作为一种部分烧结的陶瓷材料,由于没有导电性而不能采用电火花加工或电解加工工艺,超声波加工成为陶瓷型芯可供选用的加工方法之一。

11.1.1　超声波加工的原理及特点

1. 超声波加工的原理

超声波加工是一种利用工具端面做超声频振动,通过磨料悬浮液加工硬脆材料的加工方法。

加工时,在工具头与工件之间加入液体与磨料混合的悬浮液(图 11-1),并在工具头振动方向加上一个不大的压力。超声波发生器产生的超声频电振荡通过换能器转变为超声频的机械振动,变幅杆将振幅放大到 0.01～0.15mm 再传给工具,并驱动工具端面作超声振动。悬浮液中的磨料在工具头的超声振动下以很大速度不断撞击抛磨被加工表面,把加工区域的材料粉碎成很细的微粒,并从材料上被打击下来。虽然每次打击下来的材料不多,但由于每秒钟打击 16000 次以上,仍具有一定的加工速率。

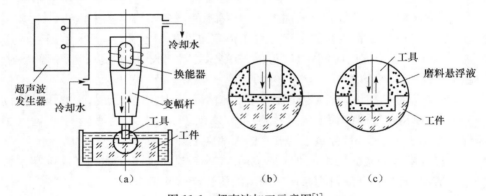

图 11-1　超声波加工示意图[1]

超声波加工是磨料在超声波振动作用下的机械撞击和抛磨作用与超声波空化作用的综合结果,其中磨料的连续冲击是主要的。加工过程中,悬浮液受工具端部的超声振动作用而产生的液压冲击和空化现象促使液体钻入被加工材料的隙裂处,加速了破坏作用,而液压冲击也使悬浮工作液在加工间隙中强迫循环,使变钝的磨料及时得到更新。

2. 超声波加工的特点

(1)加工范围广。适合淬硬钢、不锈钢、钛及钛合金等金属材料的加工,也适合非金属材料,特别是一些不导电的非金属材料,如玻璃、陶瓷、金刚石及各种半导体的加工。适合深小孔、薄壁件、细长杆、低刚度和形状复杂的零件的加工。适合不同精度、不同表面粗糙度要求的零件的加工。

(2) 切削力小、切削功率消耗低。由于超声波加工时材料的去除主要靠细粒磨料局部的瞬时的撞击作用,故工件表面的宏观切削力很小,而切削应力、切削热更小,不会引起变形和烧伤,适合加工薄壁、窄缝和低刚度零件。

(3) 加工精度高、表面粗糙度低。可获得较高的加工精度(尺寸精度可达0.005~0.02mm)和较低的表面粗糙度(R_a 值为 0.05~0.2),被加工表面无残余应力、烧伤等现象。

(4) 超声加工的工具可用较软的材料制作,易于做成较复杂的形状。工具的表面积可小到 $1mm^2$,易于加工各种结构精细、形状复杂的型孔、型腔和成型表面。

(5) 工件和工具之间没有复杂的相对运动,因而,超声波加工设备的结构一般比较简单,操作维修方便。

11.1.2　陶瓷型芯的超声波加工[2]

陶瓷型芯的超声波加工是一个由经成型与烧结后的近净形陶瓷型芯原坯,经多个与最终型芯结构成镜面影像的超声工具加工,制成净形陶瓷型芯的过程。

1. 型芯生坯及原坯的制备

型芯生坯由型芯坯料采用通常的陶瓷型芯成型工艺制备。对型芯生坯的要求是:①生坯外形必须尽量与所要求的型芯相接近。②生坯尺寸中要预留坯体烧结时的收缩量和对原坯进行加工时的余量。但生坯尺寸不能过大,否则会增大加工量。③要尽量减少生坯中的裂纹、缺损、孔洞和其他缺陷,因为这些缺陷在后续加工过程中不容易修补。

型芯生坯不宜用于超声波加工,因为:①生坯质脆、强度低,限制了可供选用的加工方法。采用手工操作时,即使操作最精心,仍不可避免地产生很多废品。②经加工后的型芯坯体仍需经过烧结,烧结过程中型芯的尺寸和形状变化仍然难以控制。

由型芯生坯经烧结后制成近净形型芯原坯,具有足够的强度,可供超声波加工之用,而且经加工后可直接使用。

2. 陶瓷型芯的超声波加工过程及工艺要点

陶瓷型芯超声波加工的工艺过程如图 11-2 所示。图 11-2 中,型芯原坯 50 为夹具 60 所固定,面对夹具和型芯原坯的是一对超声工具 70 和 80。超声工具被用以加工型芯原坯表面,待第一个超声工具加工完毕后,再使用第二个超声工具加工。

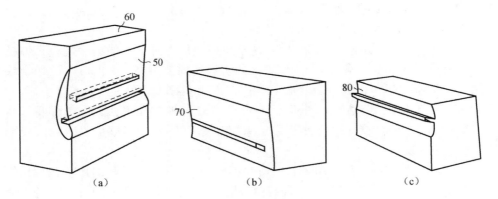

图 11-2　陶瓷型芯超声波加工示意图

超声工具多为长 115～140mm 的金属杆,材质一般为高速钢,也可选用非铁合金,如铝或钛合金。超声工具的加工面可以大到 $100cm^2$,也可以小到 $1mm^2$ 成为"点加工"工具。"点加工"工具可用于成型各种微小的形状,包括球形、方形、圆形、锥形截面或截锥形截面等。

研磨介质可根据型芯材质种类及密度高低选用,多为碳化硅或氮化硅。对型芯进行表面抛光时,可选用质地较软的石墨为抛光剂。

在加工过程中,超声波的频率最好控制在 19000～21000Hz,振幅大多为 25～50μm。进刀速率一般为 0.25～2.5mm/min,磨削速率控制在 0.25～100mm/min。为加速研磨介质的流动,可周期性地或间歇式地加大超声工具与型芯坯体间的摆动幅度。为加大研磨介质对型芯坯体表面的切削作用,超声工具可以在超声振动的基础上增加频率 1～60Hz 的旋转运动。

11.1.3　陶瓷型芯超声波加工的优点

1. 降低了对陶瓷型芯制备工艺的技术要求

由于陶瓷型芯原坯上没有型芯的精细结构,极大地降低了对陶瓷型芯制备工艺的技术要求,主要反映在以下几个方面:

(1)坯料组成中没有必要加入为降低收缩和为提高型芯生坯强度所添加的某些组分,降低了原料成本;坯料中没有必要加入为降低收缩而添加的粗颗粒,粒度可以较细,降低了对粉料粒度级配的苛刻要求;对型芯生坯的强度要求不高,放宽了对坯料中塑化剂选择的限制。

(2)成型时可以选用最为经济的成型方法,提高了成型合格率。

(3)烧结时,没有必要考虑为降低收缩或避免变形而采取的诸多措施。不但能明显提高烧结合格率,而且能明显提高坯体显微结构的均匀性,为后续的精细结构加工创造了条件。

2. 降低了陶瓷型芯制备过程中的废品率

在原来的陶瓷型芯制备过程中,由于裂纹、断裂、尺寸超差或其他缺陷,即使用以前的较低的产品质量标准,废品率也达 10%～20%。而采用超声波加工陶瓷型芯的方法,由于对型芯的成型和烧结没有过于苛刻的要求,即使按远远高得多的新的标准要求,型芯的废品率也不超过 5%。

3. 降低了模具加工费用

由于型芯原坯上没有精细结构,极大地降低了模具的设计与加工费用。由于在相同的烧结陶瓷型芯原坯上,可以根据设计要求方便地加工出不同精细结构的陶瓷型芯,省去了反复进行模具设计加工所造成麻烦。

4. 减小了陶瓷型芯精细结构的尺寸,提高了陶瓷型芯的尺寸精度

超声波加工技术的应用,使陶瓷型芯的最终形状和尺寸不再取决于陶瓷制备工艺,而取决于对所使用的超声工具的控制,不仅使陶瓷型芯精细结构的尺寸明显减小,而且使尺寸精度和形位精度显著提高。表 11-1 所示数据清楚地反映了陶瓷型芯超声波加工对铸件结构改进所产生的影响。

表 11-1　铸件精细结构的尺寸及偏差值　　　　　　　（单位：mm）

精细结构尺寸最小尺寸及偏差	原制备工艺型芯	超声波加工型芯
与型芯小孔孔径相对应的立柱最小直径	0.5	0.05
与型芯沟槽相对应的肋的最小宽度	0.3	0.05
与型芯沟槽相对应的肋的最大高度	0.5	不受限制
因型芯变形与扭转造成的内腔形位偏差值	−0.75～+0.75	−0～+0.02
尾缘厚度偏差值	−0.15～+0.15	−0～+0.02
因型芯尺寸偏差和定位偏差造成的铸件壁厚累计偏差值	0.75～1.50	<0.02

5. 提高了铸件的质量,降低了生产成本

由于陶瓷型芯精细结构尺寸的减小,使铸件内腔结构更合理,冷却效果更理想;由于陶瓷型芯尺寸精度和形位精度的提高,具有以下优点:

(1) 有利于提高型芯在铸型中位置的准确性,利于保证金属液在铸型中填充和流动的稳定性,从而提高了浇注操作的稳定性。

(2) 有利于提高铸型尺寸的均一性,增强了对金属液冷却凝固的预见性和可

控性,提高了对铸件显微结构控制的可靠性与有效性。

（3）有利于提高铸件壁厚的稳定性。

（4）有利于减少铸件设计时的过盈量,从而既降低金属材料的消耗量,又降低铸件后续加工的费用。

当然,超声波加工也有其局限性,特别是加工过程中工具磨损严重,加工效率不高。另外,由于加工过程中工具质量的变化,造成共振频率的游移,使加工速度和加工质量受到影响。

11.2　陶瓷型芯的激光加工

在以前的陶瓷型芯制备工艺中,通常只能形成最小尺寸约大于 0.5mm 的细小结构,对于尺寸小于该数值的精细结构,常显得无能为力。激光加工有望成为陶瓷型芯精细结构加工的有效方法之一。

11.2.1　激光加工的分类及其特点

1. 激光加工的分类

根据被加工材料的熔化温度 T_S、汽化温度 T_V 和激光照射时材料表面所产生的温度 T_0 之间的关系,激光加工可作如下分类:

$T_0 < T_S$ 时,材料表面产生热效应,可以进行退火、淬火等激光热处理。

$T_V > T_0 > T_S$ 时,材料产生熔化效应,可以进行激光焊接、合金化、细晶化、快速成型等加工。

$T_0 > T_V$ 时,材料产生汽化效应,可以进行激光打孔、切割、标刻、微雕、激波硬化等加工。

2. 激光加工的特点

（1）适用性强。能够加工现有的各种工程材料,特别适合于加工陶瓷、玻璃等熔点高、硬度大、质地脆的材料。

（2）激光加工是无接触加工,加工中没有切削力。因而,强度较低而脆性较大的陶瓷型芯不会因加工而折断。而且,加工夹具只负责支撑定位,对加工夹具没有刚性要求。所以,夹具结构简单、制作周期短、制造费用低,特别适用于形状复杂的陶瓷型芯的加工。

（3）激光束斑直径小,加工精度高,易于保证陶瓷型芯的尺寸精度;激光加工作用时间短,对工件热影响区域小,不易造成型芯的局部变形,易于保证陶瓷型芯的形位精度。因而特别适合于陶瓷型芯精细结构部位的加工。

（4）加工速度快,操作控制易于实现自动化,一台激光机就能进行打孔、切割、表面热处理等多工序操作,生产效率高,适于对陶瓷型芯不同部位的多工序加工。

（5）当激光加工以型芯原坯为起始材料时,设计者可以用激光加工出多种不同的冷却通道结构。在确定最佳通道结构之前,避免了反复大量加工新模具的麻烦。因而,在新产品试制或新机种投产初期能节省设计与制造复杂模具所需的时间和费用。

11.2.2　陶瓷型芯激光加工的分类

陶瓷型芯的激光加工可分为对未经烧结的陶瓷型芯生坯加工和经烧结的陶瓷型芯原坯加工两类。

1. 陶瓷型芯生坯加工[3]

对陶瓷型芯生坯进行加工的主要步骤如下:

（1）设计、制造型芯生坯,其外形轮廓与最终产品基本相同,只是没有微孔、沟槽等细节部分。

（2）生成激光加工轨迹,使用 CAD/CAM 软件将陶瓷型芯的三维几何模型转换成型芯上微孔、沟槽等细节部位的加工轨迹。

（3）按照加工轨迹对生坯进行加工,由于生坯未经烧结,强度较低,激光加工很容易,但对经加工后的坯体必须进行烧结,烧结过程中的收缩仍可能导致坯体变形。

2. 陶瓷型芯原坯加工[4]

对经过烧结的陶瓷型芯原坯进行激光加工的主要步骤如下:

（1）对原坯进行初检,要求表面无裂纹、气泡及凹坑等缺陷。

（2）将型芯原坯置于定位模中,见图 11-3。图 11-3 中,100 为底模、102 为顶模、104 为定位腔、106 为残渣腔,残渣腔要求有足够的深度,以便承接加工过程中产生的芯料残渣。定位模常用环氧树脂制备,以便于定位模的制造。

（3）对型芯原坯进行激光加工的过程如图 11-4 所示。图 11-4 中,98 为陶瓷型芯原坯、108 为激光加工器、110 为激光束、114 为用于夹紧位于定位腔中陶瓷型芯的夹具。

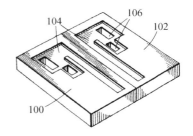

图 11-3　激光加工定位模

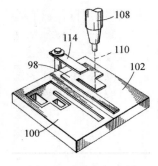

图 11-4 激光加工图

11.2.3 激光加工陶瓷型芯

图 11-5 为涡轮叶片 20 的结构图,其中,22 为榫头、24 为叶型、26 为缘板、28 为叶背、30 为叶盆、32 为前缘、34 为尾缘。图 11-6 为叶片的剖面图,内部冷却通道 36 由冷却空气入口 38、前缘通道 40、第二通道 42 和尾缘通道及出口 44 构成。图 11-7 为叶片的顶视图,叶片的内部冷却通道 36 由图 11-8 所示的陶瓷型芯 46 在浇注过程中形成。

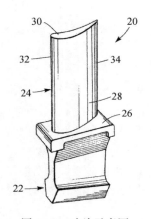

图 11-5 叶片示意图

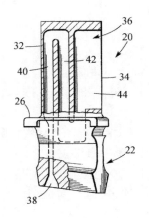

图 11-6 叶片剖面图

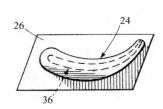

图 11-7 叶片顶视图

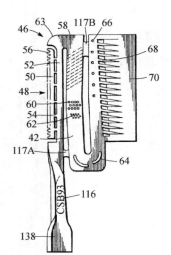

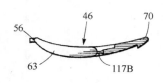

图 11-8 陶瓷型芯结构示意图

在图 11-8 中,左侧为陶瓷型芯 46 的透视图,右侧为其顶视图。图中,前缘通道 52 经弯头 63 与第二通道 42 相连接。外侧腔体 50 的右侧通过桥颈 54 与前缘通道 52 相连通,外侧腔体 50 的左侧为前缘边部锯齿 56。在第二通道上部,为对角线走向的凹槽 58,其下方为用于形成铸件内腔立柱的微孔 60 和 62,最下部为用于形成转向挡板的两个弯月形沟槽 64。66 则为用于形成销钉的盲孔。68 为尾缘出口、70 为尾缘定位端、116 为型芯标记、117A 和 117B 为加强筋、138 为榫头定位端。型芯上部分精细结构的截面尺寸列于表 11-2。

表 11-2　型芯部分精细结构尺寸　　　　　　　　（单位:mm）

桥颈 54	锯齿 56	凹槽 58	微孔 60	微孔 62	盲孔 66
<0.5	0.50～0.13	0.50～0.13	0.50～0.25	0.38～0.13	0.76

对于表 11-2 中所列的各部分结构,除盲孔直径为 0.76mm 而可用陶瓷工艺形成外,其余均小于 0.50mm,宜采用激光加工。另外,飞边的去除、工艺筋 117A 和 117B 的切割、沟槽 64 的加工、标记 116 的刻制以及型芯的表面处理也都可采用激光加工。

1. 激光去飞边

对于在成型过程中形成于模缝处的飞边,一是在型芯未经烧结前用小刀手工去除,但易于导致生坯变形;二是在型芯烧结后修理,操作人员一般先用金刚石或碳化硅磨具将飞边除去,再用气动小型手钻修平。但对于尺寸细小部位的飞边,使用磨具时易于使脆性的陶瓷型芯产生微裂纹而损坏或断裂。利用激光对飞边的炸裂、熔融和蒸发作用,可以快速而安全地去除飞边。

2. 激光切割工艺筋

当材料受激光束照射时,材料温度急剧上升而熔化或气化并形成小洞,随着光束与型芯的相对移动,最终形成切缝。切割时熔渣被一定压力的辅助气体所吹除。因而,切割是激光束—材料—辅助气体三者交互作用的结果。

就激光束操作特性而言,切割时无刀具磨损、无刀具震颤、无切削应力、无切割边缘颗粒脱落,而且切割面熔化后快速凝固,不但表面光滑,而且能提高表面强度,具有切缝窄、速度快、热变形小、加工质量高的优点。而且,随着激光束的自由移动,可以切割任意曲线轮廓。

就材料性能而言,目前使用最多的硅基陶瓷型芯以石英玻璃为基体材料。石英玻璃的特点是:①熔点高、黏度大、硬度高、脆性大;②热膨胀系数小、抗热震性强;③对 10.6μm 波长光束的吸收率高。因此,硅基陶瓷型芯正适合选用 CO_2 激光器进行切割。

上述特性决定了可以选用有效切割厚度为 3.2～6.4mm 的 CO_2 激光器对陶瓷型芯上的工艺筋 117A 和 117B 进行切割。

3. 激光打孔

激光打孔的特点是孔径小,一般为 0.13～0.20mm;光洁度高,粗糙度为 3.2μm;打孔精度高,孔精度为±0.025mm,孔间精度为±0.030mm;效率高。例如,对于板块结构上的小孔,用激光打 300 个孔仅需 3min,而手工需要 30min。

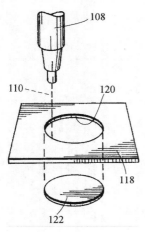

图 11-9　激光打孔

用激光打大孔时,要采用环锯操作,见图 11-9。图中,118 为型芯、120 为加工轨迹、122 为被切割下来的中心圆片。激光打孔时,要控制孔径、孔深及孔壁的粗糙度。

1) 孔径尺寸的控制

对于激光打孔,孔径控制是关键,加工孔径的大小与激光脉冲持续时间有关。当脉冲持续时间大于 1ms 时,可以烧除较多的熔融物,增大打孔直径。但是,熔融物的增加又可能堵塞已经加工成形的孔,并会产生较大的热变形。因此,最好采用脉冲宽度小于 1ms 的开关脉冲。另外,作为孔的尺寸精度,还包括孔径尺寸的重复精度和孔的圆度。孔径重复精度取决于光束能量的稳定性,因此,要求激光器的电源稳压性能好、冷却系统冷却效果好。孔的圆整度,取决于光束的圆整及焦斑上能量的均匀对称分布。

2) 孔深度的控制

加工孔的深度与焦点位置有关。当焦点位置逐渐向孔穴内部移动时,打孔深度增加。因此,利用光学系统来调整光束的焦点距离是提高打孔深度的有效方法。激光打孔可满足深径比大于 100∶1 的要求,但深度的控制比较困难,因而只适合加工透孔而不适合加工盲孔,也不适于加工对深度尺寸有要求的槽。当然,对于通常在成型过程中形成的盲孔 66,虽然不宜使用激光加工,但仍可以用激光清除成型时残留在盲孔中的碎屑或其他材料。

3) 孔壁粗糙度的控制

由于激光打孔的过程中,气化物携带熔化物喷溅而出,有时还会有熔化物残留于孔壁上,所以会影响孔壁的表面粗糙度。将脉冲波形通过 Q 开关或加超声调制,变成序列波,可以明显地改善孔壁的粗糙度。

4. 激光蚀刻

如图 11-10 所示,由在型芯 124 表面附近移动的激光束 110 使型芯材料熔融
或蒸发,由紧邻型芯表面的空气喷嘴将熔渣吹
掉,通过调整激光器 108 的类型、波长及其他参
数,调节激光束的焦点,并沿沟槽轨迹往复移动
激光束,使沟槽不断加深,最后蚀刻而成所要求
加工精度的沟槽 126。也可以通过蚀刻形成凸
起,腔体的尖边和角等三维轮廓。

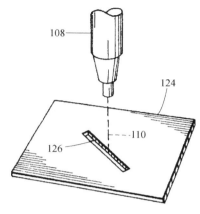

5. 激光热处理

对陶瓷型芯的激光热处理是通过激光对烧
结型芯整体或局部的反复照射,使型芯材料烧
结而得到增强,或使型芯材料熔化而表面平滑,
或诱导材料相变而获得所希望的性能,或消除

图 11-10　激光蚀刻

对性能有不利影响的物相与缺陷,从而达到提高强度、改善性能的目的。其实,激
光加工过程中的热量,会使加工区周围的材料产生一定程度的额外烧结,从而对该
区域起一定的增强作用。该区域称为"激光影响区",如激光切割时,其宽度约为
0.25mm。

6. 激光标记

通常选用 YAG 激光器对型芯进行激光标记。由 YAG 激光器产生的激光束
不会烧穿目标材料而仅对型芯的表面层产生作用,使材料发生气化,形成浅薄的凹
痕,从而留下永久性的标记。激光标记的优点是能刻制各种字符、图案、数字及条
形码等。标记线宽可小于 0.01mm,标记可深可浅,由于属不接触加工,对零件表
面没有损伤,对很小的零件也能打标。由激光加工刻制的标记,如图 11-8 中型芯
46 上的标记 116,在浇铸时由型芯转印到铸件内壁,将成为铸件系列号、热批号的
永久性标记,供以后用 X 射线检验时识别之用。由于计算机操作易于更换标记内
容,便于一个零件一个标记。

11.3　陶瓷型芯的表面加工

在涡轮叶片和燃烧室壁的冷却中,为尽可能有效地通过冷却介质将热量传送
出去,要求冷却通道壁面有尽可能高的内部传热系数。为此,在大多数情况下,采
取了设置换热筋或扰流柱等措施。但是,铸件内腔设置的扰流柱等精细结构,不仅

制造难度大、易于损坏、难以维修,而且虽然改善了换热效果,但也增大了流体阻力[5]。

研究发现,为减少赛车汽油发动机进气歧管的进气阻力,可以在管的内表面形成鲨鱼皮微观结构[6],但直接对管内壁面进行微观结构加工极为困难。而在熔模铸造中,采用先在型芯表面形成一定的粗糙度或纹理结构,浇注时再在铸件内表面形成相应微观结构的工艺,能成功解决内表面加工的问题。

另外,在某些使用场合,为改善型芯表面与金属液的润湿性,要求对型芯表面进行镀镍或镀贵金属处理。

11.3.1　糙面对换热效果的影响[7]

众所周知,粗糙面比平滑面有更好的传热效果。糙面对传热的影响取决于:①粗糙度高与冷却通道水力学直径 R 之比;②局部粗糙度的高度与流体的层流底层厚度之比;③冷却介质流经冷却通道时形成的温度边界层。

对于增大所希望的由受热部件向冷却介质的传热而论,与采用换热筋和扰流柱或类似的增大传热的内部结构相比,糙面的最大优点在于冷却介质流经表面“粗糙”的冷却通道时,压力损失要小得多,见图 11-11。图中,流体流经设置不同换热筋的冷却通道时的阻力系数如曲线 $a \sim e$ 所示;流经光滑表面通道时的阻力系数如实线所示。流经粗糙度比 $R/K_s = 60$(K_s 指通道的表面粗糙度)的粗糙表面通道时的阻力系数如虚线所示。由图可见,粗糙表面通道内流体的阻力系数,仅比光滑表面通道内流体的阻力系数高约 50%,与设置换热筋的情况相比,其阻力系数或压力损失明显小得多。

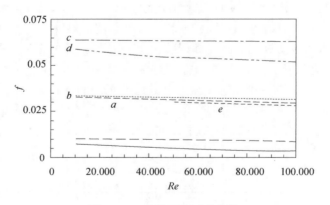

图 11-11　流体阻力系数曲线

由图 11-12 所示的换热效率曲线可以进一步解释在冷却通道内采用粗糙表面的优越性,换热效率

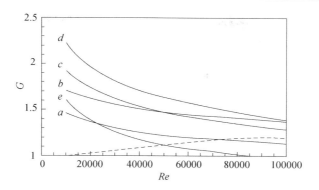

图 11-12　冷却通道内的换热效率曲线

$$G = (St/St_0)/(f/f_0)^{1/3} \tag{11-1}$$

式中,St 为斯坦顿准数;f 为摩擦阻力系数;下标"0"代表光滑表面时的相关数据。$G=1$ 时相当于平滑表面通道的换热效率。

图 11-12 中曲线 $a\sim e$ 代表通道内设置不同的换热筋时的换热效率,它们的 G 值随 Re 的增大而下降;虚线所示为冷却通道为糙面时的换热效率,与上述曲线相反,随 Re 的增大,其 G 值增大。在 Re 接近 100000 时,糙面的 G 值高于两种不同设置换热筋的 G 值。当 Re 进一步增大时,如在燃烧室壁冷却系统中,糙面成为获得最大换热效率的最好解决方法。

图 11-13 所示为流体阻力系数特性曲线,流体阻力系数 $f/8$ 的大小与雷诺准数 Re 及粗糙度高 $K_s/2R$ 有关。图中,s 和 r 分别为平滑表面和粗糙表面通道的阻力系数特性曲线。平滑通道的粗糙度很低,粗糙度雷诺准数 $Re_k<5$;粗糙通道的

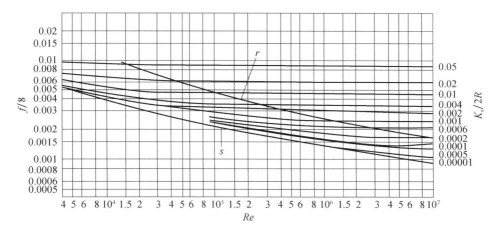

图 11-13　不同壁面粗糙度时的阻力系数特性曲线

$Re_k=70$，为极限粗糙度高，当粗糙度高更大时，对于所有雷诺准数，阻力系数都保持不变。在 $K_s/2R$ 相同的通道中，随 Re 增大，$f/8$ 减小。在 Re 相同的情况下，通道的 $K_s/2R$ 越小，$f/8$ 越小；在 Re 越大的情况下，$K_s/2R$ 对 $f/8$ 的影响幅度越小。

表 11-3 所示为粗糙度比分别为 $R/K_s=125$ 和 60 时，不同雷诺准数时的热交换 St/St_0 值，可以清楚地看出，随着雷诺准数的增大，粗糙度是如何强化热交换的。

表 11-3　粗糙度比为 125 和 60 时雷诺准数对热交换的影响

R/K_s	125			60		
Re	f	f/f_0	St/St_0	f	f/f_0	St/St_0
40000	0.0247	1.1	1.06	0.0319	1.426	1.25
60000	0.0248	1.23	1.14	0.0331	1.639	1.37
80000	0.0252	1.34	1.20	0.0342	1.819	1.46
100000	0.0256	1.44	1.25	0.0351	1.976	1.53
400000	0.02835	2.25	1.67	0.0360	2.860	1.94

当通道内设置换热筋时，糙面对流体流动的影响如图 11-14 所示。图中，换热筋 1 和 2 直立于冷却壁表面 3 上，流经冷却通道的流体 K_s 受换热筋的阻挡而分离为向下的背风旋涡区 4 和向上的止滞旋涡区 5。当换热筋之间的壁面由左图所示的平滑面变为如右图所示的粗糙面(其粗糙度比为表 11-3 中的 60)时，由于粗糙表面强烈的剪应力作用而使背风区的长度 L 缩短，从而增大了单位长度的热负荷，强化了热交换。

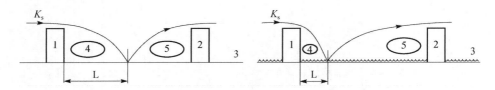

图 11-14　平滑表面与粗糙表面通道内设置换热筋时的液体流动示意图

11.3.2　型芯糙面加工的方法[8]

对型芯糙面的加工可以在型芯生坯上或经烧结的型芯原坯上进行，型芯糙面也可以在型芯成型过程中形成。

1. 型芯坯体糙面加工

型芯坯体糙面加工的方法之一是采用砂爆处理，见图 11-15。图中，C 为未经烧结的陶瓷型芯生坯或经烧结的型芯原坯,13 为型芯定位端,带孔面罩 12 粘贴于型芯叶身 10 的叶背 11a 上,N 为普通的喷砂机。面罩为棉布、玻璃纤维、纸等柔性多孔编织物,能作为掩饰材料顺从地粘贴在型芯表面。自喷砂机喷出的磨料粒子 P 透过面罩上的孔 12a 撞击到 11a 上,使叶背表面的材料被选择性地磨损而形成所要求的表面纹理。喷砂操作可手工控制,也可由机器人控制。叶盆 11b 上的表面纹理可用同样的方法加工。

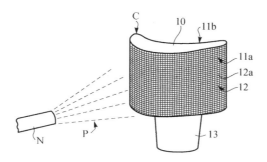

图 11-15　喷砂处理型芯表面示意图

当面罩为孔径 1.0mm×1.5mm 涂塑胶的玻璃纤维网、磨料为 320 目刚玉砂、喷砂咀距型芯表面 10.2～15.2cm、空气压力为 138kPa 时,在型芯坯体表面形成如图 11-16 所示表面结构。

对未经烧结的陶瓷型芯生坯,也可使用表面压制工具采用冷压或热压加工的方法进行表面处理。压制工具的糙面可采取电火花腐蚀的方法加工。

图 11-16　经喷砂处理的型芯表面结构

2. 在成型过程中形成糙面或纹理结构

成型过程中形成型芯表面结构的方法如图 11-17 所示。图中,20 为制备型芯的模型,有可控表面纹理结构的易消失面罩或纹样 22 作为内衬粘贴于半模 20a 的内表面 20b 上。成型时,内衬与型芯坯体表面临时结合,而后通过焙烧或其他工艺脱除内衬,在型芯表面形成相应的表面结构。易消失面罩或纹样可以是多孔纺织布、丝网、模版,也可以是非多孔的塑料、纸等。以棉布为内衬时形成的型芯表面结构如图 11-18 所示。

在成型过程中形成型芯表面结构的另一种方法如图 11-19 所示。图中,30 为成型型芯的模型,在半模 30a 的表面 30b,粘贴表层附件 32,与型芯定位端表面 31

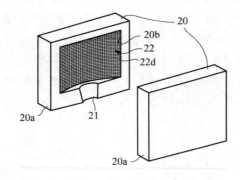

图 11-17　粘贴易消失内衬
模型示意图

图 11-18　以棉布为内衬的
型芯表面结构

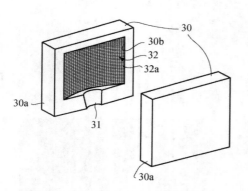

图 11-19　黏结表层附件的模型示意图

一起构成型芯的成型面 32a。附件为具有可控粗糙度或纹理结构的厚 0.13～0.50mm 的塑料或金属片,被牢固地黏结在半模 30a 上。从模型中取出型芯生坯时,附件仍然牢固地黏结在模型上,在型芯生坯表面,则形成与表层附件相对应的粗糙度或纹理结构。

11.3.3　型芯表面镀金属膜[9]

对于金属液的冲击力不如非定向凝固时大的定向凝固或单晶铸造,特别是对于薄壁铸件的结构精细部位,如何提高陶瓷型芯的表面能,降低由金属液/型芯界面取代真空/型芯界面时的热垒,以减少欠铸缺陷,具有极为重要的意义。在型芯表面镀金属膜,是改善金属液充填性的有效途径之一。

用做型芯表面金属膜的材料可以是贵金属,如金、铂等,也可以是钛、镍等。可以采用物理气相沉积、化学气相沉积、离子溅射等方法,将金、铂、二硼化钛或炭化钛等镀覆到陶瓷型芯的表面;也可采用电镀的方法,将金属镍镀覆到陶瓷型芯的表面。电镀金属镍的方法有以下几种:

(1) 将至少含有一种高熔点金属的金属-有机化合物涂覆在陶瓷型芯的表面。

(2) 将陶瓷型芯加热到 400～600℃,排除金属-有机化合物中的有机物,在型芯表面留下高温金属层,作为下一步化学镀镍时的催化剂。

(3) 重复上述过程至少两次后,将表面涂覆金属层的陶瓷型芯浸入化学镀镍浴中,加热镍盐溶液,使型芯表面形成足够厚的镍镀层。

金属膜可以镀覆在陶瓷型芯、耐熔金属型芯的表面,或陶瓷-耐熔金属复合型芯的表面。在耐熔金属型芯表面镀覆金属膜时,为防止耐熔金属在使用过程中的氧化,要求在耐熔金属型芯 10 与面层金属膜 12 之间涂覆陶瓷涂层 14,见图 11-20。

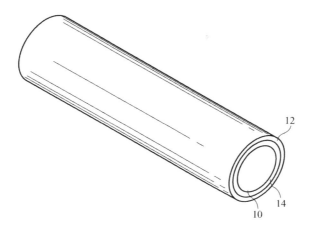

图 11-20　耐熔金属型芯涂层示意图

参 考 文 献

[1] 张黎,李树德,蔡庆福,等. 光学玻璃的超声波精密加工. 大地测量与地球动力学,2009,29(增刊):144-146,158.

[2] Gilmore J R,Rhoades L J. Investment casting molds and cores:US,5735335. 1998.

[3] 周磊. 激光加工凝胶注模成型氧化铝陶瓷坯体的试验研究[硕士学位论文]. 太原:中北大学,2009.

[4] Muntner M S,Perron J S. Laser machining of ceramic cores:US,5465780. 1995.

[5] 吕品,李海旺,陶智,等. 扰流柱分布对层板流阻和换热性能的影响. 航空发动机,2007,33(3):31-34.

[6] Todor I,Buhring-Polaczek A,Vroomen U. 具有鲨鱼皮微观结构表面的铝合金件的铸造及应用. 铸造,2011,60(3):229-232.

[7] Vogeler K,Weigand B,Wettstein H. Process for producing a casting core,for forming within a cavity intended for cooling purposes:US,6374898. 2002.

[8] Fosaaen K E, Haaland R S. Ceramic casting cores with controlled surface texture:US,6588484. 2003.

[9] Bullied S J,Parkos Jr J J,Persky J E. Metallic coated cores to facilitate thin wall casting:US,7802613. 2010.

第 12 章　陶瓷型芯的强化

为解决陶瓷型芯制备与使用过程中与强度有关方面存在的诸多矛盾,要求对型芯进行强化处理。按强化方法,陶瓷型芯的强化可分为浸渍强化和芯骨强化两类。按强化效果,浸渍强化可分为高温强化和低温强化两类。因强化剂性能不同,强化效果也不同。有的只有高温强化效果,有的只有低温强化效果,有的既有高温强化效果,又有低温强化效果。芯骨强化则对型芯的常温强度和高温强度都起增强作用,参阅第 10 章。

12.1　陶瓷型芯的高温强化

12.1.1　硅基陶瓷型芯的高温强化

1. 硅基陶瓷型芯的硅酸乙酯水解液强化

将硅基陶瓷型芯浸入 SiO_2 含量为质量分数 22%～24%的硅酸乙酯水解液中,待不冒气泡后取出,经自干 2h 以上,或氨干 40min 以上。浸渍时,也可采用真空浸渍的方法,将经烘干的型芯放入真空干燥器中,抽真空至剩余压力小于 2.7kPa,在此真空状态下保持 10min 后,向真空干燥器中注入浸渍液,使浸渍液淹没型芯。然后,再抽真空至剩余压力小于 2.7kPa,并在此真空状态下保持 10min。打开真空干燥器进气阀后,静置 1h,借助大气压力作用,将浸渍液压入型芯的孔隙内。必要时,可按该工艺进行二次浸渍。

经硅酸乙酯水解液增强的陶瓷型芯,高温抗折强度能提高 30%～50%。

如有必要,也可使用未经水解的硅酸乙酯水解液直接浸渍强化,但经浸渍后的型芯坯体宜浸入氨水溶液中,使硅酸乙酯在型芯坯体的孔隙内直接水解。

2. 硅基陶瓷型芯的硅溶胶强化

将组成为质量分数 75%SiO_2、25%$ZrSiO_4$ 的氧化硅-硅酸锆陶瓷型芯浸入组成为质量分数 29.00 %SiO_2、0.50%Na_2O,pH 为 9.5 的硅溶胶中,待型芯充分浸透后,从浸渍液取出,自干 6h 以上,再在 150～200℃烘烤 3～4h。硅溶胶强化对陶瓷型芯性能的影响如表 12-1 所示。由表可见,经硅溶胶强化后,陶瓷型芯的气孔率明显降低,这是型芯的部分气孔被硅凝胶填充所致;型芯的高温抗折强度有所提高而高温挠度明显减小,这既与氧化硅的渗入填充了试样的部分孔隙,增大了有效承载面积有关,也与包覆于石英玻璃颗粒周围硅溶胶中的 Na^+ 加速了方石英的析晶有关。方石英结构网络的增强,提高了型芯的高温抗折强度。同时,方石英数量的增多,阻碍了熔融石英的黏性流动,增强了型芯的抗高温蠕变能力。

表 12-1　硅溶胶强化对硅基陶瓷型芯性能的影响[1]

气孔率/%		高温抗折强度/10^6Pa		高温挠度/mm	
未强化	强化	未强化	强化	未强化	强化
27.3	22.0	222	280	2.0	0.5~1.0

3. 硅基陶瓷型芯的硅溶胶、铝溶胶及莫来石前驱体溶液强化[2]

对于坯料组成为石英玻璃、锆英砂和方石英,烧结温度为 1000℃,烧结时间为 5h,气孔率不低于 30% 的硅基陶瓷型芯,分别用硅溶胶、铝溶胶和莫来石前驱体溶液浸渍处理后,与没有经过浸渍处理的试样相比,常温抗折强度提高 50%～70%。相关试样的浸渍工艺及浸渍效果示于表 12-2 中。型芯试样经 1000～1150℃加热处理 1～5h 后,在从室温加热到 1500℃的过程中,其线收缩率如图 12-1 所示。图中,曲线 1 代表未浸渍试样,曲线 2、3、4 分别代表相应编号的浸渍试样。

表 12-2　浸渍工艺及浸渍效果

试样编号	浸渍工艺	气孔填充率/%	型芯增重/%
2	固含量 40% 的硅溶胶,浸渍 24h,70℃真空干燥 24h	90	8.7～9.5
3	固含量 10% 铝溶胶,经干燥并热处理,勃姆石分解为氧化铝	90	3
4	莫来石前驱体溶液(固含量为 Al_2O_3 8.0%,SiO_2 3.1%),经浸渍并干燥后,在 1100℃热处理 1h	100	2.6

试验结果表明,经浸渍处理的陶瓷型芯气孔填充率提高,不仅常温抗折强度提高,而且加热处理过程中的收缩下降。其中,以浸渍铝溶胶的试样收缩降低最为显著,这与型芯坯体中石英玻璃的方石英化速率加快以及石英玻璃颗粒间莫来石相形成使黏性流动降低有关。试验还表明,用胶体氧化物浸渍增强,既提高了型芯的抗折强度,又避免了用有机树脂浸渍时产生的变形,有效地提高了型芯的尺寸稳定性。

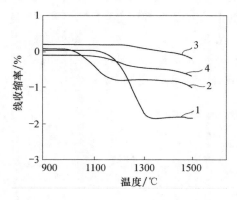

图 12-1　浸渍处理对硅基陶瓷型芯收缩的影响

12.1.2　铝基陶瓷型芯的高温强化

1. 铝基陶瓷型芯的钇溶胶、铝溶胶强化[3]

对于坯料组成（质量分数）为氧化铝 66％～95％、氧化钇 1％～20％、氧化镁 1％～5％和其余为碳质成孔剂的铝基陶瓷型芯，经 1600～1700℃烧结，按表 12-3 所示工艺浸渍处理后，各试样的高温性能如表 12-4 所示，表中编号为 No. 0 的试样没有经过浸渍处理。

表 12-3　陶瓷型芯试样浸渍处理工艺

试样编号	浸渍液	处理工艺
No. 1	固含量 14％钇溶胶	常压浸渍 2min，82℃烘干 1h
No. 2	固含量 15％铝溶胶	常压浸渍 2min，82℃烘干 1h
No. 3	固含量 7％钇溶胶和 7.5％铝溶胶	先后分别浸渍并烘干

表 12-4　陶瓷型芯试样高温性能

试样编号	1520℃时的抗折强度/MPa	加热至 1566℃时的蠕变量/mm	1566℃保温 1h 后的总蠕变量/mm	1566℃时的蠕变速率/(mm/h)
No. 0	12.4	2.9	10.9	8.0
No. 1	15.5	4.1	5.9	1.8
No. 2	13.7	6.1	9.0	3.0
No. 3	13.6	4.7	7.1	2.4

由表 12-4 可见，与未浸渍试样相比，浸渍组成不同的胶体溶液后，型芯的高温抗折强度都有所提高。其中，用 14％钇溶胶浸渍的试样高温抗折强度提高最多。

试样按 300℃/h 的升温速率加热到 1566℃时，经浸渍处理后各试样的蠕变量虽均有所增大，但在该温度下保温时的蠕变速率却明显降低。其中，用固含量 14％钇溶胶浸渍的试样，蠕变速率降低约 78％。在该温度下保温 1h 后的总蠕变量，也都小于未浸渍试样。在陶瓷型芯高温抗折强度提高的同时，陶瓷型芯高温抗蠕变能力的增强，不仅可减少铸型中铂芯撑或氧化铝芯撑的用量，而且能更有效地控制铸件壁厚，从而更有效地增强对涡轮叶片的冷却效果。

试验表明，经钇溶胶浸渍增强的氧化铝陶瓷型芯，可用于活性较强的含钇镍基超合金（如 General Electric Rene N5 镍基超合金和 PWA 1487 镍基超合金）的定向凝固浇注或单晶浇注。在浇注镍基超合金单晶一级涡轮叶片时,由于型芯高温性能改善而废品率下降 50%。

2. 铝基陶瓷型芯的硅溶胶强化[4]

对于低温烧结的铝基陶瓷型芯,硅溶胶强化改变了未强化试样在加热过程中于 1200℃时热膨胀急速下降的状态,见图 12-2;提高了型芯的高温抗折强度,见图 12-3;降低了型芯的高温蠕变量,见图 12-4。

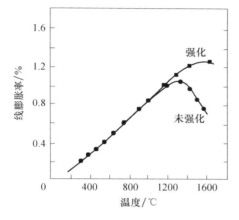

图 12-2　强化对铝基陶瓷型芯
线膨胀的影响

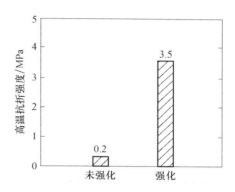

图 12-3　强化对型芯 1550℃时
抗折强度的影响

图 12-5 所示为不同处理方式试样的扫描电镜图。其中,图 12-5(a)为未经强化处理的烧结型芯原貌,晶粒比较圆钝,晶粒接合处有一定的熔接;图 12-5(b)为经强化处理的烧结型芯,晶粒间有片状莫来石晶群;图 12-5(c)为未经强化处理的烧结型芯经过 1550℃保温 0.5h后的形貌,晶粒圆钝,晶粒间大面积熔合;图 12-5(d)为经强化处理试样经过1550℃保温 0.5h 后的形貌,晶粒圆钝及熔合程度不及图 12-5(c),晶粒间有片状

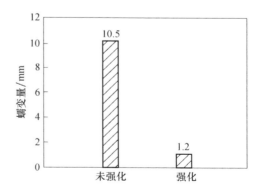

图 12-4　强化对型芯 1550℃/0.5h
时挠度的影响

莫来石晶群。X 射线衍射分析表明,图 12-5(a)和(c)中没有莫来石,图 12-5(b)和(d)中莫来石含量分别为 11% 和 27%。正是试样经强化处理后在晶界中有莫来石晶相形成,使型芯的高温性能有明显改善。

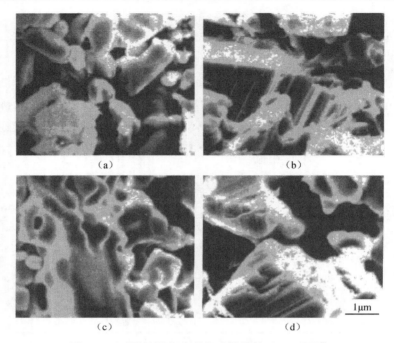

1μm

（a）　　　　　　　　　　（b）

（c）　　　　　　　　　　（d）

图 12-5　不同处理方式型芯试样的断面 SEM 照片

浸渍强化次数对铝基陶瓷型芯高温抗蠕变能力的影响如图 12-6 所示。由图可见，尽管强化剂的浓度有所不同，但随强化次数的增多，型芯的高温挠度明显下降。

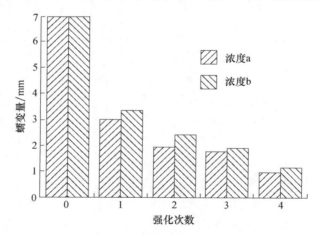

图 12-6　强化次数对铝基陶瓷型芯高温挠度的影响[5]

图 12-7 所示为未强化及经 1、2、4 次强化试样单晶铸造条件下的断口形貌。随强化次数的增加，不仅坯体结构中孔洞减少、晶粒间结合改善，而且晶粒间新生莫来石晶簇增多，局部高强互锁网络的形成，阻止了液相的黏滞流动、减少了型芯

的高温蠕变。

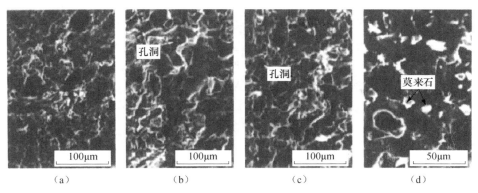

图 12-7　未强化及经强化试样 1550℃/1h 后断口的 SEM 照片

(a) 未强化；(b) 强化 1 次；(c) 强化 2 次；(d) 强化 4 次

12.2　陶瓷型芯的低温强化

陶瓷型芯的低温强化通常选用热固性树脂为强化剂,由于强化剂对气孔的填充以及强化剂与型芯基体材料的黏结,有效地提高了型芯的常温抗折强度。强化效果与经高温强化后的坯体显气孔率有关,也与强化剂的种类及强化工艺参数有关。低温强化剂在型壳焙烧过程中的挥发或分解,使型芯的强度及气孔率回复到低温强化前的状态,因而,不会对型芯的退让性与溶出性产生不利影响。近年来,选用脂肪族化合物或水溶性有机聚合物为强化剂,已显示出其特有的优越性。

12.2.1　热固性树脂强化[6]

用于型芯低温强化的热固性树脂主要是酚醛树脂和环氧树脂。将型芯浸入溶有热固性树脂和固化剂的浸渍液中,浸渍时间约为 30min,待型芯表面不再逸出气泡时将型芯取出,擦除残余浸渍液后,经固化处理,型芯的常温抗折强度可提高 1.5～3.0 倍。为降低树脂黏度,提高树脂渗透能力,可用乙醇、丙酮等有机溶剂稀释。浸渍液的配方及固化处理制度如表 12-5 所示。

表 12-5　热固性树脂浸渍液配方及固化处理制度

酚醛树脂/g	酚醛醇溶清漆/g	乙醇/mL	六次甲基四胺/g	6101 环氧树脂/g	丙酮/mL	多乙烯多胺/mL	聚酰胺/g	固化处理工艺
32	—	65	3	—	—	—	—	自干 4～6h;120～180℃固化 30min
—	53	43	4	—	—	—	—	
—	—	—	—	100	100	10	—	自干 24h;150℃固化 30min
—	—	—	—	50～60	100	—	40～50	

以酚醛树脂为强化剂时,树脂通过分子中的羟甲基等官能团缩合而交联,使型芯的强度增大。但酚醛树脂相对分子质量不大、内聚力不强,因而型芯的强度增大有限,且脆性较大,仅适用于强度要求较低的陶瓷型芯的强化。以环氧树脂为强化剂并添加固化剂时,树脂分子中的环氧基与固化剂发生开环加成反应而交联,型芯的强度有明显提高。

浸渍液的温度对强化效果有明显影响。例如,对于由环氧树脂和聚酰胺配制的浸渍液,当温度为 $10℃$ 时,因浸渍液黏度太大而渗入型芯中的树脂量太少,导致强度偏低;当温度为 $20℃$ 时,浸渍液黏度降低,树脂渗入量增大,型芯强度和韧性均有提高;而当温度为 $40℃$ 时,虽强度又略有提高,但环氧树脂与固化剂反应加剧,浸渍液有效使用期大大缩短。

浸渍时间的长短直接影响渗透层厚度,见表 12-6,从而影响型芯强度。在确定浸渍时间时,要考虑浸渍液的组成及温度,型芯的结构及尺寸等因素。

表 12-6　浸渍时间与渗透层厚度关系

浸渍时间/min	2	5	10	15	30
渗透层厚度/mm	1.0	1.5	2.5	3.0	3.0

固化温度是控制树脂固化程度的重要因素。以环氧树脂-聚酰胺浸渍液为例,型芯在室温($25℃$)放置七天或在 $68℃$ 时固化 8h,表面呈浅黄色,因树脂固化不足而强度和韧性均较低;型芯在 $150℃$ 固化 1h,表面呈深黄色,树脂固化适中,强度和韧性均较好;型芯在 $180℃$ 固化 1h,表面呈深褐色,因树脂交联度过高而韧性下降。

表 12-7 所示为浸渍液组成及固化制度对不同组成的硅基陶瓷型芯性能的影响。由表可见,以酚醛树脂或熔融尿素为强化剂时,型芯的抗折强度低,抗冲击韧性差,将导致压蜡时断芯率达 90% 以上。以环氧树脂为强化剂、聚酰胺为固化剂时,型芯的抗折强度高,抗冲击韧性好,获得了较理想的强化效果。

表 12-7　浸渍液组成及固化制度对陶瓷型芯性能的影响

编　号	坯料组成	强化剂/固化剂	固化温度/时间	抗折强度/MPa	抗冲击韧性
No. 1	石英玻璃粉+工业氧化铝	酚醛树脂/乌洛托平	150℃/30s	17.6	差
No. 2		环氧树脂/乙二胺	150℃/30s	21.6	较好
No. 3		环氧树脂/多乙烯多胺	150℃/30s	24.5	较好
No. 4		环氧树脂+酚醛树脂	150℃/30s	27.4	较好
No. 5		环氧树脂/聚酰胺	63℃/3h	25.5	好
No. 6		环氧树脂/聚酰胺	150℃/30s	33.3	优良
No. 7		尿素		16.7	差
No. 8		尿素/硼酸		19.1	较好
No. 9	石英玻璃粉+咸阳莫来石	酚醛树脂/乌洛托平	150℃/30s	14.2	差
No. 10		尿素		18.6	较好
No. 11		环氧树脂/聚酰胺	150℃/30s	34.8	优良

热固性树脂强化虽然是目前国内最常用的方法,但是,却存在不少问题,主要是:

(1) 使用室温固化剂时,由于树脂不稳定,必须在较短的时间内尽快使用,否则,容易造成材料的浪费。

(2) 使用高温固化剂时,热固化的时间较长,而且,盛放在篮筐内的型芯易于相互黏结。

(3) 在烘干或固化过程中,型芯变形严重。

(4) 经水溶性酚醛树脂强化的陶瓷型芯,在脱蜡过程中遇到水或水蒸气时,树脂会被水溶出,导致强度明显下降。

(5) 由于树脂的热膨胀率比型芯坯体材料的热膨胀率大,脱蜡时易造成型芯开裂。另外,因热固性树脂不挥发,在焙烧型壳时,必须将热固性树脂全部分解并将分解所残留的碳全部氧化,否则,会影响铸件质量。

(6) 所使用的树脂及固化剂常常有毒性或对皮肤有害,会对环境和健康产生不利影响。

12.2.2　脂肪族化合物强化[7]

对陶瓷型芯低温强化用固态脂肪族化合物的主要性能要求是:

(1) 熔点不低于 77℃,在典型的压蜡操作温度 60~71℃时,经强化的型芯能保持强度不变。

(2) 熔化时有良好的流动性,不必采用真空浸渍或加压浸渍的方法即能获得满意的渗透效果。

(3) 密度不小于 1g/cm³,以保证经强化的型芯有足够的强度。

(4) 在冷却时能固化形成坚硬而有韧性的结构,最好呈结晶态。

(5) 有溶于一种液体的能力,便于在强化剂固化后将型芯表面过多的强化剂冲洗掉。

(6) 加热至高于熔点时能挥发而不是分解,可免于因分解所产生的炭残留而影响铸件质量。

常用的固态脂肪族化合物有甘露醇、己六醇、山梨糖醇和赤藻糖醇等。用固态脂肪族化合物强化陶瓷型芯的工艺过程为将脂肪族化合物加热至熔点,使其熔化成均匀的液体,但温度不能过高,以避免沸腾。将型芯预热至接近脂肪族化合物的熔化温度,而后浸入浸渍液中。浸渍时间的长短与对型芯的性能要求有关,对于强度要求高的型芯,浸渍时间要足够长,以保证脂肪族化合物填满型芯的所有孔隙;对于表面硬度的增大比强度增大更重要的型芯,浸渍时间可以较短,脂肪族化合物仅仅渗入型芯的表层即可。

为除掉浸渍后残留在型芯表面过量的脂肪族化合物,要对其进行冲洗。冲洗可分两步进行：第一步使用的冲洗液能溶解脂肪族化合物；第二步使用的冲洗液能溶解并除去第一步使用的冲洗液，但对脂肪族化合物的溶解度很小。例如，第一步冲洗使用热水，最好是沸水，第二步冲洗使用异丙醇。当脂肪族化合物在异丙醇中溶解度太大时，第一步冲洗使用酒精，第二步冲洗使用苯或甲苯。以甘露醇为强化剂时，先用水后用异丙醇冲洗。冲洗时，在第一个冲洗槽中的停留时间要短，既要避免已渗入型芯中的脂肪族化合物的溶出而导致型芯表面硬度降低，也要避免冲洗液渗入型芯表层。冲洗后要用空气强制干燥。

对于浆料组成为石英玻璃粉和锆英砂的混合料 80%、塑化剂 20%，烧结温度 1204℃，保温时间为 2h 的氧化硅-硅酸锆陶瓷型芯，用不同种类的脂肪族化合物增强后，其抗折强度与未增强前的强度 3.0MPa 相比显著增大，见表 12-8。

表 12-8　浸渍工艺条件及抗折强度表

增强剂	浸渍温度/℃	浸渍时间/min	冲洗方式	抗折强度/MPa
甘露醇	210	3	沸水-异丙醇	33.5
己六醇	210	5	沸水-异丙醇	35.5
壬二酸	127	3	热水	22.7
间苯二酚	135	10	—	19.8

在浸渍过程中，需要注意的是，个别脂肪族化合物（如苯磷二酚）有毒性，要避免与皮肤与眼睛接触，并避免吸入，以防对皮肤、眼睛或肺造成伤害。另外，技术级的间苯二酚中含有少量游离酚，使用时也同样要小心，以保证安全。

用脂肪族化合物强化的特点为：

（1）陶瓷型芯的常温抗折强度可提高 10 倍以上，比热固性树脂的强化效果好得多。

（2）脂肪族化合物不会因分解而残留炭。

（3）在浇铸前加热铸型过程中，脂肪族化合物能挥发而出，不会对型芯的退让性和溶出性产生任何不利影响。

12.2.3　水溶性有机聚合物强化

用于陶瓷型芯增强的水溶性有机聚合物有：①藻酸盐、淀粉和改性淀粉；②水溶性胶，如菜胶、琼脂胶、黄原胶、黄芪胶、阿拉伯胶、罗望子胶、刺槐豆胶、刺梧桐树胶等；③高聚物，如羟甲基纤维素、烷基和羟烷基纤维素、聚乙烯醇、聚丙烯酸、聚丙烯酰胺、聚乙烯乙二醇、聚乙烯吡咯烷酮等。其中，以聚乙烯醇使用最多。

1. 聚乙烯醇强化[8]

以聚乙烯醇为强化剂时，浸渍液的浓度以 2.1%～10.0% 为宜，如浓度高于

10%,会因黏度太大而影响润湿性。浸渍时间约 5min 为宜,务使经浸渍型芯干燥后的增重控制 0.25%~1.3%。型芯浸渍后用水冲洗,以除去多余的浸渍液,而后用对流干燥方式排除型芯中的水。

浸渍液浓度与型芯抗折强度的关系示于图 12-8。

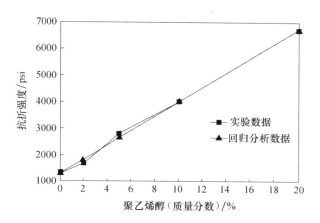

图 12-8　浸渍液浓度对抗折强度的影响

用激光测量仪对浸渍前后型芯的尺寸变化进行了测定,见图 12-9。由图可见,用 PVA 增强的型芯,尺寸实际上没有变化。

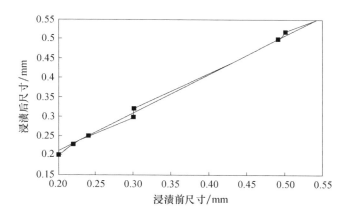

图 12-9　PVA 浸渍前后陶瓷型芯的尺寸变化

用 PVA 增强的优点是:

(1) 浸渍液易配制、无毒性、操作安全。

(2) 浸渍液中作为溶剂的水易于排除。

（3）增强过程中不需要固化，工艺简单。

（4）具有高的强度/质量比（指强度提高量与渗入型芯的浸渍剂质量之比），能牢固地附着在陶瓷型芯表面，强度提高幅度大。例如，当未浸渍试样的抗折强度为（15.2±1.4）MPa 时，酚醛树脂增强后为（22.8±5.6）MPa，强度提高约 50%；而用 10%PVA 溶液增强后为（32.2±3.7）MPa. 强度提高约 112%。

（5）型芯经 PVA 增强时产生的变形仅为百分之几毫米，可略而不计，而用酚醛树脂增强时，型芯的变形为十分之几毫米。

（6）强化剂来源广，价格低。

以 PVA 为强化剂的缺点是抗水化学稳定性差，在铸型脱蜡过程中，型芯强度因高温高压水蒸气的作用而明显下降。

2. 丙烯酸乳胶强化[9]

以丙烯酸乳胶为强化剂时，浸渍液可由质量分数 15%～30%丙烯酸乳胶、水、少量的消泡剂（如 50×10^{-6}）和适量的聚乙烯醇及交联剂组成。浸渍液中也可添加少量的抗菌剂（如 50×10^{-6}）、润湿剂和催化剂（如硝酸铵和草酸）等。几种可供选用的浸渍液料方如表 12-9 所示。

表 12-9　浸渍液料方　　　　　　（单位：g）

材料名称	提供厂商	No. 1	No. 2	No. 3
丙烯酸乳胶 Rhoplex HA-16	Rohm & Haas Company	300	200	100
水	—	300	400	369
聚乙烯醇 Airvol 203	Air Products and Chemicals, Inc.	—	—	30
乙二醛 Glyoxal 40（交联剂）	Clariet Corporation	—	—	1
GEO 8034（消泡剂）	GEO Specialty Chemicals Corporation	0.025	0.025	0.025
Kathon LX（抗菌剂）	Rohm & Haas Company	0.025	0.025	0.025

配制浸渍液时，在蒸馏水中先加入聚乙烯醇粉料并使其溶解，再与丙烯酸标准乳胶混合制成水乳浊液，而后加入液态的交联剂、消泡剂和抗菌剂，通过搅拌使其均匀混合。

烧结多孔陶瓷型芯浸渍约 5min 后，在空气中自然干燥，或在较高的温度如 93℃下采用强制通风进行对流干燥。经干燥脱水后，填充于型芯气孔中的固态聚合物使型芯强度增大。固态聚合物的数量与型芯的气孔率、浸渍液浓度、浸渍液温度及浸渍时间等有关。一般要求将固态聚合物的量控制在型芯质量的 0.2%～5.0%。

固态聚合物的软化温度与乳胶的玻璃转变温度有关，如 Rhoplex HA-16 丙烯酸乳胶的玻璃转变温度为 35℃，Rhoplex HA-12 丙烯酸乳胶的玻璃转变温度为 19℃。

固态聚合物的抗水化学稳定性对型芯的湿强度影响极大，表 12-10 所示为几种浸渍液的固态聚合物分别在搅拌情况下的 20℃ 水中和沸水中 1h 后的溶解度。由表 12-10 可见，丙烯酸乳胶固态聚合物抗水化学稳定性优良，而 PVA 固态聚合物则很容易溶解于水中。

表 12-10　固态聚合物在水中(1h)的溶解度

[单位(质量分数):%]

浸渍液种类	20℃	100℃
Rhoplex HA-16 丙烯酸乳胶	0.16	0.51
Rhoplex HA-12 丙烯酸乳胶	0.27	0.77
Tycac 68010-01 苯乙烯丁二烯乳胶(Reichold Chemicals Company)	0.15	4.51
10%PVA 溶液，无交联剂	62.17	100
10%PVA 溶液，有交联剂乙二醛	20.34	100

表 12-11 所示为硅基陶瓷型芯试条在不同的浸渍液中于常压下浸渍 5min，用压缩空气吹掉多余的浸渍液，经固化或干燥处理后的抗折强度。试条在 121℃ 的水蒸气中 30min 后抗折强度下降的数据也列于表中。由表 12-11 可见，以丙烯酸乳胶为强化剂时，型芯强度高于酚醛树脂而与 PVA 相当，而在受水蒸气作用时，其强度下降远低于酚醛树脂与 PVA。因而，以丙烯酸乳胶为强化剂，型芯不仅强度高而且有优良的抗水化学稳定性，在铸型脱蜡的过程中，型芯强度不会因高温高压水蒸气的作用而明显下降。

表 12-11　陶瓷型芯的抗折强度及抗水化学稳定性

浸渍液组成	处理条件	注射成型/MPa	传递模成型/MPa	强度下降/%
未浸渍	—	9.1	16.6	—
酚醛树脂	204℃固化 90min	13.0	20.1	29.5
11.5%乳胶＋5%聚乙烯醇	90℃干燥 1h	25.7	27.3	—
23%丙烯酸乳胶	90℃干燥 1h	25.3	29.9	1.6
10% PVA 水溶液	90℃干燥 1h	25.8	26.9	48.2

参 考 文 献

[1] 张湛. 硅溶胶强化对陶芯显微结构及性能的影响. 铸造,1987,(4):16-19.

[2] Bardot T A,Burkarth N,Langlois C,et al. Method of making ceramic cores for use in casting:US,5697418. 1997.

[3] Frank G R,Keller R J,Haaland R S,et al. Impregnated alumina-based core and method:

　　　　US,6494250. 2002.

[4]　杨耀武,曹腊梅,才广慧. 强化处理对单晶叶片用氧化铝基陶瓷型芯的影响. 航空材料学
　　　报,1995,15(3):33-38.

[5]　赵红亮,翁康荣,关绍康,等. 强化处理对陶瓷型芯高温变形的影响. 特种铸造及有色合金,
　　　2003,(5):7-8.

[6]　西北工业大学,430 厂. 对压蜡及浇铸中陶芯断裂变形问题的研究(内部资料).

[7]　Horton R A. Refractory cores:US,3688832. 1972.

[8]　Krug E. Impregnated ceramic core and method of making same:US,5460854. 1995.

[9]　Haaland R S. Impregnated ceramic core and method of making:US,6720028. 2004.

第 13 章　陶瓷型芯的定位及熔模铸造

在熔模铸造中,铸件内腔的尺寸精度和形位精度既取决于合金液凝固时陶瓷型芯的尺寸和形状,也取决于陶瓷型芯在铸型内定位的牢固性和精确性。而合金液凝固时陶瓷型芯的尺寸和形状,不仅与型芯的制备工艺有关,而且与型芯的使用条件有关。型芯在铸型内定位的牢固性和精确性,不仅与型芯的性能有关,而且与熔模铸造工艺有关。

13.1　陶瓷型芯的定位

熔模铸造时,铸型内陶瓷型芯位置的偏移,必然影响型芯外表面与型壳内表面之间的间隙大小,从而将直接导致铸件壁厚尺寸的漂移,见图 13-1。图中,型芯100 处于铸型 110 内的正确位置,型芯 120 在铸型 130 内的位置发生了位移,造成140 与 150 处间隙大小的显著变化。

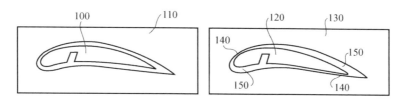

图 13-1　型芯在铸型内的位置

在铸型内腔中陶瓷型芯的位移,既可能发生在陶瓷型芯与型壳的内表面之间,也可能发生在相邻的陶瓷型芯之间,还可能发生在陶瓷型芯本身的部件之间。陶瓷型芯上下、前后、左右的任何移动或扭转,都将导致铸件壁厚的变化和包芯率的下降。因而,型芯位移是造成铸件不合格的主要原因之一。

影响型芯位移的因素很多。例如,在型芯结构的设计阶段,定位端的数量、尺寸、部位和形状的设计;在熔模制备阶段,芯撑的结构、数量及其设置,压蜡时蜡液的冲击,蜡料凝固时的收缩,熔模冷却及放置时的变形,熔模搬运时的振动;在铸型制备阶段,定位端连接的方式,型壳固化与焙烧时的收缩,型芯与型壳热胀失配产生的热应力;在金属液浇注与凝固阶段,金属液的冲击,定向凝固和单晶铸造时温度梯度造成的热应力,持续高温下型芯产生的蠕变等。

为有效防止型芯位移,既要采取必要的定位措施,又要从严控制熔模制备、铸

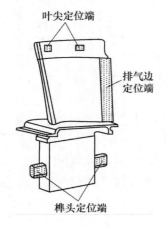

叶尖定位端

排气边
定位端

榫头定位端

图 13-2　陶瓷型芯
的定位端

型制备及金属液浇注时的工艺参数。

13.1.1　陶瓷型芯的定位端及其连接方式

　　设置陶瓷型芯定位端的目的是保证型芯在铸型内稳定、可靠、安全、牢固的定位。型芯的定位端一般沿叶片内腔叶身型面向外延伸 8~12mm。例如,定位端可以从榫头、叶尖或排气边向外延伸,见图 13-2。当然也可根据需要另行设计,但要求在保证定位精度的前提下,力求结构简单、加工方便。

　　按型芯定位端与型壳之间的连接方式,定位端可分为固定端、滑移端和自由端三类。固定端与型壳黏结在一起,能牢固地将型芯固定在型壳上;滑移端与型壳呈点接触或线接触,既能制约端部的前后、左右偏移,又能允许端部纵向滑移而自由伸长或收缩;自由端与型壳间留有一定的间隙,既允许端部前后、左右有少量的移动或扭转,又允许端部纵向自由伸长或收缩。

　　型芯的定位端与型壳之间要求根据实际情况采取不同的连接方式,这是由于:①型芯与型壳往往由不同的材料制备,即使它们由相同的材料制成,但它们的热历史不同。因而,不同的膨胀系数导致型芯与型壳在型壳焙烧过程中有不同的热膨胀。②型芯与型壳在铸型预热过程中的升温速率不同,型壳先受热而升温快,型芯后受热而升温慢。③型芯与型壳在浇注金属液时升温幅度大小不同,型芯为金属液所包围而升温幅度大,型壳能通过外表面散热而升温幅度小。④在合金液填充由型芯和型壳所构成的型腔后,型芯、合金液和型壳构成了一个整体。当金属液凝固时,随温度场的变化,型芯、合金液和型壳按各自的膨胀系数收缩。这种收缩必将因三者之间的相互制约而产生应力集中。当应力超过型芯所能承受的极限时,将导致断芯、露芯或叶片壁厚的超差。因而,合理选择型芯定位端的连接方式,既利于制约型芯的过大偏移,又利于型芯在铸型内仍有相对自由的膨胀或收缩。

　　在实际生产中,陶瓷型芯与型壳的热膨胀之差在 1093℃时一般为 0.2%~0.4%。为避免因热膨胀之差所造成的缺陷,当型芯有两个或两个以上定位端时,只设定其中之一为固定端,其余为滑移端或自由端。

13.1.2　芯撑的种类及其特性

　　在熔模制备过程中,虽然通过合理选择型芯定位端与型壳之间的连接方式,能对型芯的位移起一定的制约作用,但由于陶瓷型芯往往有较大的长度与宽度比,而型壳对型芯的固定力度仍然明显不足,很难满足熔模铸造对陶瓷型芯位移限制的苛刻要求。为最大限度地减少或消除型芯位移,要求用芯撑对型芯的关键部位进行定位与加固。按材质不同,可将芯撑分为蜡质芯撑、陶瓷芯撑和金属芯撑三类。

1. 蜡质芯撑

蜡质芯撑一般为直径 2.6～3.0mm 的圆锥体,其高度以略小于相应部位熔模的壁厚为宜,否则会影响熔模的表面平整度。在压蜡时,蜡质芯撑能提高对型芯的支撑能力,以避免型芯因受蜡液的冲击而位移或折断。蜡液注入压型后,蜡质芯撑被蜡液所包裹而与蜡液融为一体。在铸型脱蜡时,蜡质芯撑随熔模一起脱除。因而,蜡质芯撑仅仅只在蜡模制备阶段起支撑作用。

2. 陶瓷芯撑

陶瓷芯撑大多是预先单独制备的,其使用方法是在制壳前将陶瓷(如重结晶氧化铝)芯撑 18 插入蜡层 16 之内,其前端与型芯 15 相接触,其尾端置于型壳之中。经脱蜡并烧结后,由芯撑将型芯固定在型壳 17 中,见图 13-3。铸件脱壳后,将陶瓷芯撑与陶瓷型芯一起从铸件中脱除,铸件上因芯撑脱除而的留下的小孔,用与铸件相同的合金材料焊接或填补。与使用铂芯撑相比,陶瓷芯撑的优点是成本低,不会影响合金成分,可以有较大的支撑距离。

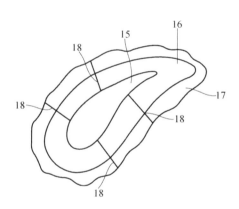

图 13-3　陶瓷芯撑定位示意图[1]

3. 金属芯撑[2~4]

在铸型内固定陶瓷型芯位置的常用方法是使用适当尺寸、适当形状和适当数量的金属芯撑。对金属芯撑的性能要求是:①熔点略高于铸件材料的熔点,能全部或部分溶解于金属液中而最终成为铸件的合金组分,但不会对铸件的组成、结构与物化性能产生不利影响;②不能与陶瓷型芯材料和型壳材料发生化学反应;③在型壳焙烧过程不会被氧化,以避免金属氧化物沾污合金液而导致杂晶的形核与生长;④在金属液浇注温度下仍具有足够的强度,保证陶瓷型芯不产生位移;⑤与金属液有良好的化学相容性,避免产生可能影响铸件质量的夹杂或气孔。

金属芯撑由芯材和表面涂层构成,见图 13-4。图 13-4(a)为金属芯撑 10 的透视图,12 为芯材、14 为表面涂层,图 13-4(b)为金属芯撑 10 的 3-3 剖面图。

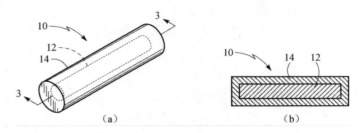

图 13-4　金属芯撑的结构

　　为金属芯撑提供足够高温强度的芯材 12 是由金属丝剪切而成的。金属丝由金属棒拉制而成,经清洗并小心拉直以后,剪切成适当长度的芯材。拉直合金丝时要避免在表面产生任何损伤或缺陷,以保证合金丝上没有有爆裂或裂纹。对于超合金的浇注,以前常用的芯材为纯铂或氧化物弥散增强铂丝,但铂丝不仅成本高,而且在浇铸温度下易于软化或弯曲,难以支撑较重的陶瓷型芯。现多选用钼、钨、钼-钨合金、钯-钼合金、钯-钨合金丝等。

　　表面涂层 14 将芯材 12 完全包裹住,其作用是使金属芯撑有优良的抗氧化性,并与合金液有良好的化学相容性。典型的涂层制备方法是电镀,也可采用其他方法,如真空金属化、气相沉积等。用于制备表面涂层的材料有镍、钴、铬、锰、钒、金、铂、钯、铱、锇、铼、铑、钌或它们的合金等。

　　必要时,在芯材和表面涂层间可增设过渡层,在表面涂层之外可增设附加层,见图 13-5。图 13-5(a)为金属芯撑 100 的透视图,112 为芯材、114 为过渡层、116 为表面涂层、122 为附加层。图 13-5(b)为金属芯撑的 5-5 剖面图,118 为芯材 112 的两个端面、120 为过渡层 114 的两个端面。

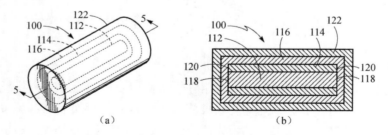

图 13-5　有过渡层的金属芯撑结构图

　　过渡层 114 的材质既不同于基材 112,也不同于表面涂层 116。某些情况下,制备金属丝时,将拉制金属丝用的金属棒插入制备过渡层用的套管内,在拉制金属丝过程中,同时形成包覆于金属丝表面的过渡层。但在剪切金属丝时,112 的端部 118 上并没有过渡层而是暴露在外的。因此,涂覆表面涂层 116 时,要将过渡层

114 和基材 112 的端部 118 完全包覆,以防止在铸型烧结时通过端部 118 造成对芯材的氧化。为进一步提高金属芯撑的抗氧化能力,在表面涂层之外可再次涂覆附加层 122。当芯材的材质为钼或钨时,过渡层最好选用铂,表面涂层最好选用镍,附加层最好选用金或铑。

对金属芯撑尺寸的要求是在满足定位稳定性要求的前提下,尺寸尽量小。因为尺寸过大,既增大了芯撑材料的用量而提高了芯撑成本,又增大了芯撑组分溶入金属液中的数量而易于造成对铸件质量的不利影响,特别是非合金元素的引入对铸件质量的影响就更大。当然,尺寸过小,将导致芯撑本身机械强度太低,并且难以为型壳材料所固定。另外,设计芯撑尺寸时,还必须考虑芯撑热膨胀可能对型芯产生的压应力。常用金属芯撑的尺寸见表 13-1。对于包覆过渡层的芯材,其直径中包括过渡层的厚度,过渡层的厚度为 $2.5\sim7.6\mu m$。

表 13-1　金属芯撑的尺寸

尺寸	一般	最佳
芯材直径/mm	0.13～5.0	0.3～1.3
芯材长度/mm	0.13～25.4	2.2～12.7
表面涂层厚度/μm	0.6～10.0	1.2～7.6
附加层厚度/μm	0.1～1.0	0.3～1.0

金属芯撑可加工成不同的形状,如线状、回形针状等,视型芯的结构而定。陶瓷型芯上大多设有接插孔或沟槽,务必使芯撑的形状与型芯的孔或沟槽的形状相适应。

13.2　金属芯撑定位的方式

按金属芯撑与陶瓷型芯及型壳的连接方式,可将金属芯撑的定位方式分为接触-嵌入式、二端嵌入式和二端接触式三种。

13.2.1　接触-嵌入式芯撑定位

如图 13-6 所示,先将直径为 0.3～1.0mm,长度比铸件壁厚长 5～10mm 的金属芯撑 10 用氯化铁盐酸溶液浸泡 3min,取出后用水洗净,再用碳酸钠稀溶液中和,以去除表面油渍及污物。使用时,加热金属芯撑,并立即插入熔模 8 的预定位置上,插入端必须与型芯 4 的表面相接触,另一端露出熔模 5～10mm,以便在制壳时将该端固定在型壳 6 上。浇铸后,芯撑的大部分与铸

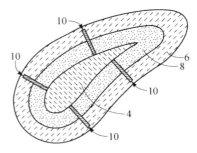

图 13-6　金属芯撑接触-嵌入式定位

件融成一体,露出铸件表面的尾端经打磨去除。

由金属芯撑的一端与陶瓷型芯表面呈点接触或线接触,另一端嵌入型壳的定位方式,在一定程度上起到了固定型芯位置的作用。但是,金属丝与型芯表面接触的稳定性差,而且露出铸件表面的芯撑尾端会对铸件质量产生不利影响。这种影响主要是:①露出铸件表面的尾端在金属液凝固时会形成热桥而加快热量散失,可能导致铸件表面的局部成核,对定向凝固铸造和单晶铸造造成一定的危害;②露出在铸件表面的尾端必须通过机加工除去,增大了后期处理的工作量;③机加工时造成的残余应力,可能导致铸件热处理时的重结晶。

为避免芯撑尾端散热,可采用如图 13-7 所示的方法以减少热量散失。图中,在陶瓷型芯 10 表面的不同部位有作为芯撑的多根铂针 14,铂针有足够的长度,能穿过蜡层 12 固定在型壳 18 之中。铂针端部增设的蜡质帽顶 16,在制壳时被构成型壳的陶瓷材料所包裹。脱蜡后,蜡帽处将成为一个空穴。在金属液凝固时,该空穴可作为一个隔热气囊,有利于减少通过铂针尾端散失的热量,从而起到避免铂针周围铸件局部成核的作用。

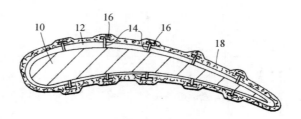

图 13-7　铂针端部气囊示意图[5]

另一种接触-嵌入式定位方法如图 13-8 所示,图中,芯撑 18 由铂金制备,呈铆钉状,上端为一个蘑菇状铂冠 20,下端为管状钉脚 22。钉脚 22 正好能插入陶瓷型芯 10 的孔穴 16 中,使铂冠在陶瓷型芯上有固定的位置。铂冠 20 的顶点邻接压型 12 的内表面,呈点状接触,铂冠的底面与孔穴 16 周围的型芯表面形状相符而能紧密接触,可保证铂冠在型芯表面上的稳定性。由铂冠 20 的尺寸确定陶瓷型芯 10 和压型 12 之间空腔 14 的间距。经压制熔模与制成铸型之后,铂钉的形状保持不变。

在铸型中注入熔融镍基超合金并经冷却与凝固后,铂钉 18 的冠顶 20 溶于合金中,由于冠顶与铸型内表面只是邻接而没有穿透,因而铸件表面没有疤痕。又由于铂钉几乎完全溶解于合金中,在铸件上不会有残留的孔洞。另外,溶入合金中的少量金属铂也不会对铸件的金相结构及物化性能产生明显影响。当然,将铸件中的陶瓷型芯 10 脱除后,铸件内腔有铂钉钉脚 22 的残骸。

铆钉状芯撑也可用于铸件中相邻型芯之间的定位,见图 13-9。在图中,第

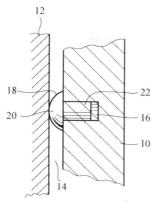

图 13-8　接触-嵌入式金属
芯撑定位[6]

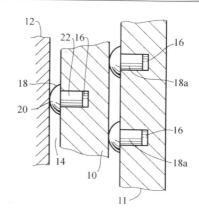

图 13-9　相邻型芯间的金属
芯撑定位

二个陶瓷型芯 11 位于第一个陶瓷型芯 10 的侧面,芯撑 18a 将两个型芯的间隔固定在设定的距离之内,从而形成铸件中的第二个空腔。

铆钉状铂芯撑的特点是铸件表面没有因芯撑端部残留而形成的疤痕,没有重结晶部位,不会在合金铸件中引入有害杂质,能精确控制铸件壁厚。其原理也可用于铁合金、非铁合金及非金属材料(如高聚物)的浇注。

13.2.2　二端嵌入式芯撑定位

为避免浇铸金属液时型芯的悬臂端在铸型中产生位移,可选用二端嵌入式金属芯撑把型芯的悬臂端牢固地固定在型壳上,如图 13-10 所示。图中,金属芯撑 7 的下端嵌入型芯 1 的悬臂端中,芯撑的上端 10 嵌入并固定在型壳 9 上。芯撑 7 的中间部分为环形槽 11,注入铸型内的金属液将充满铸型腔体 20 及芯撑的环形槽 11。冷凝时,被溶解的芯撑与铸件结合成一个整体。脱除铸件中的陶瓷型芯以后,在机加工时,除去露出在铸件表面的芯撑上端 10。芯撑的下端残留在铸件内腔,如不对铸件使用性能产生影响,可保留。为使型芯的悬臂端有更好的稳定性,可根据需要使用几个金属芯撑。

二端嵌入式金属芯撑也被用于型芯本身两个结构部件之间的加固与定位。例如,图 13-11 所示的陶瓷型芯 28,是由主体部分 32 和中心悬臂 34、36 构成的。主体部分包括细长的侧边 38 和 44,以及底端 48 和顶端 50。悬臂呈"U"形,悬臂 34 和 36 分别包括一对平行长

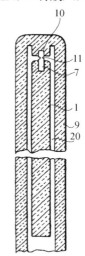

图 13-10　型芯悬臂端与型
壳间的金属芯撑固定[7]

臂 51、52 和 58、60。由于型芯体长、臂窄、壁薄,在压制熔模,制备铸型和浇铸金属液时,悬臂既易于折断,又易于位移。为增大悬臂强度,减小悬臂位移,在悬臂的两个顶端 54、62 与型芯主体部分的顶端 50 之间,分别用金属芯撑 68 和 70 连接并固定。用于制备芯撑的材料可以是直径 0.5mm 的铂丝,芯撑端部呈圆柱形,如使端部呈扁平形,将更利于芯撑的固定。对于脱芯后残留在铸件内腔的芯撑端部,必要时可用适当的切削刀具插入冷却通道内除去,也可用液体珩磨法除去。

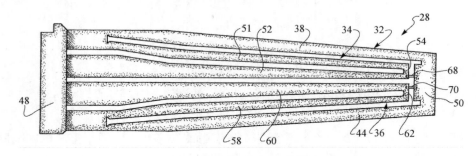

图 13-11　型芯悬臂端与顶端间的金属芯撑固定[8]

13.2.3　二端接触式芯撑定位[9]

在图 13-12 中的左侧,芯撑 48 将型芯 46 固定在型壳 52 中,芯撑与型壳内表面呈环状线接触。同时,通过芯撑的一个棘爪 50 与型芯外表面相接触。在图 13-12 中的右侧,芯撑 56 将型芯 54 固定在型壳 62 中,芯撑与型芯呈环状线接触。同时,通过芯撑的两个凸端 58 与型壳的内表面 60 相接触。

另一种接触式芯撑定位的方式如图 13-13 所示,图中的陶瓷型芯是由多个型芯件 22 组成的,型芯件细而长,本身易于弯曲,又易于向铸型 18 的内表面 20 偏移。使用由直径 0.51mm 的铂丝绕制而成的芯撑 24,对型芯件的腰部进行定位加固,并把芯撑的端部 25 固定在型壳上,能有效防止型芯件的弯曲与位移。

图 13-14 所示为接触式多芯撑定位,位于铸型 34 中的陶瓷型芯 26、28 和 30 分别由各自的芯撑固定。其中,型芯 26 由与铸型内表面 32 相接触的芯撑 36 固定,能避免型芯向任何方向的位移;用于固定型芯 28 的芯撑 38,与铸型内表面 32 有多点接触,并设有一个棘爪 40,棘爪插入型芯 28 的对应孔穴中,以保证芯撑能位于型芯长度方向的一定部位上;型芯 30 由两个独立的芯撑 42 和 44 固定,以防止型芯位移。

二端接触式芯撑的特点是没有嵌入型壳内的芯撑端部,金属材料用量少,成本低,并且消除了因芯撑端部的存在及熔化而产生的相关缺陷,因而特别适用于定向凝固铸造和单晶铸造时的定位。

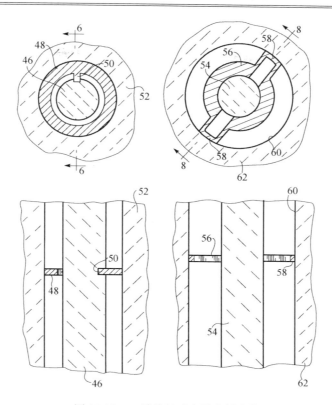

图 13-12　二端接触式金属芯撑定位

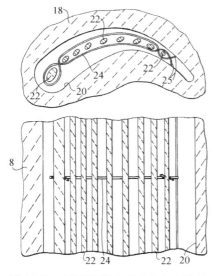

图 13-13　型芯腰部金属芯撑加固定位

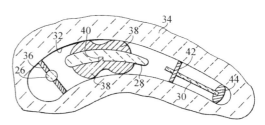

图 13-14　接触式多金属芯撑定位

13.3　陶瓷型芯的预处理及熔模的压制与组合

13.3.1　陶瓷型芯的预处理[10]

1. 固定端处理

为防止压蜡时飞溅的蜡液黏附到到固定端上而形成飞刺,在压制熔模前,要求用变压器油涂刷陶瓷型芯的固定端。变压器油的涂覆将便于在模组合成前清理干净固定端上的模料毛刺,利于型芯固定端与型壳材料的直接接触,以确保固定端的尺寸精度。

2. 灌刷软蜡

对于结构复杂、壁厚不均的陶瓷型芯,或对于薄壁陶瓷型芯,必须用软蜡或低温蜡将型面上的沟槽及孔洞填满,刮掉多余的蜡料,并刮平表面,以增大陶瓷型芯的整体强度,避免压蜡时断芯。对于小铸件中的陶瓷型芯,要求使用作为增塑剂的熔点为 $115 \sim 120℃$ 的蜡液先行浸渍处理,以减小压蜡时型芯对模料的阻滞作用,并增大蜡料与型芯的黏附力。

3. 设置芯撑

为防止形状复杂,体长而壁薄的陶瓷型芯在压蜡时发生位移、变形,甚至断裂,在型芯的关键部位,要设置蜡质、塑料质或金属质的定位芯撑。设置芯撑时,不能交叉放置,以免在夹紧压型和注入蜡料时,因受力不均而造成型芯变形或断裂。正确的做法是将芯撑两两对应放置,见图 13-15。图中,由芯撑 100 将型芯 10 固定在由压型 200a 和 200b 形成的型腔 200 内。定位芯撑适于安装在型芯的细薄部位,

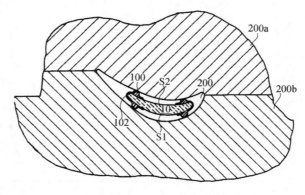

图 13-15　蜡质芯撑的设置

如形成叶片排气边的缝隙处。也可将芯撑配制在型芯的孔眼上,以减少蜡模在叶盆与叶背处分离的可能性。

蜡质芯撑常使用胶水手工粘贴,但费时多,而且易于造成粘贴部位的偏差而导致型芯位置的偏移。借助模板制作芯撑,能提高粘贴效率与粘贴精度,其操作方法是将具有圆锥孔的模板放置在预热到 45～50℃ 的陶瓷型芯上,模板的厚度应与该处蜡模壁厚的名义尺寸相一致。将由褐煤蜡 70%、松香蕉 30% 配制成的蜡状模料,经 110～120℃ 熔化后浇注到模板孔眼中,蜡料凝固后,用小刀将模板上的蜡料仔细修整,至与模板齐平。撤除模板后,在型芯的预定部位形成了预期尺寸的芯撑。如使用芯撑定位机能进一步提高粘贴定位的精度[11]。

4. 预热型芯

为避免进入压型腔体的蜡料接触陶瓷型芯时因降温过多而不能充满压型腔体,对于厚壁陶瓷型芯,在装入压型前必须预热到 40～50℃,型芯越厚越长,预热温度必须越高。基于类似的原因,压制熔模壁厚小于 1.5mm 的铸件熔模时,型芯也必须预热。当然,在型芯壁较薄或熔模壁较厚的情况下,就没有预热的必要。

将经预处理的型芯置于压型中,见图 13-16。图中,1 为框架、2 和 9 为定位块、3 为盖板、4 和 7 为堵块、5 为型面板、6 为陶瓷型芯、8 为压蜡嘴、10 和 14 为型块、11 为型板、12 为键、13 为底板。陶瓷型芯安装配合间隙一般为 0.05～0.1mm,型芯定位长度一般两端各为 6～10mm。

对于形位精度超过设计标准的陶瓷型芯,在压型闭合时可能大量折断。

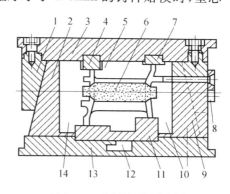

图 13-16　压型结构示意图

13.3.2　熔模压制[12,13]

压注法制备熔模的过程包括模料压注、模料固化、熔模冷却三个阶段。

1. 模料压注

压注模料时,选用黏度较小的模料以及选择合理的制模工艺参数对于避免型芯折断、保证熔模质量至关重要。模料种类不同,制模工艺参数也不同,见表 13-2。

表 13-2　制模工艺参数表

模料类型	模料温度/℃	压型温度/℃	压注压力/MPa	保压时间/s
石蜡硬酯酸型	45～48	20～25	0.2～0.3	30～180
石蜡松香型	65～80	20～30	0.3～0.5	30～180

从减小模料固化时的体积收缩的角度考虑,压注时应选择较低的模料温度(约模料液相线温度的 0.8 倍)和压型温度。但模料温度过低,将导致因蜡液黏度过大而造成断芯。例如,对于石蜡松香型模料,模料温度为 72℃时,断芯率为 30%左右,当模料温度为 68℃时,断芯率高达 70%以上。

压注压力的大小应根据模料特性、熔模结构、模料温度和压型温度而定。如熔模结构复杂、模料黏度大、模料温度低,则要求选用较高压力。反之,压注压力可较低。但压力过大,同样将导致严重的断芯,见表 13-3。而压力过低,将导致蜡模表面光洁度下降,甚至轮廓不清。

表 13-3　压注压力与断芯率的关系

压注压力/MPa	5.5	4.8	4.1	3.5	2.8	2.0	1.4
断芯率/%	100	100	95	95	90	85	80

对于含陶瓷型芯的熔模,宜选用提高模料温度、降低模料黏度、增加从压蜡机到压型型腔的输蜡通道截面积等措施,便于在较低压力下压注,以减小对型芯的破坏作用。另外,对压注过程中的压力和流量要求采取动态控制的方式,先使模料低速进入型腔,形成对型芯的对称支撑,以免型芯折断。而后加大流量并提高压力,以确保薄壁复杂空心件的熔模质量。一般而论,较高的压力和较长的保压时间可获得较好的表面光洁度并减少熔模收缩。但是,在气压成型的压注条件下,压力过高而压注速率过快,会造成表面不光和"鼓泡",而且会使模料飞溅出现冷隔缺陷。当压力和压注速率过小时,会在厚大部位产生缩陷,而在远离注射口的薄壁处会产生冷隔等缺陷。

合理设计蜡液通道,使蜡液从型芯周围均匀地进入压型,避免型芯侧向受压,对于减少断芯有重要作用。另外,如蜡流由排气孔边进入型腔,当蜡液在沿排气边向前流动的同时,会向上冲击进气孔边,由于进气边较厚,抗冲击性较好,因而对防止断芯有利;如蜡流由进气边进入,则易于断芯。将压型中的蜡料注射通道设置在叶片的厚大部位,如蜡模的缘板处,有利于避免厚大部位缩陷的产生。

压制熔模时,如使用乳胶状模料和固体填充模料,在陶瓷型芯的孔眼处容易出现缩陷和型芯破损。

在活塞式压机压注蜡模时,必须注意两种情况。第一种情况是压注筒中没有液体衬套而模料严重过热,导致增塑剂黏度降低而引起分层,模料中的液体组分被挤入型腔中,而固体填充物却堆积在压射机中。第二种情况是活塞式压蜡机没有为充满压型而设计的调节模料数量的机构,而是靠提高注射压力来充型,会导致型芯破裂。

2. 模料固化

在熔模压制过程中,与压型接触的表层模料几乎在瞬间就已凝固,而仍处于塑性状态的熔模中心的模料,将缓慢地冷却凝固而有可能产生缩陷。研究认为,缩陷不是由于体收缩造成的,而是由于压注过程中各工艺参数之间不协调引起的。例如,模料温度、压型温度、陶瓷型芯温度、压注速率以及在压制机构和压型中的注射压力等之间不匹配。提高注射压力有助于降低缩陷倾向、减小缩陷程度。

为防止陶瓷型芯孔眼处产生缩陷,可预先用蜡状模料或纯地蜡把型芯孔堵住。但这样会影响叶盆和叶背与蜡模的局部联结,增大蜡模因叶盆处陶瓷型芯脱离而报废的可能性。而且如果由型芯来形成叶片排气边缝隙的话,也会增加蜡模因排气边叶盆叶背在陶芯芯头部分互相脱离而报废的可能性。蜡模与陶芯的脱离现象特别容易产生在弦长大、叶身长的叶片上。为减少叶片蜡模厚大部位的缩陷,可在压型装配之前在厚大型腔处充填热的蜡状模料片。另外,熔模底注能较为顺利地排出型腔中的空气,并为充型前使型腔处于真空状态提供了可能性,有利于提高熔模质量。

3. 熔模冷却与存放

从压型取出的熔模经清除分型面上的毛刺后,放置在胎模内或平板上,在室温下冷却 10~20min,然后逐个放在箱盒内,使厚大部位朝下,或把较厚大部位悬挂在夹具上。

熔模冷却的总时间取决于铸件和浇注系统最厚部位的厚度,一般情况下为4~6h。用蜡状模料制备的浇注系统的熔模可在水中冷却。如果熔模收缩不充分,则在组合模组时,可能会因熔模翘曲、分层,使涂覆在熔模上的陶瓷层或整个模组破裂,因此必须使熔模有充分的冷却时间。

对于内含陶瓷型芯而外形尺寸小于 250mm 的中小型熔模,从压型中取出后,可自然冷却,不需要使用胎模。对于内含外形尺寸较大型芯的熔模,则必须在胎模或夹具内冷却,以防止变形。而对于没有用陶瓷型芯的熔模,则需在用金属、塑料或其他材料制成的胎模内冷却,因实心熔模在冷却时易于产生弯曲变形。

为避免熔模在存放期间产生变形等缺陷,对熔模存放的具体要求为:

（1）存放温度以 18~24℃ 为宜,温度过高,熔模易于变形;温度过低,熔模易于开裂。熔模的存放及周转均应尽量在空调环境下进行,以免造成熔模的尺寸波动。

（2）存放时间不宜过长,以免熔模变形,但存放时间也不能太短,如熔模未完全收缩到位就组装,也会引起变形。

（3）熔模不能随意堆放,因为叶片为非规则形状,摆放方法不正确,易引起熔模变形。对于无余量精铸叶片,最好有专用的蜡件摆放箱,甚至制作专用熔模存放台。

4. 熔模检验

压制后的熔模在放置半小时后可进行检验与修整。对熔模要 100% 进行目视检查,观察熔模表面有无裂纹、气泡、缩陷、鼓泡等缺陷。而后,沿熔模整个长度及宽度方向用手指按压,检查是否有芯、蜡分离。熔模的型面可用光电自动测量仪测量,对微量变形的可用校形模予以校正,对变形、翘曲较严重或芯、蜡分离的熔模,应报废。

为检验熔模中的陶瓷型芯是否有断裂,熔模壁厚是否均匀并符合设计要求,要求对熔模进行透视检查及壁厚测量,见表 13-4。与内含陶瓷型芯有关的熔模缺陷及其防止方法如表 13-5 所示。

表 13-4　熔模的透视检查和壁厚测量

项目	内容	设备	
		名称	原理
X 射线透视	检查熔模中型芯是否断裂	铍窗 X 射线透视机	X 射线透视
壁厚测量	检查型芯定位是否正确,熔模壁厚是否均匀及符合要求	热探针式熔模壁厚测定仪	电热金属针插入蜡模,触到型芯为止,计算插入深度
		超声测厚仪	超声波穿透熔模到型芯返回,根据信号返回时间计算模壁厚度

表 13-5　熔模缺陷及其防止方法

缺陷名称	原因	防止方法
熔模缩陷	1. 蜡料注射通道设计不当 2. 熔模厚大部位的蜡料凝固速率快慢不一 3. 压注工艺参数不协调	1. 将蜡料注射通道设置在熔模的厚大部位 2. 在压型的厚大型腔处充填热的模料蜡片 3. 提高注射压力及注射温度,降低模料黏度

续表

缺陷名称	原因	防止方法
芯蜡分离	1. 模料收缩大 2. 制模时,型芯温度和模料温度均偏低 3. 型面有大面积光滑面 4. 型芯表面有油污 5. 熔模放置过程中室温偏低	1. 选用收缩率小的模料 2. 将型芯预热至 30～35℃,提高压注温度 3. 起模后立即用手按压有大面积光滑型芯表面的熔模相应部位 4. 彻底清除型芯表面的分型剂及其他油污 5. 严格控制工作室温度
断芯	1. 型芯常温强化不当,强度低,脆性大 2. 模料流动性差,注射压力高 3. 注蜡口位置不当,模料直冲型芯薄弱处 4. 型芯变形,不能与压型吻合,合模时断裂 5. 打开压型及取模时操作不当,用力过大	1. 改进强化工艺,对壁厚差大、形状复杂的型芯可局部强化 2. 选用流动性好的模料,降低注射压力 3. 合理设计注蜡口 4. 限制型芯变形量,改进型芯定位方法,使用芯撑 5. 小心开模起型,用力均匀

5. 熔模修补及型芯回收

对熔模进行修补的内容包括仔细修光熔模表面的毛刺;用模料补焊填平金属芯撑孔及熔模表面其他微小的孔隙;挑破可修补的气泡,滴上修补蜡,并用刮刀抹平;仔细清理固定端表面的蜡料;用棉纱球仔细抹平补焊过的孔或塑料芯撑连接的部位。

当熔模报废但经透视确定陶瓷型芯没有损坏时,可将熔模放在开水槽内煮沸,脱除型芯上的模料,在 100～120℃ 下烘干,供重新制备熔模之用。也可将熔模快速冷却至接近模料的脆性温度,使模料脆裂而从型芯上脱除[14]。

13.3.3　模组合成

1. 型芯自由端及滑移端的制作

陶瓷型芯自由端的制作方法有涂蜡法、包裹法、涂漆法、戴帽法等。采用涂蜡法时,在芯头的端部涂覆一层软蜡;采用包裹法时,在芯头的端部包裹一层厚度为 0.05～0.10mm 的蜡纸或可完全烧失的胶布或塑料薄膜;采用戴帽法时,可借助于卡具在芯头端部制作直径约 3.5mm 的蜡帽,见图 13-17。蜡层或包裹层的厚度取决于型芯与型壳的热膨胀特性。经制壳、脱蜡和焙烧后,自由端的蜡层或包裹层被烧尽,在芯头和型壳之间形成预定的缝隙。在某些情况下,将芯头置于固定在型壳上的陶瓷套内,以便于芯头自由伸缩。

通常将在轴向有较大接触面积的定位端设置为滑移端,其制作方法是在芯头上涂一层厚 0.13～0.25mm 的蜡膜,而后在蜡膜上刻几条纵向凹槽,使槽底接

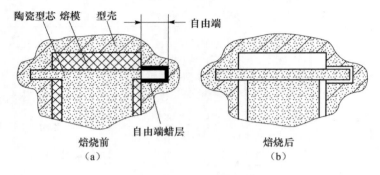

图 13-17　芯头自由端示意图

近型芯表面,见图 13-18。制型壳时,在凹槽上形成几条陶瓷"滑道"。"滑道"顶边接近于型芯表面,因此能对型芯的前后、左右移动起到限制作用。又由于"滑道"与型芯表面只在纵向呈线接触,有效地减小了型壳与型芯的接触面,从而减少了型芯在纵向滑移时的阻力,使型芯能自由伸长或收缩。如果在蜡膜上的适当部位形成一些点状分布的小孔,则在制备型壳时将形成型芯端部与型壳的点接触,同样能起到便于纵向滑移的作用。

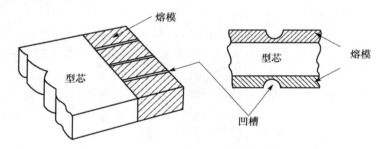

图 13-18　型芯滑移端制作示意图

2. 模组合成

模组合成有以下三种方式:

(1)熔模组合焊接。焊接时可选用不同的工具,如选用酒精灯与小刀,工艺简单,操作精确,但效率低;选用低压电铬铁,升温快,使用方便;选用丙丁烷喷枪与焊刀,热效率高,操作方便,火焰可以调节,浇道表面可以烫光;选用聚光枪,效率高,操作精确,但造价高。

(2)联模夹具组合。需设计专用夹具,将熔模放在夹具中,然后将 110℃ 左右的液体蜡注入夹具,使熔模定位端处熔化而组合在一起。

(3)黏结蜡黏结组合。将专用的黏结蜡熔化,然后将熔模和浇注系统各刷一层黏结蜡,使其快速地黏结在一起。

经合成的模组要求存放在恒温室中,否则可能因温度的波动而产生裂纹。另外,要防止模组受潮或被灰尘污染。

13.4　铸型制备及浇注

模组合成后将转入铸型制备及浇注工序,见图 13-19。

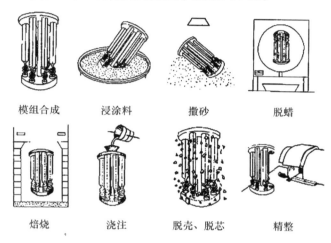

模组合成　　　浸涂料　　　撒砂　　　　脱蜡

熔烧　　　浇注　　　脱壳、脱芯　　　精整

图 13-19　熔模铸造工艺流程

13.4.1　铸型制备[15]

1. 制壳

将模组浸入专用的脱脂液中,脱除蜡模表面的油脂类分型剂后,供制造型壳之用。制壳时,先在模组表面浸涂耐火涂料,并撒上一层砂粒,再将撒上砂粒的模组经干燥硬化,重复数次后在模组表面形成厚约 10mm 的型壳。定向凝固用电熔刚玉硅溶胶型壳的制壳工艺参数如表 13-6 所示。

表 13-6　定向凝固用电熔刚玉硅溶胶型壳制壳工艺参数

层次	电熔刚玉加矿化剂涂料		撒砂材料(电熔刚玉砂)粒度/目	干燥时间/h		温度/℃	湿度/%
	粉料粒度/目	密度/(g/cm³)		自干	风干		
1	320	3.2~3.3	40~70	2~2.5	2~3		
2	320	2.3~2.4	40~70	1~1.5	3~4		
3	320	2.1~2.2	40~70	0.5~1	4~5	20~23	40~70
4	320	1.8~2.0	20~40	—	4~5		
挂浆	320	2.3~2.4	—	—	4~6		
强化	硅酸乙酯　30~40min				4~6		

2. 脱蜡及焙烧

脱蜡是将有一定湿强度的型壳置于一定的热环境中,使蜡模从型壳中脱除的过程。脱蜡方法有热水脱蜡、蒸汽脱蜡、微波脱蜡、远红外脱蜡等。低温模料可用热水脱蜡,水温约 95℃,时间为 10～15min。脱蜡后用热水冲洗干净型腔,风干24h 后焙烧。热水脱蜡时要防止型壳"煮烂"。中温模料常用过热蒸汽脱蜡,可在高压蒸汽罐内进行,压力为 0.4～0.6MPa,温度为 140～160℃,时间为 10～30min。为防止型壳在脱蜡过程中因熔模的整体膨胀而胀裂,要求快速加热到模料的熔点温度以上,使熔模的表层在极短的时间内先行熔化,以便在熔模与型壳之间形成一薄层液体间隙。

型壳焙烧的目的是:①除去型壳中的挥发物,如水分、残余蜡料、皂化剂、盐分等,以降低型壳的发气性,提高型壳的透气性;②使硅凝胶和无机硅聚合物等脱水,并与耐火材料发生物理化学反应,以获得所希望的物相组成、显微结构和物化性能。

对于硅溶胶型壳或硅酸乙酯型壳,焙烧温度一般为 1000～1050℃,保温时间在 30min 以上。焙烧温度对型壳的性能影响极大。例如,型壳的强度在烧结温度为 950℃时偏低,1050℃时达最大值,温度继续升高,强度又下降。

值得特别注意的是,在脱蜡过程中,与陶瓷型芯相接触的热水或水蒸气既可能使陶瓷型芯中的低温强化剂回溶,也可能渗入陶瓷型芯的缝隙中,从而对型芯的湿强度产生不利影响。对于水溶性陶瓷型芯,这种影响可能更为明显。在焙烧过程中,如升温速率过快,可能因低温强化剂与型芯材料的热膨胀系数不同而产生热应力,导致型芯开裂;如氧化不充分,可能会有碳素残留。对于硅基陶瓷型芯而言,高温强化剂中的金属离子有可能使型芯在型壳焙烧过程中形成更多的方石英,而在温度升降过程中又一次发生的方石英晶型转化,必将对型芯的抗折强度产生负面影响。

焙烧良好的型壳出炉时不冒"黑烟",表面呈白色或浅色。若表面颜色较深或呈深灰色,表明型壳中尚残留较多炭,在后续使用时易造成真空泵阻塞,易产生气孔,易出现呛火和漏料等情况,还可能导致在铸件中形成有害的碳化物。如为排出型壳的残留炭而再次返烧,由于加热和冷却过程中的膨胀和收缩,会产生更多的微裂纹而使型壳强度下降。

3. 型壳后处理

对焙烧后的型壳要进行后处理,其中包括:

(1) 清理掉型壳上的毛刺、浮砂等,并用压缩空气吹或用吸尘器吸,以清除型壳内的残渣。

　　（2）通过摇壳使内表面松散的片屑脱落，特别注意是否有断芯碎片。

　　（3）用醇类或硅酸乙酯水解液清洗型壳，清洗后残留在型壳内水解液中的 SiO_2 微粒具有填补型壳显微孔隙的作用，渗透到陶瓷型芯坯体中的 SiO_2 对型芯有二次强化的作用。

　　（4）注入亚甲基蓝检查液并保持 30min，检查型壳上是否有裂纹。

　　（5）对不致影响铸件质量的型壳缺陷用膏状涂料进行修补。

13.4.2　浇注

　　合金液的浇注与凝固是熔模铸造中的一个重要环节，将熔化后的合金液注入经预热的铸型内，使合金液按预定的温度制度冷却，其工艺过程如图 13-20 所示。合适的铸型预热温度、浇注温度和浇注速率对于保证铸件质量具有重要的意义。

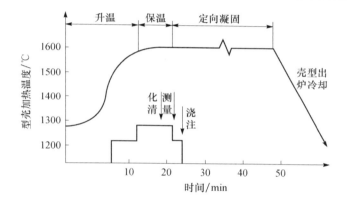

图 13-20　涡轮叶片熔铸及定向凝固工艺[16]

1. 铸型的预热

　　熔模铸造的特点之一是热型浇注，即浇注时铸型有较高的温度。铸型预热温度的高低与合金的种类及铸件的结构有关，见表 13-7。

表 13-7　合金种类与铸型温度的关系

合金种类	铝	铜	低合金钢	高合金钢	超合金	共晶合金
铸型温度/℃	100～300	100～500	400～600	700～800	800～1500	1400～1600

　　较高的铸型温度，利于减轻型腔的局部过热，提高合金液的充填和补缩能力；利于降低浇注温度，减轻铸件内部和表面的显微缩松；利于缩小铸型温度与浇注温度之间的温差，降低合金液的凝固速率，有益于形成等轴晶组织结构；利于缩小铸件各部位的温差，降低铸件冷却时的热应力，减少薄壁件和结构复杂件产生热裂的

倾向。但过高的铸型温度,会使合金液冷却过慢,造成铸件晶粒粗大、结构不均匀、脱碳严重。

铸型预热对铸件质量的影响,还表现在对型芯使用性能的影响方面。例如,使用硅基陶瓷型芯时,铸型的预热将直接影响中温强度、高温强度和抗蠕变能力。因此,在非定向凝固浇注时,铸型的预热温度可相对较低,在定向凝固浇注时,铸型的预热温度要求相对较高。又例如,使用氧化镁型芯时,铸型的预热温度宜接近于金属液的浇注温度,否则,在浇注时将因氧化镁型芯的抗热震性差而造成型芯炸裂。另外,铸型预热时升温速率不宜过快,否则可能加大型芯与型壳因热胀失配所造成的不利影响;当温度超过型壳的焙烧温度后,更必须注意升温速率和保温时间的控制,以确保型芯的强化效果及型壳的结构强度。

2. 浇注温度

合适的浇注温度对于保证铸件质量具有重要的意义。浇注温度过高,使铸件收缩增大,容易产生缩孔、热裂、脱碳、黏砂、金属氧化及结晶粗大等缺陷。浇注温度过低,合金液流动性差,充型能力低,易产生冷隔、浇不足和疏松等缺陷。

浇注温度的高低与合金种类及其特点有关,原则上是合金的液相温度加上 $50 \sim 100℃$。例如,铜、铝合金等熔点低,浇注温度就很低;低碳钢宜采用较高的浇注温度,高碳钢可以低一点;含铬的钢液,由于元素铬的影响使黏度增大,流动性变差,浇注温度要相对较高。超合金非定向凝固浇注温度为 $1420 \sim 1500℃$;超合金定向及单晶浇注温度为 $1550 \sim 1650℃$;共晶合金定向凝固浇注温度为 $1650 \sim 1800℃$。

浇注温度的高低还与铸件结构的复杂程度及截面尺寸的大小有关。当型腔复杂、铸件壁薄时,合金液充填型腔的阻力大,浇注温度要高些。对于形状简单的厚壁大件以及容易产生热裂的铸件,浇注温度可低些。

3. 浇注速率

浇注速率是指合金液充满型腔的时间,通常根据铸件质量、铸件结构及合金特性来决定。从避免铸件产生浇不满、冷隔和激冷晶粒等缺陷的角度考虑,浇注速率应尽可能快些。因为合金液以一定的速率充填型腔,本身是一种能量。浇注速率越快,合金液产生的总动压力越大,铸件充填越好。但从浇注速率对型壳及型芯冲击力影响的角度考虑,速率又不能太快,否则易于造成型壳的跑火、型芯的折断以及合金的飞溅而溢出型腔外。当铸型温度或金属液温度较低、铸件壁薄、形状复杂、有较大平面时,浇注速率宜快些。对于形状简单、壁较厚的铸件以及底注式浇道,可以采取开始时较快而后逐渐较慢的浇注方法。对于密度小、极易氧化的铝合金,浇注速率宜快些。对于密度大、导热性好和易氧化的合金钢,浇注过程中应保持平稳、连续。

13.4.3　与使用陶瓷型芯有关的铸件缺陷

在浇注中空铸件时，因使用陶瓷型芯而产生的铸件缺陷及其原因示于表 13-8。

表 13-8　与使用陶瓷型芯有关的铸件缺陷及原因

缺陷名称	产生原因
露芯	型芯蠕变，浇道设计不当
铸件热裂	型芯退让性差
铸件表面腐蚀	脱芯工艺控制不当
黏砂	金属液渗入型芯表层造成机械黏砂，或界面反应形成化学黏砂
气孔	界面反应产生的反应性气孔，金属液注入时为型芯捕集的气体所造成的侵入性气孔，金属液降温时产生的析出性气孔
夹杂物	从型芯上脱落而残留在金属壁上的夹杂物，脱芯时型芯局部未溶或脱芯介质排出通路不畅而陷落的型芯材料
毛刺，飞边	金属液渗入组合型芯的连接缝隙中，或渗入型芯的裂纹中
龟裂纹	型芯在成型时，烧结或熔模脱蜡使表面形成网状裂纹，金属液渗入裂纹中所致
浇不足	浇注金属液时由于型芯移位、破损或变形导致铸件壁未充满，金属液充型能力不足，金属液与型芯润湿性差
有界面层	界面反应所致，脱芯不净
铸件壁厚超差	型芯蠕变，型芯位移，型壳变形
形位超差	型芯蠕变或位移

参 考 文 献

[1]　Gartland F H. Method of supporting a core in a mold：US，4986333. 1991.

[2]　Caputo M F，Shilling L E. Investment casting pins：US，7036556 B2. 2006.

[3]　单广铭. 高温合金芯撑在熔模精铸空心叶片上的应用. 航空制造技术，1987，(5)：25-28.

[4]　Power D C. Palladium alloy pinning wires for gas turbine blade investment casting. Platinum Metals Review，1995，39(3)：117-126.

[5]　Allen D J，Martin J，Rose P E，et al. Method of manufacturing a metal article by the lost wax casting process：US，4811778. 1989.

[6]　Jago M J. Investment casting：US，5505250. 1996.

[7]　Schneiders W，Schmitte T，Grossmann J. Method of making turbine blades having cooling channels：US，6896036. 2005.

[8]　Bishop T H. Mold core and method of forming internal passages in an airfoil：US，4596281. 1986.

[9]　Frasier D J. System for locating cores in casting molds：US，4487246. 1984.

[10]　卡拉雪夫 Б E. 航空燃气涡轮发动机铸造涡轮叶片制造工程. 桂忠楼，张鑫华，夏明仁，等

　　　译. 北京：北京航空材料研究院，1998：104.

[11]　Mertins M W. Ceramic core with locators and method：US，6505678. 2003.

[12]　陈宗民，姜学波，类成玲. 特种铸造与先进铸造技术. 北京：化学工业出版社，2008：28.

[13]　姜不居，吕志刚. 铸造技术应用手册/第 5 卷，特种铸造. 北京：中国电力出版社，2011：4.

[14]　Fowler J A. Ceramic core recovery method：US，7246652 B2. 2007.

[15]　透平机械现代制造技术丛书编委会. 叶片制造技术. 北京：科学出版社，2002：171.

[16]　晁革新，赵玉厚. 燃气涡轮发动机涡轮叶片的无余量熔模精铸工艺. 铸造技术，2004，25
　　　(8)：622-625.

第 14 章　陶瓷型芯的脱除及残芯检测

对于空心铸件的制造,无论从生产周期还是劳动量考虑,陶瓷型芯的脱除都是一个十分重要的环节。脱除陶瓷型芯的方法,首先取决于陶瓷型芯的材质,见表 14-1,当然也与铸件的材质及铸件内腔结构的复杂程度有关。

表 14-1　陶瓷型芯材质与脱芯方法

脱芯方法	物理脱芯	化学脱芯							
脱芯剂		水			碱			氟化物	
脱芯介质及条件		水	弱酸溶液	铵盐溶液	碱溶液常压碱煮	碱溶液压力釜脱芯	碱熔体高温碱爆	氢氟酸	氟化物熔体
硅基型芯	—	—	—	—	✓	✓	—	—	—
铝基型芯	—	—	—	—	—	✓	✓	✓	✓
钇基型芯	—	—	✓	—	—	✓	—	—	✓
锆基型芯	✓	—	—	—	—	—	—	—	—
镁基型芯	—	—	✓	✓	—	—	—	—	—
钙基型芯	—	—	✓	✓	—	—	—	—	—
盐基型芯	—	✓	—	—	—	—	—	—	—

14.1　陶瓷型芯的脱除方法

陶瓷型芯脱除的作用原理是[1]:①振动、超声波等产生的冲击波作用;②硬质颗粒介质或液体喷射的动力学作用;③腐蚀介质对型芯材料的化学作用;④温度交变产生的热应力作用;⑤压力液滴出现时的应力作用。

根据型芯脱除的作用原理,脱芯方法可分为物理脱芯、化学脱芯和物理-化学脱芯三类。其中,物理脱芯是采用钻孔、振动、喷砂、超声波、高压水冲击等物理手段,使型芯碎解而脱除的一种方法。例如,采用接触式超声波脱芯时[2],使超声工具与叶片毛坯表面相接触,振动将沿毛坯长度方向扩展并传播到叶片腔体内。当振动通过金属-陶瓷型芯界面时,由于传播介质的性质不同而产生很大的机械应力,使陶瓷型芯发生脆性破坏,并从叶片腔体内崩落而脱除。

物理脱芯适合于横截面较大而形状比较简单的陶瓷型芯的脱除,有可能对铸件造成机械损伤。

14.1.1　化学脱芯

化学脱芯是通过型芯组分与脱芯介质发生化学反应,使陶瓷型芯解聚、溶解或碎解而脱除的一种方法。整个过程分为两个阶段:一是型芯材料与脱芯介质在界面上发生化学反应而生成可溶性反应产物的阶段;二是反应产物从界面向脱芯介质中扩散的阶段。因而,化学脱芯的总速率既与界面反应速率有关,也与反应产物的扩散速率有关。化学脱芯能比较彻底地脱除横截面较小而形状比较复杂的陶瓷型芯,对铸件无机械损伤,但可能因腐蚀晶界而影响铸件质量,还可能因排放有毒有害物质而造成环境污染。

根据选用脱芯介质的不同,可将化学脱芯分为水、弱酸或铵盐水溶液脱芯,强碱脱芯和氟化物熔体(或氢氟酸)脱芯三类。

1. 水、弱酸或铵盐水溶液脱芯

1) 水脱芯

水脱芯主要用于脱除盐基陶瓷型芯。例如,用水脱除盐基刚玉型芯时,型芯中的黏合剂盐被水溶解后,型芯中的刚玉砂被水冲洗而出。其实,从反应活性的角度考虑,水也能用于脱除铸件中的氧化镁、氧化钙型芯,但当铸件内腔孔径太小时,反应产生的氢氧化物会堵塞孔道,使反应不能继续进行。

2) 弱酸水溶液脱芯

弱酸水溶液脱芯可用于脱除轻合金铸件中的氧化镁、氧化钙陶瓷型芯等,也可用于脱除共晶合金铸件中的氧化钇或氧化钐陶瓷型芯。稀酸溶液可以是乙酸溶液,也可以由 NH_4NO_3、NH_4Cl、NH_4HSO_4、NH_3COOH 或等物质的量的 CH_3COOH—CH_3COONa 配制。例如,脱除钽基共晶合金铸件中的氧化钇陶瓷型芯时[3],脱芯液的浓度以 $5\sim15mol/L$ 为宜,温度以 $60\sim100℃$ 为宜。当氧化钇陶瓷型芯的气孔率为 20%、乙酸溶液的浓度为 $5mol/L$、温度为$(80\pm1)℃$ 时,脱芯速率为 $(7.0\sim13.0)\times10^{-3}cm/h$。用矿物酸代替弱酸能使脱芯速率增大一个数量级,但因腐蚀性太强而导致铸件废品率太高。另外,由于弱酸水溶液只能脱除氧化钇陶瓷型芯的主体部分,对于在浇注过程中形成于型芯和共晶合金之间的界面层,必须用氟化物熔体脱除。

3) 铵盐水溶液脱芯

铵盐水溶液脱芯可用于脱除镍基或铁基合金铸件中的氧化钙或氧化镁陶瓷型芯[4]。可供选用的铵盐有氯化铵、溴化铵、硝酸铵、氟化铵或乙酸铵等。由于 NH_3 的逸出能起强烈的搅拌作用,脱芯液浓度不必过高,以 $5mol/L$ 左右为宜,当脱芯液保持在沸点温度附近时,脱芯速率更快。例如,对于孔径为 $2.54mm$ 小孔中的氧化钙陶瓷型芯,脱芯速率可大于 $25.4mm/h$。

用水、弱酸或铵盐水溶液脱芯的优点是成本低、速率快、不会对铸件产生腐蚀。

2. 强碱脱芯

根据脱芯介质温度高低,强碱脱芯可分为高、中、低温三种脱芯类型。

(1) 高温型(370～650℃)碱熔体脱芯,又称碱爆。脱芯介质为苛性碱熔体,碱可以是单一的氢氧化钠或氢氧化钾,也可以是碱的混合物。例如,其操作过程可以是将铸件筐放入温度为 400～500℃由 35% 氢氧化钠和 65% 氢氧化钾配制的碱熔熔体中,浸渍 0.5～1.0h 后,降温至 250℃左右,取出盛有铸件的筐,用水煮或水冲,除去腔体中的残渣。碱爆多用于超合金铸件中铝基陶瓷型芯的脱除。

碱爆过程中形成的反应产物多为胶体状,如氧化铝陶瓷型芯在碱爆时的反应产物为 $KAlO_2$、$3K_2O \cdot 22Al_2O_3$ 和 $K_2O \cdot 11Al_2O_3$,不但密度大,而且熔点高(>450℃),难以通过搅拌等机械方法从铸件腔体中脱除,而在铸件冷却时又易于凝固而黏附在铸件上。为脱除腔体内的胶状物,经碱爆的铸件必须趁热放入沸水溶渣槽中用水煮。在水煮过程中,反应产物水解速率小,其中 $K_2O \cdot 11Al_2O_3$ 的水解速率更小,因而去渣速率更慢。

碱爆虽然有脱芯效率高的优点,但是,碱熔体易为反应产物所饱和而导致脱芯效率下降;反应产物易黏附在铸件上,后续处理工作量大;铸件易受腐蚀而导致铸件性能下降。另外,碱爆对设备要求高,而且容易产生碱液飞溅或爆炸,操作安全性差。因而,碱爆多用于小批量铸件的脱芯。

(2) 中温型(205～370℃)碱液脱芯,又称压力脱芯,脱芯在压力釜中进行,以浓度 30%～40% 的氢氧化钠或氢氧化钾水溶液为脱芯介质,压力控制在 0.1～0.2MPa,温度大多不高于 220℃。由于脱芯液温度相对较低、浓度相对较小,对铸件的腐蚀较小,多用于超合金铸件中硅基陶瓷型芯的脱除。

当中温碱液脱芯用于脱除定向凝固超合金或钽基共晶合金铸件中的氧化钇陶瓷型芯时[5],脱芯液可以是浓度为质量分数 10%～70% 的氢氧化钾或氢氧化钠水溶液。压力釜温度控制在 200～350℃,最好不超过 290℃,压力为 1.4～8.6MPa。在脱芯过程中,碱溶液既溶解氧化钇颗粒,也溶解相邻颗粒在烧结时形成的桥颈。桥颈溶解后离解的氧化钇颗粒,受脱芯过程中的机械搅拌作用而从铸件空腔中除去。经检测表明,脱芯液对铸件(如 NiTaC-13 定向共晶合金铸件)性能没有造成任何影响。

(3) 低温型碱液脱芯,又称碱煮。脱芯液由苛性碱、螯合剂、净水剂、润湿剂和水配制而成。例如,可将装有铸件的筐放入浓度为 30%～40% 氢氧化钠(或浓度为 60%～70% 氢氧化钾)的沸腾的水溶液中,使铸件不断震动或滚动,以加速脱芯过程。

碱煮对铸件的腐蚀性小,操作安全性好能,虽然脱芯速率相对较低、脱芯时间相对较长(往往需 3～5h),但仍是一种最为常用的脱芯方法,可用于超合金中硅基陶瓷型芯的脱除。

对于经强碱脱芯的铸件,为避免残留碱金属离子对铸件在服役过程中产生的腐蚀,必须进行后续处理。其中包括热水冲洗、冷水冲洗、酸液中和、再次冷水冲洗及酚酞指示剂检测。中和用的酸液组成可以是盐酸 25%、磷酸 25%和水50%。

3. 氟化物熔体(或氢氟酸)脱芯

氟化物熔体可用于脱除共晶合金铸件中的铝酸钇陶瓷型芯等。脱芯介质可以是一种或几种氟化物或氯化物的熔体[6],如 M_3AlF_6、M_3AlF_6+MF、$M_3AlF_6+M'F_2$、M_3AlF_6+MCl 等,其中,M 为 Li、Na 或 K,M′为 Mg、Ca、Ba 或 Sr。表 14-2所示为几种熔体的组成及其熔化温度,其中以熔化温度为 790℃的 Li_3AlF_6 熔体脱芯效果最好。

表 14-2　氟化物及氯化物熔体组成及熔化温度

编号	组成(摩尔分数)/%	熔化温度/℃
No. 1	NaF 67,CaF 33	810(共熔)
No. 2	LiF 100	848
No. 3	Li_3AlF_6 100	790
氯化物熔体(去渣用)	NaCl 9,KCl 36,LiCl 55	346(共熔)

氟化物熔体脱芯对脱芯槽的气氛有极为严格的要求,通常选用氮、氢、氦、氖或氩为流动或静止的保护气体,选用氮、氩或合成气体(体积分数 5%～10%氢,其余为氮)为搅动气泡用气。惰性气体中的含氧量必须低于 $50×10^{-6}$,过高的含氧量会造成对盐罐与铸件的氧化而产生杂质,杂质既会降低融盐的纯度而影响脱芯速率,也可能导致盐罐发生意外事故。

在氟化物熔体脱芯过程中形成的反应产物,不能直接溶化于沸水,而只能熔于氯化物熔体中。因而,从氟化物脱芯槽取出的铸件,要先放入氯化物去渣槽中,而后再放入沸水溶渣槽中。去渣用氯化物熔体的组成亦示于表 14-2。

当选用氢氟酸为脱芯液时,脱芯可以在室温下进行,脱芯时间为 1～3h。虽不需要专门的设备,但该方法腐蚀性和毒性大,只适于单个铸件的脱芯。

14.1.2　物理-化学脱芯

1. 压力釜脱芯

这是一种比较典型的物理-化学脱芯的方法,脱芯在压力釜中进行,图 14-1 所示为压力釜的结构示意图。

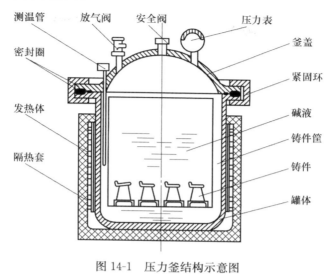

图 14-1　压力釜结构示意图

2. 高压喷水脱芯[7]

高压喷水脱芯是在原有的化学腐蚀脱芯的基础上,再采用专用的高压喷水设备进行处理的一种方法。对于经化学脱芯后型芯的主体部分已经脱除,但因细长通道内或"U"形拐弯处难以排出的"糊状"残渣,则采用高压水多次喷射,使残渣随水流排出。脱芯效果既与前期化学脱芯的状况有关,也与喷水的压力大小及次数有关。

3. 碱液喷射脱芯

碱液喷射脱芯是一种将碱液的化学腐蚀与高压液流的机械冲击相结合的脱芯方法[8]。该方法使用内径为 $0.5 \sim 1.8mm$ 的小口径喷枪,在 $34.5 \sim 69.0MPa$ 的压力下,以 $1.4 \sim 45.5L/min$ 的流速,将浓度为质量分数 $20\% \sim 50\%$ 的 NaOH 或 KOH 溶液,直接喷射到铸件腔体内的陶瓷型芯上,使型芯材料因受碱液的溶解而松散的同时,在重力与冲击力的作用下快速脱除。图 14-2 所示为一典型的碱液喷射脱芯装置。

图 14-2 中,涡轮叶片铸件 10 直立固定在环形轨道 16 的夹具 12 上;环形轨道 16 在变速电机驱动下围绕立轴转动;铸件 10 包括叶身 10a、榫头 10b、缘板 10c 和叶顶 10f;陶瓷型芯 14 的底端 14a 在榫头底面 10b 上外露,型芯顶端 14b 在叶顶 10f 形成冷却用腔体 14c;喷嘴 20 位于铸件榫头 10b 下方,脱芯液自液槽 24 经由喷嘴的进液口 20c,内腔 20b,从喷嘴的喷出口 20a 喷出;由 $1^{\#}$,$2^{\#}$ 和 $3^{\#}$ 喷嘴喷出的液流 DD 直接喷到型芯底端 14a 上;铸件内腔的脱芯液因重力作用而自动下滴,

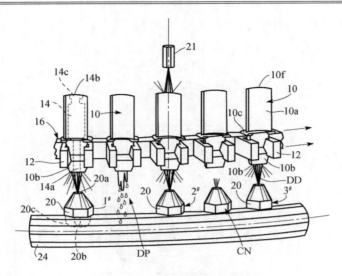

图 14-2　碱液喷射脱芯装置[9]

如 DP 所示;为强化铸件内腔的排渣过程,可由喷嘴喷入压缩空气 CN;21 为附加喷嘴,用于脱除型芯的 14b 部分。

碱液喷射脱芯能加快脱芯速率、缩短脱芯时间、降低脱芯费用,其特点是:

(1) 喷枪可位于陶瓷型芯下方,也可伸入到铸件内腔中,便于碱液与待脱除陶瓷型芯表面近距离接触。

(2) 碱液可以在合适的压力范围内恒压喷射,也可以压力交变喷射;液流可以持续喷射,也可以脉冲式喷射,利于新鲜碱液与陶瓷型芯直接接触。

(3) 碱液喷射脱芯可辅之以热水喷射脱芯或蒸汽喷射脱芯,也可辅之以负压脱芯,能更好地排出铸件内腔中的残芯。

(4) 随着脱芯过程的进行,脱芯液最后将从叶片的冷却气流排出口流出,如果脱芯液从各气流排出口均匀流出,表明陶瓷型芯已完全脱除,从而可以免除中子射线检测残芯的后续工序;如果仍有某些出口堵塞,要求脱芯操作继续进行。

(5) 碱液喷射工艺也可用于叶片清洗,能清除发动机作业过程中沉积于叶片内腔的沙子、污垢及碎屑等。

为进一步提高喷射脱芯的效率,可采用计算机数控装置调节与控制喷枪的运动轨迹及喷枪与叶片根部进气孔及顶端排气孔的相对位置,从而加快残渣从铸件内腔中的排出速率[10]。

14.2　影响脱芯速率的因素

脱芯速率的快慢,除与型芯材料本身的溶解性及型芯的显微结构有关外,还与型芯的结构、形状及脱芯工艺参数有关。凡是能对界面化学反应速率和反应产物扩散速率产生影响的因素都会影响陶瓷型芯的脱芯速率。

14.2.1　型芯结构对脱芯速率的影响

1. 型芯密度的影响

陶瓷型芯的密度对脱芯速率有明显影响。例如,在温度为 310℃ 的 NaOH 和 KOH 溶液中,脱芯速率 k 与型芯密度 ρ 之间的关系分别为

$$k_{NaOH} = k_0 \exp(-3.6\rho) \tag{14-1}$$

$$k_{KOH} = k_0 \exp(-4.6\rho) \tag{14-2}$$

试验表明,当 NaOH 溶液浓度为质量分数 20％时,85％密度氧化铝陶瓷型芯的脱芯速率为 $0.14 cm/h^{1/2}$,而 40％ 密度的氧化铝陶瓷型芯的脱芯速率大于 $0.9 cm/h^{1/2}$。

陶瓷型芯密度对脱芯速率产生的影响实质上与型芯的气孔率有关,密度小,气孔率就高,型芯材料与脱芯液的接触面积就大,脱芯速率就快。需要注意的是,对脱芯速率产生影响的气孔率,不仅与陶瓷型芯的烧结程度有关,而且与高温强化时的型芯增重有关,还与浇铸方式有关。例如,当浇注温度高于型芯烧结温度时,在浇注过程中可能产生二次烧结而使型芯的气孔率下降,从而给脱芯带来困难。

2. 型芯相组成的影响

对于同属硅基陶瓷型芯的氧化硅-硅酸锆陶瓷型芯和 DS 型芯,前者因所含锆英石相不溶于碱溶液而作为残渣积存,极易堵塞铸件内腔而导致难以脱芯,因而不宜使用于腔体结构复杂的叶片浇注。后者则不存在排出不溶性残渣问题,因而可使用于内腔结构复杂的铸件的浇注,这也是层板冷却型芯多选用全氧化硅材料的原因。

对于氧化镁-氧化铝陶瓷型芯,可能存在 α-Al_2O_3 相、镁掺杂氧化铝相和镁铝尖晶石相。由于三种晶相的结构不同,溶出性也不同。其中,镁掺杂氧化铝相因为 Mg^{2+} 进入到氧化铝三价阳离子 Al^{3+} 晶格中所产生的晶格畸变而具有最好的溶出性,而镁铝尖晶石的溶出性最差。在型芯坯料中 MgO 引入量的不同,将直接影响三种晶相的相对比例及型芯的显微结构特征,从而明显影响陶瓷型芯的溶出性。试验表明[11],在高压釜的苛性碱溶液中,氧化镁掺杂量不低于摩尔分数 1％的氧化铝型芯,其溶出速率是相同气孔率的纯氧化铝型芯溶出速率的几个数量级。当氧化镁量约摩尔分数 5％时,陶瓷型芯具有最好的溶出性。当氧化镁含量进一步提高时,型芯的溶出性不断降低。

也有试验表明,在 80℃ 饱和 NaOH 溶液中,铝基陶瓷型芯的溶出性随 MgO

含量的增大和烧结温度的升高而下降,见图 14-3。这分别与坯体中 $MgAl_2O_4$ 数量的增多和坯体的致密度提高有关。

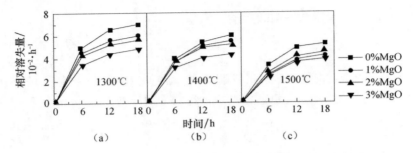

图 14-3　不同烧结温度时不同 MgO 含量试样的溶出速率[12]

14.2.2　工艺参数对脱芯速率的影响

1. 脱芯液浓度的影响

乙酸溶液浓度对氧化镁陶瓷型芯溶失时间的影响如图 14-4 所示。

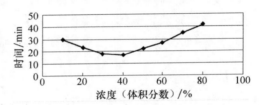

图 14-4　乙酸溶液浓度对氧化镁陶瓷型芯溶失时间的影响

由图 14-4 可见,型芯试样在乙酸溶液中的溶失时间先随着乙酸浓度的增大而减少,当浓度为体积分数 30%～40%时,溶失时间最短,但浓度继续增大时,溶失时间反而延长。其原因在于,乙酸是一种弱电解质,其电离度 α 随浓度 C 的增大而下降,如下式所示:

$$\alpha = k_i / C^{1/2} \tag{14-3}$$

式中,k_i 为电离速率常数。当乙酸浓度过低时,虽电离度大,但单位容积中因乙酸本身浓度过低而 H^+ 的数量太少;浓度过高时,却因电离度太小而导致 H^+ 的浓度也不高。只有当浓度合适时,电离度适中,单位容积中 H^+ 的数量才最多,与 MgO 的反应就最快。

2. 脱芯液温度的影响

KOH 溶液温度对硅基陶瓷型芯溶失时间的影响如图 14-5 所示,随脱芯液温度升高,溶失时间减小。

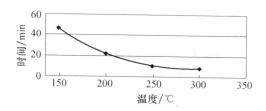

图 14-5　脱芯液温度对硅基陶瓷型芯溶失时间的影响

3. 压力制度的影响

当脱芯介质为氢氧化钾、温度为 450℃、碱爆时间为 4h、水煮时间为 5h 时,压力制度对氧化铝陶瓷型芯失重的影响如表 14-3 所示。

表 14-3　压力制度对陶瓷型芯失重的影响[13]

试样编号	压力制度	型芯失重/g
No. 1	常压	0.4
No. 2	0.3MPa	0.7
No. 3	抽真空	3.5
No. 4	抽真空和加压循环 4 次,每次抽真空 40min,加压 20min	2.7

产生上述结果的原因在于,在常压下,脱芯介质在毛细管力的作用下向型芯内部的渗透,因受到孔隙中气相压力的阻碍而速率很慢,因而型芯失重最小。外压增大到 0.3MPa 时,虽然加大了脱芯介质渗入型芯内部的推动力,但孔隙内气体受压缩而内压增大。而且,反应产物层的密度随外压增大而提高,都将增大脱芯介质渗入的阻力。因而,型芯失重虽略有增大,但效果并不明显。抽真空时,能有效降低型芯孔隙内的气体压力,减小脱芯介质向孔隙中渗透的阻力,因而能加速脱芯介质的渗透,使型芯的失重明显增大。压力交变并没有取得比抽真空更好的效果,可能与反应产物层铝酸钾较致密有关。

4. 脱芯介质流动状态的影响

在自然对流的情况下,压力釜中的脱芯介质沿外壁自下向上流动,在压力釜的中心,则自上向下流动。对于直立在压力釜内铸件中的陶瓷型芯,上、下端的脱除速率会有所不同。例如,当压力釜内的氢氧化钠浓度为质量分数 20%、温度为 (290±5)℃、脱芯时间为 7h 时,65% 密度氧化铝陶瓷型芯,其顶部和底部的溶出速率分别为 $0.38cm/h^{1/2}$ 和 $0.19cm/h^{1/2}$。

为加快脱芯速率,常对脱芯介质进行搅拌。不同的搅拌方式,将产生不同的脱芯效果。

(1)螺旋桨或压力泵搅拌。这是一种定向流动的搅拌方式,其优点是脱芯介质流动速率快;其缺点为流动是单方向性的,易于造成反应产物被挤入部分腔体中,铸件内腔不可能整体脱净。

(2)震动型搅拌。这是一种多方向性的搅动过程,其优点是脱芯介质在反应界面上的"潮涨潮落",能产生"空穴效应",便于新鲜的脱芯介质与型芯接触,利于结合不牢的颗粒从型芯上脱落,并使化学反应产物易于离开铸件内腔;其缺点是设备体积大、负荷重、操作费用高。

(3)超声波搅拌。当超声波作用于脱芯液时,在脱芯液的微容积内产生冲击性的高压,在陶瓷型芯的表面产生空穴现象,易于冲破脱芯液与型芯表面间的反应产物阻挡层,改善了脱芯液与型芯表面的接触情况,从而加速了脱芯过程。

(4)脱芯介质沸腾。脱芯介质沸腾同样起到冲击搅动的作用,能加速反应产物向脱芯介质中的扩散,并使反应界面上的脱芯介质不断更新,还能加速结合不牢的颗粒从型芯上脱落,从而加快脱芯速率。

5. 铸件取向的影响

在脱芯介质中,铸件取向不同,内腔中不同部位反应产物的输运方式也不同,见图 14-6,因而,铸件的取向对铸件中不同部位腔体型芯的脱除速率将产生不同的影响。

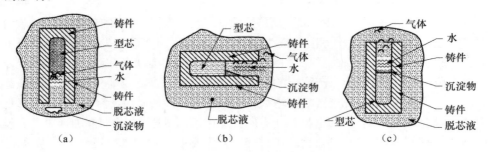

图 14-6　铸件取向对脱芯的影响[14]

在脱芯时,合适的腔体取向要求能保证:①脱芯介质能容易地与型芯材料接触;②机械脱落的型芯材料能容易地离开腔体;③脱芯过程中生成的沉积物、水和气体能离开腔体而使新鲜的脱芯介质容易与未脱除的型芯材料相接触。

14.3　强化脱芯及铸件腐蚀的防止

14.3.1　型芯坯体结构的优化

1. 在型芯坯料中引入空心料球

在型芯坯料中,以空心料球替代部分实心耐火料粒,能明显提高型芯的溶出性[15]。对空心料球的性能要求是：①化学组成与耐火料粉相同或接近，以利于料球与料粉之间的烧结，并避免对型芯的耐高温能力产生不良影响；②直径不大于耐火料粉的最大粒径，以免影响型芯的表面光洁度；③有足够的壁厚，保证料球有足够的机械强度和高温稳定性，以免在坯料混合、成型与烧结过程中，以及在金属液浇铸与凝固过程中，由于料球的变形或碎裂而导致型芯变形，影响铸件质量；④在碱溶液中有可溶性。

可供选用的料球直径为 15～100μm，壁厚 1～10μm。对于组成为 70％石英玻璃粉和 30％锆英砂的陶瓷型芯，可选用商品名为"FTF-15 silica micro balloons"的石英玻璃空心球（由 Emerson ＆ Cuming，Dewey ＆ Almy Chemical of Canton，Mass. 生产），其直径为 2～44μm（－200 目），壁厚约 2μm。在型芯坯料中引入空心料球后，型芯的显微结构如图 14-7 所示。

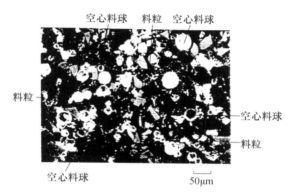

图 14-7　引入空心料球陶瓷型芯的显微结构

空心料球替代量和脱芯次数对型芯脱除速率的影响如图 14-8 所示，图中的黑暗区域代表经脱芯处理后的残芯面积。在图 14-8 中，纵向自上而下反映相同空心料球含量的型芯随脱芯次数由一次增加到三次，残芯数量减小；横向自左至右反映在相同脱芯次数的情况下，随坯料中空心料球数量的增多，残芯数量减小。试验表明，脱芯时间的缩短正比于以空心料球替代实心料粒时的重量降低。其原因为：①空心球密度比料粒低，能减少脱芯时需实际溶出的陶瓷料数量，减少对羟基的消耗量；②增大了脱芯剂与陶瓷材料接触的面积，提高了脱芯效率。

值得注意的是，空心料球的引入会对型芯强度产生一定影响。试验表明，当空心料球替代量为体积分数 30％～70％时，对型芯的强度影响并不明显。例如，如果以 70％石英玻璃粉和 30％锆英砂制备的陶瓷型芯的抗折强度作为基准强度，当坯料中石英玻璃粉的 1/3、1/2 或 2/3 被相同体积的空心料球所替代时，型芯的强度分别为基准强度的 67％、84％和 88％。如果替代量达体积分数 100％，陶瓷型芯在烧结过程中会产生严重的收缩，在金属浇铸与凝固过程中，会产生严重的变形。

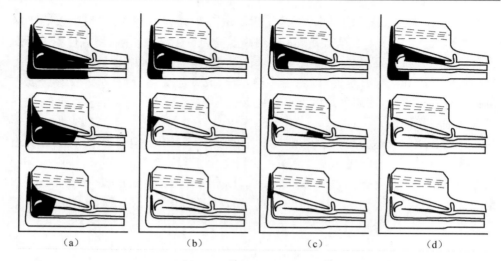

图 14-8　脱芯次数及空心料球含量(体积分数)对溶出性的影响

(a) 0%；(b) 30%；(c) 50%；(d) 67%

为尽量减小空心料球对型芯强度产生不利影响,宜在坯料中引入适量的耐火纤维。典型的坯料组成(质量分数)为石英玻璃粉 64%,纳米氧化硅 4%,锆英砂 28%,长度和直径之比为 250~2500 的氧化铝纤维 4%,石英玻璃粉被空心料球替代的数量为体积分数 30%~70%。

2. 在铝基陶瓷型芯坯料中引入 β-Al_2O_3[16]

由于 β-氧化铝是由碱金属或碱土金属离子层如[NaO]$^-$层和与尖晶石类似的结构单元交叠堆积而成的,不仅晶体结构较为疏松,其密度为 3.31g/cm^3,远小于 α-氧化铝的 3.99g/cm^3,而且,Na^+ 完全包含在垂直于 C 轴的松散堆积平面内而易于扩散。因此,β-氧化铝晶体本身的结构特点就决定了易于被碱溶液所溶解的特性。

当铝基陶瓷型芯坯料中的氧化铝有 60%以上为 β-氧化铝($Na_2O \cdot 9Al_2O_3$ $Na_2O \cdot 11Al_2O_3$)所替代时,经 1600~1800℃高温烧结而成的铝基陶瓷型芯,其显微结构特征为以原位形成的 β-氧化铝为基质相,并与气孔共同构成结构网络,数量相对较少的 α-氧化铝颗粒分散在 β-氧化铝结构网络的孔隙中。脱芯时,易溶于碱溶液的铝酸钠网络结构被腐蚀后,位于孔隙内的 α-Al_2O_3 颗粒很容易被冲洗而出,这就使陶瓷型芯的溶出性有了明显的改善。例如,在温度为 200~350℃的压力釜内,当氢氧化钠或氢氧化钾水溶液浓度为质量分数 20%时,型芯的溶出速率可达 0.5~1.0cm/h。特别是选用氢氧化钾溶液为脱芯介质时,因为由离子半径较大的 K^+,取代 β-氧化铝晶格中离子半径较小的 Na^+ 时,对 β-氧化铝的晶格结构有更大的破坏作用,因而能获得比氢氧化钠为脱芯液时更快的脱芯速率。

3. 在硅基或铝基型芯坯料中引入含载氢基的石英玻璃粉

硅基或铝基陶瓷型芯一般都不能用于轻合金铸件的浇注,因为脱芯用的碱溶液会对轻合金产生腐蚀。如果在硅基或铝基型芯坯料中引入 0.5%～10.0%含载氢基的石英玻璃粉,则可用无水苛性碱熔体脱芯而不会对轻合金产生任何腐蚀[17]。

载氢基指能分解而释放出生态氢的化学基,包括羟氢氧基、氢化物和化学结合水。石英玻璃所含的载氢基,以痕量水的形式存在,其数量多少取决于石英玻璃的制备方法。电熔法制备的石英玻璃,结构最坚固,含水量最低;气炼法制备的石英玻璃,含水量较多,但不稳定;而称为"satin"的石英玻璃,是在空气中熔融并拉制的,含水多,并且稳定,在无水苛性碱熔体中能释放出较多的氢。事实上,含痕量化学结合水的石英,本身就是一种含载氢基的材料。当然,对载氢基材料有一定的高温结构稳定性要求,以免在陶瓷型芯的制备与使用过程中分解而出。

含载氢基的材料与无水苛性碱熔体接触时释放出的初生态氢,既可作为催化剂,也能与氧化铝和碱以某种形式发生反应,生成可溶于碱熔体的化合物。

对于直径为 3.2mm、长 76.2mm,由电熔石英玻璃制备的棒状氧化硅型芯,在组成为无水氢氧化钠和氢氧化钾各 50%、温度为 400℃的混合熔体中,脱除时间为 4h。而对于由 satin 石英玻璃制备的中空管状型芯,在相同条件条件下,脱芯时间为 20min。

在制备铝基陶瓷型芯时,将预先煅烧到 1600℃以上的氧化铝料,与含质量分数 2%～3%载氢基的石英玻璃料混合,经约 1500℃烧结的型芯,在无水碱熔体中有良好的溶出性。例如,将尺寸为 2mm×10mm×100mm 的试条,浸入组成为 40%无水氢氧化钠和 60%无水氢氧化钾的熔体中,在 10～15min 内试条被溶解。而由纯氧化铝制备的试条放在相同的碱熔体中,4h 后没有溶解的迹象。

4. 在型芯坯体中形成闭口气孔

在脱芯过程中,机械搅拌能促进反应产物向脱芯液的扩散而加快脱芯速率,但对于薄壁型芯或细长的型芯,随反应界面与脱芯液间距离的增大,机械搅拌的作用将逐渐减弱以至消失。而为型芯材料闭口气孔所包裹的空气在脱芯过程中的逸出将有助于加快脱芯速率。

如图 14-9 所示,在型芯材料 14 中,当闭口气孔 16 的外壁为脱芯液所腐蚀而破损时,为气孔所包裹的空气 18 将从孔内逸出,并推动反应产物离开界面 22,使其按箭头 B 所示的方向进入脱芯液中。同时,新鲜的脱芯液 20 将进到界面上,从而获得与机械搅拌相似的加速脱芯过程的效果。

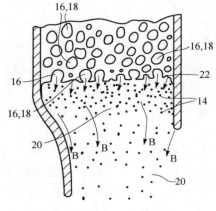

图 14-9　型芯/脱芯液界面[18]

显而易见,在脱芯过程中,型芯材料中的开口气孔因脱芯液的很快渗入而起不到上述作用。为使型芯材料中形成尽可能多的闭口气孔,可用硅溶胶、铝溶胶等浸渍型芯坯体,经适当温度下的再烧结,使原有的开口气孔因阻塞而成为闭口气孔。

14.3.2　脱芯工艺条件的优化

1. 常压-负压交变脱芯

常压-负压交变脱芯装置如图 14-10 所示。脱芯操作步骤为:

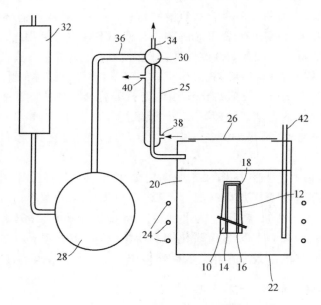

图 14-10　常压-负压交变脱芯装置[19]

(1) 将内部冷却通道 12 中含有氧化铝陶瓷型芯 18 的涡轮叶片 10 放置在密闭镍罐 22 内的脱芯液 20 中,并将可移动盖 26 盖上。图 14-10 中,14 和 16 分别为叶片根部的冷却通道进、出口端。

(2) 将位于水冷凝器 25 出口端的阀门 30 调节到使密闭罐 22 与环境大气压相通的位置 34,使罐内呈常压,通过发热体 24 加热脱芯液,直到脱芯液接近沸点温度。温度由沉浸在脱芯液中的热电偶 42 精确指示。在加热脱芯液的同时,使冷却水从冷凝器的进水口 38 进入,从出水口 40 排出,以保证从脱芯液中蒸发的水分经冷凝后全部回流。

(3) 将阀门 30 调节到使密闭罐与真空罐 28 相连通的位置 36,开启真空泵 32,使密闭罐内的压力降低至 75kPa,脱芯液的沸点降低至 213℃。罐内压力的降低将使脱芯液处于沸腾状态。

(4) 待密闭罐内沸腾时间持续 16s 后,将阀门 30 调节到与环境大气相通的位置 34,罐内恢复常压,脱芯液恢复静止状态。

步骤(2)~(4)循环进行,直到型芯全部脱除。

脱芯操作的主要工艺参数为:

(1) 对于铝基陶瓷型芯的脱除,脱芯液中氢氧化物与水的物质的量比以 1.8：1.0 为宜。使常压下脱芯液的沸点保持在 225℃,脱芯液中不同氢氢氧化物的含量列于表 14-4。

表 14-4　脱芯液中氢氧化物含量　　　　［单位(质量分数):%］

LiOH	NaOH	KOH	RbOH	CsOH
70.50	80.00	85.00	91.00	93.75

(2) 脱芯液的沸点必须严格控制在 225℃。由于苛性碱的吸水性,当所使用的苛性碱呈块状时,要求对脱芯液的含水量作必要的调整。当脱芯液中含水量偏高时,暂停向凝结器供给冷却水,使部分水蒸气逸出;当脱芯液中含水量偏低时,要求向罐内精确补充适量水。

(3) 在脱芯液中可适量添加氯化钠或氯化钾等惰性物质,以期在不提高苛性碱浓度的前提下提高脱芯液沸点。

在脱芯过程中,压力的交变导致脱芯液的周期性沸腾,强化了脱芯液与陶瓷型芯接触界面上反应产物与脱芯液之间的物质交换,从而加快了脱芯速率。但是,脱芯过程中压力交变的每一个周期都伴随着脱芯剂数量的变化,因而不可避免地对脱芯速率产生一定的不利影响。为避免因脱芯液浓度变化所造成的影响,可使密闭罐与一个汽缸相连通,通过活塞运动调节整个密闭系统的体积,从而达到调节压力,诱导沸腾的目的[20]。

常压-负压交变工艺不仅适用于铝基陶瓷型芯的脱除,同样适用于硅基陶瓷型芯的脱除。当罐内脱芯液为硝酸溶液时,可用于氧化钇陶瓷型芯的脱除。

2. 有机碱溶液脱芯

铝基陶瓷型芯良好的高温结构稳定性,使其适用于内腔尺寸精度要求较高铸件的熔模铸造,但较差的溶出性,给脱芯造成了极大的困难。例如,使用普通碱溶液时,脱芯时间太长;提高碱溶液浓度,会加剧对铸件的腐蚀;提高碱溶液温度,可能导致蒸汽排出时的失控；使用氟盐熔体时，虽然腐蚀速率快，但难以解决与熔盐操作相关的技术问题。有机碱溶液的采用，为氧化铝型芯的快速脱除提供了一种新方法[21]。

有机碱溶液由有机溶剂、碱和水配制而成。可供选用的有机溶剂有甲醇、乙醇、丙醇、异丙醇、丙酮、液体二氧化碳、液氨，以及它们的混合物。可供选用的碱有氢氧化钠、氢氧化钾、氢氧化铵、氢氧化锂、三乙胺、四甲基胺氢氧化物，以及它们的混合物。有机碱溶液的组成范围（质量分数）为有机溶剂 1%～98%，碱 1%～65%，水 1%～35%。其中，碱和水的比例以 1∶1 为宜。最佳有机碱溶液组成为有机溶剂 88%、碱 6% 和水 6%。

有机碱溶液脱芯在压力釜中进行。当压力釜温度为 150～250℃、压力为 0.7～20.7MPa 时，有机溶剂接近超临界状态，表面张力大幅度下降，碱溶液的活性增强，与陶瓷材料接触面的润湿能力增大，从而使脱芯速率明显加快。为进一步降低碱溶液的表面张力，还可添加少量表面活性剂和螯合剂。

对于密度为理论密度 50%～60% 的氧化硅掺杂氧化铝陶瓷型芯试样，在有机碱溶液中氢氧化钠浓度为（质量分数）6%、温度为 250℃、压力为 12.4MPa 的压力釜中，当脱芯时间为 1h 时，型芯试样的尺寸与质量变化如表 14-5 所示。随有机碱溶液浓度增大时，脱芯速率及试样失重增大，如表 14-6 所示。试验表明，在给定的浓度范围内，氧化硅掺杂氧化铝陶瓷型芯的脱芯速率与有机碱溶液中的碱浓度呈线性关系，见图 14-11。

表 14-5 型芯试样脱芯处理 1h 后尺寸及质量变化表

参数	处理前	处理后	质量或尺寸减少	质量或尺寸减少百分数/%
试样质量/g	0.3455	0.2996	0.0459	13.5
试样长度/cm	0.8763	0.8712	0.005	0.5
试样高度/cm	0.4724	0.4420	0.030	6.4
试样宽度/cm	0.4547	0.4343	0.023	5.0

表 14-6 有机碱溶液浓度对脱芯速率及失重影响表

浓度（质量分数）/%	脱芯液组成			脱芯速率/(cm/h$^{1/2}$)	失重/%
	氢氧化钠/g	水/g	乙醇/mL		
6	20	20	330	0.0339	13.5
20	68	68	204	0.0565	41.0
26	68	68	123	0.0703	74.0

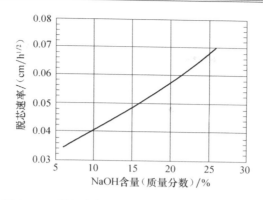

图 14-11　脱芯速率与有机碱溶液中碱含量的关系

14.3.3　铸件腐蚀的防止

1. 碳酸钾溶液脱芯[22]

在用苛性碱溶液脱除超合金铸件中的陶瓷型芯的过程中,由于苛性碱对合金基体中碳化物相的氧化作用,使部分合金元素溶失,内部的合金组织暴露,并形成数量较多的晶界腐蚀纹。而且,聚集于腐蚀纹内及晶界间的碱金属离子很难冲洗掉,在铸件使用过程中的高温氧化气氛下对铸件的腐蚀会进一步加剧。图 14-12 和图 14-13 所示分别为用苛性碱溶液脱除硅基陶瓷型芯后,钴基合金铸件和镍基合金铸件的表面结构形貌。由上述两图可见,合金表面已受到严重的腐蚀。

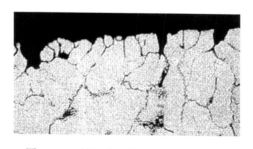

图 14-12　钴基合金铸件表面形貌×500

当脱芯液为浓度 30%～40%的碳酸钾水溶液,压力釜温度高于 160℃,脱芯时间不少于 6h 时,硅基陶瓷型芯能从铸件中完全脱除,而铸件不会受到腐蚀,见图 14-14。由图可见,铸件表面既没有腐蚀纹,也没有合金组分的损耗。

 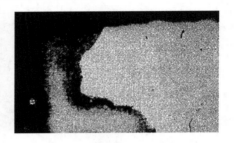

　　图 14-13　镍基合金铸件　　　　　　图 14-14　碳酸钾溶液脱除硅基型
　　　　表面形貌×1000　　　　　　　芯后镍基合金铸件表面形貌×500

2. 使用脱氧剂

　　在超合金以及含铑或钇的单晶合金铸件中,脱除硅基、铝基或钇基陶瓷型芯时,常以苛性碱溶液或苛性碱熔体为脱芯介质。提高脱芯剂的浓度或温度,利于脱芯速率的加快,但对铸件的腐蚀往往也随之加剧。为避免因提高脱芯速率而造成对铸件腐蚀程度的加深,可以在脱芯介质中放置脱氧剂[23]。

　　常用的脱氧剂为海绵状、块状或棒状的金属钛或钛合金,也可使用其他脱氧材料,如 Mg、Y、Hf、Zr、Al 和 Ca 等。脱氧剂与脱芯介质中氧的亲和力,比合金元素对脱芯介质中氧的亲和力更强。另外,这类材料在脱芯介质中与铸件形成电路时,还能起保护阴极的作用。

　　脱氧剂的放置可采用多种方式。可以将金属铸件装在不锈钢丝大筐内,在大筐内再用一个不锈钢小筐盛装脱氧剂。也可将脱氧剂简单地放在高压釜内或放置在脱芯槽的底部。脱氧剂的数量取决于脱芯介质中氧的数量和脱芯介质的温度。

　　为脱除材质为 GE CF-680E1 的高压涡轮叶片铸件中的铝基陶瓷型芯,以温度为 343℃的氢氧化钾熔体为脱芯介质,经 60 次循环脱芯后,铸件在氢氧化钾熔体中总的腐蚀时间达 3.3h,型芯已基本脱除。图 14-15 和图 14-16 分别为不放置脱氧剂和放置脱氧剂时铸件表面受腐蚀情况的显微照片。

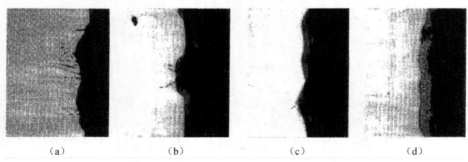

　　（a）　　　　　　（b）　　　　　　（c）　　　　　　（d）

图 14-15　无脱氧剂时铸件不同部位的显微结构×500

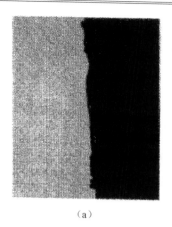

(a)　　　　　　　　　　　　　　　　　　(b)

图 14-16　放置脱氧剂时铸件表面显微结构×500

在图 14-15 中,(a)为叶片的内腔表面腐蚀层,(b)为内腔表面典型的碳化物腐蚀钉,(c)为叶片外表面典型的腐蚀层,(d)为叶片导向孔中的深度腐蚀层。由图 14-15 可见,表面腐蚀层平均深度为 0.13mm,碳化物腐蚀钉从叶片外表面向内扩展最多达 6.1mm,腐蚀程度超出了产品设计标准要求,使叶片成为废品。

在图 14-16 中,(a)和(b)均为铸件外表面的显微照片。由于在开始脱芯时,就在脱芯介质中放置脱氧剂,用量为每 45.4kg 氢氧化钾放置约 200g 海绵钛(由 Mitsui Corporation 生产的低氧海绵钛),以后约每 2h 补加 200g,铸件表面平均腐蚀深度小于 0.05mm,碳化物腐蚀钉最大深度约 3.0mm。叶片表面质量符合设计标准要求。

14.4　残　芯　检　测

在中空叶片脱芯过程中,脱芯液的组成、脱芯时间的长短、脱芯操作循环的次数等常常是由经验决定的,很难断定叶片内腔的陶瓷型芯是否已经全部脱除。为考察脱芯效果,并确定哪些叶片需继续作脱芯处理,必须进行残芯检测。此外,残芯会导致叶片在使用过程中形成热斑并产生热腐蚀,不仅影响正常使用,而且可能造成叶片的过早失效。因此,残芯检测也是中空叶片质量控制的重要内容之一。

残芯检测的方法有流量测定法、密度法、内窥法、中子照相法、X 射线照相法和红外热图像法等。其中,流量测定法在叶片浇注过程中可能因陶瓷型芯本身的局部变形而导致内部通道截面积的变化,因而既不能正确判定残芯有无,也不能判定残芯位置;密度测定法由于其检测精度有限,特别是当残芯较小时,其应用就更受限制;内窥法是一种直观而快速的检测方法,对于内腔不十分复杂的空心叶片极为方便,但对于复杂内腔的叶片,则无能为力。

14.4.1　中子照相法

中子照相法是利用中子射线照射中空叶片,通过对图像的识别判断是否有残芯存在的一种方法。将中空叶片浸入含 3% 氧化钆的溶液中,当中空叶片内的残芯吸附足够量的氧化钆后,由于钆是一种强中子吸收剂,受中子射线照射时,能使残芯亮度增大,从而可从图像中明显地判别残芯的数量及部位,见图 14-17。

图 14-17　叶片中子照相图[24]

为使型芯材料能吸收更多的热中子,从而使残芯产生更高的对比度影像,要求在型芯材料中添加 0.5%～3.0% 的氧化钆,或将被检测零件浸入到硝酸钆溶液中,并确保任何残芯都能为硝酸钆溶液所浸渍。

中子照相法的优点是检测的灵敏度高,能将质量小至 1mg 的残芯从图像上鉴别出来。但也存在一些缺点:①与检测用中子源有关的安全防护措施使检测费用很高。②只有专用设备可用于中子照相检测。如果检测设备离叶片制造地距离较远,必然会增大运输成本并延长检测周期。③中子辐射使涡轮叶片带少量的放射性。在叶片进入下一道加工工序之前,必须使叶片的放射性衰减到一个安全的水平,从而进一步延长了生产周期。④钆化合物的使用比较麻烦,易在冷却通道壁上形成条纹,产生虚假迹象。当检测失败时,再次检测前必须清洗叶片,从而又进一步增大了检测费用。⑤钆化合物会对后续的残芯脱除过程产生干扰。

14.4.2　X 射线照相法

X 射线照相法是目前使用较为广泛的一种方法,可分为示踪剂检测法和检验粉检测法两种。

1. 示踪剂检测法

示踪剂检测法是一种在陶瓷型芯中引入 X 射线示踪剂,通过拍摄和分析中空铸件 X 射线照片确定是否有型芯残留的方法[25]。示踪剂的特点是具有比陶瓷型芯材料和铸件金属材料更高的 X 射线密度。示踪剂元素为原子序数大于 56 的 W、Pb、Hf、Ta、Er、Th 或 U。引入示踪剂的方式有两种,一是将其作为残芯的标识剂引入,二是将其作为陶瓷型芯坯料的掺入剂引入。

常用的标识剂为 Na_2WO_4 和 $Pb(NO_3)_2$ 等,它们易溶于水或其他溶剂中,在干燥后能形成可溶的残余物。其中,Na_2WO_4 是最合适的,因为它能溶于用做脱芯液的氢氧化钾溶液中。引入标识剂的步骤是:

(1) 将水加热到 80℃,加入足量的 Na_2WO_4 至过饱和,配制成浓度为 40% 的 Na_2WO_4 溶液。

(2) 将铸件预热到 100℃后,再浸入标识液中,以免因铸件浸入而导致标识液温度下降。铸件浸入时要有一定的方向性,便于捕集在铸件内腔中的空气逸出,而后抽真空使标识液沸腾,以利于铸件内腔空气的逸出。

(3) 铸件浸渍时间不少于 5min,以保证残芯能吸收足量的标识液。

(4) 从标识液中取出铸件,冲洗干净铸件内外表面过剩的标识液后,在 100℃干燥 30min,使之充分干燥。

为保证残芯能吸收足够的标识剂,上述步骤至少重复一次。

在对经浸渍处理的铸件拍摄 X 射线照片时,X 射线功率、曝光时间、胶片种类和铸件的方向均因铸件的几何形状不同而异。对于涡轮叶片,当 X 射线源和胶片间距为 90~150cm 时,电压以 120~200kV,电流以 10mA 为宜,曝光时间为 60s~5min。适用的胶片包括由 Agfa、Dupont、Kodak 和 Fuji 生产的胶片。为便于确定残芯的部位,要从不同角度拍摄多张照片。

如果发现铸件中有陶瓷型芯残留,需要再次进行脱芯处理。对于能溶于脱芯液的标识剂,在再次脱芯前没有必要预先去除。

常用的掺入剂为 HfO_2 和 ErO_2。掺入剂可在坯料配制时直接加入,但对其添加量有一定的要求。例如,以 ErO_2 为掺入剂时,在型芯坯料中氧化铒的含量不能低于质量分数 15%,以保证在残芯检测时有足够的 X 射线吸收强度[26]。型芯坯料中的其他组分可以是氧化硅、氧化铝、氧化钇或氧化锆等。对于坯料中含有掺入剂的陶瓷型芯,在脱芯后即可直接用 X 射线进行残芯检测。

X 射线示踪剂检测法的优点是:

(1) 以 X 射线代替中子辐射,降低了安全防护费用,而且不会对铸件造成放射性污染,并便于大多数铸件生产厂就地检测,既加快了检测速度,又降低了检测成本。

(2) 标识剂易溶于水而便于清洗,能完全消除底片上的条纹或假象对残芯图像的干扰,也可避免需要再次脱芯时残芯中的标识剂对脱芯操作的影响。

2. 检验粉检测法

检验粉检测法是利用金属材料、型芯材料和检验粉对穿透性射线反应的差别来判定残芯位置的一种方法[27]。当由铸件通道内检验粉的衰减系数和敛聚率所提供的粉末射线特征接近于金属铸件的射线特征时,在荧光屏上、电子图像放大仪上或感光胶片上,除了看到残芯密闭通道外,铸件变成一个实体的金属铸件,从而可判别出通道内残芯的数量及部位。其检测步骤为:

(1) 将检验粉填入铸件通道内,对铸件进行振动,使检验粉填实整个通道;

(2) 将铸件置于 X 射线中,观察并记录照射图像。

对检验粉的质量要求是:①检验粉的质量衰减系数和敛聚率系指其有效射线衰减,宜控制在铸件金属质量衰减系数的±30%的范围内;②粒度为-40~+625目,小于 625 目的微粉数量不超过 10%;③粉料呈球形或类球形,其分散性和流动性好,能保证充填时有均匀的密实程度。针状颗粒因其流动性不好而不允许作为填充粉使用。试验表明,对于镍基或钴基超合金铸件,使用敛聚率为 30%的球形钼粉,能取得良好的效果。

值得注意的是,填充到待检通道内的检验粉必须是分散的细粉,若使用密实的粉末会不同程度地降低敏感性。充填检验粉时,铸件振动频率为 10~20000Hz,以便于被卷入空气的逸出和粉末的适度充填。

检验粉充填检验的优点是:①以 X 射线源或 γ 射线源取代核子反应器,而且检验粉可重复使用,使检测费用显著降低;②无表面张力效应,卷入的空气易于通过粉末的间隙逸出,较其他方法能检测出尺寸更小的残芯,检测精度较高;③适用于各种材料及各种形状的铸件。

14.4.3　红外热图像法

X 射线照相法虽已成功应用于残芯的检测,而且:①采用计算机控制照相过程,提供了缩短检测时间的可能性;②通过调节图像亮度,提供了检测不同厚度试样的可能性;③通过计算机软件分析,提供了减少操作人员误判和漏判的可能性。然而,X 射线检测虽易于判别堵塞通道的残芯,却难以检测出附着于通道内壁或位于筋骨之间的型芯碎片。而红外热图像法则在检测残芯碎片方面显示了其特有的优越性[28]。

1. 基本原理

残芯可能阻塞部分通道,见图 14-18(a),也可能附着在通道的顶部、底部或底角,见图 14-18(b)。当热量从铸件顶部传导到底部时,因传热途径热阻的不同,与之相对应的铸件底面的温度也不同,见图 14-19。

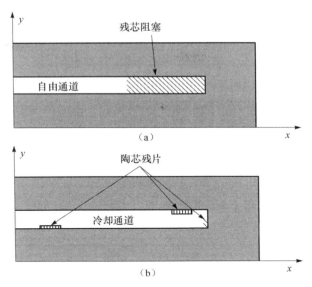

图 14-18 冷却通道内残芯

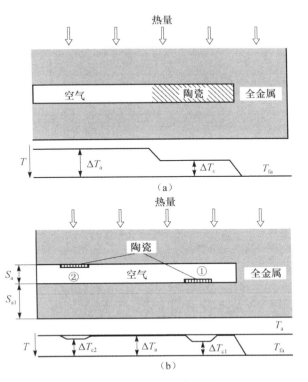

图 14-19 底面温度分布

(a) 残芯堵塞通道;(b) 残芯附着在通道内壁

　　在图 14-19(a)中,与传导途径中全部为金属材料时的底面温度 T_{fa} 相比,为空气和残芯所充填的腔体底面温差分别为 $\Delta T_a = T_{fa} - T_a$,$\Delta T_c = T_{fa} - T_c$,其中下标 fa、a 和 c 分别代表合金、空气和陶瓷残芯。ΔT_a 和 ΔT_c 的大小取决于金属、空气和陶瓷型芯材料的热导率。金属导热性好,T_{fa} 数值最大,即与之对应的底面温度最高;空气导热性最差,T_a 数值最小,因而差值 ΔT_a 最大,即与空气充填腔体相对应的底面温度最低;陶瓷型芯材料的导热性界于金属和空气之间,T_c 大于 T_a,因而 ΔT_c 小于 ΔT_a,所以与残芯堵塞腔体相对应的底面温度居中。

　　在图 14-19(b)中,残芯 1 和 2 除与通道内壁相黏附的一个表面外,其余各面均为内腔中的空气所包围。与残芯 1 和 2 相对应的底面温差分别为,$\Delta T_{c1} = T_{c1} - T_a$,$\Delta T_{c2} = T_{c2} - T_a$,由于残芯 1 和 2 所处的位置不同,实际产生的热阻不同,因而 $\Delta T_{c2} < \Delta T_{c1}$。

　　红外热图像检测通常采用如图 14-20 所示的光同步温度记录装置,为提高对残芯检测的灵敏度,可采用如图 14-21 所示的蒸汽喷射脉冲温度记录装置。当向通道内喷射水蒸气以提供热激励时,铸件表面温度 T_{fa} 因受到附着于内腔壁面上残芯的干扰而形成了如图 14-22 所示的表面温度分布。残芯的这种干扰可通过温差 $\Delta T_c = T_{fa} - T_c$ 进行计算。当然,这类热图像只能在高频短暂加热实时记录的情况下才能获得。

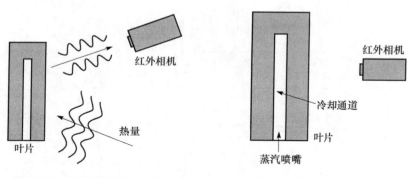

图 14-20　光同步温度记录装置　　　　图 14-21　蒸汽喷射脉冲温度记录装置

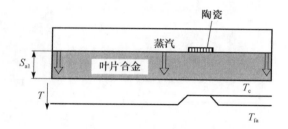

图 14-22　蒸汽喷射脉冲时的表面温度分布

2. 检测实例

图 14-23 所示为有两个垂直冷却通道的涡轮叶片。图 14-24 为无残芯涡轮叶片的红外热图像,由图可见,通道 2 的热图像几乎是均匀的,表明通道内没有残芯。

图 14-25 为有残芯涡轮叶片的红外热图像。由图 14-25(a)可见,通道 2 上部

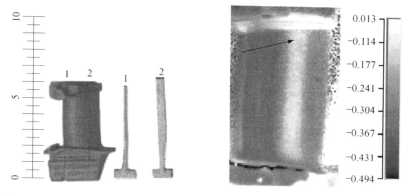

图 14-23　涡轮叶片内腔结构示意图　　　图 14-24　无残芯涡轮叶片红外热图像

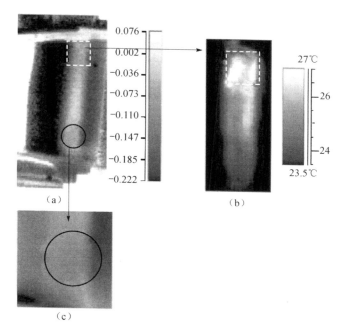

(a)　　　　　　　　　(b)

(c)

图 14-25　有残芯涡轮叶片红外热图像

(a) 全图;(b) 蒸汽喷射热图像;(c) 局部放大图

和下部的图像均有局部变化。从局部放大图 14-25(c)可以清楚地辨别出通道 2 下部有残芯存在。从蒸汽喷射红外热图像 14-25(b)可以更清楚地看到通道 2 上部有一个温度较低的区域,这是因为残芯对热气流的遮挡影响了该区域温度的均匀上升。

参 考 文 献

[1]　Kruglov E P, Kochetova G K. Improvement of a technological process for ceramic core removal out of internal cavities of aircraft GTE turbine blade castings. Russian Aeronautics (IzVUZ), 2007, 50(2): 227-229.

[2]　岳同起. 精铸叶片毛坯陶瓷型芯的超声去除工艺. 译自(俄)动力机械制造. 技术情报(黎明厂), 1990, (5): 20-24.

[3]　Arendt R H, Huseb I C, Borom M P. Method for removing Y_2O_3 or Sm_2O_3 cores from castings, US, 4119437, 1978.

[4]　Weinland S L, Heights A, Coletti D K, et al. Core removal: US, 3694264. 1972.

[5]　Borom M P. Method for rapid removal of cores made of Y_2O_3 from directionally solidified eutectic and superalloy materials: US, 4134777. 1979.

[6]　Huseby I C, Klug F J. Core and mold materials and directional solidification of advanced superalloy materials: US, 4097292. 1978.

[7]　顾国红. 高压喷水设备在空心叶片脱芯工艺中的应用. 材料工程, 2002, (4): 38-39, 42.

[8]　Parille D R, Ault E A. Method of core leach: US, 5778963. 1998.

[9]　Conroy P L, Pierson H C, McRae M M. Method for removing cores from castings: US, 6241000. 2001.

[10]　Beggs J L, Jensen P C. CNC(computer numerical control) core removal from casting passages: US, 6474348. 2002.

[11]　Borom M P. Method for removing a magnesia doped alumina core material: US, 4073662. 1978.

[12]　覃业霞, 杜爱兵, 张睿, 等. 精密铸造用氧化铝基复合陶瓷型芯. 稀有金属材料与工程, 2007, 36(增刊 1): 774-776.

[13]　王宝生, 成来飞, 张立同, 等. 氧化铝基陶瓷型芯的脱芯工艺研究. 铸造, 2005, 54(8): 758-760.

[14]　James L W. A Primer on cleaning investment cast parts. Incast, 2000, 13(7): 16-17.

[15]　Renaud E P, Wingfield E C, Bowley W W. Process for making cores used in investment casting: US, 5273104. 1993.

[16]　Greskovich C D, Borom M P. Method for rapid removal of cores made of beta-Al_2O_3 from directionally solidified eutectic and superalloy materials: US, 4141781. 1979.

[17]　Mills D. Dissolving ceramic materials: US, 4569384. 1986.

[18]　Devendra K. Method of enhancing the leaching rate of a given material: US, 4836268. 1989.

[19] Mills D. Leaching of ceramic materials: US,5332023. 1994.

[20] Schlienger M E,Baldwin M D,Eugenio A. Method and apparatus for removing ceramic material from cast components: US,6739380. 2004.

[21] Sangeeta D. Method of dissolving or leaching ceramic cores in airfoils: US,5779809. 1998.

[22] Fassler M H,Perron J S. Method of removing siliceous cores from nickel and cobalt superalloy castings: US,3698467. 1972.

[23] Thornton T J,Faison J A,Paton N E. Method for removing ceramic material from castings using caustic medium with oxygen getter: US,5679270. 1997.

[24] Edenborough N B. Neutron radiography to detect residual core in investment cast turbine airfoils. Practical Applications of Neutron Radiography and Gaging,1976:152-157.

[25] Remmers T M,Judd D R,Golden G S. X-ray detection of residual ceramic material inside hollow metal articles: US,5242007. 1993.

[26] Lassow E S,Squier D L,Faison J A. Erbia-bearing core: US,5977077. 1999.

[27] 张立同,曹腊梅,刘国利,等. 近净形熔模模铸造理论与实践. 北京:国防工业出版社,2007:200.

[28] Meola C,Carlomagno G M,Foggia M D,et al. Infrared thermography to detect residual ceramic in gas turbine blades. Applied Physics A:Materials Science & Processing,2008,91(4):685-691.